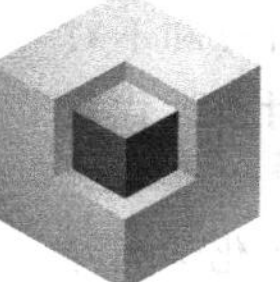

普通高等教育“十三五”规划教材

有机合成化学

叶 非 黄长干 张金艳 主编

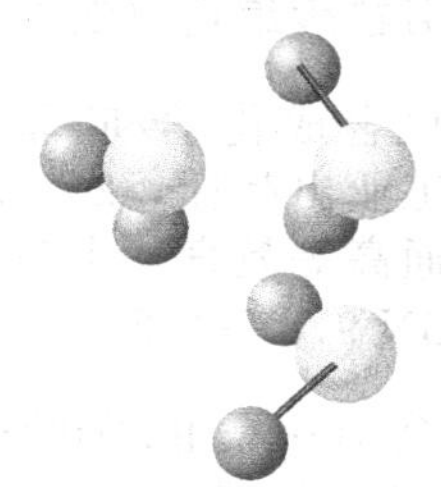

第二版

YOUJI HECHENG HUAXUE

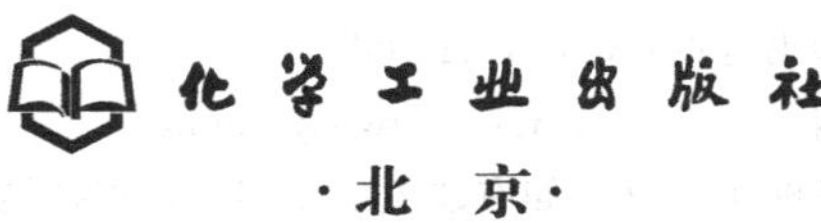
化学工业出版社
·北京·

《有机合成化学》（第二版）为学习有机合成原理、方法，了解和掌握现代有机合成新反应、新技术而编写。全书共13章，包括绪论、各类基本反应、光学异构体的拆分和不对称合成、保护基在有机合成中的应用、有机合成试剂、逆合成分析与有机合成设计及近代有机合成方法，从不同角度讨论有机合成的实现。

《有机合成化学》（第二版）取材新颖、内容丰富、实用性强，可作为高等院校化学类专业的本科生和研究生教材，也可供从事有机合成方面的研究人员参考。

图书在版编目（CIP）数据

有机合成化学/叶非，黄长干，张金艳主编. —2版. —北京：化学工业出版社，2018.6（2025.7重印）
普通高等教育“十三五”规划教材
ISBN 978-7-122-31945-6

Ⅰ.①有… Ⅱ.①叶…②黄…③张… Ⅲ.①有机合成-合成化学-高等学校-教材 Ⅳ.①O621.3

中国版本图书馆CIP数据核字（2018）第073821号

责任编辑：宋林青　　文字编辑：刘志茹
责任校对：王素芹　　装帧设计：刘丽华

出版发行：化学工业出版社（北京市东城区青年湖南街13号　邮政编码100011）
印　　装：北京盛通数码印刷有限公司
787mm×1092mm　1/16　印张15　字数365千字　　2025年7月北京第2版第6次印刷

购书咨询：010-64518888　　售后服务：010-64518899
网　　址：http://www.cip.com.cn
凡购买本书，如有缺损质量问题，本社销售中心负责调换。

定　　价：35.00元　

《有机合成化学》编写组

主　　编： 叶　非　黄长干　张金艳

副 主 编： 姜建辉　徐英操　杨建新　王亚飞

编　　者（以姓名笔画排序）：

于海峰　王亚飞　邓昌晞　叶　非　刘长相

刘豫龙　杨建新　沈　玥　张金艳　姜建辉

徐英操　黄长干　黎吉辉

主　　审： 付　颖

前　言

本书为普通高等教育“十三五”规划教材。根据高等院校化学类专业的课程教学计划，本书总体上从不同角度讨论有机合成的实现，内容包括绪论、氧化反应、还原反应、烷基化反应和酰基化反应、缩合反应、消除反应、分子重排反应、环合反应、光学异构体的拆分和不对称合成、保护基在有机合成中的应用、有机合成试剂、逆合成分析与有机合成设计、近代有机合成方法。本书的编写在体系和内容方面体现以下特点。(1) 能够反映当前有机合成领域的新理论、新试剂、新方法、新技术和新理念。(2) 各章尽量按照：基本原理简述-解决问题的思路和方法次序叙述。(3) 为了便于读者理解有关有机反应，对于重要反应类型的机理作了简要介绍。

本书是由东北农业大学、江西农业大学、黑龙江八一农垦大学、塔里木大学和海南大学五所高等院校的十三位教师共同编写，东北农业大学叶非、江西农业大学黄长干和黑龙江八一农垦大学张金艳担任主编。第 1 章由东北农业大学叶非编写；第 2 章由东北农业大学刘豫龙编写；第 3 章由东北农业大学沈玥编写；第 4 章由海南大学黎吉辉编写；第 5 章由黑龙江八一农垦大学王亚飞编写；第 6 章由东北农业大学徐英操编写；第 7 章由江西农业大学邓昌晞编写；第 8 章由黑龙江八一农垦大学张金艳编写；第 9 章由江西农业大学刘长相编写；第 10 章由江西农业大学黄长干编写；第 11 章由塔里木大学姜建辉编写；第 12 章由海南大学杨建新编写；第 13 章由塔里木大学于海峰编写。教材的初稿经主编、副主编审阅、修改，东北农业大学付颖教授仔细审校全稿，最后由叶非教授通读、审定。

在本次编写过程中，我们尽了自己的最大努力，但限于水平，书中一定还会有不当之处。我们恳切希望使用本书的同行和读者给予批评与指正。

编　者

2018 年 1 月

第一版前言

本书为高等学校“十一五”规划教材，根据各高等院校课程的教学计划，本书分为13章，包括绪论、各类基本反应、光学异构体的拆分和不对称合成、保护基在有机合成中的应用、有机合成试剂、逆合成分析与有机合成设计、近代有机合成方法，从不同角度讨论有机合成的实现。本教材的编写在体系和内容方面力求体现以下特点：①能够基本反映当前有机合成领域的新理论、新试剂、新方法、新技术和新理念；②各章尽量按照基本原理简述、解决问题的思路和方法的顺序叙述；③为了便于读者理解相关有机反应，对重要反应类型的机理也作了简要介绍。

本书由东北农业大学、江西农业大学、河南农业大学、海南大学、安徽科技学院、塔里木大学六所高等院校的十三位教师共同编写而成，东北农业大学叶非、江西农业大学黄长干和河南农业大学徐翠莲担任主编。第1章由东北农业大学叶非编写，第2章由东北农业大学付颖编写，第3章由安徽科技学院陈俊明编写，第4章由海南大学文金霞编写，第5章由河南农业大学杨国玉编写，第6章由东北农业大学徐英操编写，第7章由江西农业大学邓昌晞编写，第8章由安徽科技学院陈忠平编写，第9章由江西农业大学刘长相编写，第10章由江西农业大学黄长干编写，第11章由塔里木大学李红霞编写，第12章由海南大学杨建新编写，第13章由河南农业大学徐翠莲和杨国玉编写。教材的初稿由主编、副主编审阅、修改，经东北农业大学徐雅琴教授仔细审校全稿，最后由叶非教授通读、审定。

为方便教学，本书有配套的电子课件及习题解答，使用本书作教材的学校可以向出版社免费索取，songlq75@126. com。

在本次编写过程中，我们尽了自己的最大努力，但限于水平，书中难免还会有疏漏或不当之处。我们恳切希望使用本书的同行和读者进行批评、指正。

编　者

2010年4月

目　录

第1章 绪　论

1.1 引言

化学被众多人称为“中心科学”，化学合成则被认为是这个中心的“中心”。迄今已知的2400多万种物质中，绝大多数为有机合成产物。有机合成化学经过化学家的不懈探索和工业生产实践，近一个多世纪以来取得了十分巨大的进展。

自 Wöhler 在 1828 年首次由氰酸铵制得尿素，成功地进行了有机化合物的人工合成后，化学家们开始对自然界存在的与人们生活有关或有理论价值的有机化合物进行了合成探索。1856 年，著名有机化学家 Perkin 用铬酸氧化苯胺衍生物时得到了能与天然染料茜红和靛蓝相媲美的苯胺紫，并以实验室合成为基础设计了工业生产方案，使其很快投入了工业生产。1868 年 Graebe 和 Liebermann 合成了茜红，1878 年 Baeyer 合成了靛蓝。经过不断地创新、改良和生产实践，终于形成了合成染料化学工业。染料化学及其他化学工业的发展导致合成药物的产生。人们在对一些染料中间体抗菌性的研究过程中发现了磺胺类抗生素，从而开创了人工合成药物的新纪元。

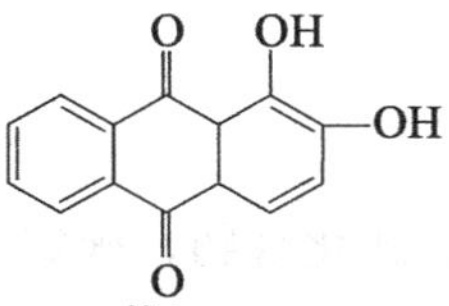

茜红

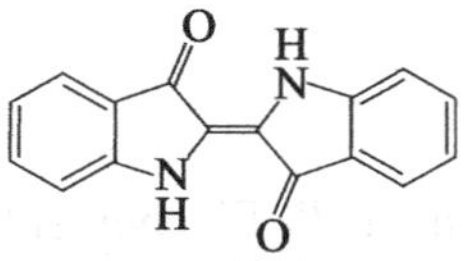

靛蓝

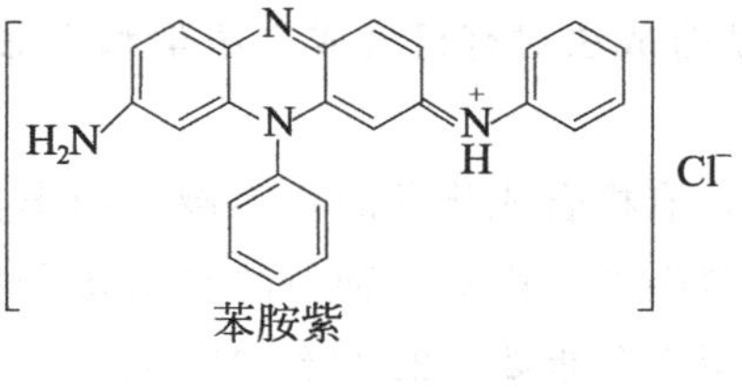

苯胺紫

100 年来合成化学发展迅速，许多新技术被用于无机和有机化合物的合成，例如，超低温合成、高温合成、高压合成、电解合成、光合成、声合成、微波合成、等离子体合成、固相合成、仿生合成等；发现和创造的新反应、新合成方法不胜数。现在，几乎所有的已知天然化合物以及化学家感兴趣的具有特定功能的非天然化合物都能够通过化学合成的方法来获得。在人类已拥有的 2400 多万种化合物中，绝大多数是化学家合成的，几乎又创造出了一个新的自然界。合成化学为满足人类对物质的需求做出了极为重要的贡献。纵观 20 世纪，合成化学领域共获得 10 项诺贝尔化学奖。1912 年格利雅因发明格氏试剂，开创了有机金属在各种官能团反应中的新应用而获得诺贝尔化学奖。狄尔斯和阿尔德因发现双烯合成反应而获得 1950 年诺贝尔化学奖。齐格勒和纳塔发现了有机金属催化烯烃定向聚合，实现了乙烯的常压聚合而荣获 1963 年诺贝尔化学奖。人工合成生物分子一直是有机合成化学的研究重点。从最早的甾体（Windaus，1928 年诺贝尔化学奖）、抗坏血酸（Haworth，1937 年诺贝尔化学奖）、生物碱（Robinson，1947 年诺贝尔化学奖）到多肽（Vigneaud，1955 年诺贝尔化学奖）逐渐深入。到 1965 年有机合成大师 Woodward 由于其有机合成的独创思维和高超技艺，先后合成了奎宁、胆固醇、可的松、叶绿素和利血平等一系列复杂有机化合物而荣获诺贝尔化学奖。获奖后他又提出了分子轨道对称守恒原理，并合成了维生素 B_{12} 等。

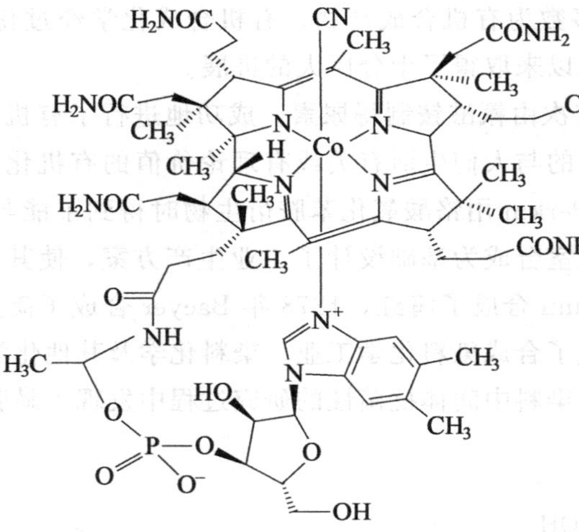

维生素 B_{12}

此外，Wilkinson 和 Fischer 合成了过渡金属二茂夹心式化合物，确定了这种特殊结构，对金属有机化学和配位化学的发展起了重大推动作用，荣获 1973 年诺贝尔化学奖。1979 年 Brown 和 Wittig 因分别发展了有机硼和 Wittig 反应而共获诺贝尔化学奖。1984 年 Merrifield 因发明了固相多肽合成法对有机合成方法学和生命化学起了巨大的推动作用而获得诺贝尔化学奖。

经过长期的发展与积累，有机合成化学的内容越来越丰富，新的反应与方法层出不穷，加上有机化合物自身结构的复杂性，面对一种新的复杂化合物的合成常常会感到无从下手，这时合成化学家的经验便显得十分重要。20 世纪 60 年代末，美国哈佛大学 Corey 教授根据其多年对复杂分子的合成及设计研究，逐渐创立了从目标结构开始采用一系列逻辑推理方法推出起始原料及合成路线的方法——逆合成分析法。这种逻辑方法的产生与完善对复杂分子的合成有很大帮助。由 Corey 领导的研究组在此理论的指导下完成了 100 多种复杂分子的多步骤合成，几乎每种复杂化合物的成功合成都有新的方法出现。Corey 由于合成理论方面的杰出成就而获得了 1990 年度诺贝尔化学奖。

现代合成化学经历了近百年的努力研究、探索和积累，到今天已经可以合成像海葵毒素这样复杂的分子（分子式为 $C_{129}H_{223}N_3O_{54}$，有 64 个不对称碳和 7 个骨架内双键，异构体数目多达 271 个）。

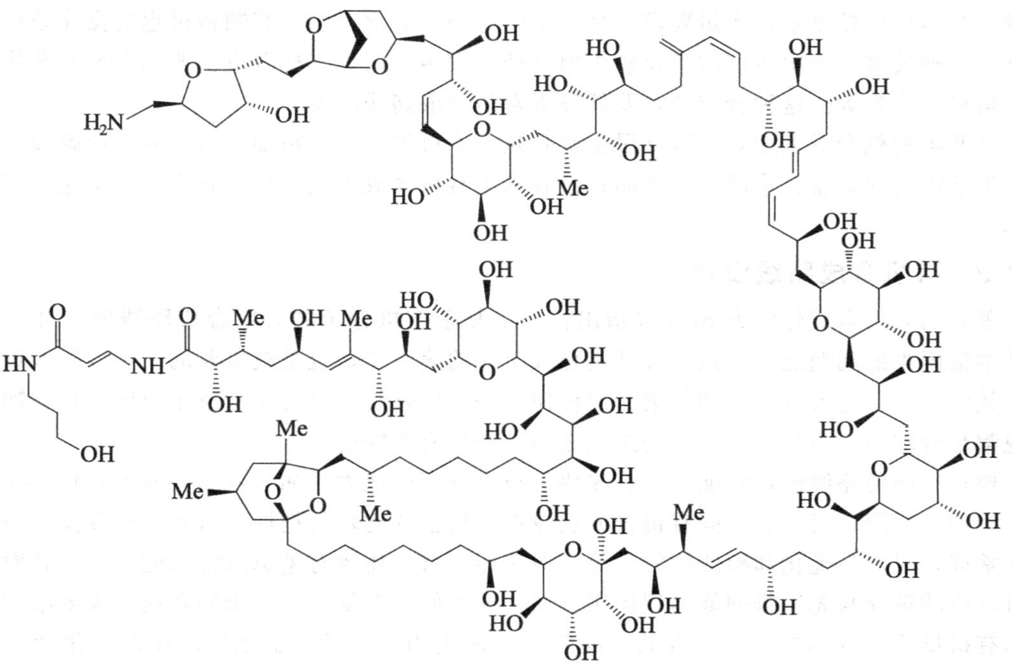

海葵毒素

1.2 有机合成的目的和设计

1.2.1 有机合成的目的

有机合成是利用化学方法将简单的无机物或简单的有机物制备成较复杂的有机物的过程。早期的有机合成，主要是在实验室内仿造自然界中已存在的化学物质。同时，在分子结构上也达到了验证的作用。现在，人们已可以依据物质分子的结构与性质的关系规律，为适应国计民生的需要而合成自然界中并不存在的新物质。今后的发展趋势，不是盲目地研究合成新的化合物，而是设计和合成预期有优越性能的或具有重大意义的化合物。

因此，有机合成已经成为当代化学研究的主流之一。利用有机合成可以制造天然化合物，可以确切地确定天然化合物的结构，可以辅助生物学的研究以解开自然界的奥秘。利用有机合成更可以制造非天然的，但预期会有特殊性能的新化合物。事实上，有机合成就是应用基本且易得的原料与试剂，加上人类的智慧与技术来创造更复杂、更奇特的化合物。可以这样说："有机合成是'无中生有'"。正如 1965 年诺贝尔化学奖获得者、有机合成大师的 Woodward 教授所说："在有机合成中充满着兴奋、冒险、挑战和艺术"。再进一步看，逻辑性的归纳和演绎在有机合成中，特别是在路线设计中，显得非常重要，甚至可以运用计算机程序来辅助合成路线的设计。

基本有机合成工业的任务是：从廉价易得的天然资源，如煤、石油、天然气或农副产品等，初步加工成一级有机产品，如甲烷、乙烷、丙烷、乙炔、苯、萘等，再进一步加工成二级有机产品，如乙醇、乙酸、丙酮等。这些一、二级产品的生产称为"重有机合成工业"，它的特点是：产品量大，质量要求稍低，加工相对粗糙，生产操作简单。

精细有机合成工业的任务是：以基本有机合成工业中得到的一、二级有机产品为原料，合成一些结构比较复杂，质量要求很高（即较精细）的化合物。其制备过程的操作条件要求严格，步骤较多，一次生产的量比较少但品种比较多。精细有机合成主要用在合成药物、农药、染料、香料等。这种合成的首要任务常常是合成路线的设计。

这两类有机合成工业对于国计民生都是缺一不可的。没有精细有机合成工业就没有满足人民生活需要的丰富多彩的有机产品；没有基本有机合成工业，精细有机合成工业也就没有根基。

1.2.2 有机合成路线设计

著名的有机合成化学家 Still 曾指出：一个复杂有机分子的有效合成路线的设计是有机化学中最困难的问题之一。路线设计是合成工作的第一步，也是最重要的一步。路线设计不同于数学运算，它没有固定的答案。但任何一条合成路线，只要能合成出所要的化合物，应该说都是合理的。当然，在合理的路线之间，却是有差别的。

要具有高的路线设计的能力，首先要有技术方面的能力，如对各类、各种有机反应的熟悉与掌握，对同一目的、不同有机合成反应在实用上的比较与把握，对各个步骤操作条件的实际掌握，对产品纯化和检测的能力等。但这还不够，还要有逻辑思维的能力，以致对各步有机反应的选择与先后排列能达到运用自如。要做好一个复杂化合物的合成，需要组织好众多的有机反应，以形成一个综合的，高效的合成能力。这种“战术”，在合成化学中就叫“策略”。例如，颠茄酮的合成有两条不同的路线，具体如下。

① 1915 年诺贝尔奖获得者 Willstatter，于 1896 年推出了一条颠茄酮合成路线，此路线前后经历了 21 步之多：

O; NH_2OH; N—OH; Na/CH_3CH_2OH; NH_2; (1) CH_3I (2) AgOH; (1) Br_2 (2) $(CH_3)_2NH$

$N(CH_3)_2$; (1) CH_3I (2) AgOH; (1) Br_2 (2) 喹啉; (1) HBr (2) $(CH_3)_2NH$; $(H_3C)_2N$; Na/CH_3CH_2OH

$(H_3C)_2N$; Br_2; $(H_3C)_2N$; Br; Br; 加热; Br^-; $\oplus N(CH_3)_2$; Br; (1) NaOH (2) Cl^-; Cl^-; $\oplus N(CH_3)_2$; 130℃

NCH_3; HBr; NCH_3; Br; OH^-; NCH_3; OH; CrO_3; NCH_3; O

这一路线总的收率只有 0.75%。尽管路线中每一步的收率均较高，但由于步骤太多，使总收率大大降低。

② 21 年后的 1917 年，Robinson 设计出了另一条颠茄酮合成路线，既合理，又简捷，仅用了 3 步，总收率达 90%：

CHO, CHO + H, H, N—CH_3 + H_2C, COO^-, C=O, H_2C, COO^- $\xrightarrow[-2H_2O]{\text{缓冲剂 pH=5}}$ (Mannich反应) NCH_3, COO^-, =O, COO^- $\xrightarrow{H^+}$ NCH_3, COOH, =O, COOH $\xrightarrow[-CO_2]{\text{加热}}$ NCH_3, =O 90%

由此可见，一个好的思维路线，能设计出一条好的合成路线。

1.3　有机合成的发展与作用

1.3.1　有机合成发展的条件

有机合成不论在天然物质，还是非天然物质方面，都已经取得了十分辉煌的成就。尤其是现代科学的进展，已为有机合成今后发展建立了良好的客观条件。

① 理论方面　现代有机合成化学已建立在坚实的理论有机化学和量子化学的基础上。在深度上将对反应的历程和本质作进一步深入的研究，从而在控制反应的方向与速率、产物的结构与纯度以及提高反应的收率等方面取得更多的主动权。

② 方法方面　近年来，对新型有机合成方法，如生物化学法、超声法、高压法、辐射法等，特别是酶化学和酶模拟合成方法的研究，获得重大的突破，从而为合成方法带来更大的变革。

③ 测试方面　近代物理测试方法，如红外、紫外、核磁共振、色质联用、高效液相色谱、元素自动分析、X 射线衍射等，已普遍配合应用，有力地促进了有机合成的迅速发展。

④ 人工智能方面　使用计算机来辅助合成路线设计将大大加快合成路线设计的速度。为此，人们已注意到了全面分析和总结复杂分子的合成规律与逻辑，使合成工艺变得更加严格而系统化，以此为基础，编制有机合成路线的计算机辅助设计程序，逐步达到路线设计的计算机化。

有机合成虽然有了很大的发展，但自然界和人类本身的发展又不断地向合成化学家提出了新的挑战。在有机合成反应上，虽可以举出很多高选择性方面卓有成效的工作，但局限性仍然很多。从日益发展的精细化工品的需求来说，必然会要求更加理想的高选择性反应，以及更加温和的反应条件，同时又要不恶化人类生存的地球环境。

1.3.2　有机合成化学的作用

有机合成化学的作用归纳起来有两点：一是应用于生产实践，开发新产品造福人类；二是用于理论研究。

以有机合成化学为基础建立的有机化工经过长期的发展形成了两大分支。其一是以石油、天然气和煤等为原料合成一些较简单的化合物，如三烯（乙烯、丙烯、丁二烯）、一炔（乙炔）、甲醇、乙醇、丙醇、丁醇、丙酮、乙酸和苯酚等的基本有机化工，特点是生产规模大、产品结构相对稳定、技术比较成熟、产品附加值相对较小。另一分支是利用上述基本有机原料及无机产品生产结构比较复杂，具有各种特定用途的有机或高分子化学品的精细化学工业，特点是产品品种多、产量较小、专用性强、技术比较复杂多变、更新换代快、产品附加值较高，涉及医药、染料、涂料、农用化学品、表面活性剂、纺织、印染、造纸业用添加剂、塑料、橡胶助剂、石油助剂等许多领域。具体到某个领域乃至某种产品，人们不断提出新的要求，促使产品不断更新换代。例如，20 世纪 50 年代后，随着石油化工的发展出现了合成纤维，其染色与天然纤维有很大的差别，因而对染料提出了新的要求。经过合成化学家的努力，开发了分散染料、阳离子染料和活性染料等新型染料。随着现代科技的发展，涂料原有的装饰与保护功能已不能满足高新技术的要求。一些新型涂料，如用于电子元件的高绝缘性涂料、导电涂料、太阳能吸收涂料、防雷达涂料、防辐射涂料及耐高温涂料等便应运而生了。再如，合成农药的使用会产生环境污染，长期使用使害虫产生抗药性，于是化学家们研究开发了新的高效、低毒和低残留的有机杀虫剂，如拟除虫菊酯、昆虫激素（不育剂、性引诱剂等）等第三代农药。

人们很早便利用有机合成来进行理论研究。Korner 曾用衍生物制备法来确定各种取代苯的异构体。Perkin 进行的碳环合成为 Baeyer 的张力理论提供了依据。Willstater 合成环辛四烯对环丁二烯稳定性的研究为芳香性理论提供了有力证据。

此外，有机合成化学在一些相关学科及高科技领域中的应用也越来越广泛。例如，功能高分子化学涉及的特殊单体的合成；配位化学中特殊配体如各种大环、多环化合物的合成；一些典型生物化学过程的人工模拟；各种功能材料如功能膜、含能材料、智能材料、光学有机材料、导电材料和有机磁性材料等都与有机合成有着非常密切的关系。

习　题

1.1　什么是有机合成？

1.2　简述有机合成的现代成就。

1.3　简述有机合成化学与其他科学相结合的发展趋势。

1.4　简述有机合成化学的作用。

第2章 氧化反应

氧化反应是一类最普通、最常用的有机化学反应，借助氧化反应可以合成种类繁多的有机化合物。醇、醛、酮、酸、酚等含氧化合物都可以由氧化反应制备。

2.1 概述

有机化合物分子中，凡失去电子或电子偏移使碳上电子云密度降低的反应称为氧化反应。狭义而言：氧化反应是分子中增加氧原子或失去氢原子的反应。氧化反应不涉及形成新的碳卤、碳氢、碳硫键。

① 增加氧原子：

$$CH_2{=}CH_2 \xrightarrow{[O]} HOCH_2CH_2OH$$

$$\text{环己烯} \xrightarrow{[O]} \text{环氧环己烷}$$

② 减少氢原子：

$$CH_3CH_2OH \longrightarrow CH_3CHO$$

③ 既增加氧原子，又减少氢原子：

$$C_6H_5\text{—}CH_3 \longrightarrow C_6H_5\text{—}COOH$$

氧化反应必须通过氧化剂来实现，氧化剂是亲电试剂，它从有机化合物中取得电子，进攻有机分子中电子密度大的部位。对不同类型的化合物，氧化反应的难易程度不同。通常：烷烃难氧化，烯烃、醛易氧化，芳烃的侧链易氧化。

有些氧化剂可以氧化多种基团，它们的氧化能力强，但选择性差，称为通用氧化剂，如：高锰酸盐、铬酸等。有些氧化剂只能有选择地氧化某些基团，对于其他可氧化基团不进行反应或进行得很慢，称为选择性氧化剂。如：二氧化硒、四醋酸铅等。还有一些微生物氧化剂，如黑根霉菌。

从反应时的物态来分，可以将氧化反应分成气相氧化和液相氧化。在操作方式上可以分成化学氧化、电解氧化、生物氧化和催化氧化等。

氧化反应的机制研究已有很悠久的历史，但是许多氧化反应的机理迄今还不太清楚。因氧化剂、被氧化物结构的不同，而导致不同的反应机理；也因具体反应条件的不同，机理不同而产物也不同。因此，氧化剂的选择与反应条件的控制是氧化反应是否顺利进行的关键。表 2-1 列举了几种氧化剂，本章选择重要的常用氧化剂分别详细介绍、讨论。

表 2-1 几种氧化剂及其应用

氧化剂	作用物	产物
1. 氧(空气)	RCHO	RCOOH
	RCH═CR′R″	RHC—CR′R″ (O—O 环)
2. 臭氧	RCH═CR′R″	RCHO R′R″CO

续表

氧　化　剂	作　用　物	产　　物
3. 过氧化氢	RCH═CR′R″	RCH(OH)—CR′R″(OH)
	—CHOHCOOH	—COCOOH
4. $KMnO_4$		
（冷溶液）	RCH═CR′R″	RCH(OH)—CR′R″(OH)
过量、加热	RCH═CR′R″	RCOOH　R′R″CO
	RCH_2OH　RCHO	RCOOH
	$Ar(CH_2)_nCH_3$	ArCOOH
5. MnO_2-H_2SO_4	$ArCH_3$	ArCHO
	$RCH═CHCH_2OH$	RCH═CHCHO
6. CrO_3		
(1)CrO_3-H_2SO_4	$Ar(CH_2)_nCH_3$	ArCOOH
	RCH_2OH	RCHO
	芳烃	醌
(2)CrO_3-$(CH_3CO)_2O$-H_2SO_4	$ArCH_3$	ArCHO
7. $Na_2Cr_2O_7$-H_2SO_4	$Ar(CH_2)_nCH_3$	ArCOOH
$K_2Cr_2O_7$-H_2SO_4	芳烃	醌
8. CrO_2Cl_2	$ArCH_3$	ArCHO
9. HNO_3	$ArCH_3$	ArCOOH
100～160℃	RCH_2OH	RCOOH
	R′R″CHOH	R′R″CO
10. HNO_2	$ArNH_2$	ArOH
	RNH_2	ROH
11. SeO_2	$—CH_2C(═O)—$	—C(═O)—C(═O)—
	$—CH_2C(═O)—$	—C(═O)—C(═O)—
在 CH_3COOH，$(CH_3CO)_2O$ 中	$—CH_2CH═CH—$	—COCH═CH—
12. $H_2SO_4(SO_3)$	羟基蒽醌	多羟基蒽醌
13. H_2SO_4 冰冷却	$ArNH_2$　ArNO	$ArNO_2$
	环酮	内酯
14. $K_2S_2O_3$ 过二硫酸盐	一元酚	二元酚
Elbs 试剂	$ArNH_2$	$ArNO_2$
15. OsO_4	RCH═CR′R″	RCH(OH)—CR′R″(OH)
16. Fehling 试剂	醛	酸
	还原糖	糖酸等
17. Tollens 试剂	醛	酸
	还原糖	糖酸等
18. Cl_2 和 Br_2	醇	醛
19. NaOX	$RCOCH_3$	RCOONa

续表

氧 化 剂	作 用 物	产 物
20. HIO_4	$RCONH_2$	RNH_2
	R—CH—C(R′)(R″)，OH OH	RCH O R′COR″
21. 有机过氧酸	R—CH—C—R′，OH O（C=O）	RCHO R′COOH
(1)在有机溶剂中，低温	RCH═CHR	RHC——CHR（O环氧）
(2)在水中，加少量矿物酸	RCH═CHR	RCH—CHR，OH OH
22. $Pb(OCOCH_3)_4$	R—CH—C(R′)(R″)，OH OH	RCHO R′R″CO
23. 异丙醇铝	R′R″CHOH	R′R″CO

2.2 高锰酸盐氧化剂

2.2.1 概述

高锰酸盐对各种可以被氧化的基团都能进行氧化，是一种通用氧化剂。钠盐易潮解，钾盐有稳定的结晶状态，故常用钾盐。它们应用范围广，不论在酸性、中性，还是碱性介质中均能起氧化作用，但由于介质 pH 值不同，氧化剂强度也不相同。

在中性或者碱性介质中，锰原子从＋7 价被还原为＋4 价，生成 MnO_2 沉淀。

$$MnO_4^- \longrightarrow MnO_2 \quad \varphi^{\ominus}(MnO_4^- / MnO_2) = 0.60V$$

在酸性介质中，锰原子从＋7 价变为＋2 价。

$$MnO_4^- \longrightarrow Mn^{2+} \quad \varphi^{\ominus}(MnO_4^- / Mn^{2+}) = 1.507V$$

因此，在酸性介质中标准电极电势高，氧化能力强。

$KMnO_4$ 通常要在水溶液中使用，优点是所生成的羧酸以钾盐的形式溶解于水，然后酸析就可得到产品。但由于大部分有机物难溶于水，而且大部分有机溶剂也难避免被 $KMnO_4$ 氧化，这也就限制了高锰酸盐的广泛应用。$KMnO_4$ 易溶于丙酮、吡啶、乙酸、叔丁醇等，可以在这些溶剂或其水溶液里反应。当使用 EtOH 时，反应温度必须很低（－40℃以下），否则 EtOH 也将被氧化。若反应要在一定酸度下进行，可加入 H^+ 调节剂，如加入 $MgSO_4$ 可使反应维持在近中性的弱碱液中进行。另外，在相转移催化剂（PTC）的作用下，有机溶剂溶解被氧化物与 $KMnO_4$ 水溶液形成两相，可在搅拌下反应。常用的 PTC 有苄基三乙基氯化铵（$PhCH_2N^+Et_3Cl^-$）、十六烷基三丁基溴化铵（$C_{16}H_{33}N^+Bu_3Br^-$）等。

$KMnO_4$ 的氧化反应可以在 0～100℃的温度范围内进行，根据有机化合物的种类和敏感性而定。例如：烯烃和醇类可以在－10～25℃下进行；炔烃、烷基侧链的芳香化合物需要100℃。一般的实验方法：将有机物与水一起回流，$KMnO_4$ 的量超过理论计算的 1/10，分若干份加入，每加一份后，搅拌煮沸到紫色褪尽再加下一份。加完 $KMnO_4$ 后如紫色不褪尽，就要再加一些 $KMnO_4$ 进行回流，一直到紫色维持不褪。氧化反应完成后，如氧化物溶于水，可以滤去 MnO_2，滤液酸化后，产物沉淀出来；如产物不溶于水，可以和 MnO_2 一道滤出，再从滤饼中抽提出来。例如，用此法可以 2-乙基己醇为原料经氧化得到 2-乙基己酸；从对氯甲苯的氧化得到对氯苯甲酸。

用 $KMnO_4$ 氧化时，如果生成的氢氧化钾能引起其他副反应，可以向反应液中加入 $MgSO_4$ 以抑制其碱性，例如，用 $KMnO_4$ 氧化 3-甲基-4-硝基乙酰苯胺合成 2-硝基-5-乙酰氨基苯甲酸时，加入 $MgSO_4$ 可以避免乙酰氨基的水解。

$$\text{3-}CH_3\text{-4-}O_2N\text{-}C_6H_3\text{-}NHCOCH_3 \xrightarrow[90\sim97^\circ C]{KMnO_4/MgSO_4} \text{2-}O_2N\text{-5-}(NHCOCH_3)C_6H_3COOH$$

2.2.2 应用

(1) 氧化烯烃

烯烃在较强的碱性条件下可被 $KMnO_4$ 氧化成二醇，收率不太高，很少超过 50%，增强搅拌或使用相转移催化剂能提高收率。

$$>C=C< \xrightarrow{MnO_4^-} -\overset{|}{C}(OH)-\overset{|}{C}(OH)-$$

在中性、弱碱性或弱酸性条件下，产物为 α-羟基酮；在酸性条件下为断开后的产物。其反应机理如下：

$$RCH=CHR \xrightarrow[Mn(VII)]{MnO_4^-} \underset{Mn(V)}{\text{环状锰酸酯 }(MnO_2^-)} \xrightarrow{OH^-,\ H_2O} \underset{Mn(V)}{RCH(OH)-CH(R)OMnO_3^{2-}} \xrightarrow{H_2O} RCH(OH)-CH(OH)R$$

$$\downarrow MnO_4^-$$

$$\underset{Mn(VI)}{\text{环状锰酸酯 }(MnO_2)\ (H_2O)} \longrightarrow \underset{Mn(IV)}{RCH(OMnO_2^-)-C(=O)R} \xrightarrow{H_2O} RCH(OH)-C(=O)R$$

第一步形成锰酸的环状结构，然后在不同条件下，得到不同的产物。其立体化学为同侧加成。

水合氧化加成：在较强碱液中进行，产物为邻二醇，为同侧加成，也可以进一步氧化成羟基酮或二酮。

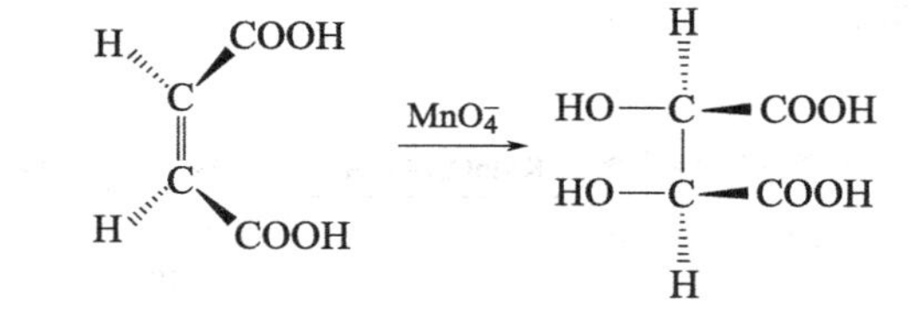

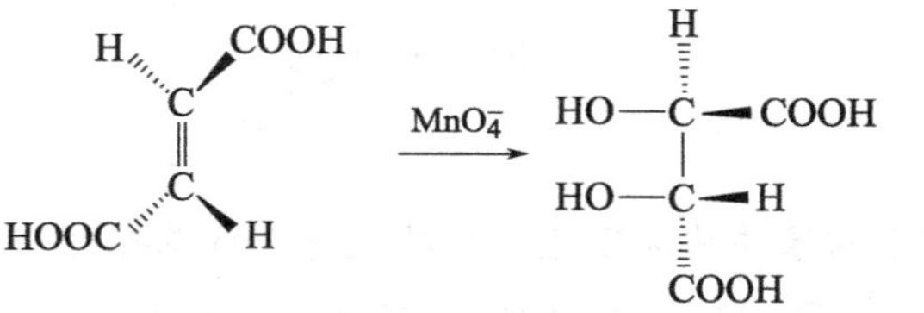

在过量 $KMnO_4$ 或较高温度下，烯烃裂解成两个酮、酸等，氟化烯烃尤其容易发生裂解。

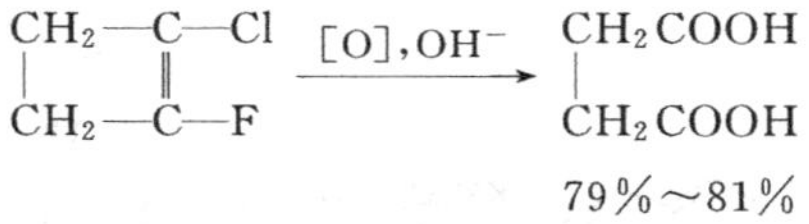

$$\begin{array}{l} CH_2—C—Cl \\ | \qquad \| \\ CH_2—C—F \end{array} \xrightarrow{[O],OH^-} \begin{array}{l} CH_2COOH \\ | \\ CH_2COOH \end{array}$$

79%～81%

裂解双键有效方法：用高碘酸钾和微量 $KMnO_4$ （60∶1）在中性溶液中进行。高碘酸钾的作用使低价锰化合物回复成 MnO_4^-，能使 MnO_4^- 反复使用。

E-5-癸烯在弱酸条件下被高锰酸钾溶液氧化，生成 5-羟基-6-癸酮：

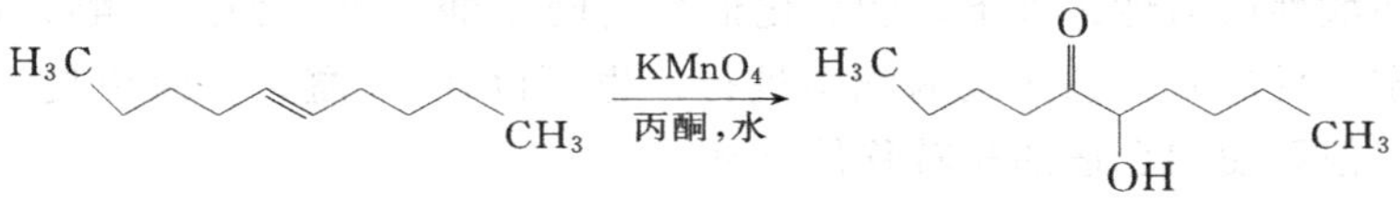

Christopher 等发现，Al_2O_3 固载 $KMnO_4$ 能使 1,3-和 1,4-环己二烯脱氢氧化，恢复芳香性，具有很好的选择性，其他官能团如烯醇醚、羧基、酯基不受影响。反应式如下：

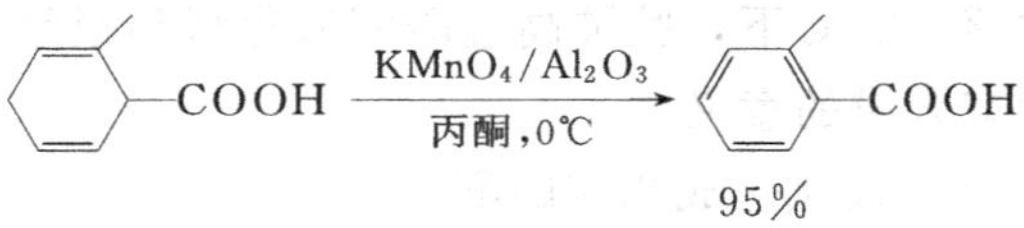

95%

(2) 氧化芳烃

苯环不易被氧化，侧链可被氧化成—COOH，是 $KMnO_4$ 氧化的主要应用之一。

该反应通常在碱性条件下进行，生成的羧酸钾易溶于水，与二氧化锰容易分离。若分子中具有酚羟基或氨基，由于这些基团易被氧化，所以不能采用这种方法，需要采用保护。

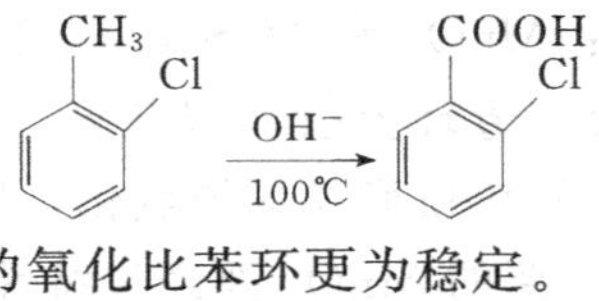

芳香杂环一般对于 $KMnO_4$ 的氧化比苯环更为稳定。

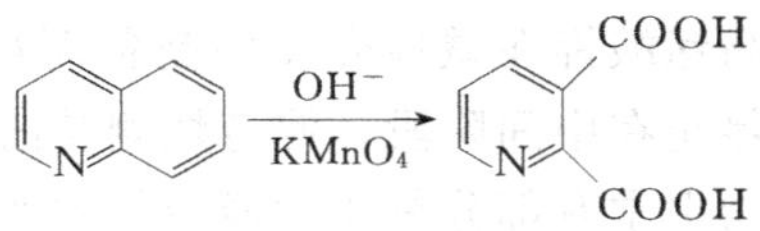

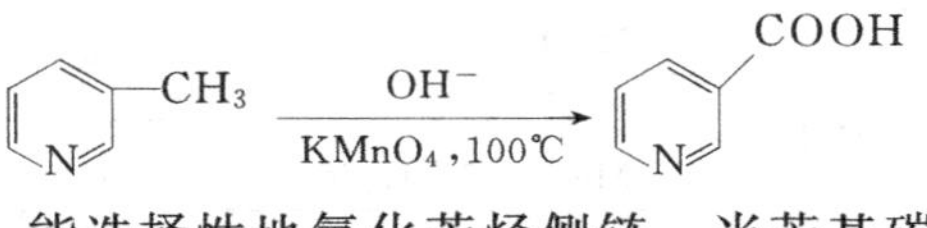

用 Al_2O_3 固载 $KMnO_4$ 能选择性地氧化芳烃侧链，当苄基碳为仲碳时氧化成酮，为叔

碳时得到醇，反应式如下：

$\xrightarrow{KMnO_4/Al_2O_3}$ 90%

$\xrightarrow{KMnO_4/Al_2O_3}$ OH 78%

该方法对苯并吡喃型和苯并呋喃型化合物的氧化极具选择性。例如：

O $\xrightarrow{KMnO_4/Al_2O_3}$ O O 92%

O $\xrightarrow{KMnO_4/Al_2O_3}$ O O 91%

（3）氧化醇

高锰酸根在酸性或碱性条件下，能氧化伯醇为醛或酸，氧化仲醇为酮。在中性条件下，醇相对比较稳定，反应常在乙酸或丙酮中进行，也可以在水/醚，二氯甲烷/水或石油醚/水等两相中进行，但要使用合适的相转移催化剂。

酚类在中性、酸性或碱性条件下能够被高锰酸钾氧化，苯环被破坏。

（4）有机含氮化合物的氧化

胺对高锰酸根十分敏感。25℃下，胺被高锰酸钾氧化得到很复杂的产物，包括亚胺、烯胺和断链产物，因此，没有合成的意义。

含有 α-活泼氢的仲胺可以被氧化成相应的酮：

H N $\xrightarrow{KMnO_4\text{ 水溶液}}$ =O 70%～85%

2.2.3 活性 MnO_2 氧化剂

用作氧化剂的 MnO_2 有两种：MnO_2 和 H_2SO_4 混合物，以及活性 MnO_2。作为氧化剂，MnO_2 可用于芳烃、醌类以及在芳环上引入羰基等。例如 MnO_2 可将对氯甲苯氧化成对氯苯甲醛。MnO_2 特别适合于烯丙基和苄羟基的氧化，反应在中性溶剂中进行（水、苯、石油醚等），反应条件温和。但所需要的 MnO_2 要经过特殊方法制备才能具备较高的氧化活性；最好的方法是用硫酸锰和高锰酸钾在碱性介质中制备而得。MnO_2 和 H_2SO_4 的混合物为温和氧化剂，可使氧化反应停止在中间阶段，使芳烃侧链的甲基氧化为醛基，但反应不易控制，若温度较高，则反应产物中常有部分氧化为羧酸的副产物。

$-CH_3$ $\xrightarrow[40℃]{MnO_2/65\%H_2SO_4}$ $-CHO$

$-CH_3$ $\xrightarrow[60℃]{MnO_2/65\%H_2SO_4}$ $-COOH$

活性 MnO_2 是较缓和选择性高的氧化剂，近年来被广泛用于氧化 α,β-不饱和醇合成醛、酮，不影响双键，收率高。操作步骤：将活性 MnO_2 粉末分散在石油醚、丙酮、乙酸乙酯或苯等溶剂中，在无水条件及室温下反应。缺点：MnO_2 用量大，反应时间长。

$$CH_2{=}CHCH_2OH \xrightarrow[\text{中性,室温}]{\text{活性 } MnO_2} CH_2{=}CHCHO$$

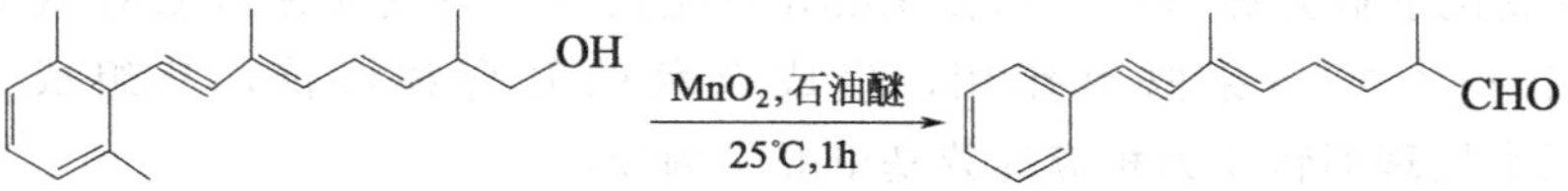

$$\xrightarrow[25℃,1h]{MnO_2,\text{石油醚}}$$

OH … CHO

2.3 铬化物氧化剂

2.3.1 概述

铬化物也是常用的氧化剂之一。常用的有重铬酸盐和三氧化铬。由于铬化物的种类不同,氧化能力有显著不同。一般铬酸氧化都在酸性水溶液中进行,将铬酸溶于水中,加入 H_2SO_4 或醋酸,氧化时,铬原子从正六价变为正三价。

$$K_2Cr_2O_7 + 4H_2SO_4 \longrightarrow K_2SO_4 + Cr_2(SO_4)_3 + 4H_2O$$

$$2H_2CrO_4 + 3H_2SO_4 \longrightarrow Cr_2(SO_4)_3 + 5H_2O$$

CrO_3 通常是它的聚合体，在水中解聚，得到铬酸。在合成中常用其稀硫酸溶液，有时加入 HOAc，以利于溶解被氧化物。

铬酸及其衍生物的氧化机理十分复杂，目前还没有完全阐明。$K_2Cr_2O_7$-H_2SO_4 或 CrO_3-H_2SO_4 的铬酸溶液为橘红色，氧化后的 Cr^{3+} 为绿色，根据颜色的变化可以确定反应进行的程度。

2.3.2 应用

(1) 芳烃的氧化

苯环对铬酸较稳定，含有苄氢的烷基苯不论烷基长短都可氧化成羧酸，反应可能是从攻击侧链的 α-C 开始的。

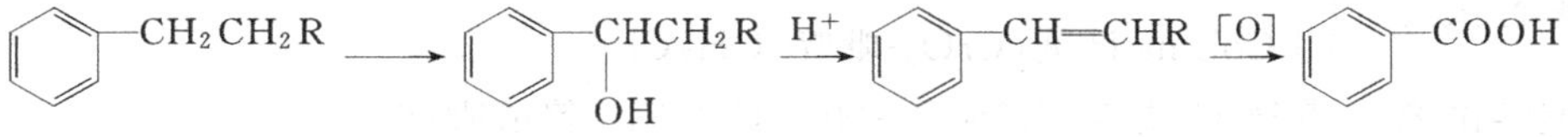

$$C_6H_5CH_2CH_2R \longrightarrow C_6H_5CH(OH)CH_2R \xrightarrow{H^+} C_6H_5CH{=}CHR \xrightarrow{[O]} C_6H_5COOH$$

芳杂环上烷基也被氧化：

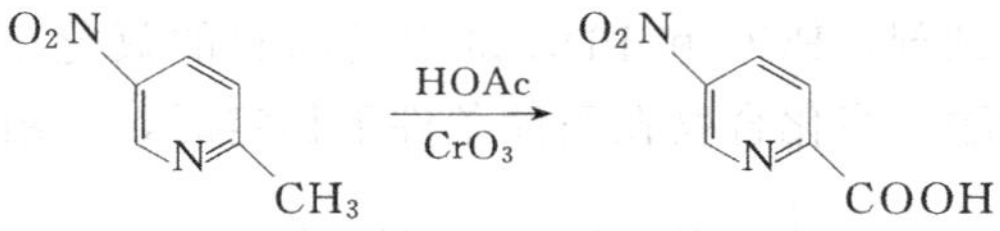

$$\xrightarrow[CrO_3]{HOAc}$$

O_2N … N … CH_3 → O_2N … N … COOH

80%

稠环芳烃在用铬酸氧化时，一般是芳环氧化成醌。

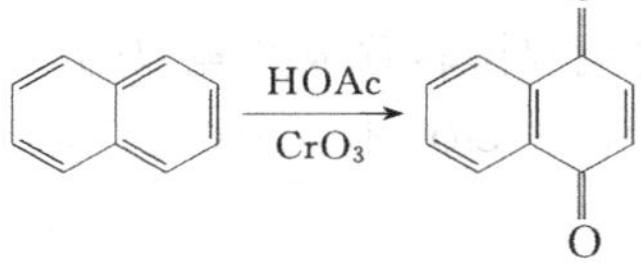

$$\xrightarrow[CrO_3]{HOAc}$$

O … O

在醋酐中，用 CrO_3 可以把芳香环或芳香杂环上的甲基氧化成醛基：

$$p\text{-}NO_2C_6H_4CH_3 \xrightarrow[(CH_3CO)_2O]{CrO_3} p\text{-}NO_2C_6H_4CHO$$

用铬酰氯氧化甲基芳烃的反应叫作 Etard 氧化反应。该反应是以 CS_2 或 CCl_4 为溶剂，甲基芳烃在 20～45℃与铬酰氯作用，生成有色的复合物沉淀，其组成为 $Ar—CH_3/2CrO_2Cl_2$，用水处理即转变为相应的芳基甲醛。例如：

$$C_6H_5—CH_3 \xrightarrow[(2)H_2O]{(1)CrO_2Cl_2,CS_2} C_6H_5—CHO \quad 90\%$$

如果芳环上有多个甲基，则只有其中一个甲基被氧化成甲酰基。例如：

$$H_3C—C_6H_4—CH_3 \xrightarrow[(2)H_2O]{(1)CrO_2Cl_2,CS_2} H_3C—C_6H_4—CHO \quad 70\%\sim80\%$$

(2) 烯烃的氧化

用铬酸对烯烃进行氧化，应用上不如高锰酸钾普遍，这是因为氧化的初步产物在酸性溶液中发生重排，使产物比较复杂，分离困难，产率不高。

(3) 醇类的氧化

铬酸氧化重要应用之一是将伯、仲醇氧化为醛、酮。饱和醇常用 $Na_2Cr_2O_7$ 和 H_2SO_4；不饱和醇用 CrO_3 和 HOAc。氧化低分子量伯醇时可不断蒸出所生成的醛，以避免继续被氧化；高分子量醇难溶于水，可用丙酮作为溶剂。

$$n\text{-}C_3H_7CH_2OH \xrightarrow{Na_2Cr_2O_7/H_2O/H_2SO_4} n\text{-}C_3H_7CHO$$

铬(Ⅵ) 氧化剂氧化醇时种类繁多：

酸性试剂 { ①铬酸(H_2CrO_4)、氧化铬(CrO_3)；②Jone's 试剂(H_2CrO_4-H_2SO_4-Me_2CO) }

微碱性试剂 { ③Sarett 试剂(CrO_3/吡啶)；④Collins 试剂(CrO_3-吡啶/CH_2Cl_2) }

微酸性试剂　⑤PCC 试剂(CrO_3-Py-HCl/CH_2Cl_2，铬酸吡啶)

中性试剂　⑥PDC 试剂($H_2Cr_2O_7$-Py，重铬酸吡啶)

Sarett 试剂、Collins 试剂、PCC 和 PDC 试剂是温和的氧化剂，可使伯醇氧化为醛类，而不再进一步被氧化成羧酸。当化合物在酸性条件下稳定时，可用 Jone's 试剂，如：

$$\text{(三环醇, OH)} \xrightarrow[20℃,3h]{H_2CrO_4\text{-}H_2SO_4\text{-}Me_2CO} \text{(三环酮, O)} \quad 80\%$$

使用碱性 Collins 试剂，可避免双键转移成共轭双烯，也可避免进一步氧化成羧酸，如：

$$\text{(二烯醇, OH)} \xrightarrow{CrO_3\text{-吡啶}/CH_2Cl_2} \text{(二烯醛, CHO)}$$

2.4 其他无机氧化剂

2.4.1 空气

毫无疑问，空气是非常廉价的氧化剂，它广泛应用于石油化工生产。少数有机化合物如甲醛、苯甲醛、油脂等可以在空气中发生自动氧化。空气氧化是自由基链反应，反应历程包括链的引发、链的传递和链的终止三个阶段。

$$R—H \xrightarrow{光/高温} R\cdot + \cdot H$$

$$R—H \xrightarrow{X\cdot（引发剂）} R\cdot + HX$$

$$R—H \xrightarrow{M^+} R\cdot + H^+ + M$$

生成的自由基再生成氢过氧化合物：

$$R\cdot + O_2 \longrightarrow R—O—O\cdot$$

$$R—O—O\cdot + R—H \longrightarrow R—O—O—H + R\cdot$$

最后氢过氧化合物在酸、碱或加热条件下分解为各种氧化产物：

$$R—O—O—H \longrightarrow ROH + HCHO$$

$$R—O—O—H \longrightarrow RCHO + MeOH$$

$$RCHO \longrightarrow RCOOH$$

将有机物的蒸气与空气的混合气体在高温下通过催化剂床层，使有机物适度氧化生成目的产物的反应叫作气-固相接触催化氧化。

气-固相接触催化氧化的特点是：①与化学氧化相比，它不消耗价格昂贵的氧化剂；②与空气液相氧化相比，它反应速率快，生产能力大，可以使被氧化物基本上完全参加反应，不需要溶剂，后处理简单，设备投资费用低；③反应温度一般要在 300℃ 以上。气-固相接触催化氧化也有如下缺点：①由于反应温度高，就要求反应原料和氧化产物在反应条件下具有足够的热稳定性，而且要求目的产物对进一步氧化有足够的化学稳定性；②很难筛选出性能良好的催化剂，例如，从对二甲苯氧化制对苯二甲酸时，容易发生脱羧副反应。

气-固相接触催化氧化法在工业上主要用于制备某些醛类、羧酸、酸酐、醌类和腈类（氨氧化法）等产品。

2.4.2 臭氧

臭氧的氧化能力比氧强。烯烃经臭氧氧化，然后还原水解，是有机物确定双键位置的经典方法，其公认的机理是由 Griegee 提出的：

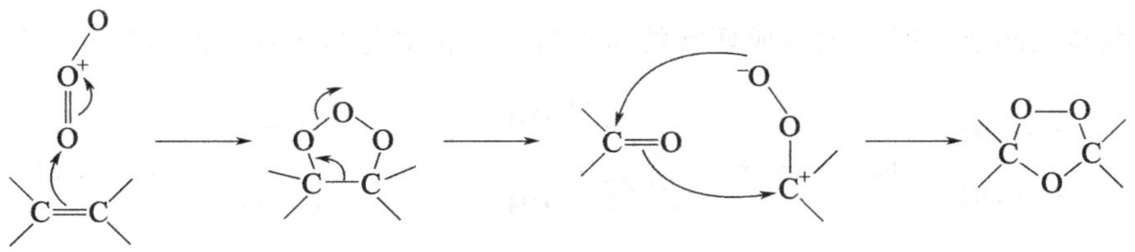

臭氧化反应在有机合成中应用于制备醛、酮和羧酸。因为臭氧只作用于碳碳双键，不影响羟基等还原基团，所以它是一个比较专一的氧化剂，产物的类型取决于烯烃的结构和所采用的方法。臭氧化物的还原是一个重要的步骤。还原剂有 Zn、HCOOH 等，H_2O_2 虽然不是还原剂，但同样能分解臭氧化合物。反应通式如下：

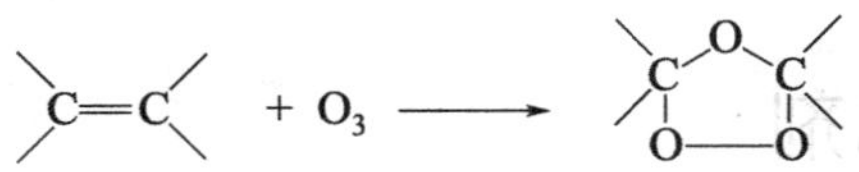

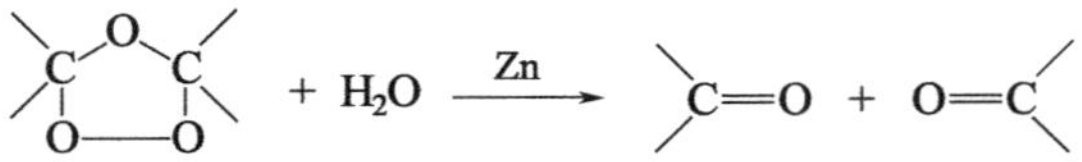

例如环己烯臭氧化生成己二酸，反应式如下：

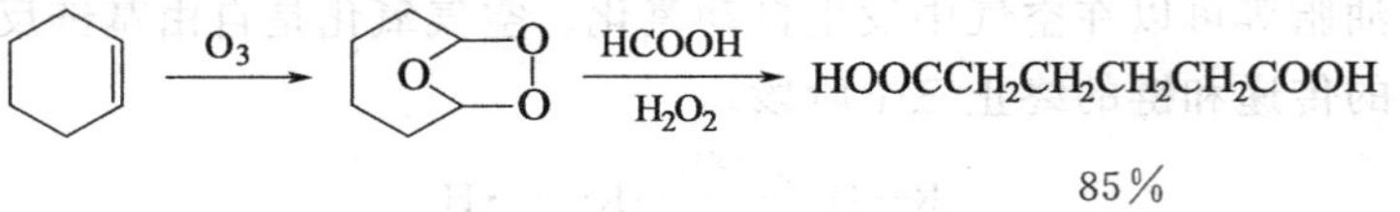

85%

芳香族化合物也能发生臭氧化反应，例如：

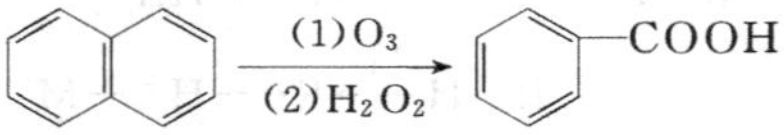

α,β-不饱和酮与酸反应时，一般生成的产物中碳原子数要比预期的少，如三环 α,β-不饱和酮反应时，生成少一个碳原子的酮酸，反应式如下：

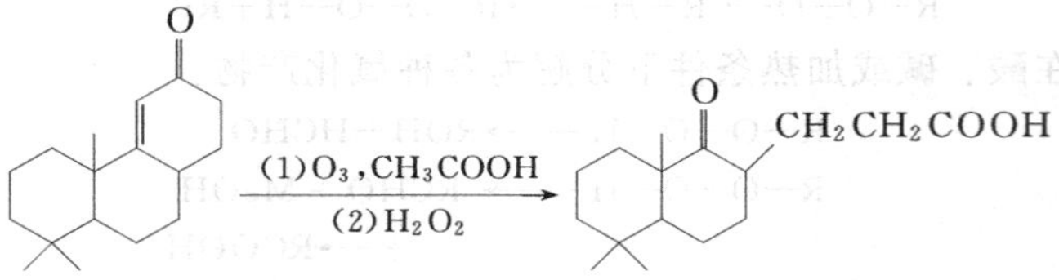

炔烃也能发生臭氧化反应，但反应速率较慢，反应生成羧酸或 α-二酮。炔醚氧化生成 α-酮酸酯。反应式如下：

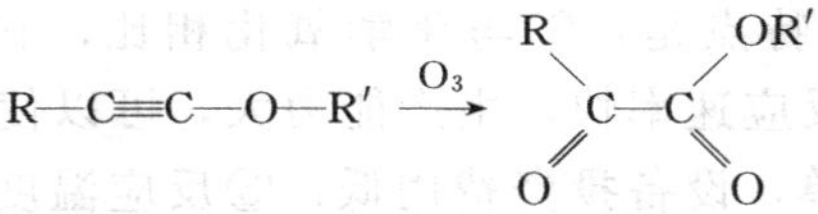

涉及臭氧化反应部分的装置必须安排在有效的通风橱中，逸出的气体即可排出。很多臭氧极不稳定，容易爆炸，因此，制备应尽可能在低温下进行。

2.4.3 高碘酸

高碘酸或高碘酸盐水溶液是 1,2-二醇氧化裂解试剂。反应常用甲醇、乙醇、乙酸或 1,4-二氧六环作溶剂。因为能定量反应，因此根据高碘酸的消耗量，可推知多元醇中所含相邻羟基的数目，根据产物可推测原化合物的结构。

$$CH_3(CH_2)_7CH(OH)-CH(OH)(CH_2)_7COOH \xrightarrow[EtOH/H_2O]{KIO_4/H_2SO_4} \underset{89\%}{CH_3(CH_2)_7CHO} + \underset{76\%}{OHC(CH_2)_7COOH}$$

高碘酸与二醇反应时，先形成环状的高碘酸酯，再氧化裂解成二醛（酮）。

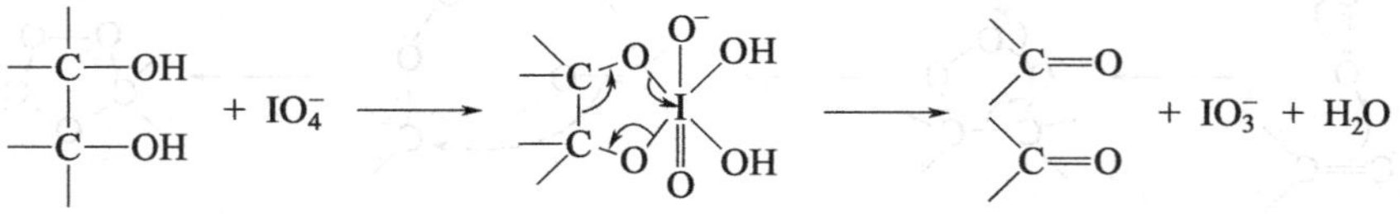

α-羟基酮、α-氨基醇、α-羟基酸、邻二酮、α-酮酸等均可发生上述类似的氧化裂解反应。α-羟基酮与高碘酸反应形成环状中间体，氧化裂解后得到一分子羧酸和一分子醛或酮。邻二酮经高碘酸氧化裂解得到两分子羧酸。

高碘酸盐（$NaIO_4$）还可以与三氯化钌催化剂配合使用。

三氯化钌一高碘酸钠能将醇或邻二醇氧化成羧酸。例如含环氧基团的伯醇被氧化成羧酸，环氧基不受影响。

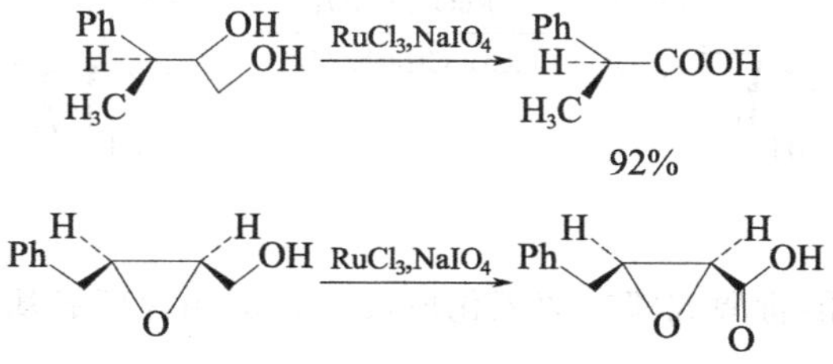
Ph
H
H3C
OH
OH
RuCl3,NaIO4
Ph
H
COOH
H3C
92%
H
Ph
H
OH
O
RuCl3,NaIO4
H
Ph
H
OH
O
O

在水合三氯化钌催化剂的催化下，高碘酸钠还可以氧化稠环芳烃芘生成芘醌。根据氧化剂用量的大小和温度的不同，可以将芘氧化为4,5-芘醌或者4,5,9,10-芘醌。由于氧化剂是无机水溶性的，故该反应为两相反应并需要搅拌过夜。

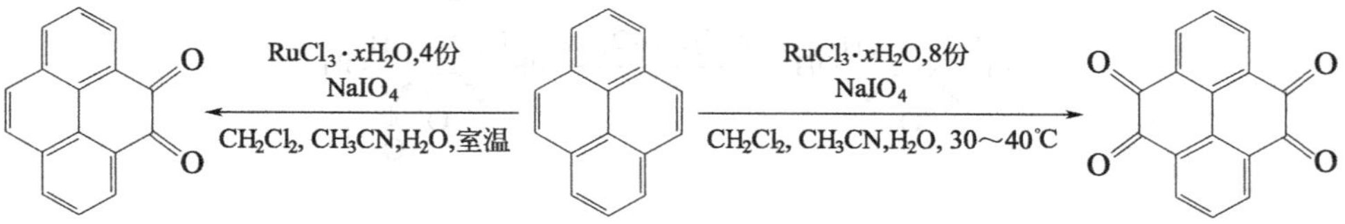
O
O
RuCl3·xH2O,4份
NaIO4
CH2Cl2, CH3CN,H2O,室温
RuCl3·xH2O,8份
NaIO4
CH2Cl2, CH3CN,H2O, 30～40℃
O
O
O
O

2.4.4 二氧化硒

二氧化硒是氧化 C—H 键最常用的氧化剂。烯丙基或苄基的 C—H 键经 SeO_2 氧化可得到烯丙基醇或羰基化合物。含氮芳环的苄甲基经 SeO_2 氧化得到醛或羧酸，芳环的氮原子并不受影响。例如：

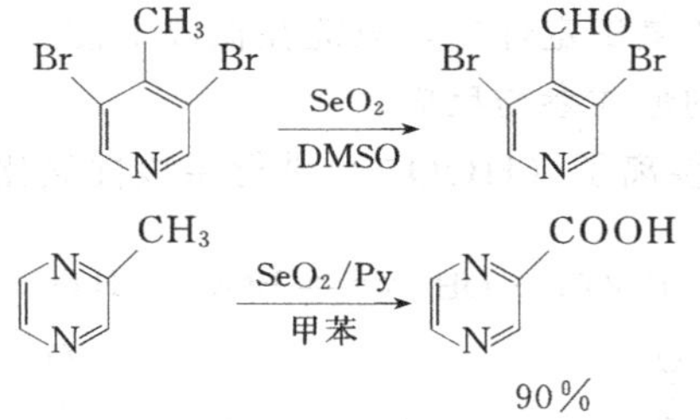
CH3
Br
Br
N
SeO2
DMSO
CHO
Br
Br
N
CH3
N
N
SeO2/Py
甲苯
COOH
N
N
90%

醛或酮的羰基化合物经 SeO_2 氧化得到邻二羰基化合物。环己酮氧化得到60%收率的环己二酮。含甲基的酮氧化得到 α-羰基醛，如苯乙酮氧化得到 α-氧代苯乙醛。反应在酸催化下变成烯醇，与 SeO_2 作用生成硒酸酯，再经过迁移、消除得到邻二羰基化合物。

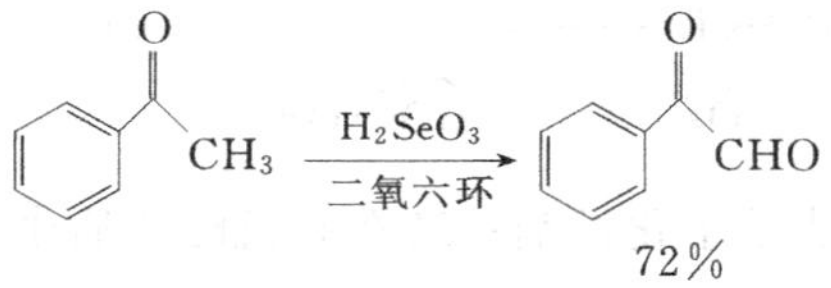
O
CH3
H2SeO3
二氧六环
O
CHO
72%

2.4.5 钌氧化剂

四氧化钌可氧化烯烃成醛、酮或羧酸。通常单独使用四氧化钌时产量不稳定，有时产率很低，如环己烯氧化成二醛仅10%。但当与高碘酸钠合并使用时，可显著提高氧化收率。四氧化钌-高碘酸钠试剂氧化能力强，氧化含有氢的双键则得到的主要产物是羧酸而不是醛。二氧化钌-高碘酸钠是较温和的氧化剂，氧化烯成酮时并不氧化仲羟基。

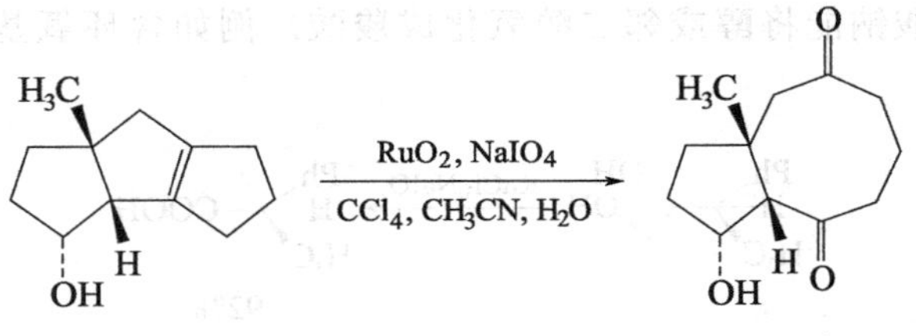

$$\xrightarrow[CCl_4,\ CH_3CN,\ H_2O]{RuO_2,\ NaIO_4}$$

53%

三氯化钌-高碘酸钠能将醇或邻二醇氧化成羧酸。例如含环氧基团的伯醇被氧化成羧酸，环氧基不受影响。

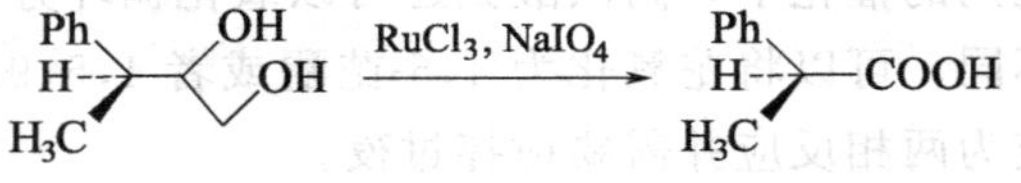

$$\xrightarrow{RuCl_3,\ NaIO_4}$$

92%

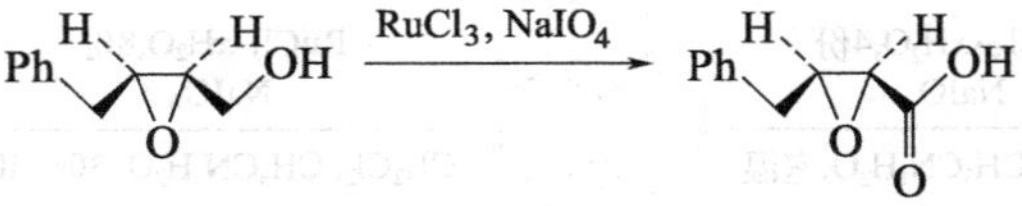

$$\xrightarrow{RuCl_3,\ NaIO_4}$$

2.5 过氧化物氧化剂

2.5.1 过氧化氢

过氧化氢具有弱酸性，是一种温和氧化剂。过氧化氢最大的优点是在反应后生成水，而无有害物质生成。但是过氧化氢稳定性差，只能在低温下使用。由于使用的催化剂及实验的条件不同，过氧化氢以不同的形式参与反应。

① 碱性条件下，以亲核性离子（HOO^-）进行亲核性氧化反应。

$$HOOH + OH^- \rightleftharpoons HOO^- + H_2O$$

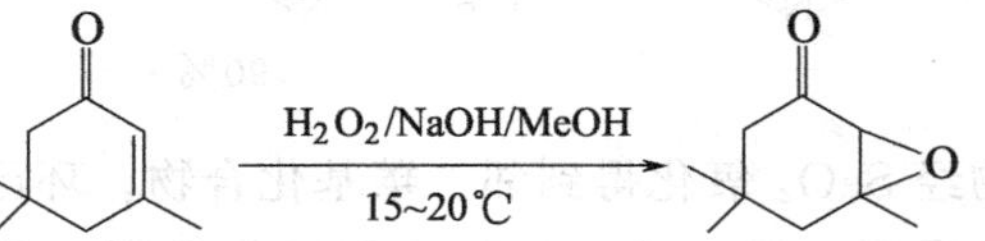

$$\xrightarrow[15\sim20℃]{H_2O_2/NaOH/MeOH}$$

反应机理为：

$$HOO^- \quad RCH{=}CH{-}\underset{\|}{\overset{}{C}}R(O) \longrightarrow RCHCH{=}CR(O^-)(HO{-}O) \longrightarrow RCH{-}CHCR(O)$$

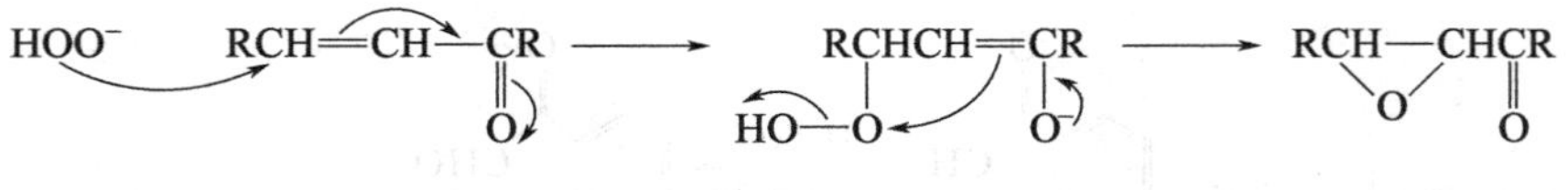

② 在强酸性条件下，生成质子化试剂；若在有机酸介质中，则生成过酸而起氧化作用。

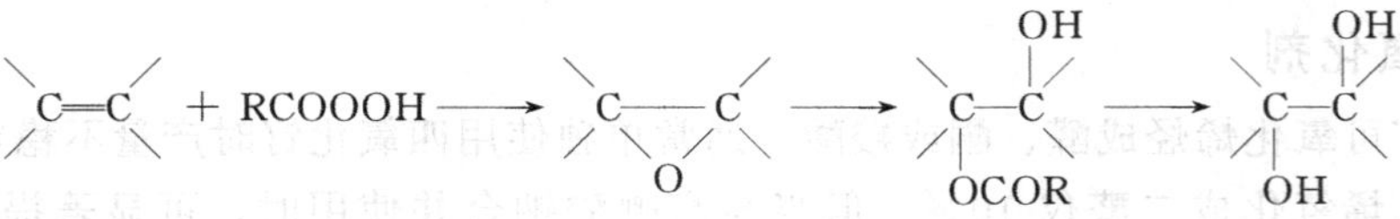

$$>C{=}C< + RCOOOH \longrightarrow >C{-}C<(O) \longrightarrow C{-}C(OH)(OCOR) \longrightarrow C{-}C(OH)(OH)$$

这是制备反式二醇的常用方法。

在工业上，过氧化氢主要用于制备有机过氧化物和环氧化物。另外，它也用于分子中杂原子的氧化，如在他唑巴坦和7-去乙酰氧基头孢烷酸的合成中均可采用过氧化氢对分子中的硫原子进行氧化。氧化吗啉的生产也是采用甲基吗啉的过氧化氢氧化的工艺，反应式如下：

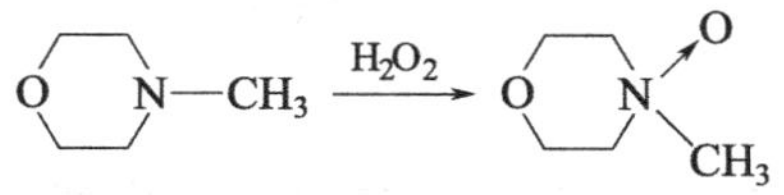

2.5.2　有机过氧酸及其酯类

有机过氧酸简称过酸，结构中具有过氧化氢基团，通式如下：

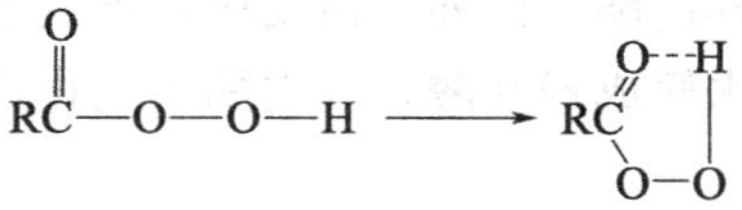

由于分子内部可以利用分子内氢键配位成环，因此比相应酸易于挥发，酸性比相应酸弱。有机过酸的应用主要是双键环氧化和羟基化，以及把羧基转化成酯基。常用的有机过氧酸有过氧甲酸、过氧乙酸、过氧苯甲酸、过氧三氟乙酸等，反应在一般惰性溶剂中进行。操作方法很简单，只要将反应物和过酸按摩尔比先分别溶在溶剂中，在低温下搅拌混合放置，到一定时间后用KI-淀粉试纸检查过酸是否消耗完毕。在反应完毕后，如果还有过剩的过酸，用 $NaHSO_3$ 等还原剂破坏过酸后再加热或蒸馏。

（1）烯烃的环氧化反应

一般烯烃都可以用过酸进行环氧化反应，为顺式加成。

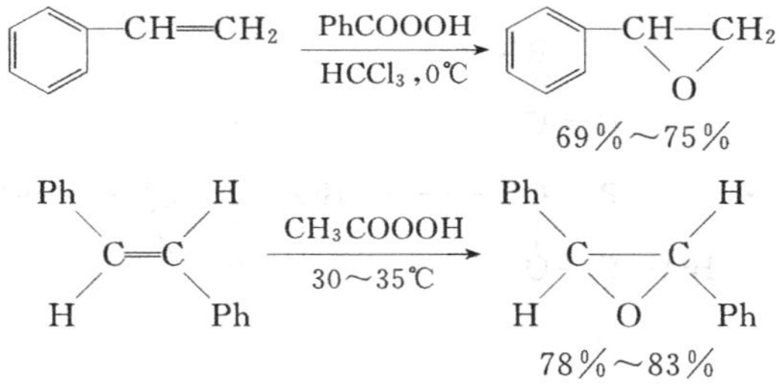

原料结构中，若有—OH、—NH_2 等易被氧化的官能团存在，则产率不高，有时不能应用。

环氧化难易取决于过氧酸中R的性质和双键的电子云密度。因为过酸是亲电试剂，所以当过酸的R为吸电子基或反应物的双键邻位有给电子基时，反应比较容易发生；所以，双键的邻位具有3～4个烃基存在，要比末端单烃基取代双键的反应快得多。相反，如果双键的邻位有吸电子基时，由于双键的电子云密度降低，反应较困难，必须要使用活性较大的过酸。例如，4-乙烯基环己烯环氧化几乎全部在二取代的双键上进行，反应式如下：

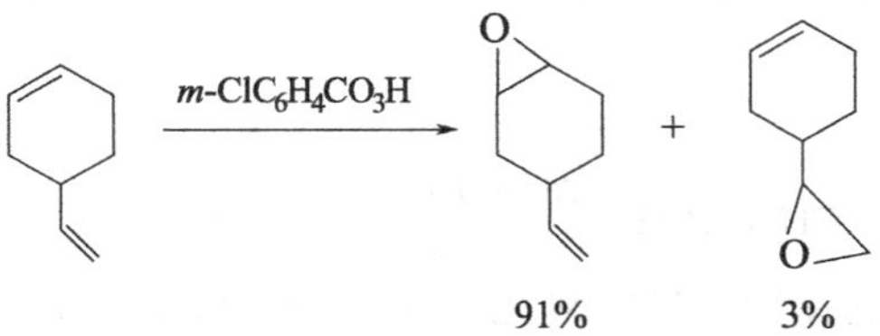

（2）邻二羟基化

过酸在强酸存在下，与烯类反应得到邻二醇。反应一般都用过甲酸或 H_2O_2 和过甲酸混合物。产物为反式加氧。

$$\text{环己烯} \xrightarrow[40\sim45^\circ C]{H_2O_2-HCOOOH} \text{反-2-甲酰氧基环己醇} \xrightarrow{H_2O} \text{反-1,2-环己二醇}$$

（3）醛、酮氧化成酯

Baeyer-Villiger 发现，许多环酮与过酸反应时生成内酯，若用有机过氧酸如过氧苯甲酸、过氧乙酸等，特别是使用间氯过氧苯甲酸进行氧化，反应条件温和，可以得到更高产率的产物。它过酸既适用于开链酮和脂环酮，也适用于芳香酮的氧化，在合成上用于制备多种甾族和萜类内酯以及中环和大环内酯。此外，该反应还提供了一种由酮制备醇的方法，即将生成的酯水解或由环酮经内酯水解成羟基酸，或内酯用氢化铝锂还原可生成二醇，而且两个羟基的位置是固定的。例如：

$$C_6H_5COCH_3 \xrightarrow[CHCl_3]{C_6H_5CO_3H} C_6H_5OCOCH_3 \xrightarrow{\text{水解}} C_6H_5OH$$

$$\text{2-甲基环戊酮} \xrightarrow[CHCl_3]{m\text{-}ClC_6H_4CO_3H} \text{6-甲基-δ-戊内酯} \xrightarrow[\text{乙醚}]{LiAlH_4} HOH_2C(CH_2)_3CH(OH)CH_3$$

甲基酮用过酸氧化为乙酸酯的反应机理为：

$$RR'C{=}O + R''C(=O)OOH \longrightarrow HO{-}CRR'{-}O{-}O{-}C(=O)R'' \longrightarrow HO{-}CRR'{-}O^+ \longrightarrow HO{-}C^+R(OR') \longrightarrow O{=}CR(OR')$$

在重排反应中，不同基团迁移的难易程度不同，一般来说，基团的亲核性越大，越易迁移。如：叔烷基＞仲烷基，苯基＞伯烷基＞甲基，对甲氧苯基＞苯基＞对硝基苯基。

2.6　有机物及盐类氧化剂

2.6.1　异丙醇铝

2′（或 1′）醇在异丙醇铝（叔丁醇铝等）的催化下，与过量酮（丙酮、环己酮）作用，羟基被氧化成羰基：

$$RR'CHOH + CH_3COCH_3 \xrightarrow{Al[OCH(CH_3)_2]_3} RCOR' + CH_3CH(OH)CH_3$$

这个反应具有良好的选择性，仅能氧化分子中的—OH，对双键无影响，因此，在分子中含有碳碳双键或其他对酸不稳定的基团时，利用此法氧化较为合适。其逆反应称为 Meerwein-Ponndorf 反应，因此，为了保证反应向正向进行，所用的丙酮必须过量。这个反应最常用于天然产物如生物碱、甾类化合物的制备，产率高达 80%～95%，操作方便。

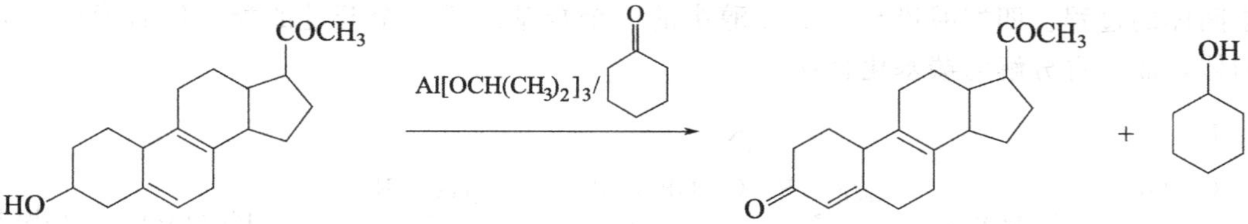

此方法也是氧化不饱和二级醇制备不饱和酮的有效方法。

$$CH_3CH(OH)CH{=}CHCH{=}C(CH_3){-}CH{=}CH_2 \xrightarrow[CH_3COCH_3/C_6H_6]{Al[OCH(CH_3)_2]_3} CH_3C(O)CH{=}CHCH{=}C(CH_3){-}CH{=}CH_2 \quad 80\%$$

2.6.2 四醋酸铅

(1) 概述

四醋酸铅是选择性很强的氧化剂，只对某些基团起作用。氧化剂可以从市场上购买到，也可以很方便地在实验室制备：

$$Pb_3O_4 + 8CH_3COOH \longrightarrow Pb(OOCCH_3)_4 + 2Pb(OOCCH_3)_2 + H_2O$$

$$Pb(OOCCH_3)_2 + Cl_2 \longrightarrow Pb(OOCCH_3)_4 + PbCl_2$$

四醋酸铅的熔点为 175～180℃，稳定性很好。

(2) 应用

主要用于邻二醇的裂解、乙酰氧基的加成和取代。按照氧化的条件，被氧化物的结构、介质性质等的不同，有自由基型和离子型两种氧化方式。

$$Pb(OOCCH_3)_4 \longrightarrow Pb(OOCCH_3)_2 + 2CH_3COO\cdot \xrightarrow{2e^-} 2CH_3COO^-$$

$$Pb(OOCCH_3)_4 \longrightarrow \overset{+}{Pb}(OOCCH_3)_3 + CH_3COO^-$$

$$\downarrow$$

$$Pb(OOCCH_3)_2 + CH_3COO\cdot \xrightarrow{2e^-} CH_3COO^-$$

不管是什么方式都是由一个四醋酸铅分子得到 2 个电子。

利用四醋酸铅氧化反应，实验操作是将被氧化物溶解在冰醋酸或苯中，慢慢加入理论量四醋酸铅，在一定温度下反应。当四醋酸铅消耗完毕时，反应液对 KI-淀粉试纸不发生显色。反应后分离产物，如果以醋酸为溶剂，可以把反应液倒入水中，滤出产物用有机溶剂提取；如果以苯为溶剂，可把析出的醋酸铅滤去，滤液用 Na_2CO_3 水溶液洗涤后，分出有机层蒸去溶剂。

四醋酸铅可以用于多种有机化合物的氧化反应，其主要的用途是 1,2-二醇、α-羟基酮、1,2-二酮以及 α-羟基酸的氧化断裂。四醋酸铅在氧化邻二醇成醛或酮时，不破坏 C═C；α-羟基酮经四醋酸铅在乙醇溶剂中氧化切断 C—C；生成醛或酯：

$$CH_2{=}CH(CH_2)_8CH(OH)CH_2OH \xrightarrow[50℃]{四醋酸铅} CH_2{=}CH(CH_2)_8CHO$$

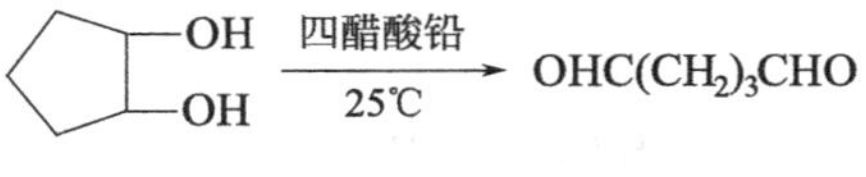

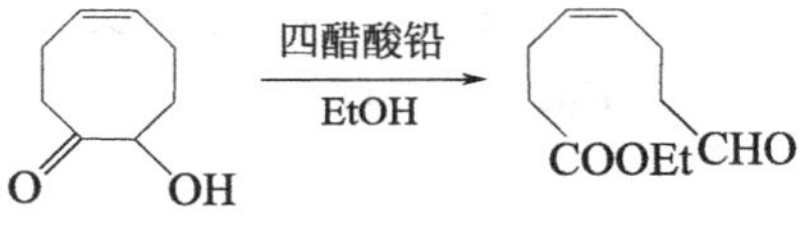

四醋酸铅只对邻二醇起作用，对 1,3-或 1,4-二醇不容易起反应，其反应过程是经过环式中间体的过程。四醋酸铅与 1,2-二醇中的一个羟基形成一个开链的酯，然后形成五元环中间体，而后再分解为羰基化合物：

$$\begin{matrix} R-\underset{R}{\overset{R}{|}}C-OH \\ R-C-OH \end{matrix} + Pb(OAc)_4 \xrightarrow{-AcOH} \begin{matrix} R-\overset{R}{C}-OPb(OAc)_3 \\ R-\underset{R}{C}-OH \end{matrix} \xrightarrow{-HOAc} \begin{matrix} R-\overset{R}{C}-O \\ R-\underset{R}{C}-O \end{matrix}\!\!>Pb(OAc)_2 \longrightarrow 2RCOR$$

2.6.3 二甲亚砜

二甲亚砜（DMSO）是实验室广泛使用的非质子性极性溶剂。近年的研究表明，它是非常有用的选择性氧化剂，能在酸、碱和脱水剂的协助下将伯、仲醇氧化为醛、酮，也能将上述醇的磺酸酯、一些活泼的卤化物如 α-卤代酸、α-卤代酸酯、苄卤、α-卤代苯乙酮等氧化为羰基化合物，而 DMSO 被还原为二甲硫醚：

$$PhCOCH_2Br \xrightarrow{DMSO} \underset{84\%}{PhCOCHO}$$

$$R_2CHOH \xrightarrow{DMSO} R_2CO$$

使用时将 DMSO、卤代烷或对甲苯磺酸酯的混合物稍加热即可。但一般需要一种质子接受体。这种氧化反应至多氧化到羰基化合物阶段，而不影响其他基团。此反应已被用于苯甲酰甲基卤化物、苄基卤化物、磺酸伯酯、伯碘化物及部分仲磺酸酯的氧化中。

伯醇或仲醇在催化剂的作用下被 DMSO 氧化成醛或酮，条件温和，产物分离简单，费用低，收率高，是近年来发展的一个新的氧化剂。各种醇在温和的条件下，与 DMSO 和草酰氯反应，然后用三乙胺处理，可以得到产率较高的羰基化合物，这是一种将敏感的醇氧化成醛的最好方法，反应机理如下：

$$(CH_3)_2S{=}O \longrightarrow (CH_3)_2S^+{-}O^- \xrightarrow{ClCOCOCl} (CH_3)_2S^+{-}O{-}COCOCl + Cl^- \longrightarrow Cl{-}S^+(CH_3)_2 + CO_2 + CO + Cl^-$$

$$Cl{-}S^+(CH_3)_2 + RCH_2OH \longrightarrow Cl^- + (CH_3)_2S^+{-}O^+(H){-}CH_2R \xrightarrow{:NEt_3} (CH_3)_2S^+{-}O{-}CH_2R \longrightarrow H_2C^-{-}S^+H(CH_3){-}O{-}CHR \longrightarrow (H_3C)_2S + RCHO$$

习　题

2.1　名词解释。

(1) 通用氧化剂　(2) 选择性氧化剂　(3) 化学选择性　(4) 区域选择性

2.2　什么是相转移催化剂，它的结构特点是什么？

2.3　简述 $KMnO_4$ 的氧化反应的一般实验方法。

2.4　简述铬化物氧化剂的应用。

2.5　简述过氧化物氧化剂的应用。

2.6　写出下列反应的主要产物

(1) 3-羟基、11-羟基、17-羟基甾体（10-Me，13-Me，Δ4 双键） $\xrightarrow{MnO_2}$

(2) $H_3C(H_2C)_7CH{=}CH(CH_2)_7COOH$（顺式，H 同侧） $\xrightarrow[0\sim10℃]{KMnO_4/NaOH/H_2O}$

(3) 对硝基甲苯（CH_3，NO_2） $\xrightarrow[(2)H_3O^+]{(1)CrO_3/AcO_2}$

(4) 菲 $\xrightarrow{K_2Cr_2O_7/H_2SO_4}$

(5) 薄荷醇丙烯酸酯（$OCOCH{=}CH_2$） $\xrightarrow[(2)Me_2S]{(1)O_3}$

(6) 苯乙酮（$C_6H_5COCH_3$） $\xrightarrow[H_2SeO_3]{SeO_2+H_2O}$

(7) $C_2H_5—\overset{O}{\overset{\|}{C}}—\overset{Ph}{\overset{|}{C}H}—CH_3$ $\xrightarrow{CH_3CO_3H+H^+}$

(8) 1,2-二甲基环己烯（CH_3，CH_3） $\xrightarrow{m\text{-}ClC_6H_4CO_3H}$

(9) 环己烯 $\xrightarrow{H_2O_2/OsO_4}$

(10) HOOC—CH=CH—COOH $\xrightarrow[C_2H_5OH/H_2O]{KMnO_4/NaOH}$

2.7 用指定原料合成目标化合物（需要其他试剂可自选）

(1) 4-烯丙基-2-甲氧基苯酚（$CH_2CH=CH_2$，OCH_3，OH）合成 4-羟基-3-甲氧基苯甲醛（CHO，OCH_3，OH）

(2) 2-甲基-1,3-丁二烯 + 丙炔酸乙酯（COOEt）合成 3-甲基苯甲酸乙酯（COOEt）

(3) 2-甲基环己酮（O）合成 HOH_2C—(CH₂)₅—CH(OH)—CH₃

第3章　还原反应

还原反应是一类重要的有机化学反应。从广义上讲，凡是反应物分子得到电子或参加反应的碳原子上的电子云密度增高的反应都称为还原反应。从狭义上来讲，凡是反应物分子的氢原子数减少的反应都称为还原反应。和氧化反应相比，还原反应更容易控制，人们对其反应规律的研究比氧化反应要深入，利用还原反应可制得种类繁多的有机化合物。

还原反应可根据操作方法和还原剂的种类不同分为两大类：①催化加氢法，在金属催化剂存在下，通入氢气进行加氢反应称为催化氢化反应；②化学还原法，使用化学物质作为还原剂所进行的反应称为化学还原反应。能供给电子的元素或者化合物为化学还原剂，和氧化剂一样，还原剂可以分为无机还原剂和有机还原剂，前者更加普遍，常用的无机还原剂有活泼金属、氢气和金属催化剂等。

3.1　催化氢化反应

催化氢化反应是指还原剂氢等在催化剂的作用下对不饱和化合物的加成反应，是有机化合物还原方法中最方便的方法之一。催化氢化反应操作简单，只要选择适当的溶剂和氢气，使反应物与催化剂一起搅拌或者振摇，反应就可以发生，利用仪器可以测量消耗氢气的量，反应结束时过滤掉催化剂，把产物从滤液中分离，通常就能得到纯度较高的产物。一般在常温常压下催化氢化反应就可以顺利进行，而特殊情况下也需要高温（100～200℃）和高压（100～300atm）条件，这时需要特殊的高压仪器。催化氢化法具有成本低、操作简单、产率高和产品质量好等优点，因此成为精细有机合成和工业生产中广泛采用的方法。

催化氢化反应可以只是简单地将氢原子加到一个或多个不饱和基团上，或者催化氢化的反应时，会伴随化学键的断裂，后者称为“氢解反应”。还有一种还原反应是将氢原子从另一个有机化合物转移到反应底物上，称为“催化氢转移反应”。

有机化学中绝大多数不饱和基团，如烯烃、炔烃、羰基、氰基、硝基和芳香环等，都可以在适当的条件下被催化还原，但是难易程度不尽相同。特别是烯丙羟基、苄基羟基以及氨基和碳-卤单键等，很容易进行氢解反应，导致碳-杂原子键的断裂，如苄氧羰基很容易催化氢解为甲苯。House 列出了一些官能团发生催化氢化反应由易到难的大致顺序为：

$$\mathrm{RCOCl}\ (\rightarrow \mathrm{RCHO}) > \mathrm{RNO_2}\ (\rightarrow \mathrm{RNH_2}) > -\mathrm{C{\equiv}C}-\ (\rightarrow -\mathrm{CH{=}CH}-) >$$

$$\mathrm{RCHO}\ (\rightarrow \mathrm{RCH_2OH}) > -\mathrm{CH{=}CH}-\ (\rightarrow -\mathrm{CH_2}-\mathrm{CH_2}-) > \mathrm{R}-\overset{\overset{\mathrm{O}}{\|}}{\mathrm{C}}-\mathrm{R}\ (\rightarrow \mathrm{RCHOHR'}) >$$

$$\mathrm{PhCH_2OR}\ (\rightarrow \mathrm{PhCH_3} + \mathrm{ROH}) > \mathrm{RCN}\ (\rightarrow \mathrm{RCH_2NH_2})\ \text{[naphthalene]} > \mathrm{RCO_2R'} > \mathrm{RCONHR'} >$$

$$\text{[benzene]} > \mathrm{RCOOH}$$

这个顺序不是固定不变的，在某种程度上会受被还原物质的结构及催化剂的影响。

3.1.1　烯烃和炔烃的氢化

烯烃中碳-碳双键的氢化反应一般很容易进行，反应条件也很温和。只有少数空间位阻大的烯烃不容易被氢还原，但是只要选择适当的条件，反应依然可以发生。常用的催化剂有钯和铂，二者都很活泼。催化剂的选择由两方面决定，一方面由烯烃的结构决定，另一方面由还原的选择性决定。一般来说，铂的还原性强，能彻底还原烯烃中所有官能团。在某些情况下，如果只想还原烯烃中碳-碳双键，可以使用 Raney 镍。例如，在 20℃的乙醇溶剂中，用 Raney 镍可以将肉桂醇还原成 3-苯基-1-丙醇。

$$\text{PhCH}{=}\text{CH}{-}\text{CH}_2\text{OH} \xrightarrow[\text{常温常压}]{\text{Raney 镍，}H_2} \text{PhCH}_2\text{CH}_2\text{CH}_2\text{OH}$$

烯烃结构对碳-碳双键的氢化反应的难易有显著影响，当取代基的数目增多或者取代基的支链增加时，都会阻碍双键在催化剂表面的吸收，从而影响反应速率。可以利用这种反应速率上的差别，选择合适的催化剂来选择性氢化位置不同的烯烃或同一烯烃分子中不同位置的碳-碳双键。

$$\xrightarrow{H_2/PtO}$$

在含有其他不饱和基团的烯烃中，也可以选择只还原碳-碳双键，但含有叁键、芳香硝基和酰卤的除外。钯通常是最好的催化剂。例如，以钯为催化剂，2-亚苄基环戊酮在甲醇中与氢气反应，得到 2-苄基环戊酮。

$$\xrightarrow[\text{MeOH}]{H_2,Pd/C}$$

烯烃与炔烃比较，在单独进行催化氢化时，烯烃比炔烃快 10～100 倍，但如果烯烃和炔烃先混合再氢化，只有当其中的炔烃都被还原成烯烃后，烯烃才开始加氢。这是由于烯烃和炔烃在催化剂表面上的吸附能力不同。但炔烃中碳-碳叁键也是属于容易还原的官能团之一，而且炔烃的催化氢化反应是一个分步的过程，通过选择适当的催化剂，可以得到烯烃或烷烃。用铂、钯或 Raney 镍可以很容易地完成炔烃的彻底还原，得到饱和化合物。当化合物中烯烃和炔烃共存时，需要把炔烃部分氢化得到 *Z*-烯烃。该反应所用的催化剂是钯、喹啉和硫酸钡催化剂（Lindlar 催化剂），这个还原反应的一个重要特点就是它们具有高度的立体选择性。

$$CH_3(CH_2)_7{-}C{\equiv}C{-}(CH_2)_7CO_2H \xrightarrow[\text{Lindlar 催化剂}]{H_2} \underset{H}{\overset{CH_3(CH_2)_7}{C}}{=}\underset{H}{\overset{(CH_2)_7CO_2H}{C}}$$

利用 Lindlar 催化剂部分还原炔烃，在含有 *Z*-二取代双键的天然产物合成中具有重要价值。

3.1.2 芳香族化合物的氢化

芳香族化合物也能进行催化氢化，得到饱和环烷烃，但是由于芳环的结构稳定，使得芳环的催化氢化还原比烯烃、炔烃要困难得多，选择性还原也不容易。在温和的条件下选用铂和铑作催化剂，而选择 Raney 镍和钌作催化剂则需要高温高压。

在乙酸溶液中，用氧化铂作催化剂可以将苯还原成环己烷。苯的衍生物如苯甲酸、苯酚或苯胺更容易地被还原。这是由于芳环上的取代基对于芳环的氢化难易程度有很大的影响，但是取代基的效应不同对氢化难易程度的影响也不同。当苯环上连有给电子基时，如—OH、—NH_2、—COOR、—COOH 等，氢化比较容易，反之，较难。

H_2，Rh/C，0.405MPa；68%～71%

环己醇是生产尼龙 6 和尼龙 66 的原料，在工业上催化氢化生产环己醇主要有两种方法：一种是苯直接氢化成环己烷，环己烷再氧化成环己酮，环己酮再还原成环己醇；另一种最便利的方法是用 Raney 镍在 150～200℃和 100～200atm 下把苯酚氢化成环己醇。对于稠环芳香化合物来说，可以通过选择反应条件来控制催化氢化反应进行的程度，得到部分或全部还原的产物。例如用 Raney 镍可以将萘转化成四氢化萘或十氢化萘，产物的种类取决于反应温度。以亚铬酸铜为催化剂，蒽和菲氢化得到 9,10-二氢化合物。

Cu_2CrO_5，H_2

Cu_2CrO_5，H_2

尽管一般意义上讲，这种催化剂对芳香环的还原并不适用。要得到更完全的氢化产物，则需要使用更活泼的催化剂。

3.1.3 醛和酮的氢化

醛和酮中的羰基容易催化氢化生成相应的醇或亚甲基，该反应比芳环更容易，但是比大多数的碳-碳双键、碳-碳叁键的还原要困难。醛酮相比较，醛比酮更容易还原；脂肪链上的羰基比苯环上羰基容易还原；而芳基上的羰基又比脂肪族上的羰基更容易还原。在有碳-碳双键存在下选择还原羰基，绝大多数情况下最好是使用负氢还原试剂。

利用铂、铑或者较活泼态的 Raney 镍，可以在温和的反应条件下将脂肪族的醛和酮还原成醇。钌是还原脂肪族醛的有效催化剂，并且可以在水溶液中使用，如：

$$C_5H_{11}CHO \xrightarrow[C_2H_5OH\text{-}H_2O]{5\%Ru/C} C_5H_{11}CH_2OH$$

利用钯还原脂肪族羰基化合物不是很活泼，但用于还原芳香醛、酮效果很好。芳香族酮用一般的催化剂进行催化加氢时如果生成苄醇，苄醇容易发生氢解反应，特别是羰基邻、对位有羟基时，在较高温或酸存在的条件下，氢解反应特别严重。所以选择铑或氧化铜做催化剂时可以避免氢解，可用此方法将芳香酮羰基还原为亚甲基。

OH O —C—CH_2CH_3 $\xrightarrow[EtOH，50℃，3atm]{Rh/Al_2O_3，H_2}$ OH —$CH_2CH_2CH_3$

3.1.4 腈、肟和硝基化合物的氢化

腈、肟和硝基化合物等含氮的多重不饱和键很容易地被催化氢化成伯胺，其中硝基化合物的还原更容易，且比烯烃或羰基的还原快。Raney 镍或任何形式的铂系金属都可以作为催化剂，选择哪种催化剂取决于分子中其他官能团的性质。例如 2-苯基乙胺类化合物，具有许多重要的生物活性，可用于合成异喹啉，它们可以方便地通过催化还原 α,β-不饱和硝基化合物而获得，反应中双键和硝基一起被氢化。

$$PhCH{=}CHNO_2 \xrightarrow[EtOH,\ H_2SO_4,\ 25^\circ C]{H_2,\ Pd/C} PhCH_2CH_2NH_2$$

再如：

$$p\text{-}O_2N\text{-}C_6H_4\text{-}CO_2Et \xrightarrow[20^\circ C,\ 1atm]{H_2\text{-}Pt} p\text{-}H_2N\text{-}C_6H_4\text{-}CO_2Et$$

使用铂或钯作催化剂，腈可以在室温下进行氢化还原，使用 Raney 镍则需要在加压条件下反应。反应需要小心操作，否则会生成大量副产物仲胺。副产物仲胺是由产物胺和中间体亚胺反应而产生的。

$$C_2H_5{-}C{\equiv}N \xrightarrow[\text{催化剂}]{H_2} C_2H_5CH{=}NH \xrightarrow[\text{催化剂}]{H_2} C_2H_5CH_2{-}NH_2$$

$$RCHO \xrightarrow{CH_3CH_2NH_2} RCH{=}NCH_2CH_3 \xrightarrow[Cat.]{H_2} RCH_2NHCH_2CH_3$$

使用钯-金属催化剂，可以在酸性介质或者乙酸酐中进行氢化反应，形成的胺以其盐或乙酸盐的形式从平衡体系中除去，从而避免上述副反应的发生。如果使用 Raney 镍作催化剂，则不能使用酸性介质；此时，可以通过加入氨水的方法来防止仲胺的生成。

将肟还原为伯胺的反应条件与腈还原的条件相似，可使用钯或铂催化剂在酸性介质中反应，或者在加压条件下使用 Raney 镍。例如：

$$n\text{-}C_6H_{13}{-}CH{=}NOH \xrightarrow[Pt]{H_2} n\text{-}C_6H_{13}CH_2{-}NH_2$$

3.2 金属与供质子剂还原

3.2.1 概述

金属，尤其是活泼金属及其合金，以及某些金属的盐类是应用十分广泛的一类还原剂。常用的金属还原剂有碱金属（Li、Na、K）、碱土金属（Ca、Zn、Mg），以及 Al、Sn、Fe 等。有时也利用金属与汞的合金称为汞齐，如钠汞齐、锌汞齐、镁汞齐、铝汞齐等。钠汞齐的活泼性不及金属钠，但铝汞齐的活泼性则超过金属铝。一般来说，汞齐可使高活泼性金属的活泼性降低，使低活泼性金属的活泼性提高。汞齐的另一种优点是增加流动性，便于操

作。常用的金属盐还原剂有 $FeSO_4$、$SnCl_2$ 等，其中起还原作用的是 Fe^{2+}、Sn^{2+} 等金属离子。常用的质子供给剂有乙醇、丙醇、叔丁醇和水等。利用金属或金属离子还原有机物在有机合成上具有重要的地位。

应用这类还原剂进行的还原反应均包括电子得失过程。金属在还原反应中所起的作用无疑是供给电子，反应所需的氢则由质子供给剂（水、醇、酸）等提供。常用的金属盐还原剂作为电子给予体是 Fe^{2+}、Sn^{2+} 等金属离子。例如：

$$Fe^{2+} \xrightarrow{-e^-} Fe^{3+}\text{；}\quad Sn^{2+} \xrightarrow{-2e^-} Sn^{4+}$$

通常情况下，金属与质子供给剂的反应越剧烈，还原效果越差，这是由于生成的质子迅速以氢气的形式而逸出反应体系的缘故。因此，活泼金属与无机酸（盐酸、硫酸等）不能作为还原剂使用。

3.2.2 碱金属

（1）钠

金属钠在醇、液氨及惰性的有机溶剂（苯、甲苯等）中均为强还原剂，可应用于还原羟基、羰基、羧基、酯基、氰基、苯和其他杂环化合物。还原时为增加钠的接触面，可将钠制成钠丝，或在甲苯中加热振荡制成钠汞齐或醇钠后使用。但是由于汞的毒性，钠汞齐已很少使用。

① 醛还原为醇　本法可顺利地将醛还原为醇：

$$Me(CH_2)_2{-}CHO \xrightarrow{1\%\,Na\text{-}Hg\text{-}H_2O} Me(CH_2)_2{-}CH_2OH$$

② 酮还原为仲醇及片呐醇　本法还原酮得到仲醇或将两个酮分子还原成片呐醇：

$$PhCOMe \xrightarrow{Na\text{-}ROH} PhCHOHMe + Ph{-}C(Me)(OH){-}C(Me)(OH){-}Ph$$

③ 羧基及其衍生物还原为醇　本法既可以还原脂肪酸和芳香酸，还可以还原各种羧酸形成的酯类。尤其在 $LiAlH_4$ 还原法问世之前，该方法广泛应用于将酯还原为伯醇，这对于制备高级脂肪醇具有重要意义。在反应过程中，应保持绝对无水，因为微量水会导致酯的水解反应，而大大降低产物的收率。在多元酸中，只有酯化了的羧基才被还原。许多邻二醇可用此法制备。本法还可以将酰胺还原为醇。

$$PhCO_2H \xrightarrow[\text{稀酸}]{Na\text{-}Hg} PhCH_2OH$$

$$\text{2-Me-C}_6H_4\text{-CONH}_2 \xrightarrow{Na\text{-}Hg\text{-}EtOH} \text{2-Me-C}_6H_4\text{-CH}_2OH$$

④ 腈还原为伯胺　本法可将腈还原为伯胺：

$$PhCH_2CN \xrightarrow{Na\text{-}EtOH} PhCH_2CH_2NH_2$$

$$NC{-}(CH_2)_4{-}CN \xrightarrow{Na\text{-}EtOH} H_2N{-}(CH_2)_6{-}NH_2$$

⑤ 苯、杂环的还原　本法可使苯与杂环化合物还原为相应的产物。

$$\text{1,3,5-trihydroxybenzene} \xrightarrow[\text{稀酸}]{\text{Na-Hg}} \text{1,3,5-cyclohexanetriol}$$

$$\text{pyridine} \xrightarrow{\text{Na-EtOH}} \text{piperidine}$$

⑥ 不饱和羰基化合物与不饱和羧酸的还原　本法可用于还原不饱和羰基化合物与不饱和羧酸中的碳-碳双键。一般只有当碳-碳双键与芳环或羰基邻近时才发生这种作用，形成相应的饱和化合物。

$$PhCH{=}CHCO_2H \xrightarrow{NaOH} PhCH{=}CHCO_2Na \xrightarrow[H^+]{Na\text{-}Hg} PhCH_2CH_2CO_2H$$

(2) Birch 还原法

碱金属（Li、Na、K）溶于液氨，再与醇组成的混合物进行的还原称 Birch 还原法。碱金属在液氨中的溶解度大小为：Li＞Na＞K。醇系作为质子供给剂。使用 Birch 还原法时应注意：完全除去常存在于未经蒸馏的液氨中的铁盐及其他杂质，因为这些杂质将促进金属氨化物的形成，从而抑制碱金属的还原作用。为了增加有机反应物在液氨中的溶解度，可在反应体系中加入干醚（除去过氧化物和水）或 THF 等溶剂。

Birch 还原法有着广泛应用，除了主要用于芳环、稠环的部分还原以外，还可以还原碳-碳不饱和键、羰基、酰氨基等。

① 芳环的部分氢化　芳环进行 Birch 还原时，芳环上的取代基会影响还原反应的速率。一般吸电子基团使芳环的电子云密度降低，增加芳环的亲电能力，加快反应速率；而供电子基团的作用则相反。芳环上取代基的电子效应还会影响还原产物的结构：吸电子基团由于形成的负离子游离基进而获得电子，并再与质子作用生成 1,4-二氢化合物；而供电子基团形成的负离子游离基则以邻位或间位的电子云密度最高，并再与质子作用生成 2,5-二氢化合物。如：

$$PhCO_2H \xrightarrow{Na\text{-}NH_3\text{-}EtOH} \text{1-H, 1-}CO_2H\text{-cyclohexa-2,5-diene}$$

② 碳-碳不饱和键的还原　共轭双键（包括与羰基或与苯环共轭的双键）较易进行 Birch 还原。如：

$$\text{enone} \xrightarrow{Na\text{-}NH_3} \text{saturated ketone}$$

③ 羰基的还原　本法可还原羰基，并根据反应物和反应条件的不同生成不同的还原产物。如：

$$\text{C}_6\text{H}_5\text{CHO} \xrightarrow[t\text{-BuOH}]{\text{Li-NH}_3} \text{C}_6\text{H}_5\text{Me}$$

(3) Benkeser 还原法

芳香族化合物等在碱金属 Li 与低分子量烷基胺（最常用的是乙胺）组成的体系中的催化氢化反应称为 Benkeser 还原法。例如：

$$\text{萘} \xrightarrow[\text{Me}_2\text{NH}]{\text{Li-EtNH}_2} \xrightarrow{\text{H}_2\text{O}} \text{(产物1)} + \text{(产物2)}$$

70%～74%

本法一般在氮气或其他惰性气体中进行，亦可将反应物溶于胺中并经电解法于电极上产生 Li，并迅速发生还原反应。如：

$$\text{苯} \xrightarrow[\text{电解}]{\text{LiCl, MeNH}_2} \text{环己烯}$$

$$C_9H_{19}CONHMe \xrightarrow[\text{电解}]{\text{LiCl, MeNH}_2} C_9H_{19}CH_2OH$$

Benkeser 还原法的还原范围与 Birch 还原法大致相同，是 Birch 还原法的改进法。

3.2.3 镁和镁汞齐

镁也是一种重要的还原剂，能参与许多还原反应。将 $HgCl_2$ 的无水丙酮溶液逐渐加入被苯覆盖的金属镁中，加热回流可制得镁汞齐。镁汞齐能还原酮为相应的仲醇，并发生双分子还原反应生成片呐醇。

$$Me_2CO \xrightarrow{\text{Mg-Hg}} Me_2C(OH)—C(OH)Me_2$$

43%～45%

$$2MeCHO \xrightarrow{\text{Mg-Hg}} Me—CHOH—CH_2CHO \longrightarrow Me—CHOH—CH_2—CH_2OH$$

3.2.4 锌与锌汞齐

锌的还原性能力随介质的变化而不同。它在中性、酸性与碱性条件下均具有还原能力，可将羰基、硝基、亚硝基、氰基、烯键、炔键等还原生成相应的还原产物。若将有机化合物与锌粉共蒸馏时，亦可起还原作用。

$$PhOH \xrightarrow[100℃]{\text{Zn 粉}} PhH$$

① 中性及微碱性介质中的还原　通常 Zn 可单独使用，或在醇液，或在 NH_4Cl、$MgCl_2$、$CaCl_2$ 的水溶液中进行。Zn-NH_4Cl、Zn-$CaCl_2$ 水溶液呈微碱性。硝基化合物在低温时用 Zn 进行中性或微碱性还原，可使还原停止在羟胺阶段。

$$PhNO_2 \xrightarrow{\text{Zn-NH}_4\text{Cl-H}_2\text{O}} PhNHOH$$

② 酸性介质中的还原　Zn 的酸性还原可在 HCl、H_2SO_4、HOAc 中进行，锌汞齐与盐酸可谓特种还原剂，可将醛、酮中的羰基还原为亚甲基，此即 Clemmensen 还原法。

锌汞齐可由锌粒与 $HgCl_2$ 在稀盐酸溶液中反应制得。锌将 Hg^{2+} 还原为 Hg，继而在锌表面形成锌汞齐。还原反应系在被活化的锌表面上进行。此法对于还原酮，尤其芳酮与芳脂混酮等效果较佳，从而是合成纯粹的侧链芳烃的良好方法。但对于醛、脂肪酮、脂环酮，则可发生双分子还原，甚至生成聚合物而使产品不纯。本法对酮酸与酮酯进行还原时，亦仅还原酮基为亚甲基（α-酮酯的酮基还原为烃基），而不影响—COOH 与—COOR。再者，为增加反应物的溶解度，有时可于反应体系中加入 EtOH 或 HOAc。

值得指出的是，本法宜用于对酸稳定的羰基化合物的还原，若被还原物为对酸敏感的羰基化合物，可改用 Wolff-Kishner-黄鸣龙法进行还原。

Zn 粉在酸性介质中还可以将—NO_2 与—CN 分别还原为—CH_2NH_2，亦用于碳-碳不饱和键的还原。如：

$$PhCOMe \xrightarrow{Zn\text{-}Hg\text{-}HCl} PhEt$$

$$MeCOCO_2Et \xrightarrow{Zn\text{-}Hg\text{-}HCl} MeCHOHCO_2Et$$

③ 碱性介质中的还原　Zn 在 NaOH 介质中可使芳香族硝基化合物还原生成氧化偶氮化合物、偶氮化合物与氢化偶氮化合物等还原产物。

氧化偶氮化合物可能是还原的中间体亚硝基化合物脱水缩合而成。

$$C_6H_5\text{—N=O} + C_6H_5\text{—N(H)—OH} \xrightarrow[-H_2O]{OH^-} C_6H_5\text{—N=N(}\rightarrow\text{O)—}C_6H_5$$

$$2\,C_6H_5\text{—}NO_2 \xrightarrow[NaOH]{Zn(适量)} C_6H_5\text{—N=N—}C_6H_5$$

$$2\,C_6H_5\text{—}NO_2 \xrightarrow[NaOH]{Zn(过量)} C_6H_5\text{—NH—NH—}C_6H_5$$

3.2.5 铁和亚铁盐

铁和酸（如 H_2SO_4、HOAc、HCl 等）共存时为强还原剂。因其价廉，广泛应用于工业上。铁粉在酸性介质中可将硝基化合物还原为伯胺。还原前可用稀酸处理铁，以提高其活性。若用经氢还原处理的铁，还原效果更佳。

硝基苯经 Fe-HCl 还原生成苯胺。铁在还原过程中供给电子（自身被氧化为 Fe_2O_3 和 Fe_3O_4），并在其表面实现电子向硝基苯的转移。此反应历程是反应中产生的负离子自由基和质子供给剂（水）提供的质子结合，最后形成还原产物。

$$Ph\text{—}\overset{+}{N}(=O)O^- \xrightarrow[e^-]{Fe} Ph\text{—}\overset{+}{N}(O^-)O^- \xrightarrow{H^+} Ph\text{—}\overset{+}{\dot{N}}(OH)O^- \xrightarrow[e^-]{Fe} Ph\text{—}\ddot{N}(OH)O^- \xrightarrow{-OH^-}$$

$$Ph\text{—}\ddot{N}\text{=O} \xrightarrow[e^-]{Fe} Ph\text{—}\ddot{N}\text{—O}^- \xrightarrow{H^+} Ph\text{—}\ddot{N}\text{—OH} \xrightarrow[e^-]{Fe}$$

$$Ph\text{—}\ddot{N}^-\text{—OH} \xrightarrow{H^+} Ph\text{—NH—OH} \xrightarrow[H^+]{Fe(e^-)} PhNH_2$$

本还原法的特点为在电解质溶液中进行的催化还原反应。在 $FeCl_2$ 的催化作用下，质子由水提供，因而仅需催化量的 HCl（理论量的 1/60～1/20）即可实现还原反应。加入的少量 HCl 仅用于维持溶液一定的 pH 值，使整个反应始终在酸性介质中进行。此乃工业上常用的方法：

$$4PhNO_2+9Fe+4H_2O \xrightarrow[FeCl_2\text{（少量）}]{HCl\text{（少量）}} 4PhNH_2+3Fe_3O_4 \quad \text{（铁泥）}$$

生成的苯胺可通过加入少量碱中和盐酸后，进行水蒸气蒸馏分离得到。但生成的大量 Fe_3O_4 铁泥较难处理。

实验室里，由于被还原物量少，可采用较多量的盐酸进行还原：

$$PhNO_2+3Fe+7HCl \longrightarrow PhNH_2 \cdot HCl+3FeCl_2+2H_2O$$

虽成本较高，但可减少生成 Fe_3O_4 的麻烦。

如：

$$\text{邻硝基甲苯（Me, } NO_2\text{）} \xrightarrow[H^+]{Fe\text{-}H_2O} \text{邻甲苯胺（Me, } NH_2\text{）}$$

亚铁盐亦用作还原剂，如 $FeSO_4$、$FeCl_2$、$Fe(OAc)_2$ 与 $(HCOO)_2Fe$ 等。

$FeSO_4$ 的还原多在 $NH_3 \cdot H_2O$ 的存在下进行。这种还原法只还原反应物中的—NO_2，而不影响其他官能团，因而成为硝基芳酮、硝基芳酸等还原的好方法。

$$\text{邻硝基苯甲醛（CHO, } NO_2\text{）} \xrightarrow{FeSO_4\text{-}NH_4OH} \text{邻氨基苯甲醛（CHO, } NH_2\text{）}$$

3.3 氢化铝锂和硼氢化钠

金属氢化物还原剂最常用的是 $LiAlH_4$、$NaBH_4$。这两种金属氢化物具有反应速率快、副反应少、收率高、反应条件温和以及选择性还原等优点，以及对某些有机物的还原甚至是“独一无二”的，因而备受人们关注。

3.3.1 氢化铝锂和硼氢化钠还原剂的特征以及还原范围

在氢化物还原剂中，$LiAlH_4$ 是强还原剂，除可将羧酸及其衍生物直接还原为醇外，还可以还原羰基化合物为醇，还原—C═C—OH、—NO_2、—CH_2X、—CH_2OTs 等其他官能团。$LiAlH_4$ 一般不还原不饱和碳-碳双键或叁键（但当不饱和键的α-或β-位有极性基团活化时，还原也可以发生）。大多数有机化合物可被 $LiAlH_4$ 还原，反应快、效率高，因此，它是一类应用十分广泛的“广谱”还原剂。

$LiAlH_4$ 可由粉末状的 LiH 与无水 $AlCl_3$ 在干醚溶剂中反应制备：

$$4LiH+AlCl_3 \longrightarrow LiAlH_4+3LiCl$$

$LiAlH_4$ 易与含活泼氢的化合物（水、醇、酸等）反应，发生分解，因而反应宜在无水的情况下进行，常用醚与 THF 为溶剂。一般是将被还原物的醚溶液加至 $LiAlH_4$ 中，有时亦将 $LiAlH_4$ 加至被还原物的溶液中。

$NaBH_4$ 为另一种重要的金属氢化物类还原剂。作用较 $LiAlH_4$ 缓和，它只能使羰基化合物或酰胺还原为醇，而不影响碳碳双键与硝基，因此选用适当的金属氢化物可对羰基化合物进行选择性还原：

$$PhCOCH_2CH_2CO_2H \xrightarrow[H_3O^+]{LiAlH_4} PhCH(OH)CH_2CH_2CH_2OH$$

$$MeCOCH_2CH_2CO_2Et \xrightarrow[H_3O^+]{NaBH_4} MeCH(OH)CH_2CH_2CO_2Et$$

$NaBH_4$ 常温下对水、醇等均较稳定，虽不溶于乙醚，却能溶于水、醇中而不会发生分解，因此可用其作为还原介质。如还原反应需要较高温度，则可改用 THF、DMSO 等为溶剂。

$NaBH_4$ 可由氢化钠与硼酸甲酯制备，其反应式为：

$$4NaH + B(OMe)_3 \longrightarrow NaBH_4 + 3NaOMe$$

$NaBH_4$ 虽为缓和的还原剂，但添加季铵盐或冠醚可提高其还原能力。

$LiAlH_4$ 和 $NaBH_4$ 都是常用的还原剂，$LiAlH_4$ 虽还原性强，具有许多优点，但由于其价格昂贵，所以工业生产上会选择价格相对便宜的 $NaBH_4$ 为还原剂。

3.3.2　还原机理

该类还原剂具有 AlH_4^- 和 BH_4^-，因而金属氢化物是很强的亲核试剂。还原反应过程中，包括负离子 H^- 向被还原物分子的转移。以羰基的还原为例，H^- 转移到羰基的碳原子上进行亲核加成，从而实现了还原为醇的过程。AlH_4^- 与 BH_4^- 中的四个氢可依次参与反应，其过程可表示如下：

$$R_2C{=}O + H{-}\bar{A}lH_3 \longrightarrow \left[R_2CH{-}O^- + AlH_3 \right] \longrightarrow R_2CH{-}O{-}\bar{A}lH_3 \xrightarrow{R_2CO} (R_2CHO)_2\bar{A}lH_2 \xrightarrow{R_2CO}$$

$$\xrightarrow{R_2CO} (R_2CHO)_3\bar{A}lH \xrightarrow{R_2CO} (R_2CHO)_4\bar{A}l \xrightarrow{H^+} 4R_2CHOH$$

在 AlH_4^- 中以第一个氢原子的作用最为强烈，其后性能依次减弱，BH_4^- 则与此相反。因此，掌握还原反应机理，人们可有效地进行选择性还原。

3.3.3　$LiAlH_4$ 的还原

（1）羧基及其衍生物的还原

$$Me_3CCO_2H \xrightarrow[Et_2O]{LiAlH_4} Me_3CCH_2OH$$

92%

$$PhCO_2Et \xrightarrow[Et_2O]{LiAlH_4} PhCH_2OH$$

$$\text{2-MeO-}C_6H_4\text{-COCl} \xrightarrow[Et_2O]{LiAlH_4} \text{2-MeO-}C_6H_4\text{-}CH_2OH$$

（2）羰基化合物的还原

$$PhCHO \xrightarrow[Et_2O]{LiAlH_4} PhCH_2OH$$

（3）硝基化合物与腈的还原

$$PhNO_2 \xrightarrow{LiAlH_4} Ph{-}N{=}N{-}Ph$$

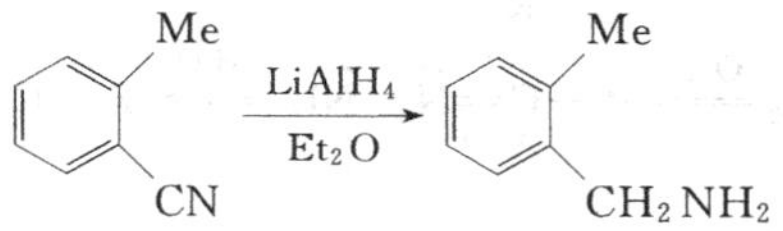

$$\text{Me, CN (邻位取代苯)} \xrightarrow[Et_2O]{LiAlH_4} \text{Me, }CH_2NH_2\text{ (邻位取代苯)}$$

3.3.4　$NaBH_4$ 的还原

（1）羰基化合物的还原

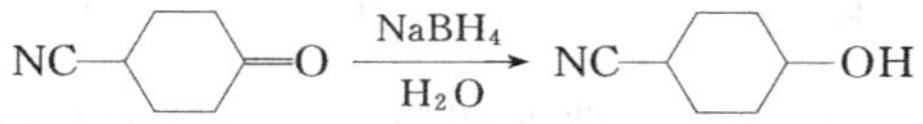

$$NC\text{-}C_6H_{10}\text{=}O \xrightarrow[H_2O]{NaBH_4} NC\text{-}C_6H_{10}\text{-}OH$$

$$PhCOCH_2Br \xrightarrow[H_2O]{NaBH_4} PhCH\ (OH)\ CH_2Br$$

（2）酸酐的还原

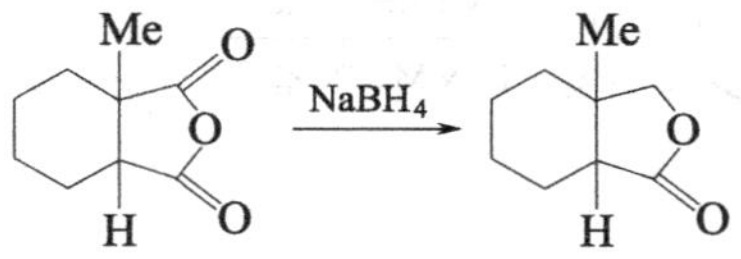

Me、H、O（环状酸酐） $\xrightarrow{NaBH_4}$ Me、H、O（内酯）

（3）酰氯的还原

$$RCOCl \xrightarrow{NaBH_4} RCHO$$

3.4　Wolff-Kishner-黄鸣龙还原法

3.4.1　还原剂的特征

Wolff-Kishner-黄鸣龙还原提供了一种将很多醛和酮的羰基还原成甲基或亚甲基的极好的方法。在最初的报道中，该反应包括用羰基化合物制备腙或缩氨基脲，然后在封管中与其他碱在200℃下加热反应。更为方便的是，Wolff-Kishner-黄鸣龙还原还可以通过在高沸点溶剂中加热羰基化合物、水合肼和氢氧化钠或氢氧化钾的混合物来进行，温度通常为180～220℃，时间为若干小时。高沸点溶剂二甘醇的使用可以促进除去生成腙后多余的肼以及水，同时缩短了反应时间（此即黄鸣龙改进法）。

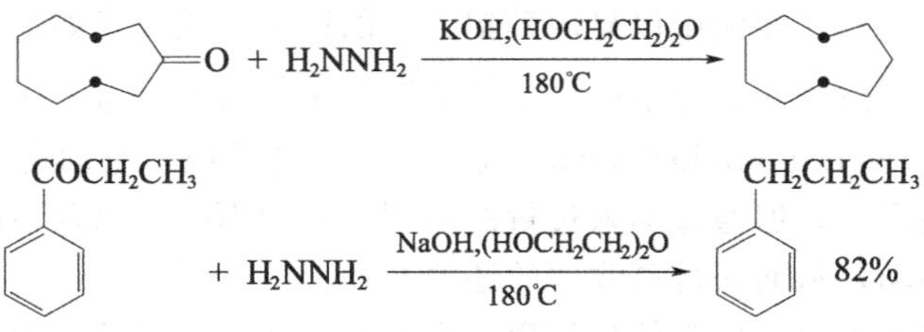

$$\text{(双环酮)}=O + H_2NNH_2 \xrightarrow[180℃]{KOH,(HOCH_2CH_2)_2O} \text{(双环烷)}$$

$$PhCOCH_2CH_3 + H_2NNH_2 \xrightarrow[180℃]{NaOH,(HOCH_2CH_2)_2O} PhCH_2CH_2CH_3\quad 82\%$$

3.4.2　还原机理

通常认为该还原反应的机理是，首先腙去质子后生成阴离子，然后是碳原子质子化和末端氮原子的去质子化，这是一个决速步骤。最后是消除一个氮分子后，碳负离子质子化得到产物。与这个机理相符合，极性非质子溶剂DMSO可以加速该反应的进行，而使用叔丁醇钾，反应甚至可以在室温下进行。

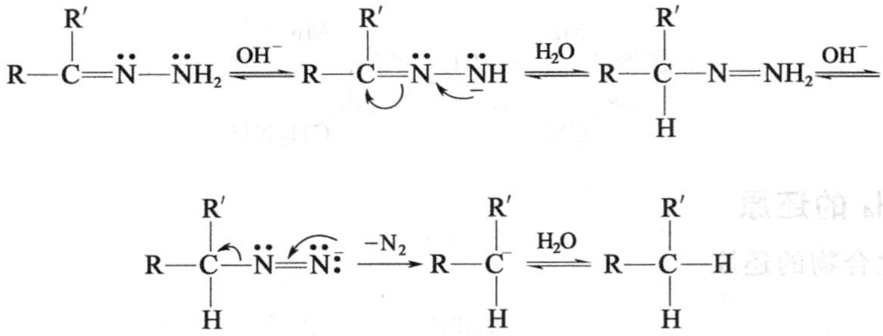

$$R-\underset{}{\overset{R'}{C}}{=}\ddot{N}-\ddot{N}H_2 \xrightleftharpoons{OH^-} R-\overset{R'}{C}{=}\ddot{N}-\ddot{N}H^- \xrightleftharpoons{H_2O} R-\underset{H}{\overset{R'}{C}}-N{=}NH_2 \xrightleftharpoons{OH^-}$$

$$R-\underset{H}{\overset{R'}{C}}-\ddot{N}{=}\ddot{N}: \xrightarrow{-N_2} R-\underset{H}{\overset{R'}{C^-}} \xrightleftharpoons{H_2O} R-\underset{H}{\overset{R'}{C}}-H$$

如果羰基化合物的 α-位有离去基，那么还原反应会同时伴随消除反应。这方面的应用是 α,β-环氧酮还原开环后生成烯丙醇。例如，酮用肼和三乙胺处理后生成烯丙醇。

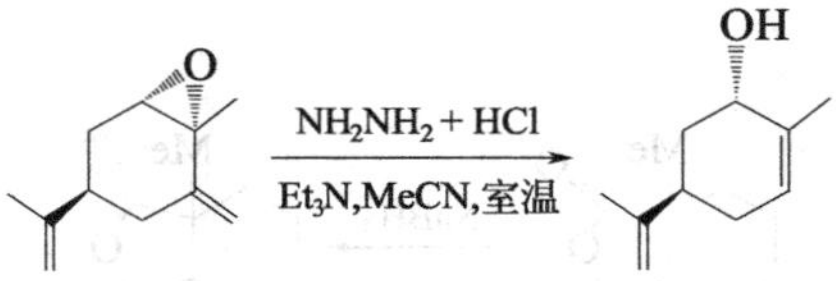

$$\xrightarrow[Et_3N,MeCN,室温]{NH_2NH_2+HCl}$$

3.5 烷氧基铝还原剂（异丙醇铝）

3.5.1 还原剂的特征

其他金属烷氧化合物也可以发生还原反应，但异丙醇铝最为合适，因为它既能溶解于醇，也能溶解于烃。另外，它的碱性较弱，不容易导致羰基化合物发生缩合等副反应。此反应可使醛还原为伯醇，酮还原为仲醇，特殊情况下可还原甲基，而对碳-碳双键、碳-碳叁键、卤素、$-NO_2$ 等基团均无还原作用，反应速率快，产率很高（80%～100%），副反应少，因此异丙醇铝也是广泛应用的还原剂之一。

异丙醇铝可用下面反应制备：

$$2Al+6Me_2CHOH \xrightarrow{HgCl_2} 2Al(OCHMe_2)_3+3H_2\uparrow$$

醇铝易于水解，因此制备醇铝的反应以及用其进行的还原反应均需在无水条件下进行。

3.5.2 还原机理

醇铝进行的还原同前面讲述的金属氢化物的还原同属负离子转移的过程。

羰基化合物在异丙醇铝溶液中以异丙醇铝进行的还原，反应式如下：

$$RCHO+Me_2CHOH \xrightleftharpoons{Al(OCHMe_2)_3} RCH_2OH+Me_2CO$$

此反应称为 Meerwein-ponndorf-verley 还原，是可逆反应，它的逆反应为 Oppenauer 氧化。该反应虽为可逆反应，但通过加入过量的溶剂——异丙醇，以及不断蒸出产物之一的丙酮，可使平衡向右移动，从而获得高收率的还原产物。

显然，异丙醇铝在本反应中起催化作用，由于反应加入过量的异丙醇，新生成的异丙醇铝可与异丙醇经交换使异丙醇铝再生重复进行还原。这样，还原反应中实际上仅需催化量的异丙醇铝就已足够。

3.5.3 实例

① 碳-碳双键、碳-碳叁键不发生还原反应

$$Me—CH=CH—CHO \xrightarrow[Me_2CHOH]{Al(OCHMe_2)_3} Me—CH=CH—CH_2OH$$

② 硝基不发生还原反应

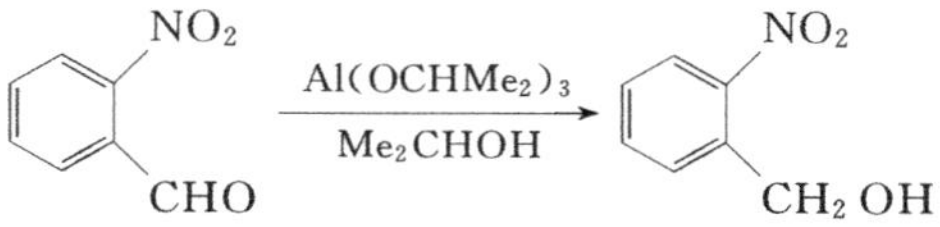

NO_2 / CHO $\xrightarrow[Me_2CHOH]{Al(OCHMe_2)_3}$ NO_2 / CH_2OH

③ 卤素不发生还原反应

$$CBr_3CHO \xrightarrow[Me_2CHOH]{Al(OCHMe_2)_3} CBr_3CH_2OH$$

④ 氯霉素合成中间体的还原，分子中的—NO_2 与—CO—NH—不发生还原反应

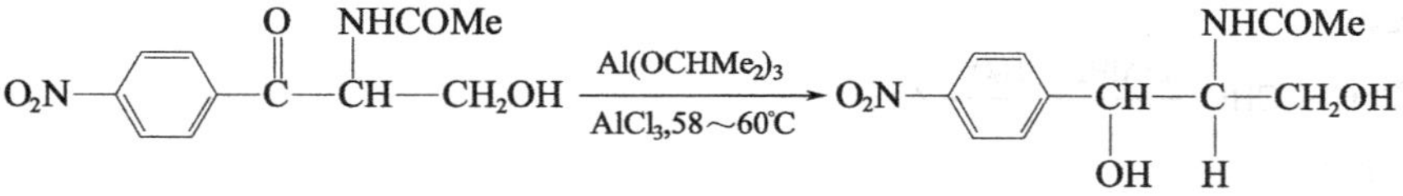

O_2N—C(=O)—CH(NHCOMe)—CH_2OH $\xrightarrow[AlCl_3, 58\sim60℃]{Al(OCHMe_2)_3}$ O_2N—CH(OH)—C(H)(NHCOMe)—CH_2OH

本反应中加入一定量的 $AlCl_3$，是由于它可与异丙醇铝生成极性较大的氯化异丙醇铝——$ClAl(OCHMe_2)_2$，从而有助于反应物羰基的极化，使环状过渡状态易形成，负离子也更易转移，从而可使还原反应加速。

⑤ 高温下，异丙醇铝经两次负离子转移可使酮基还原为亚甲基

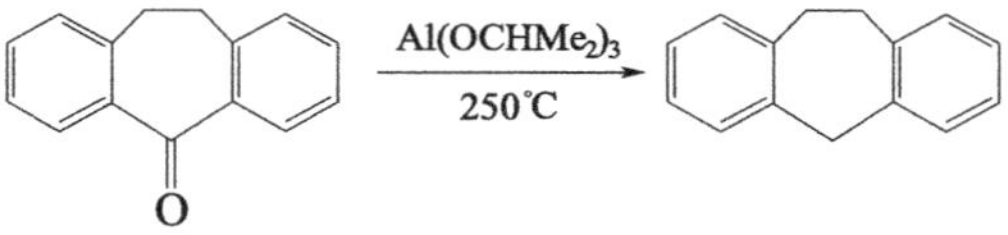

O $\xrightarrow[250℃]{Al(OCHMe_2)_3}$

习　题

3.1　写出下列反应产物的结构式。

O $\xrightarrow[Et_2O]{LiAlH_4}$

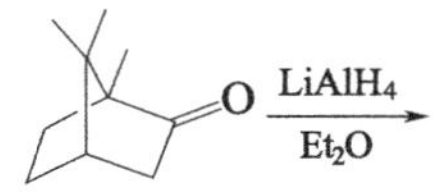

3.2　写出下列反应产物的结构式。

Br, O $\xrightarrow{Zn, AcOH}$

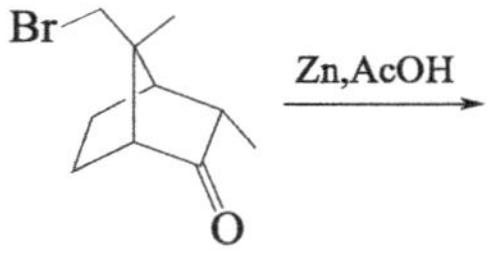

3.3　写出下列反应产物的结构式。

N, CO_2Me, Ph, $NHCO_2Bn$ $\xrightarrow[EtOAc, AcOH]{H_2, Pd}$

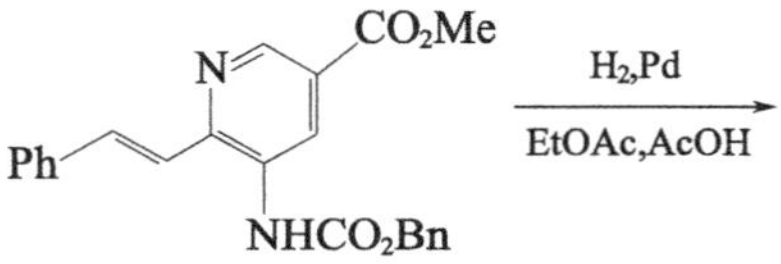

3.4　给出下列选择性还原醛所需的试剂。

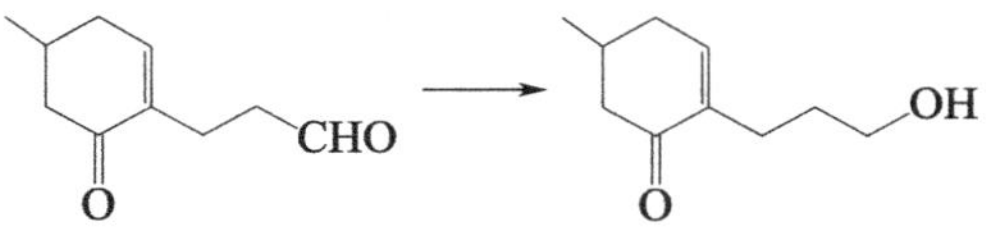

O, CHO $\longrightarrow$ O, OH

3.5　完成下列反应式。

(1) 3-甲基环己烯（CH_3 楔形键）$\xrightarrow{D_2,Pt}$

(2) 含角甲基（CH_3）的八氢萘 $\xrightarrow{D_2,Pt}$

(3) 环己烯基—CH_2NO_2 $\xrightarrow{[(C_6H_5)_3P]_3RhCl,\ D_2}$

(4) $CH_3(D)C{=}C(D)CH_3$（CH_3 与 D 反式）$\xrightarrow{H_2,\ Ni}$

(5) H—$C(C_2H_5)(CH_3)$—CHO $\xrightarrow{LiAlH_4}$ $\xrightarrow{H_2O}$?

(6) Me—CH$=$CH—CHO $\xrightarrow{LiAlH_4}$

第 4 章　烷基化反应和酰基化反应

烷基化反应是指在有机化合物分子中的碳、氮、氧等原子上引入烷基、烯基、炔基、芳基等的反应。其中以引入烷基最为重要，尤其是甲基化、乙基化和异丙基化最为普遍。广义的烷基化还包括在有机化合物分子中的碳、氮、氧原子上引入羧甲基、羟甲基、氯甲基、氰乙基等基团的反应。

在有机化合物分子中的碳、氮、氧、硫等原子上引入脂肪族或芳香族酰基的反应称为酰基化反应。酰基引入氮原子上合成酰胺类化合物；酰基引入碳原子上合成芳酮或芳醛；硫原子上引入酰基主要是合成硫酸酯类化合物；氧原子上引入酰基主要是合成酯类化合物，习惯上把这种氧酰化称为酯化反应。

4.1　常用的烷基化试剂——卤代烷

卤代烷是一类比较活泼的烷化剂，比醇的活性高许多。对于某些难烷化的芳胺，常常需要用卤代烷作烷化剂。在烷基化过程中，卤代烷的结构对反应活性有很大的影响。

卤代烷烃中烷基相同时，卤素原子不同，反应活性也不同，活性大小顺序为：

$$R—I>R—Br>R—Cl$$

卤代烷中卤素原子相同，而烷基不同时，反应活性大小顺序为：

$$\text{X} > R_3CX > R_2CHX > RCH_2X > CH_3X$$

苄氯活性最大，在少量氯化锌等不活泼的催化剂存在下即可进行反应，甚至是铝、锌这样弱的催化剂也可催化烷基化反应的发生。氯甲烷活性最差，必须用大量的氯化铝，且在加热的条件下才能与芳环发生烷基化反应。

各种卤代烷中，氯代烷是最常用的烷化剂，价廉易得，例如氯甲烷和氯乙烷等。当氯代烷不够活泼时，才使用溴代烷。如氯乙烷沸点只有 12.5℃，使用其进行烷基化反应要在镀银的高压釜中进行，而溴乙烷（沸点 38.4℃）在常压就可以进行 *N*-乙基化反应。

4.1.1　卤代烷用作 *C*-烷基化试剂

C-烷基化反应是在催化剂存在下进行的。能作为此类反应的催化剂种类很多。通常工业上使用的有两大类：一类是路易斯酸，主要是金属的卤化物，如 $AlCl_3$、$FeCl_3$、$SbCl_5$、$SnCl_4$、BF_3、$TiCl_4$ 和 $ZnCl_2$ 等，其中最常用的是三氯化铝；另一类是质子酸，其中最主要的是 HF、H_2SO_4、P_2O_5、H_3PO_4 和阳离子交换树脂。此外，还有一些其他类型的催化剂，如酸性氧化物、有机铝化合物、硅烷等。无水三氯化铝是各种 Fiedel-Crafts 反应中使用最广泛的催化剂，它由金属铝或氧化铝和焦炭定温下与氯气作用而制得，一般制成粉状或小颗粒状。无水三氯化铝具有很强的吸水性，遇水会立即分解，放出氯化氢和大量的热，同时结块并失去活性。

卤代烷的烷基化反应一般采用路易斯酸（如 $AlCl_3$、$ZnCl_2$）等作为催化剂。但这些作为催化剂的路易斯酸都必须是无水的，如果这些催化剂中含有水分，催化活性就会大大降低，甚至失去催化能力。使用三氯化铝进行催化，其活泼亲电试剂的生成可用下式表示：

$$R—Cl + AlCl_3 \rightleftharpoons \overset{\delta^+}{R}—\overset{\delta^-}{Cl:AlCl_3} \rightleftharpoons R^+ \cdots AlCl_4^-$$

分子配合物　　离子对或离子配合物

在这个过程中，三氯化铝的作用是接受电子形成带负电荷的碱性试剂，同时使卤代烷烃转变为活泼的烷基正离子，成为亲电试剂。生成的离子对再进攻芳环发生烷基化反应。

烷基化反应常常发生碳正离子的重排，即由不稳定的碳正离子重排为更稳定的碳正离子。由于碳正离子的稳定性顺序是 $R_3C^+ > R_2CH^+ > RCH_2^+$，因此伯烷不易生成 C^+，一般以分子配合物参加反应，而叔卤烷与仲卤烷则比较容易生成 R^+ 或离子对。

对于芳烃的亲电烷基化反应，其历程可表示如下：

$$C_6H_6 + R^+ \cdots AlCl_4^- \xrightleftharpoons{慢} [C_6H_6R]^+ \cdot AlCl_4^- \xrightleftharpoons{快} C_6H_5R + HCl + AlCl_3$$

由于烷基是给电子基，所以芳环上引入烷基后，芳环的电子云密度比原先的芳烃高，使芳环活化。例如苯分子中引入乙基或异丙基后，它们进一步烷基化的速率比苯快 1.5～3.0 倍。因此苯在烷基化时生成的单烷基苯很容易进一步烷基化成为二烷基苯或多烷基苯。通常单烷基苯的烷基化速率比苯快，当苯环上取代的烷基数目增多后，反应速率变慢。为了控制三烷基苯和多烷基苯的生成量，需要控制反应原料苯和烷基化剂的用量比，常使苯过量较多，反应后再加以回收利用。

苄基氯分子中的氯比较活泼，在酸性催化剂的存在下，可向芳环引入苄基。例如，在苯和氯化锌水溶液中滴加苄基氯，可得到医药中间体二苯甲烷：

$$C_6H_5CH_2Cl + C_6H_6 \xrightarrow[70\sim75℃]{ZnCl_2\ 水解液} C_6H_5—CH_2—C_6H_5$$

用同样的方法可以从 4-氯苄基氯和苯制得医药中间体 4-氯二苯甲烷。

用氯乙酸的 *C*-烷基化反应可在芳环上引入羧甲基，用铝粉作催化剂。例如，精萘、氯乙酸和铝粉在 185～218℃下搅拌 5h，即得到农药和医药中间体萘乙酸：

$$C_{10}H_8 + ClCH_2COOH \xrightarrow[185\sim218℃]{铝粉} C_{10}H_7CH_2COOH + HCl$$

用四氯化碳进行 *C*-烷基化可用于制备二苯甲烷和三苯甲烷的衍生物。如将氟苯和四氯化碳在无水条件及氯化铝存在下，在−5～0℃反应 3h，即可成二(4-氟苯基)二氯甲烷，将该产物在水中加热，水解制成医药中间体 4,4′-二氟-二苯甲酮：

$$2\ F—C_6H_5 + CCl_4 \xrightarrow[-5\sim0℃]{AlCl_3} F—C_6H_4—CCl_2—C_6H_4—F + 2HCl$$

$$F—C_6H_4—CCl_2—C_6H_4—F + H_2O \xrightarrow{加热} F—C_6H_4—CO—C_6H_4—F + 2HCl$$

氯代正十二烷与二苯醚在无水三氯化铝存在下，60℃搅拌 6h，可制得 4-十二烷基二苯醚。它的二磺酸是阴离子表面活性剂。

$$C_{12}H_{25}Cl + C_6H_5{-}O{-}C_6H_5 \xrightarrow[60℃]{AlCl_3} C_{12}H_{25}{-}C_6H_4{-}O{-}C_6H_5 + HCl$$

在芳环上引入叔丁基时，一般用异丁烯（沸点−6.8℃）作 *C*-烷化剂，但是在制备小批量精细化工产品时常用氯代叔丁烷作 *C*-烷化剂。例如，萘和氯代叔丁烷在无水 $AlCl_3$ 存在下，30℃反应，得到 2,6-二叔丁基萘和 2,7-二叔丁基萘的混合物。

$$C_{10}H_8 \xrightarrow[AlCl_3,30℃]{(CH_3)_3CCl} 2,6\text{-}[(CH_3)_3C]_2C_{10}H_6 + 2,7\text{-}[(CH_3)_3C]_2C_{10}H_6$$

用类似的方法可以从甲苯和氯代叔丁烷制得对叔丁基甲苯：

$$H_3C{-}C_6H_5 \xrightarrow[AlCl_3]{(CH_3)_3CCl} H_3C{-}C_6H_4{-}C(CH_3)_3$$

C-烷基可发生重排，反应中的烷基正离子可重排成较为稳定形式的烷基正离子。例如：

$$C_6H_6 + CH_3CH_2CH_2Cl \xrightarrow{AlCl_3} \underset{70\%}{C_6H_5{-}CH(CH_3)_2} + \underset{30\%}{C_6H_5{-}CH_2CH_2CH_3}$$

用碳链更长的卤代烷或烯烃与苯进行烷基化反应时，烷基正离子重排的现象就更加突出，生成的烷基化产物异构体的种类也增多。

C-烷基化是可逆反应，烷基苯在强酸催化剂存在下能发生烷基的转移或歧化，苯环上的烷基可以从一个位置转移到另一个位置，或者烷基可以从一个分子转移到另一个分子上。当苯不足量时，有利于生成二烷基苯或多烷基苯；当苯过量时，则有利于发生烷基的转移，使多烷基苯向单烷基苯转化。

$$C_6H_6 + C_6H_4R{-}R \rightleftharpoons 2\,C_6H_5R$$

在一个饱和碳原子上，若连有某些不饱和官能团如硝基、羰基、氰基、酯基或苯基时，与该官能团相连的碳上的氢都具有一定的酸性。或者说这个饱和碳原子由于它们的存在而被活化了，故这类化合物被称为活泼亚甲基化合物。

含活泼亚甲基氢的化合物如乙酰乙酸乙酯、丙二酸二乙酯、2,4-戊二酮等与卤代烷的 *C*-烷化反应可用于制备其 α-H 被烃基取代的衍生物。亚甲基上的活泼氢在强碱作用下脱质子形成的碳负离子，再与卤烷发生亲核取代反应而使亚甲基氢被一个或两个烷基所取代。

例如，将丙二酸二乙酯、乙醇钠的乙醇溶液，加热至回流，慢慢滴加氯丁烷，回流 2h，然后常压回收乙醇，经后处理得丁基丙二酸二乙酯。

$$C_2H_5ONa + H_2C(COOC_2H_5)_2 \xrightleftharpoons{\text{脱质子}} C_2H_5OH + {}^{+}Na\ {}^{-}CH(COOC_2H_5)_2$$

$$C_4H_9Cl + \underset{H}{\overset{^+Na}{}} \overset{COOC_2H_5}{\underset{COOC_2H_5}{C^-}} \xrightarrow{\text{亲核取代}} \underset{H}{\overset{C_4H_9}{}} \overset{COOC_2H_5}{\underset{COOC_2H_5}{C}} + NaCl$$

当亚甲基上有两个活泼氢时，可以在亚甲基上依次引入一个或两个烷基。在引入两个不同的烷基时，应该先引入高碳的伯烷基，再引入低碳的伯烷基。或先引入伯烷基，后引入仲烷基，因为仲烷基的空间位阻比伯烷基大，而仲烷基丙二酸二乙酯的酸性比伯烷基丙二酸二乙酯低。

亚甲基上所连基团的吸电子能力越强，则亚甲基上氢的酸性越大。如 β-二酮（或称 1，3-二酮）类化合物大都具有足够的酸性，用碱金属氢氧化物或碱金属碳酸盐就可以生成烯醇盐，与卤代烷发生烷基化反应。例如：

$$CH_3COCH_2COCH_3 + CH_3I \xrightarrow[\text{回流}]{K_2CO_3,\text{丙酮}} CH_3CO\underset{\underset{CH_3}{|}}{C}HCOCH_3$$

75%～77%

4.1.2　卤代烷烃用作 N-烷基化剂

脂肪族、芳香族胺或氨中氮原子上的氢被烷基取代，或者通过加成而在氮原子上引入烷基的反应都称为 N-烷基化反应。这是制取各种脂肪族和芳香族伯、仲、叔胺的主要方法，在工业上应用十分广泛，反应通式如下：

$$NH_3 + R—Z \longrightarrow RNH_2 + HZ$$

$$R'NH_2 + R—Z \longrightarrow R'NHR + HZ$$

$$R'NHR'' + R—Z \longrightarrow R'NRR'' + HZ$$

式中，R—Z 代表烷基化剂，包括醇、卤烷、酯等化合物；R、R′、R″代表烷基；Z 则代表—OH、—Cl、$—OSO_3H$ 等基团。

N-烷基化剂的种类很多，常用的烷基化试剂有卤代烷、醇、醚、酯、环氧化合物、烯烃、醛和酮等。卤代烷烃是 N-烷基化常用的烷基化试剂，其反应活性较醇强，但价格比相应的醇高，对于需要引入长碳链的烷基，以及较难烷基化的胺类，如芳胺的磺酸或硝基衍生物，都要求采用卤代烷作烷基化剂。采用芳香族卤代烃为烷基化试剂时，卤素的邻位或对位有强烈吸电子取代基（如硝基）时，烷基化容易发生。

卤代烷进行的 N-烷基化反应是不可逆的。烷化反应时生成的卤化氢会与芳胺生成盐，而芳胺的盐难以烷化，为了避免这个不利影响，在 N-烷化时通常要加入与卤烷等当量的缚酸剂，例如 NaOH、Na_2CO_3、$NaHCO_3$、$Fe(OH)_2$、$Ca(OH)_2$ 和 MgO 等。若采用活泼的卤烷，在无水状态下烷化时可以不加缚酸剂，烷化完毕后，再用碱处理，得到游离胺。这种方法可以避免卤烷的水解损失。

分子量小的卤代烷活性高于分子量大的卤烷，烷基相同时不同卤代烷反应活性由大到小的顺序为：碘代烷＞溴代烷＞氯代烷＞氟代烷。需要在胺中引入长碳链烷基时，有时需要选用溴代烷。碘代烷的价格比较昂贵，限制了它的应用，一般只限于在实验室中使用。

一般不直接采用叔卤代烷进行反应，因叔卤代烷常常会发生严重的消除反应，生成大量的烯烃。芳香族卤代烷反应活性较差，较难进行烷基化反应，往往要在强烈的反应条件下或芳环上有其他活化取代基存在时，才能进行。常用的催化剂是铜盐。如甲胺与氯苯烷基化的反应就是在高温高压下进行的：

$$CH_3NH_2 + C_6H_5Cl \xrightarrow{\text{铜盐}} C_6H_5NHCH_3$$

卤代烷的烷基化反应可在水中进行，反应生成的大多是仲胺与叔胺的混合物，为了制备仲胺，则必须使用大大过量的伯胺，以抑制叔胺的生成。

溴代烷与苯胺［摩尔比为 1∶(2.5～4)］混合物共热 6～12h，即可得到相应的 *N*-丙基苯胺、*N*-异丙基苯胺或 *N*-异丁基苯胺。

如：用苯胺和氯乙烷置于装有氢氧化钠溶液的高压釜中，升温至 120℃，压力为 1.2MPa 时，靠反应热可自行升温至 210～230℃，压力 4.5～5.5MPa，反应 3h，即可完成烷基化反应。

$$C_6H_5NH_2 + C_2H_5Cl \xrightarrow[120\sim220℃]{NaOH} C_6H_5N(C_2H_5)_2 + HCl$$

N-乙基苯胺或 *N*-氰乙基苯胺在 90～100℃下与氯化苄作用，可得到相应的苄基衍生物。

$$C_6H_5NHC_2H_5 + C_6H_5CH_2Cl \longrightarrow C_2H_5N(C_6H_5)—CH_2—C_6H_5$$

$$C_6H_5NHCH_2CH_2CN + C_6H_5CH_2Cl \longrightarrow NCCH_2CH_2N(C_6H_5)—CH_2—C_6H_5$$

N,*N*-二甲基十八胺的苄基化产物是重要的阳离子表面活性剂，制备的反应式如下：

$$C_{18}H_{37}—N(CH_3)_2 + ClCH_2C_6H_5 \longrightarrow C_{18}H_{37}—N^{+}(CH_3)_2—CH_2C_6H_5Cl^{-}$$

在镀银高压釜中加入间氨基苯磺酸钠水溶液和氯乙烷，升温至釜内压力至 1.4～1.5MPa，加入氢氧化钠水溶液，保持反应液近中性，最后升温至 130～140℃，压力 2.0～2.5MPa 到反应结束。将烷化液用 NaOH 处理，静置分层，下层为 NaOH 水溶液，上层为 *N*,*N*-二乙基间氨基苯磺酸钠水溶液，分出后可直接用于碱熔制备 *N*,*N*-二乙基间羟基苯胺。

$$m\text{-}H_2NC_6H_4SO_3Na + C_2H_5Cl \xrightarrow[130\sim140℃]{2\sim2.5MPa} m\text{-}(C_2H_5)_2NC_6H_4SO_3Na \xrightarrow[300℃]{NaOH} m\text{-}(C_2H_5)_2NC_6H_4OH$$

4.1.3　卤代烷用作 O-烷基化试剂

O-烷基化反应是制备醚的方法之一。许多芳醚的制备不宜采用烷氧基化的合成路线，而需要采用酚羟基化（即 O-烷基化）的合成路线。芳环上的羟基一般不够活泼，所以需要使用活泼的烷基化剂，例如氯甲烷、氯乙烷、氯乙酸、氯苄、硫酸酯等。

卤代烷的 O-烷基化是亲核取代反应，卤代烷是亲核试剂。对于被烷基化的醇或酚来说，它们的负离子 R—O⁻ 的反应活性远远大于醇或酚本身的活性。因此，通常都是先将醇或酚与氢氧化钠、氢氧化钾或金属钠相作用生成醇钠或酚钠，然后再与卤代烷反应。

$$ROH + NaOH \longrightarrow RO^-Na^+ + H_2O$$

$$RO^-Na^+ + XAlk \longrightarrow ROAlk + NaX$$

式中，R 表示烷基或芳基；Alk 表示烷基，X 表示卤素。所用的碱又称做“缚酸剂”。当酚和卤代烷都比较活泼时，O-烷基化可以在水介质中进行，必要时可加入相转移催化剂。当醇和卤代烷都不活泼时，要先将醇制成无水醇钠或醇钾，再与卤代烷反应，即可得到良好的结果。

如果使用的卤代烷沸点较高，则需要在高压釜中进行。如在高压釜中加入 NaOH 水溶液和对苯二酚，再压入氯甲烷气体，密闭逐渐升温至 120℃保温 3h。处理后对苯二甲醚的收率可达 83%。

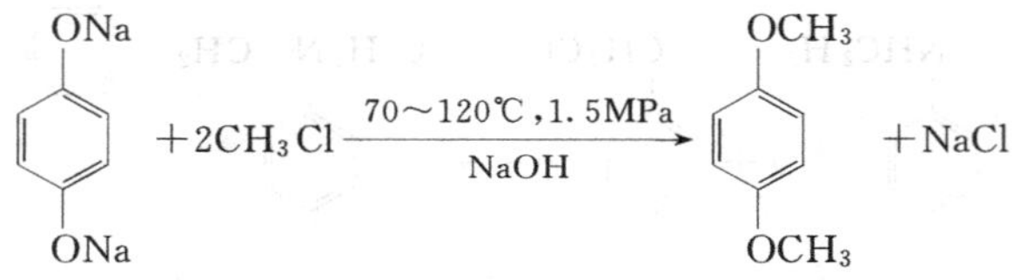

$$p\text{-}C_6H_4(ONa)_2 + 2CH_3Cl \xrightarrow[NaOH]{70\sim120℃,\,1.5MPa} p\text{-}C_6H_4(OCH_3)_2 + NaCl$$

在氢氧化钾和相转移催化剂聚乙二醇-400 存在下，酚类与卤代烷的反应非常顺利，如：

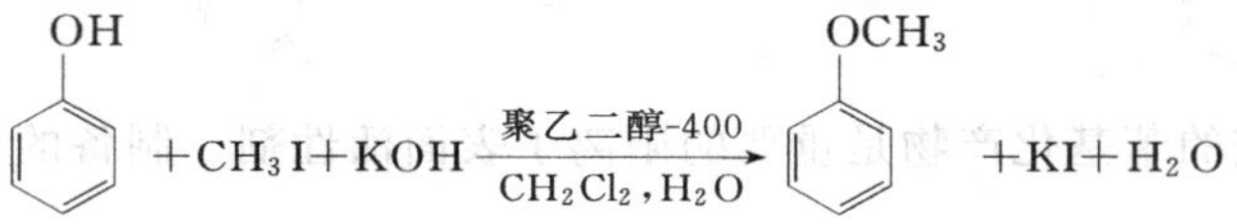

$$C_6H_5OH + CH_3I + KOH \xrightarrow[CH_2Cl_2,\,H_2O]{\text{聚乙二醇-400}} C_6H_5OCH_3 + KI + H_2O$$

用氯乙酸作烷基化剂可用于制备苯氧乙酸类的化合物。如将苯酚、氯乙酸和 NaOH 在甲苯-水、相转移催化剂存在下，85℃反应 6h，分离出水相，酸化即可析出苯氧乙酸钠，收率为 84%。

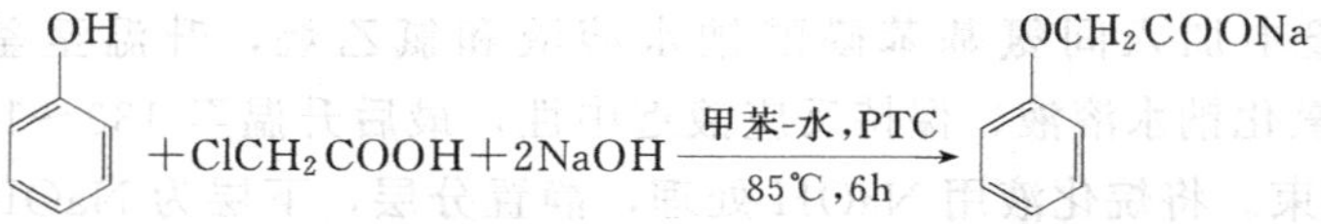

$$C_6H_5OH + ClCH_2COOH + 2NaOH \xrightarrow[85℃,\,6h]{\text{甲苯-水},\,PTC} C_6H_5OCH_2COONa$$

用卤代烷作烷基化试剂进行的烷基化反应，是一类非常重要的反应。用这一类反应可制备一些重要的酚醚，如：

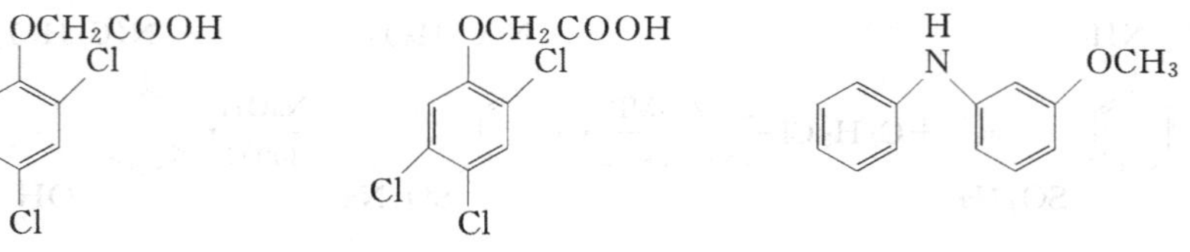

(2,4-二氯苯氧乙酸：OCH_2COOH，Cl，Cl)　(2,4,5-三氯苯氧乙酸：OCH_2COOH，Cl，Cl，Cl)　(3-甲氧基二苯胺：H N，OCH_3)

4.2 常用的烷基化试剂——硫酸酯和磺酸酯

硫酸酯和芳磺酸酯都是很强的烷基化剂，这类烷基化剂的沸点较高，反应可在常压下进行。但由于酯类的价格比醇和卤代烷都高，其实际应用不如醇和卤代烷广泛。

4.2.1 硫酸酯和磺酸酯用作 N-烷基化试剂

硫酸二烷基酯、芳磺酸烷基酯和磷酸三烷基酯等强酸的烷基酯都是活泼的 N-烷化剂，主要用于制备价格贵、产量小的 N-烷化产物。

在这些酯类中，可以代替卤代烷，具有实用价值的是硫酸二甲酯，其 N-烷基化的反应式如下：

$$R'NH_2+CH_3OSO_2OCH_3 \longrightarrow R'NHCH_3+CH_3OSO_2OH$$

$$R'NH_2+CH_3OSO_2ONa \longrightarrow R'NHCH_3+NaHSO_4$$

由于甲基硫酸钠的烷化能力弱，通常只利用硫酸二甲酯中的一个甲基参加 N-甲基化反应。

硫酸的中性酯很容易释放出第一个烷基，而要释放出第二个烷基则比较困难。当分子中有多个氮原子时，可以根据各氮原子的碱性不同，选择性地只对一个氮原子进行 N-烷基化。使用硫酸二甲酯的 N-甲基化，一般是在水介质中缚酸剂存在下进行，或者在无水有机溶剂中进行。硫酸二甲酯的优点是它可以只让氨基烷化而不影响芳环中的羟基。

例如：对甲苯胺与硫酸二甲酯于 50～60℃时，在碳酸钠、硫酸钠和少量水存在的条件下，烷基化生成 N,N-二甲基对甲苯胺，收率可达 95%。同样，由其他相应的芳胺可制备 N,N-二甲基邻甲苯胺和 N,N-二甲基对氯苯胺。

$$p\text{-}CH_3C_6H_4NH_2+CH_3OSO_2OCH_3 \xrightarrow[50\sim60℃]{Na_2CO_3,Na_2SO_4,H_2O(少量)} p\text{-}CH_3C_6H_4N(CH_3)_2$$

芳磺酸酯也是一种强烷基化剂。烷基化用的芳磺酸酯应在反应前制备，由芳磺酰氯与相应的醇在氢氧化钠存在下于低温反应，即成为芳磺酸酯。芳磺酸酯用于芳胺烷基化的反应通式为：

$$ArNH_2+ROSO_2Ar' \longrightarrow ArNHR+Ar'SO_3H$$

芳磺酸酯进行的烷基化反应过程中伴随着一分子芳磺酸的生成，因此在用芳磺酸酯对芳胺进行烷基化时，需要消耗比理论量更多的芳胺，多余的芳胺用于中和反应中生成的芳磺酸。

4.2.2 硫酸酯和磺酸酯用作 O-烷基化试剂

在碱性催化剂存在下，硫酸酯与酚、醇在室温下即可顺利反应，得到收率良好的醚类化合物。例如：苯酚与硫酸二甲酯在氢氧化钠存在下，在 10℃时即可得到苯甲醚，产率可达 72%～75%。

$$C_6H_5OH+(CH_3)_2SO_4 \xrightarrow[10℃]{NaOH} C_6H_5OCH_3+CH_3OSO_3Na$$

$$\text{C}_6\text{H}_5\text{CH}_2\text{CH}_2\text{OH} + (\text{CH}_3)_2\text{SO}_4 \xrightarrow[\text{NaOH}]{(n\text{-C}_4\text{H}_9)_4\text{N}^+\text{I}^-} \underset{90\%}{\text{C}_6\text{H}_5\text{CH}_2\text{CH}_2\text{OCH}_3}$$

在 O-烷基化过程中，硫酸酯或磺酸酯的结构影响着反应的活性。例如：用硫酸二乙酯作烷基化剂时，在没有碱性催化剂的条件下也可发生烷基化反应；并且当醇、酚分子中有羰基、氰基及硝基时，反应也不会受到影响。

4.3　其他烷基化试剂

4.3.1　烯、炔

（1）烯、炔用作 C-烷基化试剂

烯烃也是常用的烷基化试剂，如乙烯、丙烯、异丁烯等。催化剂一般选用三氯化铝，也有的用三氟化硼、氟化氢作催化剂。

在烷基化过程中，催化剂的作用是使烷基化试剂强烈极化成为活泼的亲电试剂，这种亲电试剂进攻芳环生成 σ 配合物，再脱去质子而变为最终产物。要指出的是，三氯化铝作催化剂时，还必须有微量的能提供质子的共催化剂（比如氯化氢）存在，才能进行烷基化反应。烯烃作为烷基化试剂，机理可表示如下：

$$\text{HCl(气)} + \text{AlCl}_3\text{(固)} \rightleftharpoons \overset{\delta+}{\text{H}}-\overset{\delta-}{\text{Cl}}[\text{AlCl}_3]\text{(溶液)}$$

$$\text{R}-\text{CH}=\text{CH}_2 + \overset{\delta+}{\text{H}}-\overset{\delta-}{\text{Cl}}[\text{AlCl}_3] \rightleftharpoons [\text{R}-\overset{+}{\text{C}}\text{H}-\text{CH}_3]\text{AlCl}_4^-$$

$$\text{C}_6\text{H}_6 + [\text{R}-\overset{+}{\text{C}}\text{H}-\text{CH}_3]\text{AlCl}_4^- \underset{}{\overset{\text{慢}}{\rightleftharpoons}} \left[\text{C}_6\text{H}_6^+\text{(H)}-\text{CH(CH}_3\text{)R}\right]\cdot\text{AlCl}_4^- \overset{\text{快}}{\rightleftharpoons} \text{C}_6\text{H}_5\text{CH(CH}_3\text{)R} + \overset{\delta+}{\text{H}}-\overset{\delta-}{\text{Cl}}[\text{AlCl}_3]$$

反应开始时，三氯化铝与氯化氢作用生成配合物，生成的配合物与烯烃反应形成活泼的烷基正离子，烷基正离子进攻芳环，再脱去质子形成最终产物。在整个烷基化过程中，烯烃的加成遵循马科夫尼科夫规则（马氏规则），例如：

$$\text{CH}_3-\text{CH}=\text{CH}_2 + \text{H}^+ \rightleftharpoons \text{CH}_3-\overset{+}{\text{C}}\text{H}-\text{CH}_3$$

$$(\text{CH}_3)_2\text{C}=\text{CH}_2 + \text{H}^+ \rightleftharpoons (\text{CH}_3)_3\text{C}^+$$

由于反应过程是经历了一个碳正离子的过程，中间体可能发生重排。如丙烯和苯反应生成异丙苯，异丁烯和苯反应生成叔丁苯等。

烯烃在一定条件下会发生聚合、异构化等副反应，因此在烷基化时要控制好反应条件，以减少副反应的发生。

乙炔及单取代的炔化物，它们的端基氢受到碳碳叁键的影响而容易脱落下来，因而具有一定的酸性，其酸性介于氨与水之间。这类炔烃可与强碱如氨基钠等作用生成炔化钠，炔化钠可作为亲核试剂与卤代烷以及羰基化合物反应，生成炔烃衍生物。反应过程可表示如下：

$$\text{HC}\equiv\text{CH} + \text{NaNH}_2 \longrightarrow \text{HC}\equiv\text{CNa} \xrightarrow{\text{RX}} \text{HC}\equiv\text{CR} \xrightarrow{\text{NaNH}_2} \text{NaC}\equiv\text{CR} \xrightarrow{\text{R}'\text{X}} \text{R}'\text{C}\equiv\text{CR}$$

$$HC\equiv CNa + R-\overset{\overset{O}{\|}}{C}-R' \xrightarrow{H^+} \underset{R'\quad OH}{\overset{R}{C}}-C\equiv CH \xrightarrow{NaNH_2} \xrightarrow{R-\overset{\overset{O}{\|}}{C}-R'} \xrightarrow{H^+} \underset{R'\quad OH}{\overset{R}{C}}-C\equiv C-\underset{OH\quad R'}{\overset{R}{C}}$$

炔化钠与卤代烷反应较易进行，不同卤素原子取代的卤代烷的反应活性有所不同，烷基相同的情况下，碘代烷的活性最大，其次是溴代烷，再次是氯代烷，氟代烷的活性最差。另外，卤素原子相同时，反应的活性还与烷基的大小有关，一般烷基越大活性越小。由于碘代烷价格较贵，实际中应用以溴代烷最为合适。

上述反应中，金属炔化物可在羰基碳原子上引入一个炔基，这在工业上具有重要意义。例如维生素 A 的中间体六碳醇就是用乙炔化钙和甲基乙烯基酮反应得到的，反应式如下：

$$HC\equiv CH \xrightarrow[<-40℃]{Ca,NH_3,Fe(NO_3)_3,H_2O} (HC\equiv C)_2Ca \xrightarrow[-40℃,2h]{CH_3\overset{\overset{O}{\|}}{C}CH=CH_2} (HC\equiv C-\underset{O^-}{\overset{CH_3}{C}}-\underset{H}{C}=CH_2)_2Ca \xrightarrow[-40℃,2h]{NH_4Cl}$$

$$HC\equiv C-\underset{OH}{\overset{CH_3}{C}}-\underset{H}{C}=CH_2 \xrightarrow[60℃,1.5h,重排]{65\%H_2SO_4} HC\equiv C-\overset{CH_3}{C}=CHCH_2OH$$

(2) 烯、炔用作 *N*-烷基化试剂

脂肪族或芳香族类化合物都能与烯烃发生 *N*-烷基化反应，反应是通过烯烃的双键与氨基上的氢加成而完成的。常用的烯烃为丙烯腈和丙烯酸酯，烷基化后可分别引入氰乙基和羧酸酯基：

$$RNH_2+CH_2=CH-CN \longrightarrow RNHCH_2CH_2CN$$

$$RNHCH_2CH_2CN+CH_2=CH-CN \longrightarrow RN(CH_2CH_2CN)_2$$

$$RNH_2+CH_2=CHCOOR' \longrightarrow RNHCH_2CH_2COOR'$$

$$RNHCH_2CH_2COOR'+CH_2=CHCOOR' \longrightarrow RN(CH_2CH_2COOR')_2$$

丙烯腈和丙烯酸分子中官能团列为吸电子基团，使得分子中 *β*-碳原子上带部分正电荷：

$$\overset{\delta^+}{CH_2}=CH-C\equiv \overset{\delta^-}{N} \qquad \overset{\delta^+}{CH_2}=CH-C\begin{matrix}=\overset{\delta^-}{O}\\ -OH\end{matrix}$$

从而有利于胺类发生亲核加成，生成 *N*-烷基取代物。

与卤烷和硫酸酯相比，烯烃衍生物的烷基化能力较弱，在进行 *N*-烷基化时常需加入酸性或碱性催化剂。常用酸性催化剂有：乙酸、硫酸、盐酸、对甲苯磺酸等；常用的碱性催化剂有：三甲胺、三乙胺等；此外，铜盐，如 $CuCl_2$、CuCl、CH_3COOCu 等也是比较常用的催化剂。

胺与烯烃的加成反应是一个连串反应，伯胺可引入两个烷基，分别得到仲胺和叔胺，但在引入第一个烷基衍生物后，反应活性将下降。同时，由于某些烯烃容易发生聚合（如丙烯腈），故在使用这些烯烃时，还要加入少量的阻聚剂（如对苯二酚等）以防止聚合。

当反应物的摩尔比不同时，所得到的产物也会有所不同。例如：丙烯腈与苯胺按摩尔比为 1∶1.6 混合后，加入少量酸催化剂和少量的对苯二酚（此处作为阻聚剂），在水中回流反应，主要生成 *N*-(*β*-氰乙基)苯胺。而当取代苯胺与丙烯腈的摩尔比为 1∶2.4 时，则会在苯胺上引入两个氰乙基。

将苯胺与丙烯酸甲酯以 1∶(3～4) 的物质的量比混合，并加入乙酸和对苯二酚，在 120～150℃时可进行烷基化反应：

$$C_6H_5NH_2 + 2CH_2{=}CHCOOCH_3 \xrightarrow[\text{HO}-C_6H_4-\text{OH}]{CH_3COOH} C_6H_5N(CH_2CH_2COOCH_3)_2$$

丙烯酸酯，特别是丙烯酸甲酯是石油化工生产的大宗产品，因此，通常选用丙烯酸酯作为烷基化试剂。需要指出的是，丙烯酸甲酯的烷基化能力比丙烯腈弱，对于某些需要引入两个羧酸酯基的芳胺，就要使用过量的丙烯酸甲酯和比较强烈的反应条件。即使是这样，产品中往往还会含有少量单烷基化合物。

4.3.2 醇、醛和酮

醇、醛和酮均是反应能力较弱的烷基化试剂，只适用于活泼芳香族衍生物的烷基化，如苯、萘、酚和芳胺类化合物。催化剂可选用路易斯酸（如三氯化铝、氯化锌等）和质子酸（如硫酸、盐酸等）等。要特别指出的是，这三类烷基化试剂在烷基化反应时，都会有水生成，生成的水会使三氯化铝等路易斯酸催化剂催化活性降低。

(1) 醇用作烷基化试剂

酸性催化剂作用下，用醇对芳胺进行烷基化，温度不太高（200～250℃）时，烷基首先取代氮原子上的氢，发生 *N*-烷基化。

$$C_6H_5NH_2 + C_4H_9OH \xrightarrow[210℃,\,0.8MPa]{ZnCl_2} C_6H_5NHC_4H_9 + H_2O$$

如果将温度再升高至 240～300℃，氮原子上的烷基将转移到芳环上，主要生成对位烷基芳胺：

$$C_6H_5NHC_4H_9 \xrightarrow[240℃,\,2.2MPa]{ZnCl_2} p\text{-}C_4H_9C_6H_4NH_2 \cdot ZnCl_2$$

在高压釜中加入苯胺、丁醇和无水氯化锌（摩尔比为 1∶1∶0.5）的混合物，先在温度为 210℃，0.8MPa 压力下，加热 6h，再在 240℃及 2.2MPa 压力下加热 10h，然后将反应物在碱液中加热回流 5h，分离可得正丁基苯胺。

萘与正丁醇和发烟硫酸可同时发生烷基化和磺化反应，生成二丁基萘磺酸。

$$C_{10}H_8 + 2C_4H_9OH + H_2SO_4 \xrightarrow{55\sim60℃} (C_4H_9)_2C_{10}H_5SO_3H + 3H_2O$$

醇作为 *N*-烷基化试剂，虽然活性较弱，但因其价格便宜，供应量大，工业上仍常用作活泼胺类的烷基化试剂。醇的烷基化反应常用强酸（如浓硫酸）作催化剂。催化剂的作用是离解出质子，质子可与醇反应生成活泼的烷基正离子。烷基正离子与氨的氮原子上的未共用电子对能形成中间配合物，然后再脱去质子成为伯胺：

$$H_3N\!: + R^+ \rightleftharpoons \left[H_3N^+{-}R\right] \rightleftharpoons RNH_2\!: + H^+$$

同理，由于伯胺的氮原子上还有未共用电子对，伯胺也可进一步烷基化成为仲胺，仲胺又可进一步烷基化成为叔胺，最后生成季铵离子：

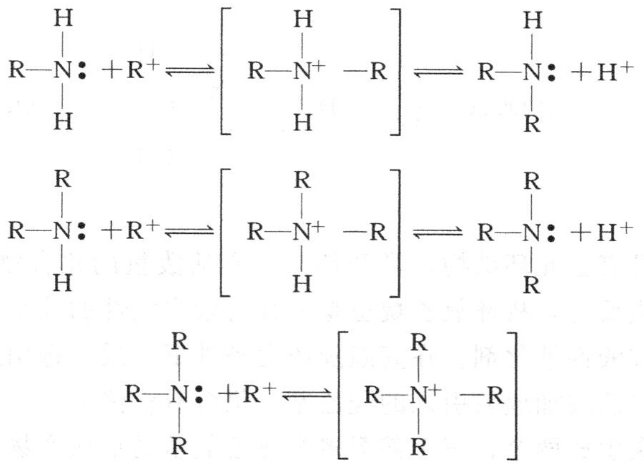

$$R-\overset{H}{\underset{H}{\overset{|}{\underset{|}{N}}}}: + R^+ \rightleftharpoons \left[R-\overset{H}{\underset{H}{\overset{|}{\underset{|}{N^+}}}}-R \right] \rightleftharpoons R-\overset{H}{\underset{R}{\overset{|}{\underset{|}{N}}}}: + H^+$$

$$R-\overset{R}{\underset{H}{\overset{|}{\underset{|}{N}}}}: + R^+ \rightleftharpoons \left[R-\overset{R}{\underset{H}{\overset{|}{\underset{|}{N^+}}}}-R \right] \rightleftharpoons R-\overset{R}{\underset{R}{\overset{|}{\underset{|}{N}}}}: + H^+$$

$$R-\overset{R}{\underset{R}{\overset{|}{\underset{|}{N}}}}: + R^+ \rightleftharpoons \left[R-\overset{R}{\underset{R}{\overset{|}{\underset{|}{N^+}}}}-R \right]$$

(2) 醛和酮用作烷基化试剂

醛或酮只适用于活泼芳香族衍生物的烷基化反应，常用于合成二芳基或二芳基甲烷衍生物。例如：过量的苯胺与甲醛在盐酸中反应，可以制备 4，4′-二氨基二苯甲烷：

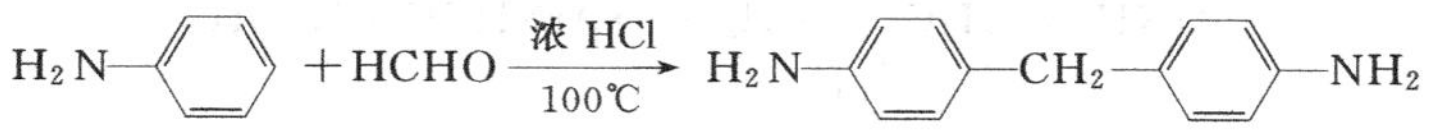

$$H_2N-C_6H_5 + HCHO \xrightarrow[100℃]{浓\ HCl} H_2N-C_6H_4-CH_2-C_6H_4-NH_2$$

用类似的方法还可制备以下化合物，它们都是重要的染料合成中间体：

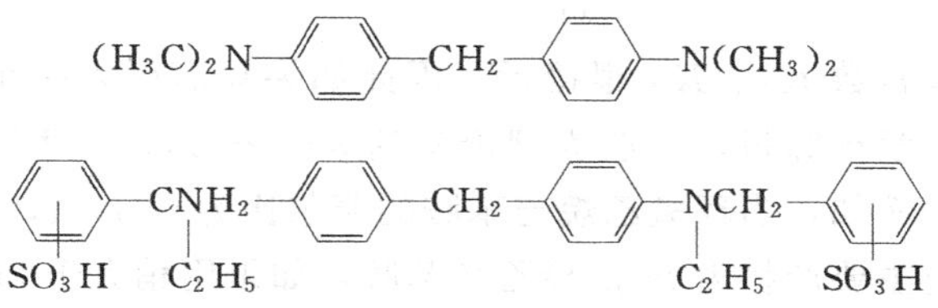

$$(H_3C)_2N-C_6H_4-CH_2-C_6H_4-N(CH_3)_2$$

$$HO_3S-C_6H_4-CH_2-N(C_2H_5)-C_6H_4-CH_2-C_6H_4-N(C_2H_5)-CH_2-C_6H_4-SO_3H$$

用甲醛与各种二烷基酚在酸催化剂作用下，可以烷基化制得一系列抗氧剂，如：

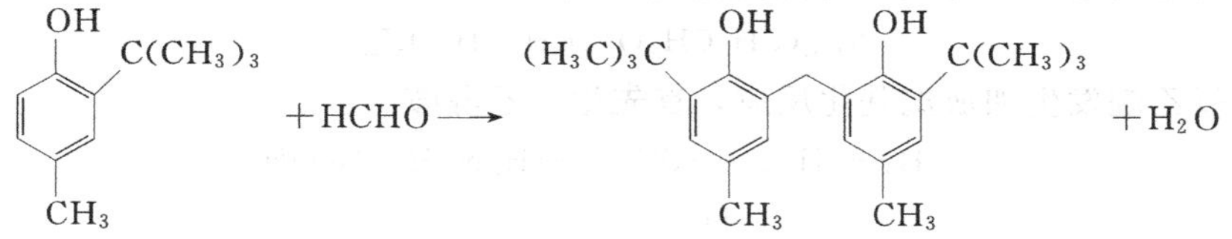

$$2\text{-}C(CH_3)_3\text{-}4\text{-}CH_3\text{-}C_6H_3OH + HCHO \longrightarrow [2\text{-}OH\text{-}3\text{-}C(CH_3)_3\text{-}5\text{-}CH_3C_6H_2]_2CH_2 + H_2O$$

用芳醛与活泼的芳香族衍生物进行烷基化反应，可制得三芳基甲烷系衍生物。如将苯胺、苯甲醛在 30%盐酸作用下，于 145℃减压脱水反应，可得 4,4′-二氨基三苯甲烷：

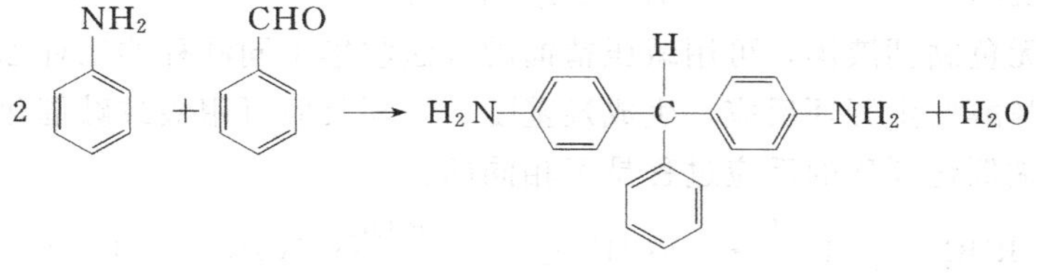

$$2\,C_6H_5NH_2 + C_6H_5CHO \longrightarrow H_2N-C_6H_4-\underset{C_6H_5}{\overset{H}{C}}-C_6H_4-NH_2 + H_2O$$

用其他的苯胺衍生物，还可制备类似的三芳基甲烷类产物，这些中间体大多用于三芳甲烷染料。

在酸作为催化剂的条件下，酮类化合物也可作为烷基化试剂。例如：丙酮与苯酚在硫酸或盐酸催化下，可以制得 2,2-二(对羟基苯基)丙烷，俗称双酚 A：

$$2\ C_6H_5OH + CH_3COCH_3 \xrightarrow[40℃]{H_2SO_4} HO-C_6H_4-C(CH_3)_2-C_6H_4-OH + H_2O$$

4.3.3 环氧乙烷

环氧乙烷的分子具有三元环结构，易开环与含有活泼氢的化合物（如水、醇、氨、胺、羧酸及酚等）发生加成反应，故环氧乙烷也是一种有较强活性的烷基化试剂。环氧乙烷作烷基化试剂时可用碱性或酸性催化剂。在高温及压力条件下，最好选用无机酸或酸性离子交换树脂等作催化剂。环氧乙烷加成后引入的羟乙基，仍含有活泼氢，在合适的条件下，可再与环氧乙烷加成，可依次生成两个、三个甚至多个亚乙氧基的加成产物。一般如要得到只含一个亚乙氧基的主要产物，环氧乙烷用量应远远低于理论量。

例如：芳胺与环氧乙烷发生开环加成反应，首先生成 *N*-*β*-羟乙基芳胺，然后再与另一分子环氧乙烷反应，生成叔胺。

$$ArNH_2 + H_2C\overset{O}{—}CH_2 \xrightarrow{K_1} ArNHCH_2CH_2OH$$

$$ArNHCH_2CH_2OH + H_2C\overset{O}{—}CH_2 \xrightarrow{K_2} ArN(CH_2CH_2OH)_2$$

这两个反应的平衡常数 K_1、K_2 很接近，因此如果只需引入一个羟乙基时，就要使环氧乙烷的量远远小于化学计算量，一般为理论量的 30%～50%。适当增加环氧乙烷用量有利于引入两个羟乙基。例如：当环氧乙烷与苯胺的摩尔比为 0.5∶1，反应温度为 65～70℃，并加入少量水时，反应主要产物为 *N*-*β*-羟乙基苯胺，如果用稍大于 2mol 的环氧乙烷，并在 120～140℃和 0.5～0.6MPa 压力下进行反应，则主要得到 *N*,*N*-二(*β*-羟乙基)苯胺。但如果环氧乙烷用量再进一步增大，反应将生成 *N*-聚乙二醇芳胺衍生物：

$$Ar[(CH_2CH_2O)_mCH_2CH_2OH]_2$$

氨与环氧乙烷发生加成烷基化反应，首先生成乙醇胺

$$NH_3 + H_2C\overset{O}{—}CH_2 \longrightarrow H_2NCH_2CH_2OH$$

乙醇胺还可继续与环氧乙烷作用，生成二乙醇胺和三乙醇胺

$$H_2NCH_2CH_2OH \xrightarrow{H_2C\overset{O}{—}CH_2} HN(CH_2CH_2OH)_2 \xrightarrow{H_2C\overset{O}{—}CH_2} N(CH_2CH_2OH)_3$$

三种乙醇胺均是无色黏稠液体，可用减压精馏的方法收集不同沸程的三种乙醇胺产品。

环氧化合物与醇发生开环反应，生成羟基醚。开环反应可用酸或碱催化，但往往生成不同的产品。酸及碱催化开环的反应过程是不相同的：

$$RHC\overset{O}{—}CH_2 \xrightarrow{H^+} [R\overset{+}{C}HCH_2OH] \xrightarrow{R'OH} RCH(OR')CH_2OH + H^+$$

$$RHC\overset{O}{—}CH_2 \xrightarrow{R'O^-} [RCH(O^-)CH_2OR'] \xrightarrow{R'OH} RCH(OH)CH_2OR' + R'O^-$$

这种反应在工业上的应用之一是由醇类与环氧乙烷反应生成各种乙二醇醚：

$$ROH + H_2C\underset{O}{\diagdown\!\!\!\diagup}CH_2 \longrightarrow ROCH_2CH_2OH$$

反应常用三氟化硼-乙醚配合物作为催化剂，例如由甲醇、乙醇及丁醇可以分别制备乙二醇单甲醚、单乙醚及单丁醚，这些产品都是重要的溶剂。

高级脂肪醇能加成环氧乙烷生成高级脂肪醇聚氧乙烯醚型非离子表面活性剂：

$$ROH + nH_2C\underset{O}{\diagdown\!\!\!\diagup}CH_2 \longrightarrow RO\!\left(CH_2CH_2O\right)_nH$$

苯酚与萘酚也能加成环氧乙烷，其中重要的是芳基酚（如壬基酚）与环氧乙烷的加成产物：

$$R-C_6H_4-OH + nH_2C\underset{O}{\diagdown\!\!\!\diagup}CH_2 \xrightarrow{NaOH} R-C_6H_4-O\!\left(CH_2CH_2O\right)_nH$$

反应中加成环氧乙烷的量对产品性质的影响极大，可按需要加以控制。加成量小的产品在水中难于溶解；加成量大的，在水中容易溶解。

高级脂肪酸也能加成环氧乙烷生成酯类聚氧乙烯型非离子表面活性剂，是一种性能优良的乳化剂：

$$RCOOH + nH_2C\underset{O}{\diagdown\!\!\!\diagup}CH_2 \xrightarrow{NaOH} RCO-O\!\left(CH_2CH_2O\right)_nH$$

需要特别注意的是，环氧乙烷的沸点较低（10.7℃），其蒸气与空气的混合物的爆炸范围很宽，空气含量为3%～98%时都可爆炸，因此在使用环氧乙烷前后，务必要用氮气转换容器内的气体。

4.4 N-酰化

N-酰化是将胺类化合物与酰化剂反应，在氨基的氮原子上引入酰基而成为酰胺化合物的反应。胺类化合物可以是脂肪族或芳香族胺类。常用的酰化剂有羧酸、羧酸酐、酰氯以及酯等。N-酰化反应有两种目的：一种是将酰基保留在最终产物中，以赋予化合物某些新的性能；另一种是为了保护氨基，即在氨基氮上暂时引入一个酰基，然后再进行其他合成反应，待反应完成后，最后经水解脱除原先引入的酰基。

胺类化合物的酰化是发生在氨基氮原子上的亲电取代反应。酰化剂中酰基的碳原子上带有部分正电荷，它与氨基氮原子上的未共用电子对相互作用，形成过渡态配合物，再转化成酰胺。以芳香族胺类化合物为代表，酰化反应历程可表示为：

$$Ar-\ddot{N}H_2 + Z-\overset{\delta+}{C}(=O^{\delta-})-R \longrightarrow \left[Ar-\overset{\pm}{N}H_2-C(O^-)(Z)-R\right] \xrightarrow{-HZ} Ar-NH-\overset{O}{\overset{\|}{C}}-R$$

式中，Z为—OH、—OCOR、—Cl、—OC_2H_5 等。此类N-酰化反应的难易，与胺类化合物和酰化剂的反应活性以及空间效应都有密切关系。氨基氮原子上的电子云密度越大，空间阻碍越小，反应活性越强。胺类化合物的酰化活性，其一般规律为：

伯胺＞仲胺；脂肪族胺＞芳香族胺；无空间阻碍的胺＞有空间阻碍的胺

在芳香族胺类化合物中，芳环上有给电子基团时，反应活性增加；反之，有吸电子基团时，反应活性下降。

羧酸、酸酐和酰氯都是常用的酰基化试剂，当它们具有相同的烷基 R 时，酰化反应活性的大小次序为：

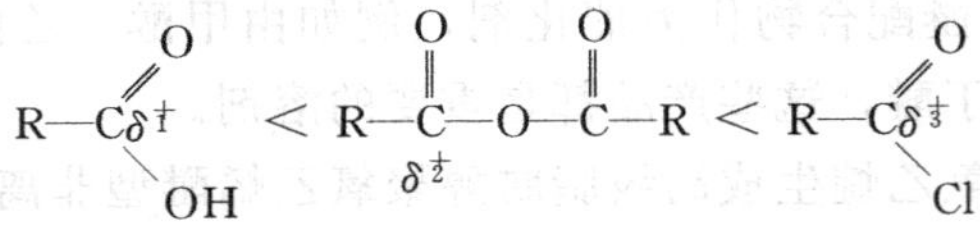

$$\mathrm{R{-}C^{\delta_1^+}(=O)OH} < \mathrm{R{-}\overset{O}{\overset{\|}{C}}^{\delta_2^+}{-}O{-}\overset{O}{\overset{\|}{C}}{-}R} < \mathrm{R{-}C^{\delta_3^+}(=O)Cl}$$

这是因为酰氯中氯原子的电负性最大，而酸酐与羧酸相比，前者在氧原子上又连接了一个吸电子的酰基，因而吸电子的能力较羧酸为强。因此，这三类酰化剂的羰基碳原子上的部分正电荷大小顺序为

$$\delta_1^+ < \delta_2^+ < \delta_3^+$$

这类脂肪族酰化剂的反应活性随 R 碳链的增长而减弱。因此，如要引入长碳链的酰基，必须采用比较活泼的酰氯作酰化剂；引入低碳链的酰基可采用羧酸（甲酸或乙酸）或酸酐作酰化剂。

对于同一类型的酰氯，当 R 为芳环时，由于芳环的共轭效应，使羰基碳原子上的部分正电荷降低，因此芳香族酰氯的反应活性低于脂肪族酰氯（如乙酰氯）。如：

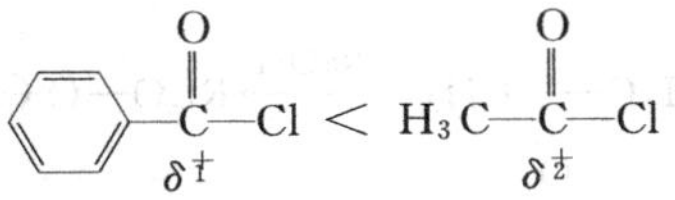

$$\mathrm{C_6H_5{-}\overset{O}{\overset{\|}{C}}^{\delta_1^+}{-}Cl} < \mathrm{H_3C{-}\overset{O}{\overset{\|}{C}}^{\delta_2^+}{-}Cl}$$

$$\delta_1^+ < \delta_2^+$$

对于酯类，凡是由弱酸构成的酯（如乙酰乙酸乙酯）可用作酰化剂。而由强酸形成的酯，因酸根的吸电子能力强，使酯中烷基的正电荷增大，因而常用作烷化剂，而不是酰化剂，如硫酸二甲酯等。

4.4.1　用羧酸的 *N*-酰化

用羧酸对胺类化合物进行酰化是合成酰胺的重要方法，反应有水生成，是一个可逆反应，酰化反应通式为：

$$\mathrm{R'NH_2 + RCOOH \rightleftharpoons R'NHCOR + H_2O}$$

羧酸是一类较弱的酰化剂，适用于对碱性较强的胺类进行酰化。为了使反应进行到底，可使用过量的反应物，通常是用过量的羧酸，同时不断移去反应生成的水。移去反应生成水的方法常常是在反应物中加入甲苯或二甲苯进行共沸蒸馏脱水，也可采用化学脱水剂如五氧化二磷、三氯氧磷等移去反应生成的水。如果羧酸和胺类均为不挥发物，则可在直接加热反应物时蒸出水分；如果胺类为挥发物，则可将胺通入到熔融的羧酸中进行反应。另外，也可将胺及羧酸的蒸气通入温度为 280℃的硅胶或温度为 200℃的三氧化二铝上进行气固相酰化反应。

为了加速 *N*-酰化反应，有时需加入少量强酸作为催化剂，例如苦味酸、盐酸、氢溴酸或氢碘酸等，使反应速率加快。

用于 *N*-酰化的羧酸主要是甲酸或乙酸，用乙酸作酰化剂时，一般采用冰醋酸，乙酸的浓度过低对反应不利。为了防止羧酸的腐蚀，要求使用铝制反应器或玻璃反应器。

4.4.2　用酸酐的 *N*-酰化

用酸酐对胺类进行酰化反应的通式为

$$\mathrm{R'NH_2 + (RCO)_2O \longrightarrow R'NHCOR + RCOOH}$$

这一反应是不可逆的，反应中没有水生成。酸酐的酰化活性较羧酸强，最常用的酸酐是乙酸酐，在 20～90℃下反应即可顺利进行，乙酐的用量一般过量 5%～10%。乙酐在室温下的水解速率很慢，因此对于反应活性较高的胺类，在室温下用乙酐进行酰化时，反应可以在水介质中进行，因为酰化反应的速率大于乙酐水解的速率。

用酸酐对胺类进行酰化时，一般可以不加催化剂。如果是多取代芳胺，或者带有较多吸电子基，以及空间位阻较大的芳香胺类，需要加入少量强酸作催化剂，以加速反应。

4.4.3　用酰氯的 N-酰化

用酰氯对胺类进行酰化的反应通式为

$$R'NH_2+RCOCl \longrightarrow R'NHCOR+HCl$$

反应是不可逆的。反应中放出的氯化氢能与游离胺化合成盐，从而降低酰化反应速率。因此，反应时需要加入碱性物质，如 $NaOH$、Na_2CO_3、$NaHCO_3$、CH_3COONa、$N(C_2H_5)_3$等，以中和生成的氯化氢，使氨基保持游离状态，从而提高酰化反应的收率。

4.4.4　用二乙烯酮的 N-酰化

二乙烯酮是两分子乙烯酮的聚合体，工业制法是由乙酸在高温（800℃）下裂解，首先生成乙烯酮，然后再进行二聚合成。

$$CH_3COOH \rightleftharpoons H_2C{=}C{=}O+H_2O$$

$$2H_2C{=}C{=}O \longrightarrow \begin{array}{l} H_2C{=}C{-}CH_2 \\ \quad\;\;\, | \quad\;\, | \\ \quad\;\; O{-}C{=}O \end{array}$$

二乙烯酮在室温下是无色液体，具有强烈的刺激性，其蒸气的催泪性极强。二乙烯酮与芳胺反应是合成乙酰乙酰芳胺最好的方法。

$$ArNH_2+\begin{array}{l} H_2C{=}C{-}CH_2 \\ \quad\;\;\, | \quad\;\, | \\ \quad\;\; O{-}C{=}O \end{array} \longrightarrow ArNHCOCH_2COCH_3$$

这类酰化反应可在低温（0～20℃）下进行，二乙烯酮用量为理论量的 1.05 倍，收率一般高于 95%，反应可在水介质中进行，有时也可用乙醇作溶剂。

过去制备乙酰乙酰芳胺均用乙酰乙酸乙酯为酰化剂，但因乙酰乙酸乙酯制备较复杂，且酰化能力较弱，所以目前常常采用二乙烯酮作酰化剂。

4.5　*O*-酰化

O-酰化反应指的是醇或酚分子中的羟基氢原子被酰基取代而生成酯的反应，也叫酯化反应。几乎所有用于 *N*-酰化的酰化剂都可用于酯化，常用的酰化试剂有羧酸、酸酐和酯。

羧酸价廉易得，是最常用的酰化试剂。但羧酸是弱酰化剂，它只能用于醇的酯化，而不能用于酚的酯化。酯化反应的热效应很小，因此酯化温度对反应的平衡常数 K 的影响很小，但是羧酸的结构和醇的结构则对酯化速率和平衡常数 K 有很大影响。

甲酸比其他直链羧酸的酯化速率快得多。例如，醇在过量甲酸中酯化速率比在乙酸中快几千倍。随着羧酸碳链的增长，酯化速率明显下降。靠近羧基有支链时（例如 2-甲基丙酸），对酯化有减速作用。苯环与羧基相连时（例如苯甲酸），则减速作用更大。在苯甲酸的邻位有取代基时，其空间位阻对酯化有很大的减速作用。高位阻的 2,6-二取代苯甲酸，用通常方法酯化时速率非常慢。

伯醇的酯化速率最快。平衡常数 K 也较大。丙烯醇虽然也是伯醇，但是羟基氧原子上的未共用电子对与双键共轭，减弱了氧原子的亲核性，所以它的酯化速率比相应的饱和醇（即丙醇）慢一些，K 值也小一些。苯甲醇由于苯基的影响，其酯化速率和 K 值比乙醇低。

一般来说，醇分子中有空间位阻时，其酯化速率和 K 值降低，即仲醇的酯化速率和 K 值比相应的伯醇（即正丙醇）低一些。而叔醇的酯化速率和 K 值都相当低。所以在制备叔丁基酯时，不用叔丁醇而改用异丁烯。苯酚由于苯环对羟基的共轭效应，其酯化速率和 K 值也都相当低。在制备酚酯时，不用羧酸而改用酸酐或酰氯作酯化剂。

对于多数酯化反应，温度升高 10℃，酯化速率增加一倍。因此，加热可以增加酯化速率。但是，有一些实例，只靠加热并不能有效地加速酯化。特别是高沸点醇和高沸点酸。不加入催化剂，只在常压下加热到高温并不能有效地进行酯化。

强质子酸可以有效地加速酯化。工业上常用的酯化催化剂有氯化氢、浓硫酸、对甲苯磺酸、强酸性阳离子交换树脂等。但酸只能加速酯化，而不影响平衡常数 K。

例如，将 $1\text{mol}\cdot\text{L}^{-1}$ 苯基丙氨酸溶于 6.19mol 甲醇中，通入氯化氢气体使其饱和（全变成盐酸盐），然后回流 1h，减压蒸出过量的甲醇，将残余油状物在甲醇-乙醚中重结晶，即得到 L-苯基丙氨酸甲酯盐酸盐，收率 81%：

$$C_6H_5-CH_2-\underset{NH_2}{\overset{H}{C}}-COOH \xrightarrow{HCl} C_6H_5-CH_2-\underset{NH_2\cdot HCl}{\overset{H}{C}}-COOH \xrightarrow[-H_2O]{CH_3OH} C_6H_5-CH_2-\underset{NH_2\cdot HCl}{\overset{H}{C}}-COOCH_3$$

浓硫酸对于酯的水解的催化作用较弱，但是在羧酸与醇的酯化时，浓硫酸会与醇生成硫酸氢烷基酯（例如硫酸氢乙酯）而具有很好的催化作用。浓硫酸价廉，曾经是工业上最常用的酯化催化剂。但是，在使用浓硫酸时，脱水温度不宜超过 160℃，否则醇受到质子的催化作用会发生副反应，脱水生成烯烃或醚，以及异构化、树脂化等。

苯磺酸虽然催化作用很好，但它不易制成工业品，工业上使用的磺酸类催化剂是对甲苯磺酸，它虽然价格较贵，但是不会像硫酸那样引起副反应，已逐渐代替浓硫酸。强酸性阳离子交换树脂，例如酚醛磺酸树脂和聚苯乙烯磺酸树脂等也有良好的催化作用，它们的特点是可以回收使用，特别适用于固定床连续酯化。

① 羧酸和醇的酯化　羧酸和醇的酯化方法因原料的不同而有差异。对于酯化的平衡常数 K 不大的酯化反应，当等摩尔比的羧酸和醇进行酯化时，达到平衡后，反应物中仍剩余相当数量的酸和醇。通常为了使羧酸尽可能完全反应，采用加入过量的低碳醇，蒸出生成的酯和水等办法。

② 羧酸和不饱和烃的加成酯化　羧酸和不饱和烃在强酸存在下的加成酯化是通过碳正离子中间体而完成的。加成反应服从马氏规则，所以生成的酯是叔酯或仲酯。

$$R'CH=CH_2 + H^+ \rightleftharpoons R'-\overset{+}{C}H-CH_3$$

$$R-\underset{O}{\underset{\|}{C}}-OH + H\overset{+}{C}-CH_3 \rightleftharpoons R-\underset{O}{\underset{\|}{C}}-\underset{H}{\overset{+}{O}}-\underset{R'}{\overset{H}{C}}-CH_3 \longrightarrow R-\underset{O}{\underset{\|}{C}}-O-\underset{R'}{\overset{H}{C}}-CH_3 + H^+$$

（式中第一个碳正离子 $H\overset{+}{C}$ 下连 R'）

③ 羧酸和环氧烷的酯化　在丙烯酸中加入少量三氯化钒等催化剂和少量对羟基苯甲醚等阻聚剂，在 80℃加入稍过量的环氧乙烷，进行加成酯化，然后将反应物减压除去过量的环氧乙烷，再精制即得丙烯酸-2-羟基乙酯。

$$H_2C{=}C(H)-C(=O)-OH + H_2C\overset{O}{\text{—}}CH_2 \xrightarrow{\text{加成酯化}} H_2C{=}C(H)-C(=O)-OCH_2CH_2OH$$

④ 羧酸盐与卤代烷的酯化　羧酸盐与卤代烷的酯化方法中，卤烷比相应的醇价廉易得，而且反应较易进行的情况。例如，将氯苄、乙酸钠、催化剂在适量水存在下，在 115℃ 回流 3～4h，冷却后，加水分层，有机层水洗后，减压精馏，即得到乙酸苄酯：

$$H_3C-C(=O)-ONa + ClH_2C-C_6H_5 \longrightarrow H_3C-C(=O)-O-H_2C-C_6H_5$$

⑤ 环氧氯丙烷、甲基丙烯酸合成甲基丙烯酸环氧丙酯　反应式如下：

$$H_2C{=}C(CH_3)-C(=O)-OH + Cl-CH_2-CH\overset{O}{\text{—}}CH_2 + NaOH \longrightarrow H_2C{=}C(CH_3)-C(=O)-O-H_2C-CH\overset{O}{\text{—}}CH_2 + NaCl + H_2O$$

⑥ 酯交换法　酯交换指的是将一种容易制得的酯与醇或与酸反应而制得所需要的酯。最常用的酯交换法是酯-醇交换法，其次是酯-酸交换法。例如将一种低碳醇的酯与一种高沸点的醇（或酚）在催化剂存在下加热，可以蒸出低碳醇，而得到高沸点醇（或酚）的酯。

$$C_6H_4(COOCH_3)_2 + 2C_6H_5OH \xrightarrow{(C_4H_9O)_4Ti} C_6H_4(COOC_6H_5)_2 + 2CH_3OH$$

将碳酸乙二醇酯（或碳酸丙二醇酯）与过量甲醇在甲酸钠的催化作用下进行酯交换反应，经后处理可以制得碳酸二甲酯和乙二醇（或 1,2-丙二醇）。

$$(CH_2O)_2C{=}O + 2CH_3OH \overset{\text{酯交换}}{\rightleftharpoons} CH_3O-C(=O)-OCH_3 + CH_2OHCH_2OH$$

4.6 C-酰化

C-酰化反应指的是碳原子上的氢被酰基取代的反应。C-酰化在精细有机合成中主要用于在芳环上引入酰基，以制备芳酮、芳醛和羟基芳酸。

4.6.1 Friedel-Crafts 酰化反应

在三氯化铝或其他 Lewis 酸（或质子酸）催化下，酰化剂与芳烃发生环上的亲电取代，生成芳酮的反应，称为 Friedel-Crafts 酰化反应。

$$C_6H_6 + RCOX \xrightarrow{AlCl_3} C_6H_5-C(=O)-R + HX$$

酰化剂除酰卤外，还可以是酸酐、羧酸、羧酸酯等。

影响反应的因素：在酰化剂中酰卤和酸酐是最常用的酰化剂。各种酰化剂的反应活性顺序为：

酰卤＞酸酐＞羧酸

酰卤的酰基相同，则含有不同卤素的酰卤的反应活性顺序为：

$$RCOI > RCOBr > RCOCl > RCOF$$

在酰卤中酰氯用得较多。脂肪族酰卤中烃基的结构对反应影响较大，当酰基的 α-碳原子为叔碳时，容易在 $AlCl_3$ 作用下形成叔碳正离子，反应主要得到烷基化物。

$$(H_3C)_3C-\overset{O}{\overset{\|}{C}}-Cl \xrightarrow{AlCl_3} H_3C-\overset{CH_3}{\underset{CH_3}{C}}-\overset{Cl}{C}=O\rightarrow AlCl_3 \xrightarrow{-CO} H_3C-\overset{CH_3}{\underset{CH_3}{C^+}} \xrightarrow{C_6H_6,\ AlCl_3} C_6H_5C(CH_3)_3\quad 67.2\%$$

常用的酸酐多数为二元酸酐，如丁二酸酐、顺丁烯二酸酐、邻苯二甲酸酐及它们的衍生物。二元酸酐可用于制备芳酰脂肪酸，该酸经锌汞齐-盐酸还原可得长链羧酸，接着进行分子内酰化即得环酮。

$$C_6H_6 + \text{丁二酸酐} \xrightarrow[\text{回流},1.5h]{AlCl_3} C_6H_5COCH_2CH_2COOH \xrightarrow{Zn\text{-}Hg/HCl} C_6H_5CH_2CH_2CH_2COOH \xrightarrow{HF} \alpha\text{-四氢萘酮}$$

羧酸可以直接用作酰化剂，但不宜用 $AlCl_3$ 作催化剂，一般用硫酸、磷酸，最好是氟化氢。

$$\text{邻苯甲酰基苯甲酸}\ (C_6H_5CO-C_6H_4-COOH) \xrightarrow[130\sim140℃]{98\%\ H_2SO_4} \text{蒽醌}\quad 98\%$$

酯也可用作酰化剂，但用得较少。

催化剂的选择常根据反应条件来确定。当酰化剂为酰氯和酸酐时，常以 Lewis 酸如 $AlCl_3$、BF_3、$SnCl_4$、$ZnCl_2$ 等为催化剂；若酰化剂为羧酸，则多选用 H_2SO_4、HF 及 H_3PO_4 等为催化剂。

Lewis 酸的催化活性大小次序为：

$$AlBr_3 > AlCl_3 > FeCl_3 > ZnCl_2 > SnCl_4 > CuCl_2$$

质子酸的催化活性大小次序为：

$$HF > H_2SO_4 > H_3PO_4$$

常用的溶剂有二硫化碳、硝基苯、四氯化碳、二氯甲烷、石油醚等。硝基苯可与 $AlCl_3$ 形成复合物，而使催化剂的活性下降，所以只适用于较易酰化的反应。用氯代烷作溶剂时，反应温度不宜过高，以免在高温下参与芳环的取代反应。

4.6.2　芳环上的甲酰化反应

（1）Gattermann 反应

Gattermann 发现可以用两种方法在芳环上引入甲酰基。

一种方法是氰化氢法，即以氢氰酸和氯化氢为酰化剂，氯化锌或三氯化铝为催化剂，使芳环上引入一个甲酰基。

$$ArH + HCN + HCl \xrightarrow{ZnCl_2} Ar\underset{H}{\underset{|}{C}}=NH\cdot HCl \xrightarrow{H_2O} ArCHO$$

为了避免使用剧毒性的氢氰酸，改用无水氰化锌［$Zn(CN)_2$］和氯化氢来代替氢氰酸，这样可在反应中慢慢释放氢氰酸，使反应更为顺利。该反应可用于烷基苯、酚醚及某些杂环如吡咯、吲哚等的甲酰化。对于烷基苯，要求反应条件较剧烈，譬如需用过量的三氯化铝来催化反应。对于多元酚或多甲基酚，反应条件可温和些，甚至有时可以不用催化剂。

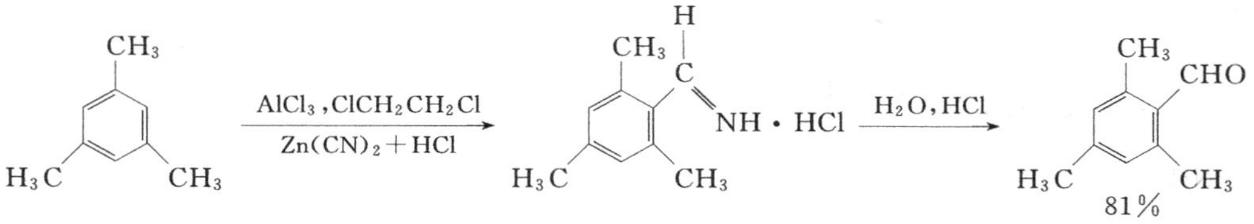

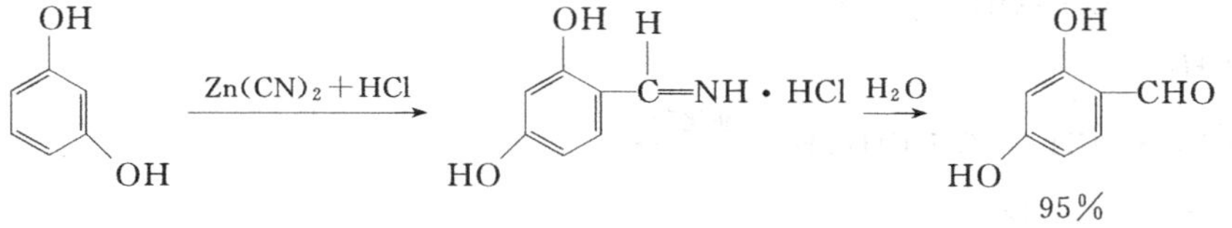

CH₃ H₃C CH₃ $\xrightarrow[Zn(CN)_2+HCl]{AlCl_3, ClCH_2CH_2Cl}$ (CH₃, H₃C, CH₃)-CH=NH·HCl $\xrightarrow{H_2O, HCl}$ (CH₃, H₃C, CH₃)-CHO 81%

(OH, OH) $\xrightarrow{Zn(CN)_2+HCl}$ (OH, HO)-CH=NH·HCl $\xrightarrow{H_2O}$ (OH, HO)-CHO 95%

另一种方法是用一氧化碳和氯化氢在催化剂三氯化铝、氯化亚铜存在下，与芳环反应，使芳环上引入一甲酰基。此法被称作一氧化碳法或称 Gattermann-Koch 反应。

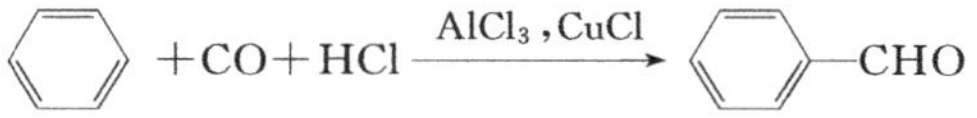

$$C_6H_6 + CO + HCl \xrightarrow{AlCl_3, CuCl} C_6H_5CHO$$

（2）Vilsmeier 反应

以氮取代的甲酰胺为甲酰化剂，在三氯氧磷作用下，在芳环或芳杂环上引入甲酰基的反应称作 Vilsmeier 反应。

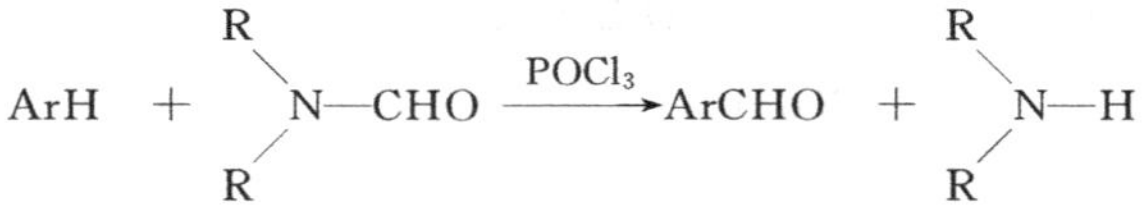

$$ArH + R_2N{-}CHO \xrightarrow{POCl_3} ArCHO + R_2N{-}H$$

Vilsmeier 反应是在 *N*,*N*-二烷基苯胺、酚类、酚醚及多环芳烃等较活泼的芳香族化合物的芳环上引入甲酰基最常用的方法。对某些多 π 电子的芳杂环如呋喃、噻吩、吡咯及吲哚等化合物环上的甲酰化，用该方法进行反应也能获得较好的收率。

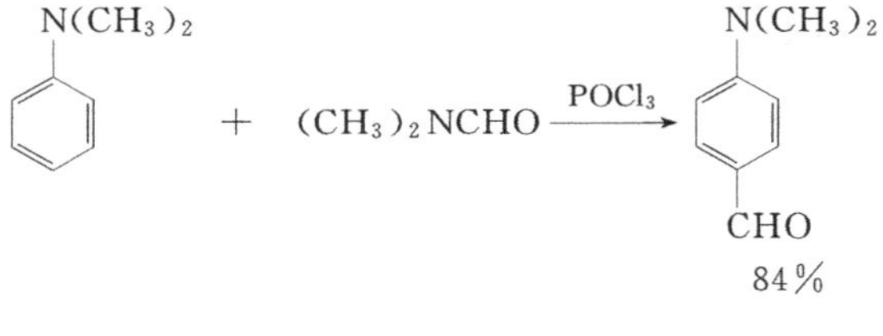

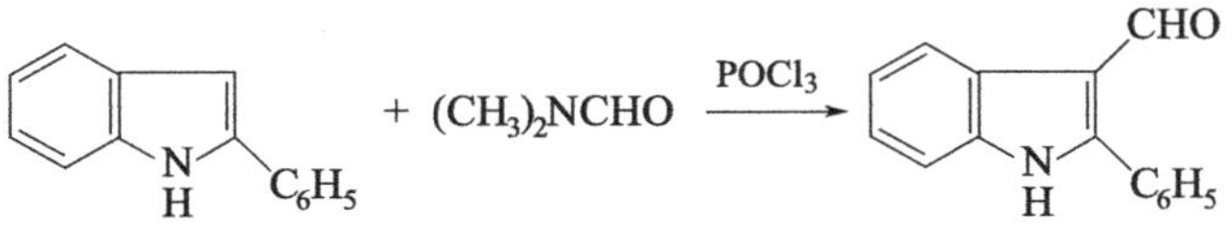

$$C_6H_5N(CH_3)_2 + (CH_3)_2NCHO \xrightarrow{POCl_3} p\text{-}(CH_3)_2NC_6H_4CHO \quad 84\%$$

2-C_6H_5-吲哚(N-H) + $(CH_3)_2NCHO$ $\xrightarrow{POCl_3}$ 3-CHO-2-C_6H_5-吲哚(N-H)

Vilsmeier 反应最常用的催化剂是 $POCl_3$，其他如 $CoCl_2$、$ZnCl_2$、$SOCl_2$ 等也可用作催化剂。

习　题

4.1　完成下列反应

(1) 苯甲醛 + N,N-二乙基苯胺 $\xrightarrow{H_2SO_4}$

(2) $C_6H_5CHClCN$ + 苯 $\xrightarrow{AlCl_3}$

(3) 苯 $+2H_2C=CHCN \xrightarrow{AlCl_3\text{-}HCl}$

(4) 3-甲基苯胺 $+C_2H_5OH \xrightarrow[280℃]{H_2SO_4}$

(5) $NaC\equiv CNa + CH_3CH(Br)CH_2CH_2CH_3 \xrightarrow{催化剂}$

(6) $(CH_3)_2CH—CH_2—CHO+R_2NH \xrightarrow[(2)蒸馏]{(1)K_2CO_3} \xrightarrow{C_2H_5I} \xrightarrow{H_3O^+}$

4.2　合成下列化合物

(1) 3,5-二叔丁基-4-羟基苯基丙酸甲酯（OH；$(H_3C)_3C$，$C(CH_3)_3$；$CH_2CH_2COOCH_3$）　（以苯酚为原料）

(2) 双(6-磺酸基-2-萘基)甲烷（HO_3S，SO_3H）　（以萘为原料）

(3) 环己基乙酸（CH_2COOH）　（以环己醇为原料）

(4) $(H_3C)_2C(OH)—CH_2—CH_2—C(OH)(CH_3)_2$　（以乙炔和丙酮为原料）

第5章 缩合反应

两分子有机化合物相互加成或失去一个小分子生成一个较大分子的反应称为缩合反应。根据介质的酸碱性缩合反应可分为碱催化缩合和酸催化缩合。该类反应可用来增长碳链和合成环状化合物。

5.1 酯化反应

有机化合物进行酯化的方法有许多，如氧的酰基化、氧的烃基化、酯交换、酰卤的醇解等。酰化剂通常为羧酸、酰卤、酸酐、酯等。

5.1.1 用羧酸的酯化

在催化剂的作用下，醇或酚分子中的羟基氢原子被酰基取代生成酯的反应，也称氧的酰基化。

羧酸是较常用的酰化剂，但羧酸活性较低，只能用于醇的酯化，而不能用于酚的酯化。羧酸与醇的酯化反应是一个可逆反应，反应的平衡常数主要取决于酸和醇的性质，而与温度的关系不大，该反应速率很慢，需要催化剂以增加反应速率。常用的强质子酸催化剂为氯化氢、浓硫酸、对甲苯磺酸、强酸性阳离子交换树脂、固体超强酸等。反应的通式为：

$$R-\overset{O}{\overset{\|}{C}}-OH + R'OH \underset{-H_2O}{\overset{\text{催化剂}}{\rightleftharpoons}} R-\overset{O}{\overset{\|}{C}}-OR'$$

反应的历程为：

$$R-\overset{O}{\overset{\|}{C}}-OH \overset{H^+}{\rightleftharpoons} R-\overset{O^+H}{\overset{\|}{C}}-OH \rightleftharpoons R-\overset{OH}{\overset{|}{C^+}}-OH \overset{R'OH}{\rightleftharpoons}$$

$$R-\underset{\underset{H\quad R'}{O^+}}{\overset{OH}{\overset{|}{C}}}-OH \rightleftharpoons R-\underset{\underset{R'}{O}}{\overset{OH}{\overset{|}{C}}}-O^+H_2 \overset{-H_2O}{\rightleftharpoons} R-\underset{\underset{R'}{O}}{\overset{OH}{\overset{|}{C^+}}} \overset{-H^+}{\rightleftharpoons} R-\overset{O}{\overset{\|}{C}}-O-R'$$

L-苯基丙氨酸在氯化氢气体的催化下，与甲醇溶液回流即可制得 L-苯基丙氨酸甲酯盐酸盐。实例如下：

$$C_6H_5-CH_2-\underset{NH_2}{\underset{|}{CH}}COOH \xrightarrow{+HCl} C_6H_5-CH_2-\underset{NH_2\cdot HCl}{\underset{|}{CH}}COOH \xrightarrow[-H_2O]{CH_3OH} C_6H_5-CH_2-\underset{NH_2\cdot HCl}{\underset{|}{CH}}COOCH_3$$

用羧酸和醇进行酯化时，使羧酸尽可能反应完全的方法有以下几种。

① 使醇大大过量，适用于批量小、产值高的甲酯化和乙酯化过程。如 5-硝基-1,3-苯二甲酸的甲酯化。

$$\text{3-}O_2N\text{-}C_6H_3(COOH)_2\text{-}1,3 + 2CH_3OH \xrightarrow{H_2SO_4} \text{3-}O_2N\text{-}C_6H_3(COOCH_3)_2\text{-}1,3$$

② 及时蒸出生成的酯，适用于在酯化反应中酯的沸点最低的情况。如甲酸的乙酯化。

$$HCOOH + CH_3CH_2OH \xrightarrow[-H_2O]{\text{浓硫酸}} HCOOCH_2CH_3$$

③ 直接蒸出生成的水，适用于所有比水的沸点高很多，且与水不形成共沸物的羧酸、醇和酯。如甲基丙烯酸与乙二醇的酯化。

$$2CH_2{=}C(CH_3){-}C({=}O){-}OH + HOCH_2{-}CH_2OH \longrightarrow CH_2{=}C(CH_3){-}C({=}O){-}O{-}CH_2{-}CH_2{-}O{-}C({=}O){-}C(CH_3){=}CH_2$$

④ 采用共沸精馏的方法蒸出水，适用于有机相与水形成共沸点低于100℃的恒沸物，且有机相与水相的互溶度非常小的体系。若采用正丁醇、戊醇、己醇对羧酸进行酯化，则可采用分水器直接分水，如正丁酸与正丁醇的酯化反应。若采用可以与水形成恒沸物的甲醇、丙醇、烯丙醇等低碳醇对酸进行酯化，则由于低碳醇与水互溶而需要加入合适的惰性溶剂。如乙二酸与两分子乙醇的酯化，需要加入苯进行脱水。

羧酸和不饱和烃在强酸催化下可以发生加成酯化。乙烯不易与羧酸发生加成酯化，但高碳烯烃如萜烯类则易与羧酸发生加成酯化。反应的通式为：

$$R^1COOH + R^2CH{=}CH_2 \xrightarrow{H^+} R^1{-}C({=}O){-}O{-}CH(R^2){-}CH_3$$

反应的机理为：

$$R^2CH{=}CH_2 \xrightarrow{\overset{+}{H}} R^2\overset{+}{C}H{-}CH_3 \xrightarrow{R^1COOH} R^1CO\overset{+}{O}(H){-}CH(R^2){-}CH_3 \xrightarrow{-H^+} R^1COO{-}CH(R^2){-}CH_3$$

将 L-丙氨酸在浓硫酸存在下可以酯化成 L-丙氨酸叔丁酯。

$$H_2N{-}CH(CH_3){-}C({=}O){-}OH + CH_3{-}C(CH_3){=}CH_2 \xrightarrow{\text{浓硫酸}} H_2N{-}CH(CH_3){-}C({=}O){-}O{-}C(CH_3)_2{-}CH_3$$

羧酸也可以和环氧化合物在酸催化下发生加成酯化反应。如丙烯酸-2-羟基异丙酯的生成。

$$CH_2{=}CH{-}C({=}O){-}OH + \underset{O}{CH_3CH{-}CH_2} \xrightarrow[\text{对羟基苯甲醚}]{VCl_3} CH_2{=}CH{-}C({=}O){-}O{-}CH_2CH(CH_3)OH$$

上式中三氯化钒为催化剂，对羟基苯甲醚为阻聚剂。

羧酸盐与卤代烷也可以进行酯化反应，该反应也称氧的烃基化，属于双分子亲核取代反应。该方法适用于卤代烷比相应的醇便宜，且反应易于进行的情况。所用的卤代烃通常是伯卤代烃或活泼的卤代烃，如苄卤，加入相转移催化剂可促进反应的进行。

$$CH_3C_6H_4\text{-}... \quad p\text{-}C_2H_5C_6H_4CH_2Cl + CH_3COONa \xrightarrow{HOAc} p\text{-}C_2H_5C_6H_4CH_2OOCCH_3$$

5.1.2 用酰氯、酸酐、腈或酰胺进行酯化

酰氯与醇或酚进行反应即可生成酯。常用的酰氯有脂酰氯、芳酰氯、光气、氯甲酸酯等有机酰氯和三氯化磷、三氯氧磷等无机酰氯。为了加速反应的进行常加入缚酸剂，常用的缚酸剂为氨气、液氨、无水碳酸钾、氢氧化钠水溶液、吡啶、三乙胺、*N*,*N*-二甲基苯胺等。

苯甲酰氯与苯酚在氢氧化钠溶液中即可合成苯甲酸苯酯。

$$C_6H_5COCl + C_6H_5OH \xrightarrow{NaOH} C_6H_5COOC_6H_5$$

间甲苯酚中加入季铵盐相转移催化剂，通入摩尔比为 1∶1 的光气，即可得到氯甲酸间甲基苯酯。

$$m\text{-}CH_3C_6H_4OH + Cl\text{—}CO\text{—}Cl \longrightarrow m\text{-}CH_3C_6H_4O\text{—}CO\text{—}Cl$$

香豆素酰卤与正丁醇反应，使用三乙胺作为缚酸剂，即可生成香豆素羧酸正丁酯。

$$\text{香豆素-3-COCl} + HO(CH_2)_3CH_3 \xrightarrow[CH_2Cl_2]{\text{三乙胺}} \text{香豆素-3-}COOCH_2CH_2CH_2CH_3$$

酸酐与醇或酚进行反应可生成酯。非环状酸酐可生成单酯，环状酸酐可生成双酯。常用的酸酐有乙酸酐、顺丁烯二酸酐、丁二酸酐、邻苯二甲酸酐等。

将水杨酸甲酯和稍过量的乙酸酐混合在浓硫酸溶液中，60℃中加热反应 1h，反应物倒入水中即可析出乙酰基水杨酸甲酯。

$$o\text{-}HOC_6H_4COOCH_3 + (CH_3CO)_2O \longrightarrow o\text{-}CH_3COOC_6H_4COOCH_3$$

邻苯二甲酸二异辛酯是一种重要的增塑剂，可由邻苯二甲酸酐与2-乙基己醇反应制得：

$$C_6H_4(CO)_2O + CH_3(CH_2)_3CH(CH_2CH_3)CH_2OH \longrightarrow o\text{-}C_6H_4(COOCH_2CH(CH_2CH_3)(CH_2)_3CH_3)(COOH)$$

$$\xrightarrow{CH_3(CH_2)_3CH(CH_2CH_3)CH_2OH} o\text{-}C_6H_4[COOCH_2CH(CH_2CH_3)(CH_2)_3CH_3]_2$$

腈与酰胺也可以和醇反应生成酯，如苯乙腈和苯乙酰胺与乙醇反应均可获得苯乙酸

乙酯。

$$\text{C}_6\text{H}_5\text{CH}_2\text{CN} + \text{C}_2\text{H}_5\text{OH} \xrightarrow[\text{H}_2\text{O}]{\text{H}_2\text{SO}_4} \text{C}_6\text{H}_5\text{CH}_2\text{COOC}_2\text{H}_5$$

$$\text{C}_6\text{H}_5\text{CH}_2\text{CONH}_2 + \text{C}_2\text{H}_5\text{OH} \xrightarrow{\text{H}_2\text{SO}_4} \text{C}_6\text{H}_5\text{CH}_2\text{COOC}_2\text{H}_5$$

5.1.3 用酯交换法进行酯化

酯交换指的是将一种容易制得的酯与醇反应生成难以合成的酯，也称酯-醇交换法。酯-醇交换法是将一种低碳醇的酯与一种高碳醇或酚反应而生成高碳醇或酚的酯。例如，间苯二甲酸二甲酯和苯酚反应即可生成间苯二甲酸二苯酯。

$$m\text{-C}_6\text{H}_4(\text{COOCH}_3)_2 + 2\,\text{C}_6\text{H}_5\text{OH} \longrightarrow m\text{-C}_6\text{H}_4(\text{COOPh})_2 + 2\text{CH}_3\text{OH}$$

生物柴油为高级脂肪酸甲酯的混合物，具有可再生、可降解、无毒、高闪点、高辛烷值、对环境友好等优点，作为“绿色”替代燃料，生物柴油的开发和应用具有深远的经济效益。通常将油脂在催化剂的作用下与甲醇进行酯交换即可生成。催化剂既有碱性催化剂，也有酸性催化剂，通常为 NaOH、KOH、CaO、MgO、浓 H_2SO_4、固体超强酸等。

$$\begin{matrix}\text{H}_2\text{C—OOCR}^3\\ \text{CH—OOCR}^2\\ \text{H}_2\text{C—OOCR}^1\end{matrix} + 3\text{CH}_3\text{OH} \xrightarrow{\text{碱性催化剂}} \begin{matrix}\text{R}^3\text{COOCH}_3\\ \text{R}^2\text{COOCH}_3\\ \text{R}^1\text{COOCH}_3\end{matrix} + \begin{matrix}\text{CH}_2\text{—OH}\\ \text{HC—OH}\\ \text{CH}_2\text{—OH}\end{matrix}$$

生物柴油

5.2 羟醛缩合反应

在稀碱或酸的催化下含有 α-H 的醛或酮相互反应生成 β-OH 醛或酮，进一步脱水可生成具有共轭体系的 α,β-不饱和醛或酮的反应，称为羟醛缩合反应。根据反应物的特点，羟醛缩合反应可分为自身羟醛缩合反应和交叉羟醛缩合反应。羟醛缩合反应常采用碱类试剂进行催化，如：NaOH、KOH、Na_2CO_3、K_2CO_3、$NaHCO_3$、$Ca(OH)_2$、RONa、R_3N 等。也可采用酸性试剂进行催化，如：HCl、H_2SO_4、$AlCl_3$、BF_3、$FeCl_3$、$ZnCl_2$、$SnCl_4$ 等。

5.2.1 自身羟醛缩合反应

相同醛或酮分子间的羟醛缩合反应为自身羟醛缩合反应，该类反应可使碳原子数增加 2 倍，该反应为可逆反应，一般在索氏提取器中进行。碱催化下的反应机理为：

$$\text{RCH}_2\text{C(=O)R}' \underset{}{\overset{\text{OH}^-}{\rightleftharpoons}} \text{R}\overset{-}{\text{C}}\text{HC(=O)R}' \overset{\text{RCH}_2\text{C(=O)R}'}{\rightleftharpoons} \text{RCH}_2\text{C(O}^-\text{)(R}')\text{—CH(R)—C(=O)—R}' \overset{\text{H}_2\text{O}}{\rightleftharpoons}$$

$$\text{RCH}_2\text{C(OH)(R}')\text{—CH(R)—C(=O)—R}' \underset{\triangle}{\overset{-\text{H}_2\text{O}}{\rightleftharpoons}} \text{RCH}_2\text{C(R}')\text{=C(R)—C(=O)—R}'$$

酸催化下的反应机理为：

$$RCH_2\overset{O}{\overset{\|}{C}}R' \underset{}{\overset{H^+}{\rightleftharpoons}} RCH_2\overset{\overset{+}{O}H}{\overset{\|}{C}}R' \rightleftharpoons RCH_2\overset{OH}{\overset{|}{\underset{+}{C}}}R'$$

$$RCH_2\overset{O}{\overset{\|}{C}}R' \overset{H^+}{\rightleftharpoons} \underset{\underset{H}{|}}{RCH}-\overset{\overset{+}{O}H}{\overset{\|}{C}}R' \overset{-H^+}{\rightleftharpoons} RCH=\overset{OH}{\overset{|}{C}}R'$$

$$RCH_2\overset{OH}{\overset{|}{\underset{+}{C}}}R' + RCH=\overset{O-H}{\overset{|}{C}}R' \xrightarrow{-H^+} RCH_2\overset{OH}{\overset{|}{\underset{\underset{R'}{|}}{C}}}-\underset{\underset{R}{|}}{CH}-\overset{O}{\overset{\|}{C}}R'$$

$$RCH_2\overset{OH}{\overset{|}{\underset{\underset{R'}{|}}{C}}}-\underset{\underset{R}{|}}{CH}-\overset{O}{\overset{\|}{C}}R' \xrightarrow{H^+} RCH_2\overset{\overset{+}{O}H_2}{\overset{|}{\underset{\underset{R'}{|}}{C}}}-\underset{\underset{R}{|}}{CH}-\overset{O}{\overset{\|}{C}}R' \xrightarrow{-H_3O^+} RCH_2\underset{\underset{R'}{|}}{C}=\underset{\underset{R}{|}}{C}-\overset{O}{\overset{\|}{C}}R'$$

利用自身羟醛缩合反应可以合成聚氯乙烯塑料工业中大量使用的增塑剂异辛醇（2-乙基己醇），反应过程为：

$$2CH_3CH_2CH_2\overset{O}{\overset{\|}{C}}H \xrightarrow[\text{加热}]{20\%NaOH} CH_3CH_2CH_2CH=\underset{\underset{CH_2CH_3}{|}}{C}-\overset{O}{\overset{\|}{C}}H$$

$$CH_3CH_2CH_2-\underset{H}{C}=\underset{\underset{CH_2CH_3}{|}}{C}-\overset{O}{\overset{\|}{C}}H \xrightarrow{Ni,H_2} CH_3CH_2CH_2CH_2-\underset{\underset{CH_2CH_3}{|}}{CH}-CH_2OH$$

5.2.2 交叉羟醛缩合反应

不同醛或酮分子间的羟醛缩合反应为交叉羟醛缩合反应，当两分子不同醛或酮都含有 α-H 时可能生成 4 种混合物，这在有机合成中意义不大，因此，合成上有意义的交叉羟醛缩合反应通常是一分子醛或酮含有 α-H，另一分子醛或酮不含 α-H。通常含有 α-H 的醛或酮在碱性催化剂的作用下变成碳负离子，该碳负离子作为亲核试剂然后再去进攻不含 α-H 的醛或酮的碳基碳，生成占优势的 β-OH 醛或酮。如果使用不含 α-H 的芳香醛与含 α-H 的脂肪醛或酮进行缩合，则在室温下就可以生成产率很高的共轭体系较大的 α,β-不饱和羰基化合物，一般情况下，该 α,β-不饱和羰基化合物为 E 型产物，这种交叉羟醛缩合称为 Claisen-Schmidt（克莱森-斯密特）反应，是合成侧链上含两种官能团的芳香族化合物及含几个苯环的脂肪族体系中间体的重要方法。

$$C_6H_5-CHO + CH_3CHO \xrightarrow[\text{20℃,苯}]{1\%\sim1.25\%NaOH} C_6H_5-\underset{H}{C}=CHCHO$$

交叉羟醛缩合反应可以扩展为不含 α-H 的醛与含活泼 α-H 的含有强吸电子基团（如硝基、氰基等）的极性化合物之间发生缩合。

$$C_6H_5-CHO + CH_3NO_2 \xrightarrow[\text{甲醇}]{NaOH,H_2O} C_6H_5-\underset{H}{C}=CHNO_2$$

$$C_6H_5-CHO + C_6H_5-CH_2CN \xrightarrow[\text{乙醇}]{CH_3ONa} C_6H_5-\underset{H}{C}=\underset{\underset{Ph}{|}}{C}CN$$

利用交叉羟醛缩合反应可以合成防日光制品的原料二苄亚乙基丙酮。

$$2\,C_6H_5CHO + CH_3\overset{O}{\overset{\|}{C}}CH_3 \xrightarrow[CH_3CH_2OH\text{-}H_2O]{NaOH} C_6H_5CH{=}CH{-}\overset{O}{\overset{\|}{C}}{-}CH{=}CHC_6H_5$$

甲醛没有活泼 α-H，也可以发生交叉羟醛缩合反应生成羟甲基醛，利用该反应可以合成季戊四醇，季戊四醇是制造醇酸树脂涂料、聚氯乙烯增塑剂、表面活性剂及炸药等的原料。

$$3H\overset{O}{\overset{\|}{C}}H + CH_3CHO \xrightarrow{10\%NaOH} (HOCH_2)_3C{-}CHO$$

$$(HOCH_2)_3C{-}CHO + H\overset{O}{\overset{\|}{C}}H \xrightarrow{40\%NaOH} (HOCH_2)_3C{-}CH_2OH + HCOO^-$$

5.3　Knoevenagel 反应

在有机碱的催化下，含活泼亚甲基的化合物（如丙二酸、氰乙酸、丙二酸酯、氰乙酸酯等）与醛酮发生缩合，脱去一分子水生成 α,β-不饱和化合物的反应称为 Knoevenagel（克脑文盖尔）反应。该反应常用的有机碱催化剂为 NH_3、RNH_2、$RCOONH_4$、$RCONH_2$、吡啶、哌啶等，常用溶剂为乙醇、吡啶、苯等。该类反应的通式为：

$$H_2C\begin{matrix}X\\Y\end{matrix} \underset{-H^+}{\overset{碱}{\rightleftharpoons}} H\overset{-}{C}\begin{matrix}X\\Y\end{matrix} \xrightarrow{R-\overset{O}{\overset{\|}{C}}-R'} R\overset{O^-}{\overset{|}{\underset{R'}{\underset{|}{C}}}}-CH\begin{matrix}X\\Y\end{matrix} \xrightarrow{H^+} R\overset{OH}{\overset{|}{\underset{R'}{\underset{|}{C}}}}-CH\begin{matrix}X\\Y\end{matrix} \xrightarrow[-H_2O]{碱} \begin{matrix}R\\R'\end{matrix}C{=}C\begin{matrix}X\\Y\end{matrix}$$

X、Y 为吸电子基团：—CHO、—COR、—COOH、—COOR、—CN、—NO_2 等。反应的机理为含活泼亚甲基的化合物在有机碱的催化下首先形成碳负离子，然后与醛、酮的羰基发生亲核加成，再脱去一分子水，生成反位 α,β-不饱和化合物。

Knoevenagel 反应具有以下特点。

（1）由于反应所用的催化剂是弱碱，所以，用于产生碳负离子的次甲基上要有两个活性基团，才能使其产生足够浓度的负离子发生亲核加成反应，如氰乙酸、乙酰乙酸乙酯、羰基酸、丙二酸酯等均能发生本反应。

$$PhCHO + CH_2(COOH)_2 \xrightarrow[-H_2O]{NH_3，乙醇} PhCH{=}C(COOH)_2 \xrightarrow[-CO_2]{\triangle} \underset{70\%\sim80\%}{PhCH{=}CHCOOH}$$

$$PhCHO + CH_2(COOH)_2 \xrightarrow[90\sim100℃]{吡啶，哌啶} PhCH{=}C(COOH)_2 \xrightarrow[-CO_2]{\triangle} \underset{80\%\sim95\%}{PhCH{=}CHCOOH}$$

（2）芳香醛比脂肪醛更有使用价值，脂肪醛易进一步发生反应。

$$CH_3CHO + CH_2(COOC_2H_5)_2 \xrightarrow{有机碱} CH_3CH{=}C(COOC_2H_5)_2 \xrightarrow{CH_2(COOC_2H_5)_2} CH_3CH(COOC_2H_5)_2$$

（3）丙二酸及其酯与酮发生该反应比较困难，但用更活泼的化合物如氰乙酸及其酯就可以发生反应。

$$PhCOCH_3 + \underset{}{\overset{CN}{|}}CH_2COOEt \xrightarrow[\text{苯-}H_2O]{\text{乙酸，乙酸铵}} PhC(CH_3){=}C(CN)COOEt$$

52%～58%

利用该反应可以合成蜜蜂信息素 9-氧代-2E-癸烯酸：

$$\text{环庚酮} \xrightarrow[\text{② }H_3O^+]{\text{① MeMgBr}} \text{1-甲基环庚醇} \xrightarrow{KHSO_4} \text{1-甲基环庚烯} \xrightarrow[\text{② Zn, }H_2O]{\text{① }O_3} CH_3CO(CH_2)_5CHO \xrightarrow{CH_2(COOH)_2}$$

$$CH_3CO(CH_2)_5CH{=}C(COOH)_2 \xrightarrow{\triangle,\,-CO_2} CH_3CO(CH_2)_5CH{=}CHCOOH$$

最近的研究发现使用醋酸锌为催化剂，在室温及无溶剂条件下，能够使一系列芳醛与活泼亚甲基化合物发生 Knoevenagel 缩合反应，生成较高产率的丙烯酸类衍生物。例如：

$$O_2N\text{—}C_6H_4\text{—}CHO + CNCH_2COOEt \xrightarrow{Zn(AcO)_2 \cdot 2H_2O} O_2N\text{—}C_6H_4\text{—}CH{=}C(CN)COOEt$$

5.4 Claisen 缩合

含有 α-H 的酯和含活泼亚甲基的羰基化合物在强碱作用下缩合，生成 β-羰基化合物的反应，称为 Claisen（克莱森）酯缩合反应。反应通式为：

$$RCOOEt + R^1\text{—}CH_2\text{—}R^2 \xrightarrow[-EtOH]{\text{碱}} R\text{—}\overset{O}{\overset{\|}{C}}\text{—}\underset{R^1}{\overset{H}{C}}\text{—}R^2$$

具有 α-H 的醛优先发生自缩合，不适宜 Claisen 反应。因此，R 和 R′可以是 H、烷基、芳基、杂环基等，R″为酯基、羰基、氰基等吸电子基团。常用的强碱性催化剂有乙醇钠、叔丁醇钾、叔丁醇钠、氢化钾、氢化钠、三苯甲基钠、二异丙氨基锂等。根据原料的不同，可以分为酯酯缩合和酯酮缩合。

反应的机理为含活泼亚甲基的化合物在强碱的催化下首先形成碳负离子，然后进攻酯的羰基碳原子，π 键打开生成氧负离子，接着烷氧基离去，恢复羰基的稳定结构，生成 β-羰基化合物。产物主要是体积大的基团彼此处于反位的 α,β-不饱和化合物。

$$H_2C\langle^{R^1}_{R^2} \underset{-H^+}{\overset{\text{碱}}{\rightleftharpoons}} H\bar{C}\langle^{R^1}_{R^2} \overset{R\text{—}\overset{O}{\overset{\|}{C}}\text{—}OEt}{\rightleftharpoons} RC(O^-)(OEt)\text{—}CH\langle^{R^1}_{R^2} \overset{-EtO^-}{\rightleftharpoons}$$

$$R\overset{O}{\overset{\|}{C}}\text{—}CH\langle^{R^1}_{R^2} \underset{-H^+}{\overset{\text{碱}}{\rightleftharpoons}} \left[R\overset{O}{\overset{\|}{C}}\text{—}\bar{C}\langle^{R^1}_{R^2}\right]Na^+ \xrightarrow{EtOH} R\overset{O}{\overset{\|}{C}}\text{—}CH\langle^{R^1}_{R^2} + EtONa$$

5.4.1 酯酯缩合

两分子的酯在强碱催化下，其中一分子酯中活泼亚甲基上的氢脱去形成碳负离子，然后进攻另一分子酯的羰基碳原子，接着脱去烷氧基负离子，最后生成 β-酮酸酯的反应。酯酯缩合可以是相同酯之间的自身缩合，产物为单一的β-酮酸酯，如乙酰乙酸乙酯的生成反应。反应式为：

$$CH_3COOEt \underset{-H^+}{\overset{EtONa}{\rightleftharpoons}} H_2\bar{C}-COOEt \xrightleftharpoons{H_3C-\overset{O}{\overset{\|}{C}}-OEt} H_3C-\underset{OEt}{\overset{O^-}{C}}-CH_2COOEt \xrightarrow{-EtO^-} H_3C-\overset{O}{\overset{\|}{C}}-CH_2COOEt$$

该反应的特点如下。

① 反应是可逆的，要使反应向右进行，取决于反应物的性质、反应条件。如上述反应之所以得到一定产率的乙酰乙酸乙酯，是因为乙酰乙酸乙酯的酸性大于同时生成的乙醇，EtO^- 更易使乙酰乙酸乙酯失去质子形成稳定的 $CH_3CO-\bar{C}H-COOEt$，使反应向右进行。

② 催化剂醇钠只能使含有两个α-H的酯缩合，如果活泼亚甲基上存在取代基，则必须用更强的碱如三苯甲钠或格氏试剂如异丙基溴化镁等催化，才能发生反应。

$$2(CH_3)_2CHCOOC_2H_5 \xrightarrow{(C_6H_5)_3CNa} (CH_3)_2CH-CO-\underset{CH_3}{\overset{CH_3}{C}}-COOC_2H_5$$

③ 当两个不相同的酯都含有活泼α-H时，产物为四种β-酮酸酯的混合物，在合成上没有意义；有价值的交叉酯酯缩合为一分子酯含有活泼α-H，另一分子酯不含活泼α-H。常见的不含活泼α-H的酯为甲酸乙酯、草酸二乙酯、苯甲酸甲酯、碳酸二乙酯等。如：

$$C_6H_5-CH_2COOEt + HCOOEt \xrightarrow{EtONa} C_6H_5-\underset{CHO}{CH}COOEt$$

$$C_6H_5-CH_2COOEt + \underset{COOEt}{COOEt} \xrightarrow{EtONa} C_6H_5-\underset{COCOOEt}{CH}COOEt \xrightarrow[-CO]{\triangle} C_6H_5-\underset{COOEt}{CH}COOEt$$

$$C_6H_5-COOEt + (CH_3)_2CHCOOEt \xrightarrow{EtONa} (CH_3)_2\underset{COC_6H_5}{C}COOEt$$

5.4.2 酯酮缩合

酯与酮的混合物在强碱催化下进行缩合的反应称为酯酮缩合。当酮的α-H酸性比酯的α-H酸性强或酯没有α-H时，酮在强碱性催化剂催化下脱去质子氢形成碳负离子，然后与酯的羰基碳原子发生亲核加成反应，进而脱去烷氧基负离子，生成β-二羰基化合物。如果酯的α-H酸性比酮的α-H酸性强，产物中会混有酯自身缩合的副产物。如果酮的α-H酸性比酯的α-H酸性强，则产物中会混有酮自身缩合的副产物。有意义的酯酮缩合通常为一分子酮含有活泼α-H，另一分子酯不含活泼α-H。如乙二酸酯和酮的缩合反应，生成β-酮酯。

$$CH_3\overset{O}{\overset{\|}{C}}CH_3 + \underset{COOEt}{COOEt} \xrightarrow{EtONa} CH_3\overset{O}{\overset{\|}{C}}CH_2-COCOOEt$$

β-酮酯中次甲基的两个活化氢的酸性增强，可以在较温和的条件下进行其他反应。

$$\text{6-MeO-tetralone-fused ketone} \xrightarrow[\triangle]{(CO_2Et)_2/EtO^-} \text{(}CO_2Et\text{-substituted ketone)} \xrightarrow[CH_3O^-]{CH_3I} \text{(}CH_3, CO_2Et\text{-substituted ketone)}$$

甲酸酯和酮在碱性条件下反应制得 β-酮醛。

$$\text{环己酮} + HCOOEt \xrightarrow{NaH} \text{2-甲酰基环己酮 (CHO)}$$

5.5 Mannich 反应

含活泼 α-H 的化合物（如醛、酮、酸、酯、酚、炔、杂环等）与醛（一般是甲醛）在酸的催化下，与伯、仲胺反应，α-H 被氨甲基取代生成氨甲基化衍生物的反应称为 Mannich（曼尼希）反应（或氨甲基化反应），氨甲基化衍生物被称为 Mannich 碱。反应一般在水、乙醇、乙酸等极性溶剂中进行。常用的酸性催化剂为盐酸。反应后的产物是以盐酸盐的形式存在的，常用碱进行中和。该反应广泛用于药物合成和天然产物合成，反应的通式为：

$$R'C(=O)-CH_2-R + HCHO + HN(CH_3)_2 \xrightarrow[-H_2O]{H^+} R'C(=O)-CH(R)-CH_2N(CH_3)_2$$

反应的机理如下。

① 在酸的作用下，甲醛的羰基碳原子被活化成碳正离子，然后和胺发生缩合反应，生成氮烯正离子。

$$HCH(=O) \xrightarrow{H^+} HCH(=\overset{+}{O}H) \rightleftharpoons H\overset{+}{C}H(OH) \xrightarrow[-H^+]{HN(CH_3)_2} HOCH_2N(CH_3)_2 \xrightarrow[-H_2O]{H^+}$$

$$\overset{+}{C}H_2N(CH_3)_2 \rightleftharpoons CH_2=\overset{+}{N}(CH_3)_2$$

② 含活泼 α-H 的化合物在酸的作用下烯醇化。

$$R'C(=O)-CH_2-R \overset{H^+}{\rightleftharpoons} R'C(=\overset{+}{O}H)-CH_2-R \overset{-H^+}{\rightleftharpoons} R'C(OH)=CH-R$$

③ 烯醇类化合物与氮烯正离子进行加成反应生成氨甲基化产物 Mannich 碱。

$$R'C(\ddot{O}H)=CH-R + CH_2=\overset{+}{N}(CH_3)_2 \longrightarrow R'C(=\overset{+}{O}H)-CH(R)CH_2-N(CH_3)_2 \xrightarrow{-H^+} R'C(=O)-CH(R)CH_2-N(CH_3)_2$$

醛、酮、酸、酯、炔的 Mannich 反应如下：

$$(CH_3)_2CHCHO + HCHO + HN(CH_3)_2 \cdot HCl \longrightarrow (CH_3)_2C(CH_2N(CH_3)_2)CHO$$

$$C_6H_5COCH_3 + HCHO + HN(CH_3)_2 \cdot HCl \longrightarrow C_6H_5COCH_2CH_2N(CH_3)_2$$

$$CH_3CH(COOH)_2 + HCHO + HN(CH_3)_2 \cdot HCl \longrightarrow CH_3C(COOH)_2CH_2N(CH_3)_2$$

$$(H_3CO)_2P(OH) + HCHO + NH(CH_3)_2 \cdot HCl \xrightarrow{\text{盐酸}} (H_3CO)_2P\text{—}OCH_2N(CH_3)_2$$

$$C_6H_5C{\equiv}CH + HCHO + HN(CH_3)_2 \cdot HCl \longrightarrow C_6H_5C{\equiv}CCH_2N(CH_3)_2$$

苯酚进行氨甲基化时，由于酚羟基的供电子效应使得苯环高度活化，在羟基的邻对位可以引入三个氨甲基。

$$C_6H_5OH + HCHO + HN(CH_3)_2 \cdot HCl \longrightarrow (H_3C)_2NH_2C\text{-}C_6H_2(OH)(CH_2N(CH_3)_2)_2$$

吲哚在进行氨甲基化时，由于β位电子云密度比α位大，所以氨甲基主要引入吲哚的β位，生成有价值的产物草绿碱。

$$\text{吲哚} + HCHO + HN(CH_3)_2 \cdot HCl \longrightarrow \text{3-}CH_2N(CH_3)_2\text{-吲哚}$$

Mannich 反应在合成上的应用可以归纳如下。

① 利用 Mannich 反应合成双键在末端的α,β-不饱和酮。α,β-不饱和酮在合成上非常有用，如进一步加氢还原则可得到比原料多一个碳原子的羰基化合物，也可以继续进行 Michael（迈克尔）加成反应。

$$RCOCH_3 + HCHO + NH(CH_3)_2 \cdot Cl \longrightarrow RCOCH_2CH_2N(CH_3)_2 \cdot HCl \xrightarrow{\triangle} RCOCH{=}CH_2 \xrightarrow[Ni]{H_2} RCOCH_2CH_3$$

② 利用 Mannich 反应合成β-吲哚乙酸和色氨酸。草绿碱转变成季铵盐后，氨甲基中的碳原子正电性增加，易受到亲核试剂的进攻，发生取代反应。

$$\text{3-}CH_2N(CH_3)_2\text{-吲哚} \xrightarrow{(CH_3)_2SO_4} \text{3-}CH_2\overset{+}{N}(CH_3)_3\text{-吲哚} \xrightarrow[\text{② } H_3O^+]{\text{① } CN^-} \text{3-}CH_2COOH\text{-吲哚}$$

β-吲哚乙酸

$$CH_3CONHCH(COOEt)_2 \underset{-H^+}{\overset{EtONa}{\rightleftharpoons}} CH_3CONH\bar{C}(COOEt)_2 \xrightarrow{\text{3-}CH_2\overset{+}{N}(CH_3)_3\text{-吲哚}} \text{3-}CH_2C(COOEt)_2(NHCOCH_3)\text{-吲哚} \xrightarrow{OH^-}$$

$$\text{3-}CH_2C(COONa)_2(NH_2)\text{-吲哚} \xrightarrow{H^+,\triangle} \text{3-}CH_2CH(NH_2)COOH\text{-吲哚}$$

色氨酸

③ 利用 Mannich 反应合成生物碱。如颠茄碱、古柯碱等。颠茄碱又称阿托品，是一种具有特殊生理活性的生物碱，医学上常用作麻醉剂、解毒剂等。颠茄酮是颠茄碱的重要降解产物，也是合成颠茄碱的重要原料。1901 年，Willstatterl 以环庚酮为原料经过 21 步才制得颠茄酮，总产率仅有 0.75% 。1917 年英国化学家 Robinson 等以丁二醛、甲胺和 3-氧代戊二酸为原料，在仿生条件下，利用 Mannich 反应只用一步就合成了颠茄酮，反应的初始产率为 17%，后经改进可达 90%。反应式如下：

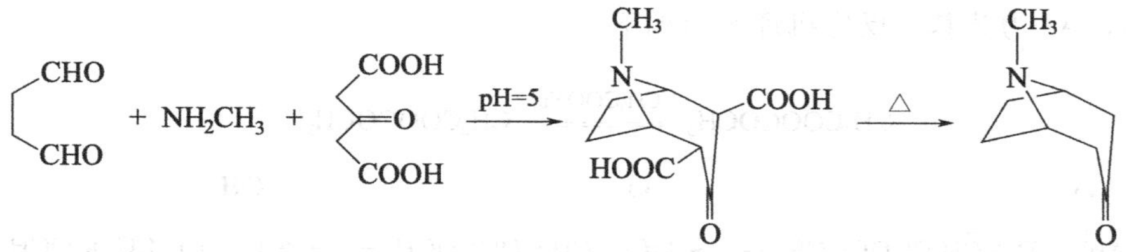

颠茄酮经过羰基还原、酯化、再还原即得颠茄碱。

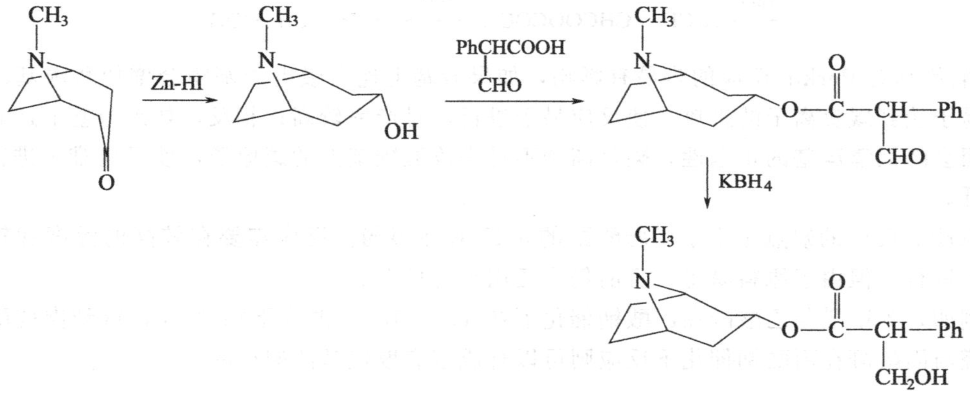

古柯碱可用作各种手术的局部麻醉药、血管收缩剂等，最初主要从美洲大陆的传统种植作物古柯树中提炼出来，后来使用 Mannich 反应进行合成。

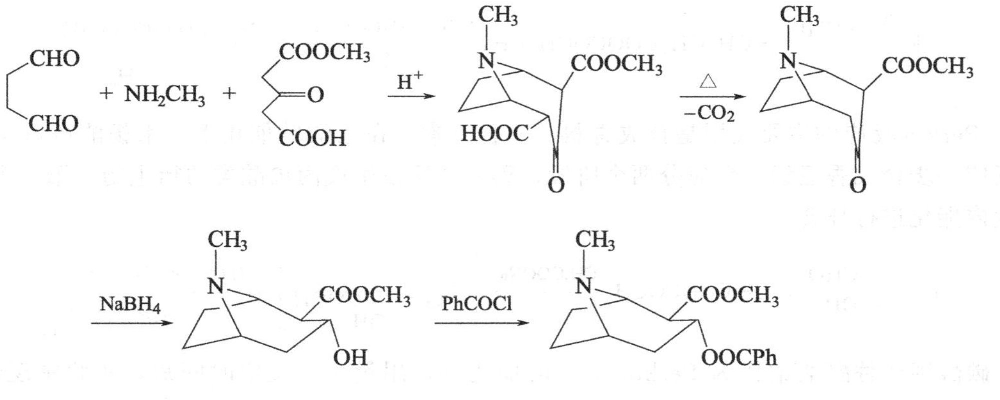

5.6 Perkin，Stobbe 和 Darzens 反应

5.6.1 Perkin 反应

不含 α-H 的芳香醛与含 α-H 的脂肪酸酐（如丙酸酐、乙酸酐）在强碱弱酸盐（如醋酸

钠、碳酸钾）的催化下加热脱水缩合，生成 β-芳基-α，β-不饱和羧酸的反应，称为 Perkin（普尔金）反应。通常使用与脂肪酸酐相对应的脂肪酸盐为催化剂，产物为较大基团处于反位的烯烃。以脂肪酸盐为催化剂时，反应的通式为：

$$ArC(=O){-}H + CH_3COOCOCH_3 \xrightarrow[\triangle]{CH_3COONa} ArCH{=}CHCOOH$$

式中，Ar 为芳基。反应机理表示如下：

$$CH_3COOCOCH_3 \underset{}{\overset{CH_3COONa}{\rightleftharpoons}} \bar{C}H_2COOCOCH_3$$

$$ArC(=O){-}H + \bar{C}H_2COOCOCH_3 \longrightarrow ArC(O^-)(H){-}CH_2COOCOCH_3 \longrightarrow ArC(OH)(H){-}CH_2COOCOCH_3$$

$$\xrightarrow{-H_2O} ArCH{=}CHCOOCOCH_3 \xrightarrow{H_2O} ArCH{=}CHCOOH$$

取代基对 Perkin 反应的难易有影响，如果芳基上连有吸电子基团会增加醛羰基的正电性，易于受到碳负离子的进攻，使反应易于进行，且产率较高；相反，如果芳基上连有供电子基团会降低醛羰基的正电性，碳负离子不易进攻醛羰基上的碳原子，使反应难于进行，产率较低。

Perkin 反应的缺点是由于脂肪酸酐的 α-H 酸性很弱，反应需要在较高的温度和较长的时间下进行，但由于原料易得，目前仍广泛用于有机合成中。

例如，苯甲醛与乙酸酐在乙酸钠催化下在 170～180℃温度下加热 5h，得到肉桂酸。若苯甲醛与丙酸酐在丙酸钠催化下反应则可以合成带有取代基的肉桂酸。

$$C_6H_5CHO + CH_3COOCOCH_3 \xrightarrow[\triangle]{CH_3COONa} C_6H_5CH{=}CHCOOH$$

$$C_6H_5CHO + CH_3CH_2COOCOCH_2CH_3 \xrightarrow[\triangle]{CH_3CH_2COONa} C_6H_5CH{=}C(CH_3)COOH$$

Perkin 反应的主要应用是合成香料——香豆素，在乙酸钠催化下，水杨醛可以与乙酸酐反应一步合成香豆素。反应分两个阶段，第一个阶段生成丙烯酸类的衍生物，第二个阶段发生内酯化进行环合。

$$o\text{-}HOC_6H_4CHO + CH_3COOCOCH_3 \xrightarrow{CH_3COONa} \left[o\text{-}HOC_6H_4CH{=}CHCOOH\right] \xrightarrow{-H_2O} \text{香豆素}$$

碳酸钾代替醋酸钠作为 Perkin 反应的催化剂，用量少，反应时间短，实验重现性好，产率高。此外，和醋酸钠相比，碳酸钾不易吸潮，所以，用碳酸钾作为催化剂较为理想。

Perkin 反应一般只局限于芳香醛类。但某些杂环醛，如呋喃甲醛也能发生 Perkin 反应产生呋喃丙烯酸，这个产物是医治血吸虫病药物呋喃丙胺的原料。

$$\text{2-呋喃甲醛(CHO)} + CH_3COOCOCH_3 \xrightarrow{CH_3COONa} \text{2-呋喃基}{-}CH{=}CH{-}COOH$$

与脂肪酸酐相比，乙酸和取代乙酸具有更活泼的 α-H，也可以发生 Perkin 反应。如取代苯乙酸类化合物在三乙胺、乙酸酐存在下，与芳醛发生缩合反应生成取代 α-H 苯基肉桂酸类化合物，该产物为一种心血管药物的中间体。

$$R\text{-}C_6H_4\text{-}CHO + R'\text{-}C_6H_4\text{-}CH_2COOH \xrightarrow[\text{三乙胺}]{\text{乙酸酐}} (R\text{-}C_6H_4)CH{=}C(COOH)(C_6H_4\text{-}R')$$

5.6.2 Stobbe 反应

在强碱催化下，丁二酸二乙酯与醛、酮中的羰基发生缩合，生成 α-亚烃基丁二酸单酯的反应，称为 Stobbe（斯陶伯）反应。该反应常用的催化剂为醇钠、醇钾、氢化钠等。Stobbe 缩合主要用于酮类反应物。反应的通式为：

$$R^2\text{—}\overset{\overset{\displaystyle O}{\|}}{C}\text{—}R^1 + H_2\overset{\overset{\displaystyle COOEt}{|}}{C}\text{—}CH_2\text{—}COOEt \xrightarrow{R^3CONa} R^2\text{—}\overset{\overset{\displaystyle R^1}{|}}{C}{=}\overset{\overset{\displaystyle COOEt}{|}}{C}\text{—}CH_2\text{—}COONa + R^3COH + EtOH$$

式中，R^1、R^2 为烷基、芳基或氢；R^3 为烷基。

在强碱的催化作用下，丁二酸二酯上的活泼 α-H 脱去，生成碳负离子，然后亲核进攻醛、酮羰基的碳原子。

α-亚烃基丁二酸单酯盐在稀酸中可以酸化成羧酸酯，如果在强酸中加热，则可发生水解并脱羧的反应，产物为比原来的醛酮多三个碳的 β,γ-不饱和酸。

$$(R^1)(R^2)C{=}C(CH_2COO^-)(COOEt) \xrightarrow{H_3O^+} (R^1)(R^2)C{=}C(CH_2COOH)(COOEt)$$

$$(R^1)(R^2)C{=}C(CH_2COO^-)(COOEt) \xrightarrow[-CO_2]{H^+,\triangle} (R^1)(R^2)C{=}CHCH_2COOH$$

α-萘满酮是生产选矿阻浮剂和杀虫剂的重要中间体，以苯甲醛为原料，通过 Stobbe 反应进行合成。

$$C_6H_5\text{-}CHO \xrightarrow[EtONa]{(CH_2COOEt)_2} C_6H_5\text{-}CH{=}\overset{\overset{\displaystyle COOEt}{|}}{C}CH_2COO^- \xrightarrow[-CO_2]{H^+,\triangle} C_6H_5\text{-}CH{=}CHCH_2COOH$$

$$\xrightarrow{H_2,Pd/C} C_6H_5\text{-}CH_2CH_2CH_2COOH \xrightarrow{H^+} \alpha\text{-萘满酮}$$

5.6.3 Darzens 反应

醛、酮与 α-卤代羧酸酯在强碱的作用下，缩合生成 α,β-环氧羧酸酯的反应称为 Darzens

（达金）反应。α-卤代羧酸酯通常为α-氯代羧酸酯，常用的碱催化剂为 $t\text{-}C_4H_9OK$、RONa、$NaNH_2$ 等，比较来看，$t\text{-}C_4H_9OK$ 的效果较好。该反应用于脂肪醛时收率不高，但用于芳醛、脂肪酮、脂环酮时收率较高。反应的通式为：

$$R^1R^2C{=}O + R^3CHX\text{-}COOEt \xrightarrow{\text{强碱}} R^1R^2C\overset{O}{\frown}C(R^3)COOEt$$

式中，R^1，R^2，R^3 为烷基、芳基或氢。

反应的机理是α-卤代羧酸酯在强碱的作用下α-碳原子脱去质子生成碳负离子，然后与羰基的碳原子进行亲核加成，得到烷氧负离子，接着发生分子内的亲核取代反应，烷氧负离子氧上的负电荷进攻α-碳原子，卤原子离去，生成α,β-环氧羧酸酯。

$$R^3CH(X)COOEt \xrightleftharpoons{\text{强碱}} R^3\bar{C}(X)COOEt \xrightarrow{R^1-CO-R^2} R^2-C(R^1)(O^-)-C(R^3)(X)-COOEt \xrightarrow{-X^-} R^2-C(R^1)\overset{O}{\frown}C(R^3)-COOEt$$

由 Darzens 反应缩合得到的α,β-环氧羧酸酯，在碱性溶液中可使酯基水解得到α,β-环氧羧酸盐，然后酸化可得α,β-环氧羧酸，加热可发生开环脱羧的反应生成比原料醛、酮多一个或多个碳原子的醛、酮。若α-卤代羧酸酯为α-卤代乙酸酯，则结果相当于在原来的羰基碳上增加一个醛基。

$$R^2-C(R^1)\overset{O}{\frown}C(R^3)-COOEt \xrightarrow{NaOH} R^2-C(R^1)\overset{O}{\frown}C(R^3)-COO^- \xrightarrow{H^+} R^2-C(R^1)\overset{O}{\frown}C(R^3)-C(=O)-O-H \xrightarrow{\triangle}$$

$$R^2-C(R^1){=}C(R^3)-OH \rightleftharpoons R^2-CH(R^1)-C(=O)-R^3$$

利用 Darzens 反应可以合成一些重要的有机合成中间体，反应示例如下：

$$C_6H_5-CO-CH_3 + ClCH_2COOEt \xrightarrow{NaNH_2} Ph-C(CH_3)\overset{O}{\frown}CH-COOEt \xrightarrow[(2)H^+,\triangle]{(1)OH^-} Ph-C(CH_3)(H)-CHO$$

布洛芬，又称芬必得，是一种解热镇痛药物，化学名称为α-甲基-4-(2-甲基丙基）苯乙酸，可以利用 Darzens 反应来进行合成。

$$(CH_3)_2CHCH_2-C_6H_4-CO-CH_3 + ClCH_2COOEt \xrightarrow{i\text{-}C_3H_7ONa} (CH_3)_2CHCH_2-C_6H_4-C(CH_3)\overset{O}{\frown}CHCOOEt \xrightarrow[(2)H^+,\triangle]{(1)OH^-}$$

$$(CH_3)_2CHCH_2-C_6H_4-CH(CH_3)-CHO \xrightarrow[(2)H^+]{(1)NaClO} (CH_3)_2CHCH_2-C_6H_4-CH(CH_3)-CHO$$

α-甲基-4-(2-甲基丙基)苯乙酸

用α-卤代酮、α-卤代醛、α-卤代腈、α-卤代酰胺，代替α-卤代羧酸酯进行 Darzens 反

应，也可以合成α,β-环氧化合物。

$$Ph-\overset{O}{\overset{\|}{C}}-H + Ph-\overset{O}{\overset{\|}{C}}-CH_2Cl \xrightarrow[EtOH]{EtOK} Ph-\underset{H}{C}H\overset{O}{—}CH-\overset{O}{\overset{\|}{C}}-Ph$$

5.7 Dieckmann 反应

二元羧酸酯在强碱的作用下发生分子内酯缩合，生成五至六元环的环状β-酮酸酯的反应，称为 Dieckmann（狄克曼）反应。产物经水解、脱羧可得脂环酮。该反应常在苯、甲苯、乙醚、无水乙醇等溶剂中进行，本质上是分子内的 Claisen 酯缩合反应。反应的通式为：

$$(H_2C)_n(COOEt)_2 \xrightarrow[(2)\ H_3O^+]{(1)\ 碱} (H_2C)_{n-1}\text{环}[C{=}O,\ CH-COOEt]$$

Dieckmann 反应只适用于 5，6 元环的合成，收率 60%～80%，形成 7，8 元环酮酯的产率低得多，而 9～12 元环和更小的环几乎得不到，因为这些环中存在着一定的角张力，该反应的机理同 Claisen 酯缩合反应的机理。不对称的二元羧酸酯常得到酸性较强的α-碳原子与羰基缩合的产物。

$$CH_3,\ COOEt,\ COOEt \underset{}{\overset{EtONa}{\rightleftharpoons}} [\ CH_3,\ COOEt,\ COOEt\ ]^- \underset{}{\overset{H_3O^+}{\rightleftharpoons}} CH_3,\ C{=}O,\ COOEt$$

利用该反应可以合成脂环酮类化合物、甾体类化合物等。

$$(CH_2)_3(CH_2COOEt)_2 \xrightarrow[(2)H_3O^+]{(1)EtONa} \text{2-氧代环己烷甲酸乙酯 (O, COOEt)} \xrightarrow{H^+,\triangle} \text{环己酮}$$

$$H_3CO,\ CH_3,\ COOCH_3,\ CH_2CH_2COOCH_3 \xrightarrow[(2)\ H_3O^+]{(1)CH_3ONa} H_3CO,\ CH_3,\ O,\ COOCH_3$$

如果 $n<4$，则不能发生分子内的闭环酯缩合反应，但可以和不含α-H 的二元羧酸酯进行分子间缩合，生成环状β-酮酸酯，再经水解、脱羧可得环状二酮类化合物。

$$(CH_3)_2C(CH_2COOEt)_2 + \underset{COOEt}{COOEt} \xrightarrow[(2)H_3O^+]{(1)EtONa} (CH_3)_2C[CH(COOEt)-C(=O)]_2 \xrightarrow{H^+,\triangle} \text{4,4-二甲基环戊烷-1,2-二酮}$$

5.8　Prins 反应

醛或酮在酸的催化下与烯烃或炔烃的缩合反应，称为 Prins（普林斯）反应。最常见的酸性催化剂为硫酸。在不同的条件下，反应的产物可为 1,3-二氧六环、1,3-二醇、烯丙醇、氯代醇、酯等。以甲醛与烯烃反应为例，若在酸的水溶液中进行，产物为 1,3-二醇，反应的通式如下：

$$R-CH=CH_2 + H-\overset{O}{\overset{\|}{C}}-H \xrightarrow[H_2O]{H^+} R-\overset{OH}{\overset{|}{C}H}-CH_2-CH_2OH$$

在酸的催化下，醛被极化成碳正离子，接着碳正离子进攻烯烃双键上其中一个碳原子，使另一个双键碳原子变成碳正离子，水分子进攻该碳正离子并失去一个质子氢，生成 1,3-二醇。反应的机理如下：

$$H-\overset{O}{\overset{\|}{C}}-H \xrightarrow{H^+} H-\overset{\overset{+}{O}H}{\overset{\|}{C}}-H \rightleftharpoons H-\overset{OH}{\overset{|}{\underset{+}{C}}}-H \xrightarrow{R-CH=CH_2} R-\overset{+}{C}H-CH_2-CH_2OH$$

$$\xrightarrow[-H^+]{H_2O} R-\underset{OH}{\underset{|}{C}H}-CH_2-CH_2OH$$

若在过量甲醛、浓酸和低温的情况下进行，产物为 1,3-二氧六环。

$$R-CH=CH_2 + H-\overset{O}{\overset{\|}{C}}-H(\text{过量}) \xrightarrow{H^+} \text{4-R-1,3-二氧六环}$$

反应的机理如下：

$$H-\overset{O}{\overset{\|}{C}}-H \xrightarrow{H^+} H-\overset{\overset{+}{O}H}{\overset{\|}{C}}-H \rightleftharpoons H-\overset{OH}{\overset{|}{\underset{+}{C}}}-H \xrightarrow{R-CH=CH_2} R-\overset{+}{C}H-CH_2-CH_2OH \xrightarrow{H-\overset{O}{\overset{\|}{C}}-H}$$

$$R-\underset{\underset{+}{O}=CH_2}{\underset{|}{C}H}-CH_2-CH_2OH \longrightarrow R-\underset{O-\overset{+}{C}H_2}{\underset{|}{C}H}-CH_2-CH_2OH \longrightarrow R-CH(-O-CH_2-\overset{+}{O}H-)-CH_2-CH_2 \xrightarrow{-H^+}$$

$$R-CH(-O-CH_2-O-)-CH_2-CH_2 \ (\text{环})$$

异戊二烯是合成橡胶的一种原料，可以利用 Prins 反应先合成 1,3-二醇，再脱水合成。

$$CH_2=C(CH_3)_2 + HCHO \xrightarrow[H_2O]{H^+} HO-CH_2CH_2-C(OH)(CH_3)_2 \longrightarrow H_2C=\overset{H}{C}-\underset{H_3C}{\underset{|}{C}}=CH_2$$

以苯乙烯为原料，在过量甲醛、浓硫酸及回流的条件下可以合成比苯乙烯多一个碳的苯丙醇。

$$C_6H_5-CH=CH_2 + 2HCHO \xrightarrow{H^+} \text{4-苯基-1,3-二氧六环} \xrightarrow[ROH]{Na} C_6H_5CH_2CH_2CH_2OH$$

氯霉素是一种广谱抗生素，化学名为 D-(－)-*N*-[α-(羟甲基)-β-羟基-对硝基苯乙基]-

2,2-二氯乙酰胺。以对硝基苯乙烯为原料，先与次溴酸加成生成溴代醇，再脱水生成烯基溴，在过量甲醛条件下经 Prins 反应生成 1,3-二氧六环，再经胺化、水解生成醇胺，用诱导结晶法对外消旋体进行拆分，生成 D-构型的产物，再用二氯乙酰氯进行酰基化，得到具有生物活性的氯霉素。

$$O_2N\text{-}C_6H_4\text{-}CH{=}CH_2 \xrightarrow{HBr} O_2N\text{-}C_6H_4\text{-}CH(OH)\text{-}CH_2Br \xrightarrow[-H_2O]{TsOH, KHSO_4}$$

$$O_2N\text{-}C_6H_4\text{-}CH{=}CHBr \xrightarrow[H^+]{HCHO} O_2N\text{-}C_6H_4\text{-}CH(OH)\text{-}CHBr\text{-}CH_2OH \xrightarrow[H^+]{HCHO}$$

$$O_2N\text{-}C_6H_4\text{-}CH\text{-}CHBr\text{-}CH_2\text{-}O\text{-}CH_2\text{-}O \text{ (ring)} \xrightarrow{NH_3} O_2N\text{-}C_6H_4\text{-}CH\text{-}CHNH_2\text{-}CH_2\text{-}O\text{-}CH_2\text{-}O \text{ (ring)} \xrightarrow{H^+}$$

$$O_2N\text{-}C_6H_4\text{-}CH(OH)\text{-}CHNH_2\text{-}CH_2OH \xrightarrow{\text{外消旋体拆分}} O_2N\text{-}C_6H_4\text{-}CH(OH)\text{-}C(H)(CH_2OH)\text{-}NH_2 \xrightarrow{CHCl_2COCl}$$

$$O_2N\text{-}C_6H_4\text{-}CH(OH)\text{-}C(H)(CH_2OH)\text{-}NHCOCHCl_2$$

5.9 安息香缩合反应

两分子苯甲醛在热的氰化钾或氰化钠的乙醇溶液中，通过缩合反应生成 α-羟基酮的反应，称为安息香缩合，也称苯偶姻反应。反应的通式为：

$$2\ C_6H_5CHO \xrightarrow{NaCN, EtOH} C_6H_5\text{-}C(=O)\text{-}CH(OH)\text{-}C_6H_5$$

二苯乙醇酮

苯甲醛中的羰基碳受到氰根负离子的进攻，羰基上的氧变成氧负离子，接着重排成更稳定的碳负离子，该碳负离子进攻另一分子苯甲醛的羰基碳生成氧负离子，该氧负离子重排成更稳定的和吸电子基相连的氧负离子，最后氰根离子离去生成 α-羟基酮。反应的机理为：

$$C_6H_5\text{-}CH{=}O \underset{}{\overset{CN^-}{\rightleftharpoons}} C_6H_5\text{-}C(O^-)(H)\text{-}CN \underset{}{\overset{\text{负离子重排}}{\rightleftharpoons}} C_6H_5\text{-}C^-(OH)\text{-}CN \xrightarrow{C_6H_5CHO}$$

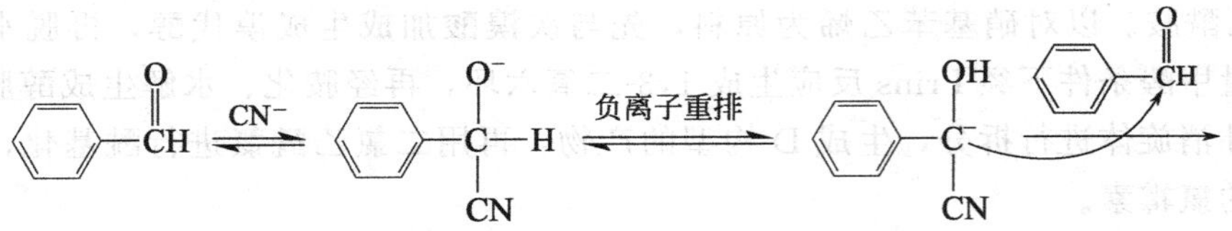

氰化物是剧毒品，易对人体产生危害，操作不方便，且“三废”处理困难。20 世纪 70 年代后开始采用具有生物活性的辅酶维生素 B_1 代替氰化物作催化剂进行缩合反应。

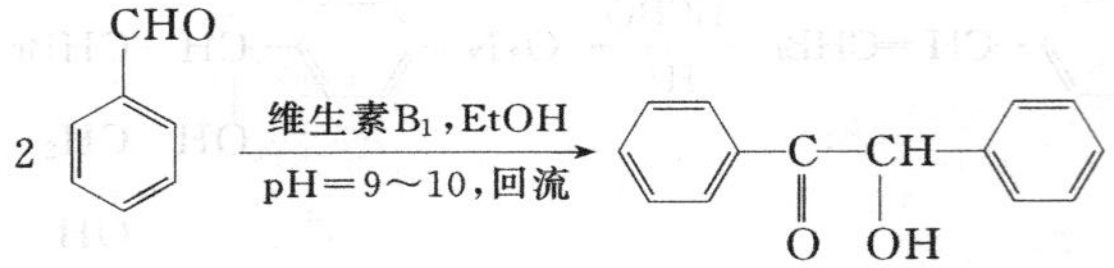

反应的机理为：

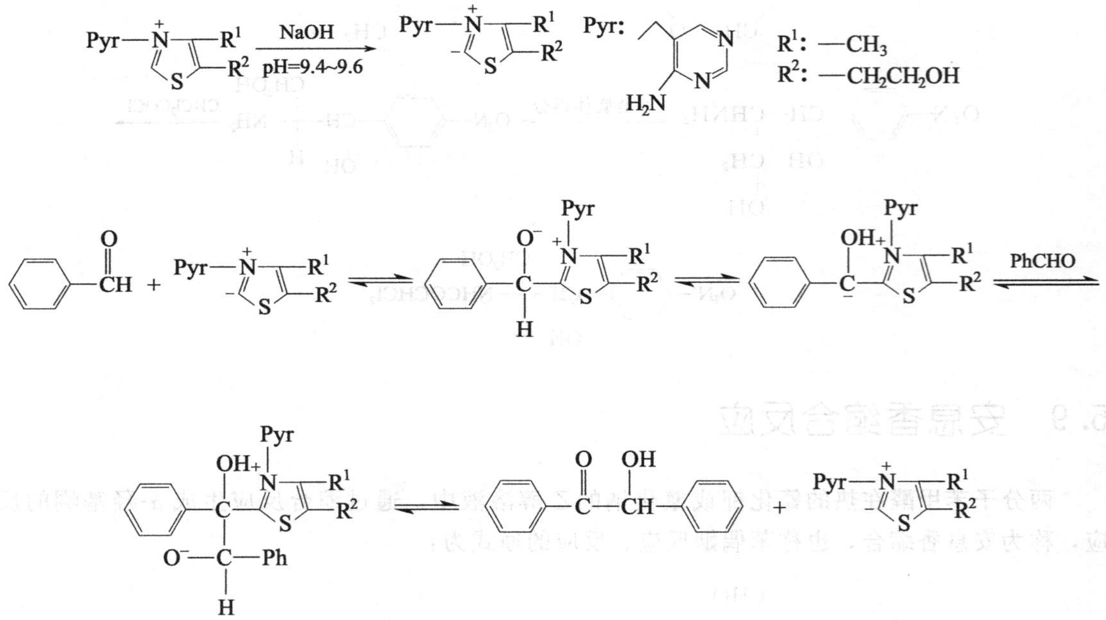

Pyr: R^1: —CH_3 R^2: —CH_2CH_2OH

5.10 Pechmann 反应

Pechmann（佩希曼）反应是由德国化学家 Hans von Pechmann 发现并首先报道的，是指取代的酚和 β-酮酸酯在路易斯酸的催化下发生闭环反应合成香豆素类化合物。反应通式为：

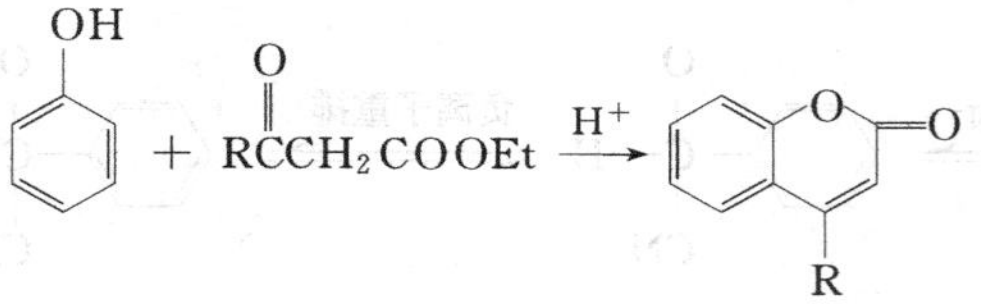

反应机理为：

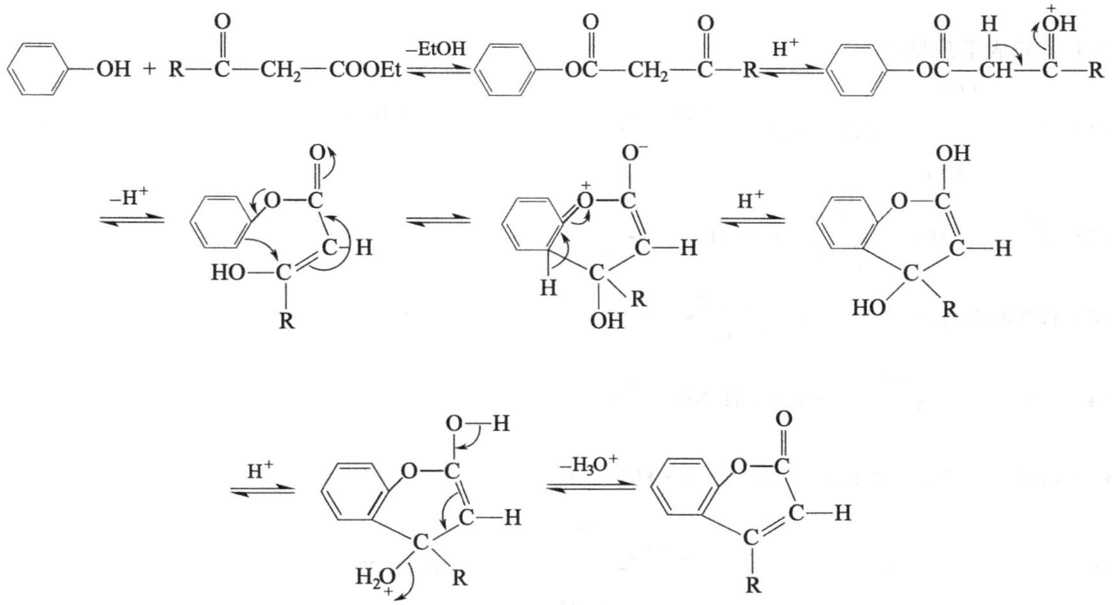

苯酚与 β-酮酸乙酯先发生酯交换生成 β-酮酸苯酯，然后在路易斯酸的催化下 β-酮酸苯酯进行烯醇化，然后酚羟基的邻位碳进攻烯醇中与羟基相连的碳原子而成环，并通过脱去酚羟基的邻位氢恢复苯环的稳定结构，最后在酸的作用下脱去一分子的水，并且由烯醇式变为稳定的酮式结构。

香豆素类的衍生物是一种具有抗菌、抗病毒等许多生物活性的化合物，Pechmann 反应最大的应用就是合成各种香豆素类的衍生物。如以 α-取代乙酰乙酸乙酯和间苯二酚为原料在多聚磷酸的催化下可以合成香豆素类衍生物。

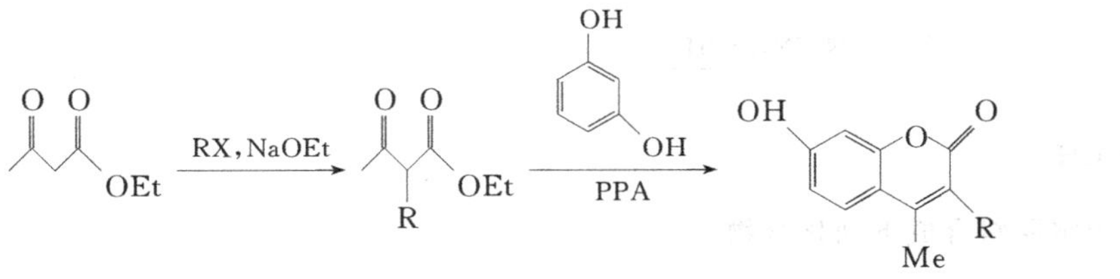

R：$—CH_2Ph$，$—(CH_2)_2Ph$，$—(CH_2)_3Ph$，$—(CH_2)_4Ph$，$—(CH_2)_3CH_3$，$—(CH_2)_4CH_3$

以间苯二酚和对氯苯甲酰乙酸乙酯为原料，以酸（如硫酸、三氟乙酸）为催化剂，加热回流反应，以较高的收率得到 7-羟基-4-苯基香豆素产物。

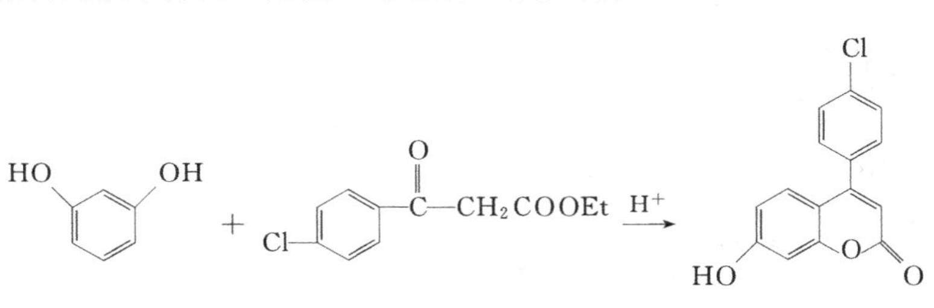

习　题

5.1　完成下列反应。

(1) 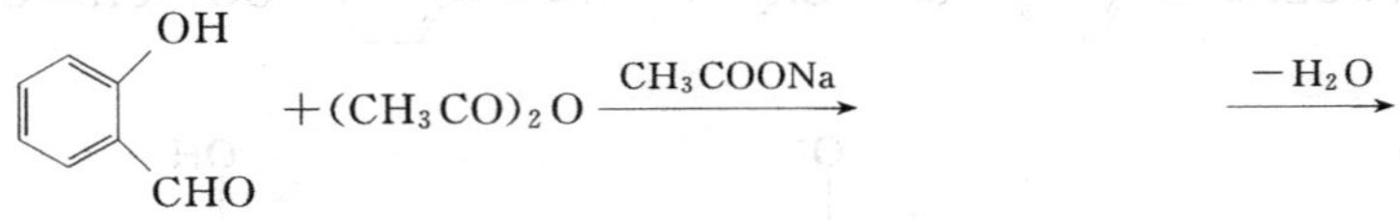 邻羟基苯甲醛 + $(CH_3CO)_2O$ $\xrightarrow{CH_3COONa}$ 　　$\xrightarrow{-H_2O}$

(2)  C_6H_5—CHO + C_6H_5—$COCH_3$ $\longrightarrow$

(3) $HCOOC_2H_5$ + 环己酮 $\xrightarrow[(2)H^+]{(1)NaH}$

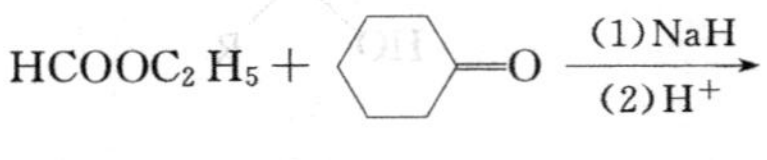

(4) 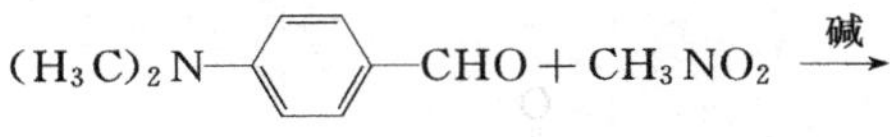 $(H_3C)_2N$—C_6H_4—CHO + CH_3NO_2 $\xrightarrow{碱}$

(5) $C_6H_5COCH_3 + HCHO + (CH_3)_2NH \cdot HCl \xrightarrow{HCl}$ 　　$\xrightarrow{\triangle}$

(6) 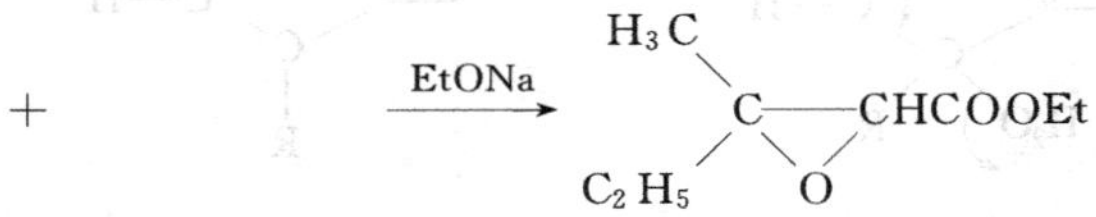 　　+ 　　$\xrightarrow{EtONa}$ $(H_3C)(C_2H_5)C$—$CHCOOEt$（C、CH 间以 O 成环氧）

(7) 　　+ 　　$\xrightarrow[(2)H^+]{(1)EtONa}$ $(CH_3)_2C{=}C(COOEt)CH_2COOH$

(8) 　　+ 　　$\xrightarrow{哌啶}$ $PhCH{=}C(COOEt)_2$

(9) 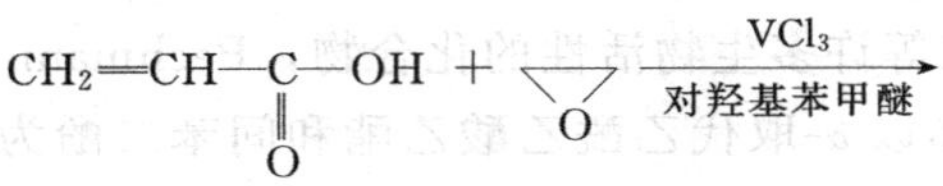 $CH_2{=}CH{-}\overset{O}{\overset{\|}{C}}{-}OH$ + 环氧乙烷 $\xrightarrow[对羟基苯甲醚]{VCl_3}$

(10) 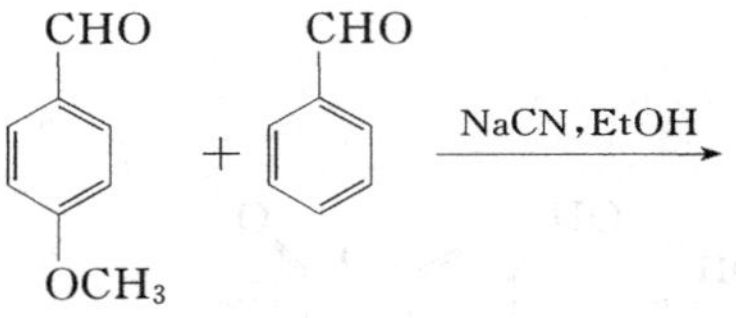 对甲氧基苯甲醛 + 苯甲醛 $\xrightarrow{NaCN, EtOH}$

5.2　用指定原料合成下列化合物。

(1) 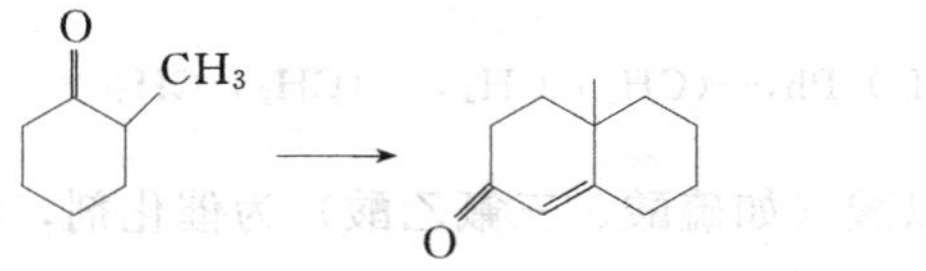 2-甲基环己酮 $\longrightarrow$ 八氢萘酮（4a-甲基-4,4a,5,6,7,8-六氢-2(3H)-萘酮）

(2) 苯甲醛 $\longrightarrow$ 1-萘酮衍生物（3,4-二氢萘-1(2H)-酮型，环上含双键）

(3) 对苯二酚 $\longrightarrow$ 6-羟基-4-甲基香豆素

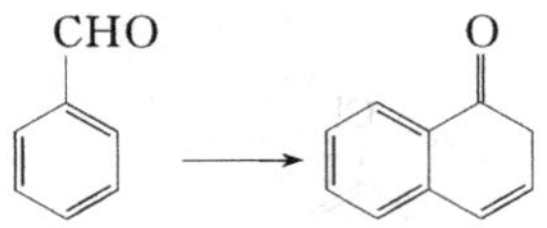

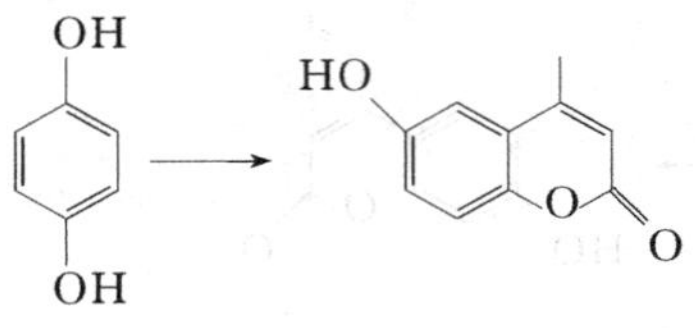

(4) 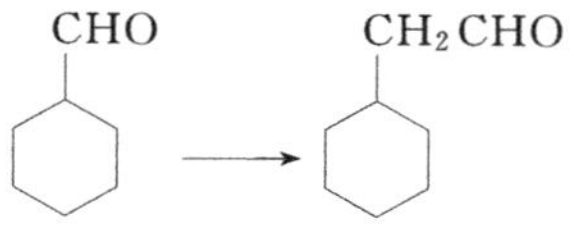 CHO（环己基甲醛） ⟶ CH_2CHO（环己基乙醛）

(5) 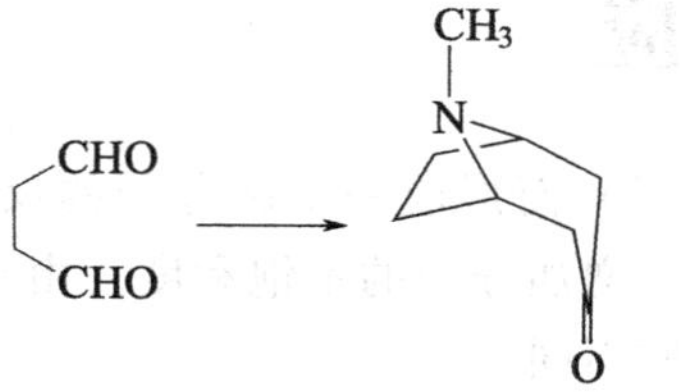 CHO／CHO ⟶ CH_3—N（托品酮）O

(6) 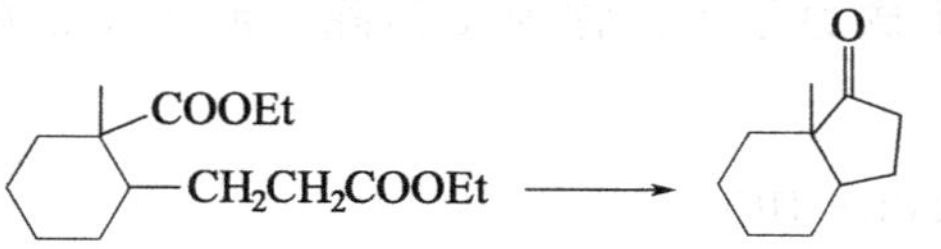 COOEt／$—CH_2CH_2COOEt$ ⟶ O

(7) 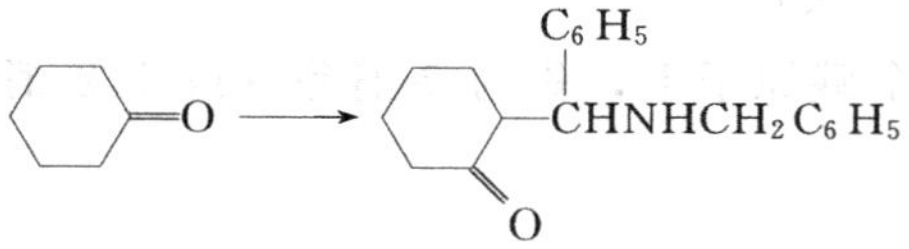 =O ⟶ C_6H_5／—$CHNHCH_2C_6H_5$／O

(8) 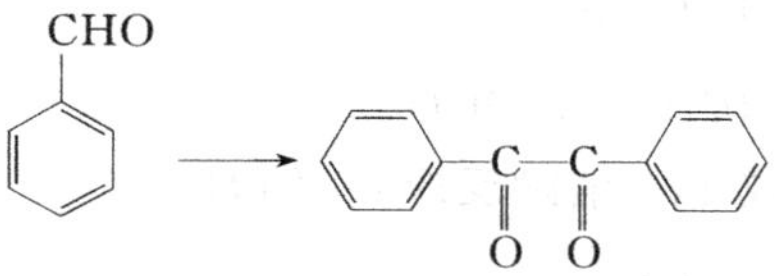 CHO ⟶ —C(=O)—C(=O)—

(9) $H_3C—CH═CH_2$ ⟶ $H_3C—CH_2—CH_2—CH_2—CH_2—OH$

(10) $C_6H_5—CH_2COOEt$ ⟶ $C_6H_5—CHCOOH$（|COOH）

第6章 消除反应

消除反应是指从一个有机分子中同时除去两个基团（原子）而形成一个新分子的反应。它是加成反应的逆反应，可以形成碳碳键、碳氧键、碳氮键，增加分子的不饱和度。由于两个被消除的基团所处的位置不同，所以得到的消除反应产物亦不同。

① 若要除去的两个基团（或原子）在同一个碳原子上，称为 α-消除（或 1,1-消除反应），其产物为 carbene（卡宾），例如：

$$CHCl_3 \xrightarrow{NaOH} :CCl_2 + HCl$$

二氯卡宾

② 若要消除的两个基团（或原子）在相邻两个碳原子上，称为 β-消除（或 1,2-消除反应），其产物为烯烃或炔烃，例如：

$$RCH_2CH_2X \xrightarrow{OH^-} RCH{=}CH_2 + H_2O + X^-$$

$$RCH_2CH_2\overset{+}{N}(CH_3)_3\overset{-}{O}H \longrightarrow RCH{=}CH_2 + (CH_3)_3N + H_2O$$

③ 依次有 γ-消除（或 1,3-消除反应）和 δ-消除（或 1,4-消除反应）。例如：

$$BrCH_2CH_2CH_2Br \xrightarrow{Zn} \text{环丙烷}(H_2C—CH_2—CH_2\text{成环})$$

$$BrCH_2CH_2CH(COOC_2H_5)_2 \xrightarrow{OH^-} \text{环丙烷}(H_2C—C(COOC_2H_5)_2—CH_2\text{成环})$$

$$CH_3CH{=}CHCH_2Br \xrightarrow{OH^-} CH_2{=}CHCH{=}CH_2 + H_2O + Br^-$$

其中，以 β-消除最为常见，应用最广。根据被消除的基团（或原子）不同又可分为脱氢、脱卤化氢、脱水、脱胺、脱卤素、脱氨等反应。本章以 β-消除反应为主进行讨论。

6.1 反应机理和定位法则

6.1.1 反应机理

β-消除反应是制备烯烃的主要反应之一。在酸、碱催化作用下，可以在液相或气相中进行。而亲核取代反应的反应条件与其相似。因此，两种反应相伴发生。例如：

$$RCH_2CH_2OH + HX \begin{cases} \xrightarrow{E} RCH{=}CH_2 + H_2O + HX \\ \xrightarrow{S_N} RCH_2CH_2X + H_2O \end{cases}$$

$$RCH_2CH_2X + OH^- \begin{cases} \xrightarrow{E} RCH{=}CH_2 + H_2O + HX \\ \xrightarrow{S_N} RCH_2CH_2OH + X^- \end{cases}$$

$$RCH_2CH_2\overset{+}{N}(CH_3)_3\overset{-}{O}H \begin{cases} \xrightarrow{E} RCH{=}CH_2 + (CH_3)_3N + H_2O \\ \xrightarrow{S_N} RCH_2CH_2OH + (CH_3)_3N \end{cases}$$

若要得到消除反应的产物，必须选择适当的催化剂、温度和反应物配比等反应条件。

消除反应机理可分为单分子、双分子和单分子共轭碱三种历程。

(1) 双分子消除反应（E2）历程

按 E2 历程进行的消除反应，包括一个双分子的过渡状态，夺去处于离去基团 β-位的氢原子，离去基团的离去和形成重键的过程协同进行。其过程是：

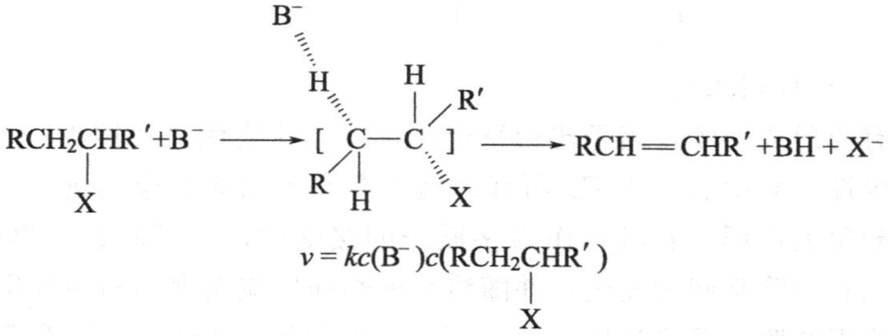

$$RCH_2CHR'(X) + B^- \longrightarrow [\text{过渡态}] \longrightarrow RCH{=}CHR' + BH + X^-$$

$$v = kc(B^-)c(RCH_2CHR'X)$$

一般来说，E2 消除反应的立体化学按反式消除进行，但对于特殊结构的反应物，由于空间和其他原因也可按顺式消除。但是有一点应该引起注意，在 E2 反应中要求参与反应的五个原子（包括 B⁻）应处于同一平面。也就是说，被消除的方式位于反式共平面。

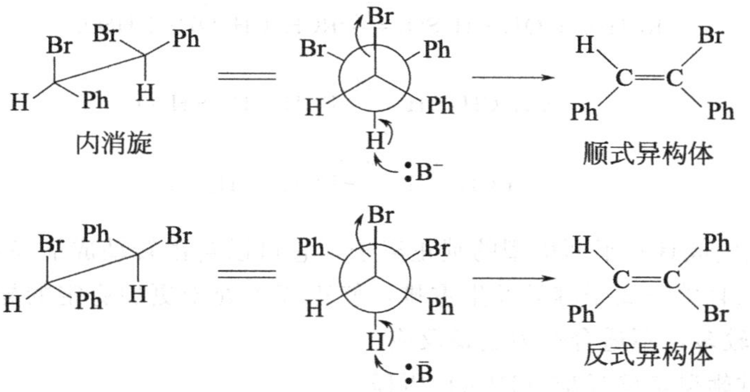

内消旋

顺式异构体

反式异构体

环已烷衍生物的构象完全有利于反式消除，被消除的 X 和 H 处于直立键状态，这时它们 σ 键碳原子正好处于一个平面；如果顺式消除，邻近的 X 和 H 不可能在同一个平面中，两个键之中有一个是处于平伏状的，因而不能发生顺式消除。

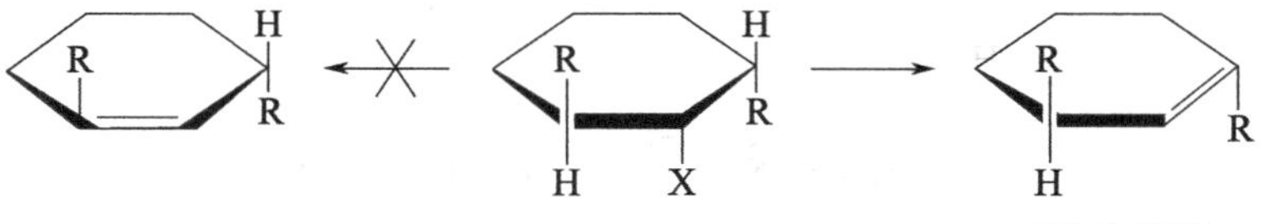

(反式产物)

在开链化合物中，由于碳碳键可以旋转，为了达到消除的目的，各异构体可以使被消除的基团处于反式共平面的构象，尽管各异构体形成该构象的能量不同。而在酯环化合物中，酯环上碳碳键不能自由旋转，环上则有平伏键和直立键之分，由于被消除基必须处于反位共平面，因此，酯环上的 E2 消除以反式两竖键消除有利。

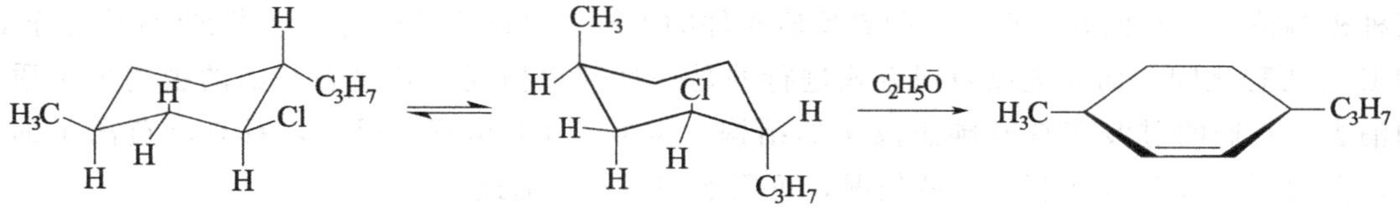

$$\xrightarrow{C_2H_5\bar{O}}$$

(2) 单分子消除反应(E1)历程

按 E1 历程进行的消除反应是通过形成碳正离子的过程,即 X 首先以负离子形式离去,形成碳正离子,然后失去 β-质子而形成烯烃。

$$\underset{\mathrm{H}}{\overset{|}{\mathrm{C}}}-\overset{|}{\underset{|}{\mathrm{C}}}-\mathrm{X} \xrightleftharpoons{\text{慢}} \underset{\mathrm{H}}{\overset{|}{\mathrm{C}}}-\overset{|}{\underset{|}{\mathrm{C}^{+}}} \xrightarrow{\text{快}} \mathrm{C}=\mathrm{C}$$

其反应速率:$v=kc(\mathrm{RX})$。

很清楚,只有当形成的碳正离子比较稳定时,反应才能优先按照 E1 历程进行,与 S_N1 历程相似,在高极性介质中有利于 E1 历程,因而有利于消除反应的进行。在 E1 反应中溶剂分子在反应中起很大作用,它既可作为 β-质子的接受体,也可向碳正离子作 S_N1 亲核取代,所以亲核取代和消除常同时发生,并随溶剂极性和反应温度不同而发生不同的反应。

醇在强酸作用下的脱水反应是按 E1 消除历程进行的。酸的作用是质子首先与醇中的羟基相结合,使它变成一个带正电荷的强吸电子基——$^{+}OH_2$,它带着一对电子以水分子的形式离去而产生碳正离子,继而失去质子形成烯烃:

$$RCH_2CH_2OH+H_2SO_4 \xrightleftharpoons{\text{快}} RCH_2CH_2\overset{+}{O}H_2+H\overset{-}{SO_4}$$

$$RCH_2CH_2\overset{+}{O}H_2 \xrightarrow{\text{慢}} RCH_3\overset{+}{C}H_2+H_2O$$

$$RCH_2\overset{+}{C}H_2 \xrightarrow{\text{快}} RCH=CH_2+\overset{+}{H}$$

由于 E1 反应首先生成具有平面构型的碳正离子,它可以自由转动成最稳定的构象,所以缺乏立体选择性。而且碳正离子容易发生重排,使正离子处于更加稳定的异构体状态,因此,E1 反应的副反应较多,不适合作为制备反应。

(3) 单分子共轭碱消除反应($E1_{cB}$)历程

$E1_{cB}$为单分子共轭碱消除反应,其历程为:

$$-\underset{\mathrm{H}}{\overset{|}{\mathrm{C}}}-\overset{|}{\underset{|}{\mathrm{C}}}-\mathrm{X}+\bar{\mathrm{B}} \xrightleftharpoons{\text{慢}} -\overset{|}{\underset{-}{\mathrm{C}}}-\overset{|}{\underset{|}{\mathrm{C}}}-\mathrm{X}+\mathrm{HB}:$$

$$-\overset{|}{\underset{-}{\mathrm{C}}}-\overset{|}{\underset{|}{\mathrm{C}}}-\mathrm{X} \xrightarrow{\text{快}} \mathrm{C}=\mathrm{C} + \mathrm{X}^{-}$$

即首先在碱催化下,碱与反应物中的 β-氢原子结合,产生碳负离子,此碳负离子为反应物的共轭碱,继而邻位碳原子上的离去基团带着一对电子离去,形成烯键。

其反应速率:$v=kc(\mathrm{RX})$。

需要指出的是,上述三种消除反应的机制都是离子型消除反应,E1、$E1_{cB}$、E2 仅仅是三种极端情形,它们并非孤立,随着反应条件的不同,可以相互转化。许多 E2 反应介于 E1 和 $E1_{cB}$历程之间,而完全以协同方式进行的是一种理想情况。若离去基团的脱离先于质子的消去,它们的过渡态具有碳正离子的结构,类似于 E1 历程;反之,具有碳负离子的特性,因而更接近 $E1_{cB}$历程。这些情况,可用下列图示来描述。

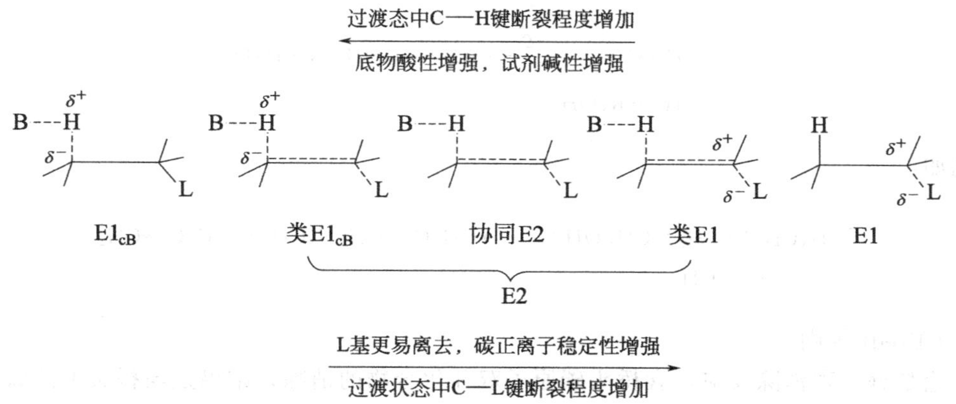

过渡态中C—H键断裂程度增加 ←

底物酸性增强，试剂碱性增强

$E1_{cB}$　类$E1_{cB}$　协同E2　类E1　E1

E2

L基更易离去，碳正离子稳定性增强 →

过渡状态中C—L键断裂程度增加

消除反应究竟按何种机理进行，不仅与反应物的结构有关，还与进攻试剂及介质的性质有关。一般来说，有如下规律。

① E1 反应有利的条件是：β-C 上无强吸电子基；含叔烃基或者 α-C 上有 +I 取代基（芳基及仲烃基）；试剂碱性不很强；溶剂极性大。

② $E1_{cB}$反应有利的条件是：β-C 上有强吸电子基（否则不能发生）；离去基不易离去；试剂碱性强。

③ E2 反应有利的条件是：含伯烃基及许多含仲烃基的化合物；L 离去倾向小；试剂碱性较强；溶剂极性小。

6.1.2 定位法则

在许多消除反应中，往往可以生成不同结构的烯烃，此时决定消除反应的方向是十分重要的问题。在众多的实验事实中，已经总结出了下述的几个经验规律。

（1）Saytzeff 规则

从伯、仲卤代烷消除卤化氢时，氢从含氢最少的碳原子上消除，主要生成在不饱和碳原子上连有烷基数最多的烯烃。

例如：

$$H_3C-\underset{\displaystyle X}{\underset{|}{CH}}-CH(CH_3)_2 \xrightarrow{B:} H_3C-\underset{\displaystyle H}{C}=C(CH_3)_2$$

$$H_3C-\overset{\displaystyle CH_3}{\overset{|}{\underset{\displaystyle X}{\underset{|}{C}}}}-CH(CH_3)_2 \xrightarrow{B:} H_3C-\overset{\displaystyle CH_3}{\overset{|}{C}}=C(CH_3)_2$$

（2）Hofmann 规则

季铵碱在加热条件下（100～200℃）发生热分解，当季铵碱的四个烃基都是甲基时，热分解得到甲醇和三甲胺：

$$[(CH_3)_4\overset{+}{N}]\overset{-}{O}H \xrightarrow{\triangle} CH_3OH+(CH_3)_3N$$

如果季铵碱的四个烃基不同，则热分解时总是得到含取代基最少的烯烃和叔胺：

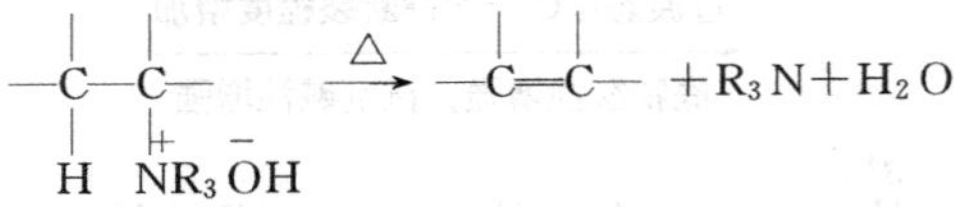

$$\text{—}\overset{|}{\underset{|}{C}}\text{—}\overset{|}{\underset{|}{C}}\text{—} \ (\text{H} \quad \overset{+}{N}R_3\overset{-}{O}H) \xrightarrow{\triangle} \text{—}\overset{|}{C}\text{=}\overset{|}{C}\text{—} + R_3N + H_2O$$

例如：

$$CH_3CH_2\overset{+}{N}(CH_3)_2(CH_2)_2CH_3\ OH^- \longrightarrow CH_3CH_2CH_2N(CH_3)_2 + CH_2\text{=}CH_2$$

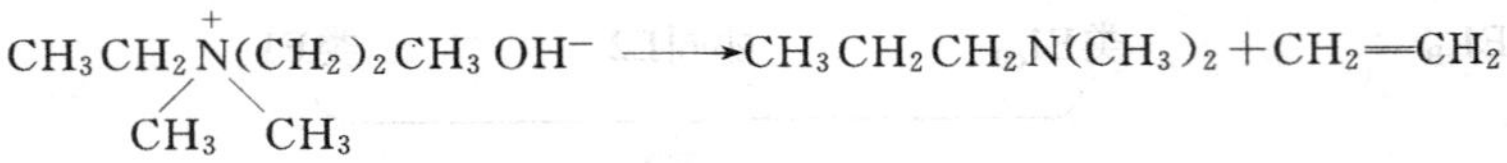

(3) Bredt 规则

不论是哪一种消除反应，含桥头碳原子双环化合物的消除，结果是与桥头上的碳原子不能形成双键。例如：

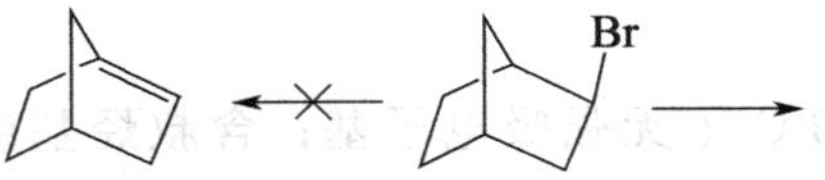

(4) 其他

若分子中已有一个双键，则消除后形成新双键的位置，不论何种消除机理和立体因素是否有利，均以形成共轭双键产物占优势。

$$CH_3CH\text{=}CHCH_2\underset{Br}{CH}CH_2CH_3 \longrightarrow CH_3CH\text{=}CHCH\text{=}CHCH_2CH_3$$

在消除反应中，一个分子中离去基团 X 附近有两个 β-氢原子，是消除 β-氢原子还是消除 β'-氢原子，就有一个方位选择性的问题。尽管已从实验中总结出以上几条经验规律，但从理论上讲，影响这个选择性的因素主要有：热力学因素、立体因素和电子效应。

在 E2 机理中，因为是双分子反位共平面消除反应，所以立体因素占主导地位；对于链状烃的消除定位，主要取决于形成过渡态优势构象的稳定性。这种优势构象稳定性除了与离去基团和相邻基团大小有关，也与碱性试剂大小有关。例如：

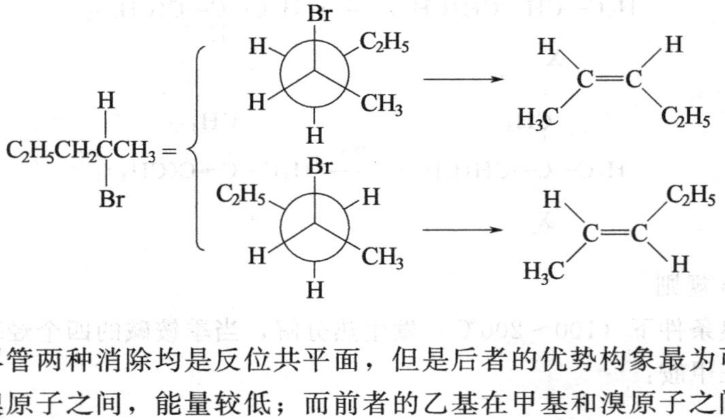

$$C_2H_5CH_2\underset{Br}{\overset{H}{C}}CH_3 =$$

在此例中，尽管两种消除均是反位共平面，但是后者的优势构象最为可能，因为它的乙基是在氢原子与溴原子之间，能量较低；而前者的乙基在甲基和溴原子之间，能量较高。后者消除的结果是以反式的产物为主。

对于 E1 历程的卤代烃消除反应，可能形成两种产品（1）和（2）。很明显，分子（1）具有更多的 σ、π 键超共轭，因而有利于生产较稳定的分子（1）。

$$H-\underset{H}{\overset{R}{C}}-\underset{X}{\overset{H}{C}}-\underset{H}{\overset{H}{C}}-H \longrightarrow \begin{cases} H-\overset{R}{C}=\overset{H}{C}-\underset{H}{\overset{H}{C}}-H & (1) \\ H-\underset{H}{\overset{R}{C}}-\overset{H}{C}=\overset{H}{C}-H & (2) \end{cases}$$

$E1_{cB}$反应历程俗称霍夫曼消除反应历程，适用于β-H 酸性较强的官能团化合物，这些官能团在邻近位置起着吸电子的$-I$或$-C$效应，或者由于空间阻碍作用使得一个质子不易被碱拉走而让另一个质子先解离，反应较多地受制于动力学因素，霍夫曼消除的结果生成分支较少的烯烃。例如季铵碱、锍等。

$$CH_3CH_2-\overset{CH_3}{\overset{|}{C}H}-\overset{+}{N}(CH_3)_3\overset{-}{O}H \xrightarrow{150℃} \underset{95\%}{CH_3CH_2CH{=}CH_2} + \underset{5\%}{CH_3CH{=}CHCH_3}$$

6.2 影响消除反应的因素

如前所述，消除反应和取代反应常相伴发生。对于消除反应来说，取代反应只是个副反应。同样，对于取代反应来说，消除反应也是个副反应。为此，主要讨论如何防止或减少取代反应的发生。

6.2.1 α-、β-位取代基和离去基团的性质对消除反应活性的影响

消除反应的活性和被消除物的结构因素有关，主要包括：① 对于定向的影响；② 对于反应历程的影响；③ 对于反应速率的影响。

一般来说，凡消除后的双键与取代基相共轭，则有利于消除反应。

$$CH_2{=}CHCH_2CH_2Cl \xrightarrow{KOH/EtOH} \underset{92\%}{CH_2{=}CHCH{=}CH_2}$$

如在β-位具有吸电子基（Br、Cl、CN、NO_2、SR、C_6H_5、$CH_3C_6H_4SO_2$ 等），因为增加β-氢原子的活性，有利于$E1_{cB}$或 E2 机理的消除。

α-位增加支链，利于 E1 过渡状态碳正离子的稳定性，因而有利于 E1 机理的消除。而对于 E2 机理的消除也因为增加支链，促进可被试剂进攻的β-氢原子数增多和α-碳原子位阻增大，不利于碱试剂向α-碳原子进行亲核取代。所以消除反应的活性：α-位叔碳原子＞α-位仲碳原子＞α-位伯碳原子。

至于离去基团对消除反应活性的影响，情况比较复杂。凡带正电荷的离去基团，消除倾向大于取代。对 E2 历程的消除而言，活性次序为：$I > Br > Cl > OCOCH_3$。

若离去基为$CH_3C_6H_4SO_3-$，在某些条件下主要发生取代反应，消除反应的倾向较小。如：

$$n\text{-}C_{13}H_{27}Br \xrightarrow{KOC(CH_3)_3} \underset{85\%}{C_{13}H_{26}}$$

$$n\text{-}C_{13}H_{27}-O_3SC_6H_5CH_3 \xrightarrow{KOC(CH_3)_3} n\text{-}C_{13}H_{27}-OH \quad 99\%$$

6.2.2 试剂因素

(1) 碱性强度

根据 $E1_{cB}$或 E2 消除反应机理，试剂应首先与 β-氢原子进行静电相互作用，以减弱碳—卤键能或夺取 β-氢原子形成负碳离子而形成 $E1_{cB}$或 E2 历程中的过渡态，因此，碱性强度是重要因素。除此之外，碱性强度与反应溶剂紧密相关，在质子性溶剂中，碱性试剂 B^- 一方面与所用溶剂呈酸碱平衡；另一方面 B^- 与质子性溶剂有较强溶剂化作用；这样与被消除的氢原子作用相对减弱。相反，如果用非质子溶剂，就可以避免上述两种缺点，可以认为是增强了碱度，有利于消除反应。

近年来，采用一些二环脒类如 DBN、DBU 等和高位阻如 1,8-双(二甲氨基)萘等使反应条件温和，选择性提高，对某些复杂烯烃的消除反应特别有效。

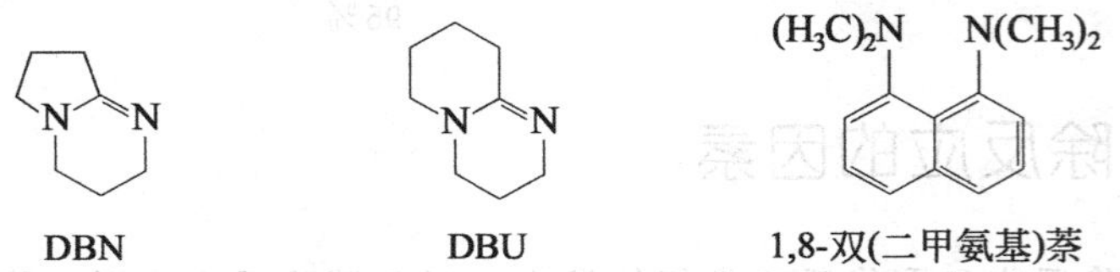

(2) 碱的浓度

单分子类型的反应速率与碱的浓度无关。而双分子型的反应，则将因碱浓度减小而降低。碱的浓度的降低有利于按单分子历程反应进行的消除反应。

(3) 碱的空间效应

碱的空间效应在某些 E2 反应中可以对形成双键的定向起主导作用，表 6-1 的数据说明了碱离子或分子越大，消除反应越占主导地位。

表 6-1 碱的空间效应对消除反应的影响

化合物	烯烃产物中 1-烯烃的百分数			
	KOC_2H_5	$KOC(CH_3)_3$	$KOC(CH_3)_2C_2H_5$	$KOC(C_2H_5)_3$
$CH_3CH_2CHBrCH_3$	18	53	—	—
$CH_3(CH_2)_2CHBrCH_3$	29	66	—	—
$CH_3CH_2CBr(CH_3)_2$	29	72	78	89
$CH(CH_3)_2CBr(CH_3)_2$	21	73	81	92
$C(CH_3)_3CH_2CBr(CH_3)_2$	86	98	—	—

(4) 介质（溶剂）的解离能力

极性溶剂将使双分子反应速率降低，但对于单分子反应的影响则取决于电荷的类型。按 E1 历程进行的卤代烷的反应在极性溶剂中进行得较快；而季铵盐类的反应在极性溶剂中进行得较慢。

6.2.3 温度

一般提高温度，形成烯烃的比例增加，即有利于消除反应的进行。

总之，通过反应条件和试剂的选择来提高消除反应的收率。一般来说，增强碱性试剂的浓度和强度、使用非质子极性溶剂或离解倾向较小的质子溶剂、提高反应温度均有利于消除反应，提高烯烃的收率。掌握上述一般原理，有助于在合成中对反应进行有效的控制，以达到避免或减少取代反应的目的。

6.3 不同离去基团的消除反应

6.3.1 脱水消除

醇的失水反应是一个重要的消除反应，它在酸性介质中进行，属 E1 历程。酸的作用是使羟基变成锌盐正离子，后者比羟基容易离去。

$$\underset{\displaystyle|\atop\displaystyle OH}{RCHCH_2R'} \underset{}{\overset{H^+}{\rightleftharpoons}} \underset{\displaystyle|\atop\displaystyle \overset{+}{O}H_2}{RCHCH_2R'} \xrightarrow{-H_2O} \overset{+}{R}CHCH_2R' \xrightarrow{-H^+} RCH{=}CHR'$$

中间体是碳正离子，继续消去质子的方向按 Saytzeff 规则进行，生成取代基较多的烯烃。碳正离子的稳定性也说明了愈易生成碳正离子的反应愈快，因此，醇脱水反应难易顺序为：

叔醇＞仲醇＞伯醇

反应的催化剂常用质子酸和 Lewis 酸（如 H_2SO_4、HX、对甲苯磺酸、甲酸、醋酸等），酸性氧化物（如五氧化二磷）、盐（如硫酸氢钠、硫酸氢钾）、碘等为脱水剂。较新的试剂有二甲亚砜、磷酰氯、二氯亚砜等。近年来，也有用离子交换树脂作为脱水剂的。

为了合成的目的，利用二氯亚砜或三氯氧磷的吡啶溶液把醇转化为烯。此法适用于仲醇，反应经过亚硫酰酯或磷酰酯，接着发生 E1 或 E2 消除。

$$\underset{\displaystyle|\atop\displaystyle OH}{R'CHCH_2R''} \xrightarrow{SOCl_2} \underset{\displaystyle|\atop\displaystyle OSOCl}{R'CHCH_2R''} \xrightarrow{\text{吡啶}} R'CH{=}CHR''$$

$$\underset{\displaystyle|\atop\displaystyle OH}{R'CHCH_2R''} \xrightarrow{POCl_3} \underset{\displaystyle|\atop\displaystyle OPOCl_2}{R'CHCH_2R''} \xrightarrow{\text{吡啶}} R'CH{=}CHR''$$

对于伯醇可以采用下面的方法进行消除：

$$RCH_2CH_2OH + ClSO_2CH_3 \longrightarrow RCH_2CH_2OSO_2CH_3 \xrightarrow{B^-} RCH{=}CH_2$$

6.3.2 脱卤化氢消除

脱卤化氢反应也是消除反应中较常见的反应之一。由于生成产物双键位置不同，顺/反异构和一些其他副反应存在，使某些消除反应产物复杂。影响反应的因素除卤化氢本身的结构外，与反应使用的试剂、溶剂的极性以及反应温度密切相关。

（1）碱

反应中使用的碱有无机碱，如 K_2CO_3、NaOH 等；有机碱，如 RONa、吡啶、胺等。碱性试剂的选择可根据卤原子的活性、β-碳原子上氢的活性以及产物的性质而定。

（2）溶剂

一般的消除反应都在有机溶剂中进行。常用的溶剂有醇类、非质子极性溶剂和有机碱的非质子极性溶剂。它们的优点是：① 对难溶于醇的卤代烃溶解度大；② 可以与正离子形成配合物，从而使负离子避免溶剂化，增强了碱性，有利于消除反应的进行。

（3）卤原子的活性

卤原子若位于苄位、烯丙位或羰基的 α-位，那么卤原子的活性较大；若被消除的氢原子的邻位有两个活化基存在，则活性更大，一般只要用弱碱和较温和条件即可消除。

例如：

$$\text{C}_6\text{H}_5\text{-CH(Cl)-CH(COC}_6\text{H}_5\text{)-CH=C(Cl)-C}_6\text{H}_5 \xrightarrow[\triangle]{CH_3COOK/CH_3OH} \text{C}_6\text{H}_5\text{-CH=C(COC}_6\text{H}_5\text{)-CH=C(Cl)-C}_6\text{H}_5$$

如果卤原子的活性较差或无活性 β-氢原子，则使用的碱应为强碱，反应条件也较为剧烈，例如：

$$n\text{-}C_{16}H_{33}CH_2CH_2Br \xrightarrow[80℃]{t\text{-}C_4H_9OK/t\text{-}C_4H_9OH} n\text{-}C_{16}H_{33}CH=CH_2$$

85%

6.3.3 消除 1,2-二卤的反应

1,2-二溴乙烷的消除需要还原试剂，包括碘化物和金属锌。用示踪原子 Br^* 作消除机理的研究，采用放射性的 ^{82}Br 制备三溴环已烷，用不同的还原剂脱溴的结果如下：

（1,2,2-三溴环己烷（含 Br、Br*、Br*、H）→ 1-溴环己烯 + 1-Br*-环己烯）

试剂	反式消除	顺式消除
NaI/CH₃OH	100%	0%
Zn/C₂H₅OH	89%	11%

NaI 消除的是两个处于反式的 Br^*，收率为 100%，Zn 消除的立体选择性较差。

碘诱导的脱溴反应是通过一个溴桥正离子中间体：

$$I^- + \text{BrC–CBr} \xrightarrow{慢} \text{溴桥正离子}(Br^+) \xrightarrow{快} \text{>C=C<}$$

反应的速率取决于溴桥正离子的生成，而且以反式消除，碘离子分散了溴桥的正离子电荷，降低了自由活化能，促进了反应的进行。立体化学要求大致与前面提到过的消除反应相似，例如：

$$C_6H_5(H)(Br)C\text{–}C(Br)(H)C_6H_5 \xrightarrow{-Br_2} (C_6H_5)(H)C=C(H)(C_6H_5)\ (反式)$$

$$C_6H_5(H)(Br)C\text{–}C(C_6H_5)(H)(Br) \xrightarrow{-Br_2} (C_6H_5)(H)C=C(C_6H_5)(H)\ (顺式)$$

锌对二溴物的作用可能生成有机锌化合物，在这个过程中构型有一定的消旋化，脱溴产物缺乏立体选择性，因此，顺、反烯烃都有。

反应中最常用的碱性试剂为 KOH 或 $NaNH_2$ 等，若采用 KOH，一般以甲醇、乙醇、乙二醇或 α-乙氧基乙醇等为溶剂。若采用 $NaNH_2$，可悬浮在矿物油或在液氨中进行。例如：

$$CH_2=CHCH_2CN \xrightarrow{Br_2} CH_2BrCHBrCH_2CN \xrightarrow{水解} CH_2BrCHBrCH_2COOH \xrightarrow{Zn} CH_2=CHCH_2COOH$$

$$CCl_3CClF_2 \xrightarrow[CH_3OH]{Zn} CCl_2=CF_2$$

89%～95%

6.3.4 酯基消除反应

下面介绍的几个酯基消除反应都是在高温下热裂消除，按照 E1 机理进行。

(1) 热消除反应的机理

热消除反应不需要酸、碱催化，为单分子反应，是通过环状过渡态进行的。当被消除的β-碳原子上的氢与离去基团处于顺式共平面时才能形成这种过渡状态，因而具有顺式消除的立体化特征。热裂反应所得的产物较纯，双键一般不发生位移，也没有重排副反应。

(2) 酯的热裂解反应

酯的热解是合成烯烃的重要方法，它提供了由醇合成烯烃的另一条路线。但它没有醇脱水时那些异构、重排等副反应，更具合成价值。

热解的温度主要取决于烯烃的稳定性，通常在 300～500℃下进行，若形成的烯烃稳定，则可选择较高的反应温度，有利于提高转化率。若烯烃在热解条件下不够稳定，选择的温度不易太高。反应时既可将酯直接加热到所需温度，也可以将酯的蒸气通过加热的管子。

例如：

$$CH_3CH_2CH_2CH_2OCOCH_3 \xrightarrow{500℃} CH_3CH_2CH{=}CH_2 + CH_3COOH$$

$$(CH_3)_3CCH(OCOCH_3)CH_3 \xrightarrow{400℃} (CH_3)_3CCH{=}CH_2 + CH_3COOH$$

酯的热解反应产率一般都较好，而且不需要其他反应试剂及溶剂，产品易于提纯。在合成中以乙酸酯应用最广，其他酯如硬脂酸酯、芳香酸酯、碳酸酯、氨基甲酸酯等均有应用。

酯的热解也可以在真空下进行，如 5-甲基-5-乙烯基-4,5-二氢呋喃的合成。

HO-(5-甲基-5-乙烯基四氢呋喃-2-基) $\xrightarrow{PhCOCl/Et_3N}$ PhC(=O)O-(5-甲基-5-乙烯基四氢呋喃-2-基) $\xrightarrow[2\sim2.7kPa]{168\sim180℃}$ 5-甲基-5-乙烯基-4,5-二氢呋喃

(3) 黄原酸酯加热消除

黄原酸酯消除（Chugaer 反应）也是一个加热消除反应，为顺式消除。其优点是热解温度较低，可在惰性热载体中进行液相热解。可用的热载体有联苯和联苯醚。适用于制备含有热敏感基团的烯烃。例如：

$$\underset{R''CHR'}{RCHOH} \xrightarrow[\text{或NaH}]{\text{Na/惰性溶剂}} \left[\underset{R''CHR'}{RCHONa}\right] \xrightarrow{CS_2} \underset{R''CHR'}{RCHOC(=S)SNa} \xrightarrow[\text{回流}]{CH_3I}$$

$$\left[\underset{R''CHR'}{RCHOC(=S)SCH_3}\right] \longrightarrow R'R''C{=}CRH$$

5,5-二甲基-3-己酮的黄原酸酯热裂解消除时，有两个方向，即 2,3-消除和 3,4-消除，叔丁基的立体效应十分重要，从下式可以看出：

$$H_3C-\underset{CH_3}{\overset{CH_3}{C}}CH_2\underset{OCSSCH_3}{CH}CH_2CH_3 \equiv \text{(Newman: H, Et, H, H, }t\text{-}C_4H_9\text{, O-C(=S)SCH}_3) \xrightarrow{\text{消除}} \underset{58\%}{(t\text{-}C_4H_9)HC=CH(C_2H_5)} + \underset{1.9\%}{(t\text{-}C_4H_9)HC=CH(C_2H_5)}$$

此式为 3,4-两个碳原子的消除反应的消除方式。

$$H_3C-\underset{CH_3}{\overset{CH_3}{C}}CH_2\underset{OCSSCH_3}{CH}CH_2CH_3 \equiv \text{(Newman: H, }t\text{-}C_4H_9H_2C\text{, H, H, CH}_3\text{, O-C(=S)SCH}_3) \xrightarrow{\text{消除}} \underset{21\%}{(t\text{-}C_4H_9H_2C)HC=CH(CH_3)} + \underset{5.2\%}{(t\text{-}C_4H_9H_2C)HC=CH(CH_3)}$$

此式为 2,3-两个碳原子消除反应的消除方式。

以上两式说明：由于丁基的立体效应，无论以哪种方式消除，均以反式为主。

黄原酸酯的消除反应温度较低，无酸性产物生成，适于对酸敏感的烯类化合物的合成，不会导致碳架的重排。例如：

$$(CH_3)_3C\underset{OH}{CH}CH_3 \xrightarrow{H_3O^+} (CH_3)_2C=C(CH_3)_2$$

$$(CH_3)_3C\underset{OH}{CH}CH_3 \xrightarrow{OH^-/CS_2,\ CH_3I} (CH_3)_3C\underset{OCSSCH_3}{CH}CH_3 \xrightarrow{\triangle} (CH_3)_3CCH=CH_2$$

6.3.5 季铵碱的消除

季铵碱通过热消除生成烯烃的反应是制备烯烃的方法之一，又称霍夫曼（Hofmann）降解。

伯、仲、叔胺与过量的卤代烃（如碘甲烷）作用，进行彻底的甲基化生成季铵盐，再与新鲜的湿的氧化银作用得到季铵碱：

$$R\underset{CH_3}{CH}N(CH_3)_2 + CH_3I \longrightarrow R\underset{CH_3}{CH}\overset{+}{N}(CH_3)_3\overset{-}{I} \xrightarrow{Ag_2O} R\underset{CH_3}{CH}\overset{+}{N}(CH_3)_3\overset{-}{O}H \xrightarrow{\triangle}$$

$$RCH=CH_2 + H_2O + N(CH_3)_3$$

此法不发生双键的位移或碳架的重排，主要用于生物碱结构的测定。例如：

$$\text{3-氯环己酮} \xrightarrow[CH_3I]{\text{哌啶}} \text{N-甲基-N-(3-氧代环己基)哌啶鎓}\ I^- \xrightarrow{Ag_2O} \text{N-甲基-N-(3-氧代环己基)哌啶鎓}\ \overset{-}{O}H \longrightarrow \text{2-环己烯酮}$$

$$\text{二溴环辛二烯} + N(CH_3)_3 \xrightarrow{\text{吡啶}} \text{环辛二烯-双}[\overset{+}{N}(CH_3)_3Br^-] \xrightarrow[\triangle]{AgOH} \text{环辛四烯}$$

6.3.6　β-卤醇消除次卤酸

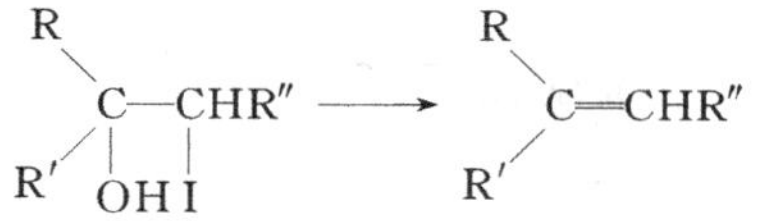

β-卤醇在一些金属或金属盐的作用下，消除次卤酸生成烯烃，其中以β-碘醇的产率最好。这一反应具有反式消除的特点，因此选择适当的β-卤醇，即可立体选择地合成一定构型的烯烃。

例如：3-氯-2-丁酮与有机镁试剂加成生成构型为（Ⅰ）的β-卤醇。为了提高产率，让它通过环氧化物转变成α-碘醇（Ⅱ），然后用氯化亚锡、三氯氧磷及吡啶反应，立体选择地生成（E）-3-甲基-2-戊烯。

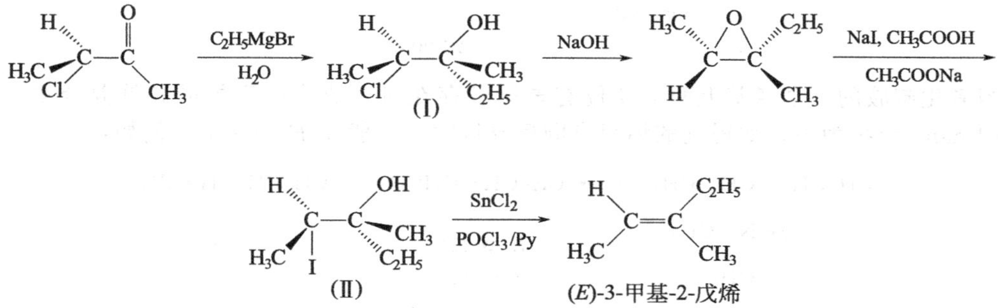

(Ⅰ)

(Ⅱ)　　(E)-3-甲基-2-戊烯

例如：2-(1-羟基-2,2,2-三氯乙基)-3,3-二甲基环丙基甲酸乙酯在铝及溴化铅的作用下脱次氯酸，生成相应的烯烃。

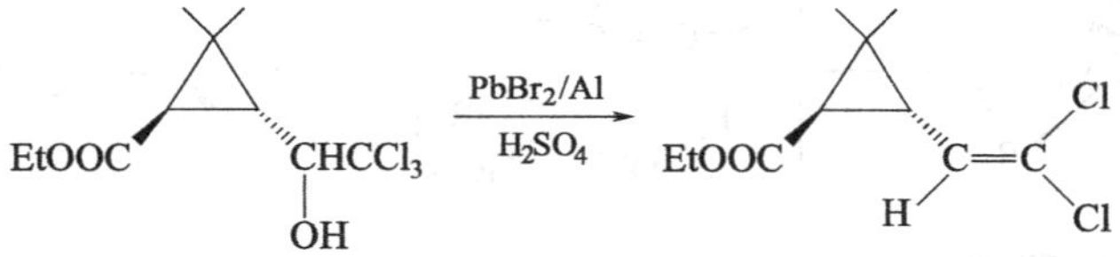

与上述反应类似，β-氯代环氧化物可在一些金属或金属盐的作用下，发生脱卤开环反应，可以得到相应的不饱和醇。

例如：2-苯基-3-氯四氢呋喃在金属钠的作用下转化成4-苯基-3-丁烯醇。

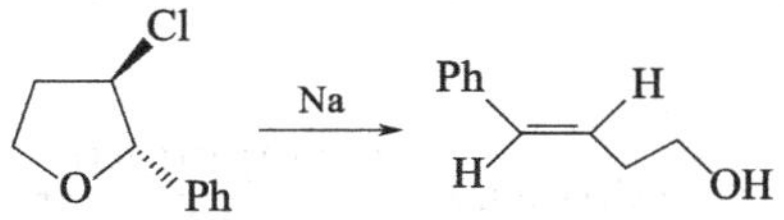

例如：用电解的方法，亦能使β-卤代环氧化物发生脱卤开环反应。

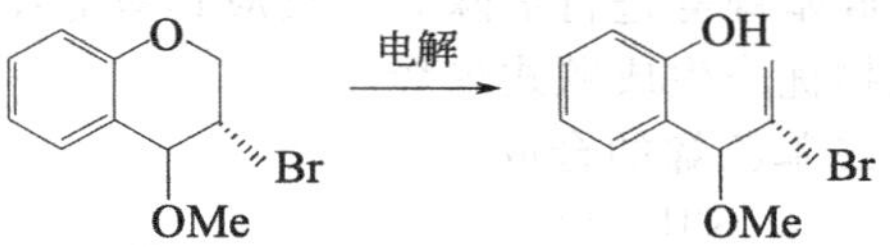

6.3.7　氧化胺的热解（Cope 消除反应）

氧化胺的热解与黄原酸酯的热解类似，可以在较低温度下（120～150℃）进行。若用二甲亚砜、四氢呋喃作混合溶剂，反应可在25℃下进行。此反应条件温和、副反应少，反应过程中不发生重排，可用来制备许多烯烃。如果是脂环族氧化胺热解，可获得单一产品，而相应的羧酸酯、黄原酸酯热解时往往得到混合产物。

例如：

$$\text{1-甲基环己基-OCSCH}_3\ (\text{C=S}) \xrightarrow{\triangle} \text{1-甲基环己烯} + \text{亚甲基环己烷}$$

$$\text{1-甲基环己基-N(CH}_3)_2 \rightarrow \text{O} \xrightarrow{\triangle} \text{亚甲基环己烷}$$

叔胺的 N-氧化物（氧化叔胺）热解时生成烯烃和 N,N-二取代羟胺，产率很高。

$$-\underset{\text{H}}{\overset{|}{\text{C}}}-\underset{\text{O}\leftarrow\text{NR}_2}{\overset{|}{\text{C}}}- \xrightarrow{80\sim150^\circ\text{C}} \text{C=C} + R_2NOH$$

约 90%

当氧化叔胺的一个烃基上两个 β-位有氢原子存在时，消除得到的烯烃是混合物，但是以 Hofmann 产物为主；如得到的烯烃有顺反异构时，一般以 E 型为主。例如：

$$CH_3CH_2-\underset{\text{O}\leftarrow\text{N(CH}_3)-\text{CH}_3}{CH}-CH_3 \longrightarrow CH_3CH{=}CHCH_3 + CH_3CH_2CH{=}CH_2$$

E 型 21%　　67%

Z 型 12%

Cope 消除反应的作用机理是 E_2 顺式消除反应，反应过程中形成一个平面的五元环过渡态，氧化叔胺的氧作为进攻的碱：

$$\text{H}-\overset{\beta}{\text{C}}-\overset{\alpha}{\text{C}}-\text{N}^+(\text{R})_2-\text{O}^- \longrightarrow \left[\text{五元环过渡态}\right] \longrightarrow \text{C=C} + R_2NOH$$

6.3.8　环氧乙烷的脱氧

环氧乙烷的脱氧可借助多种试剂的作用完成。如镁汞齐、锌-乙酸、二价铬试剂、二价钛试剂、三烃基膦以及烃基锂等，且新的试剂仍不断被推荐。

例如：过氯酸铬-乙二胺配合物在二甲基甲酰胺中与氧化环己烯于室温反应，即以 92% 的产率生成环己烯。

$$\text{氧化环己烯} + Cr(ClO_4)_2 \xrightarrow[\text{DMF}]{H_2NCH_2CH_2NH_2} \text{环己烯}$$

用三烃基膦、烃基锂或硅基锂等进行消除时，反应具有立体选择性。顺式环氧化物优先生成反式烯烃，反式环氧化物优先生成顺式烯烃。

例如：反式及顺式 1,2-二苯乙烯的合成

$$C_6H_5HC\overset{O}{—}CHC_6H_5 \xrightarrow[\text{THF}]{(CH_3)_2SiC_6H_5\text{Li}} (E)\text{-}C_6H_5CH{=}CHC_6H_5 + (Z)\text{-}C_6H_5CH{=}CHC_6H_5$$

	反式烯烃	顺式烯烃
顺式	>97%	<3%
反式	<1%	>99%

若用硒化三苯基膦、硒氰酸钾与环氧化物反应时，其立体选择性与上述情况相反。

$$\text{cis-}RCH(O)CHR' \xrightarrow{(C_6H_5)_3P{=}Se/CF_3COOH} \text{cis-}RCH{=}CHR' \quad 53\%\sim73\%$$

6.3.9 邻位二羧酸的氧化脱羧

在氧气存在下，邻位二羧酸化合物与四乙酸铅在吡啶中共热，发生氧化脱羧，生成烯烃。由于许多环状邻位二羧酸极易由 Diels-Alder 反应或环加成反应制得。因此本法特别适合于制备环烯烃。例如：1,4-环己二烯的合成。

$$\text{环己-4-烯-1,2-二甲酸} \xrightarrow[\text{吡啶}]{Pb(OAc)_4/O_2} \text{1,4-环己二烯} \quad 76\%$$

邻位二羧酸化合物的电解氧化脱羧也能得到同样的产物，由于反应条件温和，适用于合成高度张力的小环或桥环烯烃。

$$\text{双环二羧酸} \xrightarrow[\text{电解}]{(CH_3)_3N/C_5H_5N} \text{双环二烯} \quad 35\%$$

另外，也可以在温和条件下对邻位过酸叔丁酯进行光分解。

$$\text{降冰片烷-2,3-二(}COOC_4H_9\text{-}t\text{)} \xrightarrow[\text{苯}]{h\nu} \text{降冰片烯} \quad 38\%$$

习　题

6.1　简述下列问题。

(1) 消除反应的类型有哪些?

(2) 双分子消除反应（E2）历程。

(3) 单分子消除反应（E1）历程。

(4) 单分子共轭碱消除反应（$E1_{cB}$）历程。

(5) 影响消除反应的因素条件是什么?

6.2　完成下列反应：

(1) $CH_3CH_2CHBrCH_3 \xrightarrow{C_2H_5ONa/C_2H_5OH}$

(2) $CH_3CH_2C(CH_3)_2Br \xrightarrow{C_2H_5ONa/C_2H_5OH}$

(3) $CH_3CH_2CH_2CH(\overset{+}{N}(CH_3)_3\,\overset{-}{O}H)CH_3 \xrightarrow[130℃]{C_2H_5ONa/C_2H_5OH}$

(4) $ClCH_2CH_2-\overset{+}{N}(CH_3)_2-CH_2CH_3\ \overset{-}{O}H \longrightarrow$

(5) $PhCH_2CH_2\overset{+}{N}(CH_3)_2CH_2CH_3\ \overset{-}{O}H \longrightarrow$

(6) $(CH_3CH_2CH_2)_2\overset{+}{N}(CH_2CH_3)_2\overset{-}{O}H \longrightarrow$

(7) $CH_3CH_2CH(\overset{+}{S}H(CH_3)_2\overset{-}{Br})CH_3 \longrightarrow$

(8) 环己烷椅式构象（取代基 $CH(CH_3)_2$、Cl、CH_3，H）$\longrightarrow$

(9) $CH_3CONH_2 \xrightarrow{P_2O_5}$

(10) 间氯苯基 $CHOH$（CH_3）$\xrightarrow{KHSO_4}$

(11) 环己烷（$COOC_2H_5$、H、$OCOCH_3$）$\xrightarrow{435℃}$

(12) $CH_3COOCH_2CH_2CH_2CH_3 \xrightarrow[N_2]{500℃}$

6.3　由 2-甲基哌啶（CH_3，N—H）合成 $CH_2=CHCH_2CH_2CH=CH_2$。

6.4　4-叔丁基环己基三甲基铵的氯化物有两种异构体，一为顺式，另一为反式。当它们的叔丁醇溶液分别与叔丁醇钾反应后，顺式得得 80% 4-叔丁基环己烯和 10%*N*,*N*-二甲基-4-叔丁基环己胺，而反式仅得到后一产物。请解释异构体不同性质不同的原因。

6.5　用反应机理解释下列反应

香豆素 $\xrightarrow{Br_2}\xrightarrow{KOH}\xrightarrow{H^+}$ 苯并呋喃-2-甲酸（COOH）

第7章　分子重排反应

分子重排反应（molecular rearrangement）是化学键的断裂和形成发生在同一个有机分子中，引起组成分子的原子配置方式发生改变，从而成为组成相同、结构不同的新分子的反应。但是重排过程中常伴随着取代、消除等其他反应，使反应物和生成物不仅结构不同，而且组成也不相同。最常见的重排是一个分子中的一个基团（原子）从一个原子上裂解下来，迁移到另一个原子上，形成新的化学键。如下式表示：

$$\text{W—A—B} \longrightarrow \text{A—B—W}$$

（W：迁移原子，A：迁移起点原子，B：终点原子）

上式表示的反应是1,2-重排反应。有时裂解下来的基团迁移到更远的位置上，形成1,3-重排或1,4-重排。

重排反应中键的裂解方式有异裂（离子型）、均裂（游离基型）和环状过渡态（σ键迁移型）三种。离子型重排反应又分为阴离子型重排（亲核重排）和阳离子型重排（亲电重排）。自由基型重排反应是指重排反应中间体呈自由基状态。自由基由均裂产生，是具有未成键单电子的原子或原子团，化学性质非常活泼，很容易获得一个电子成为稳定结构。σ键迁移重排是指一类分子内部无须催化剂的单键迁移，这种与π体系相连的单键，在重排之后，迁移到一个重新组合的π体系中新的位置上。

7.1　亲核重排

亲核重排又称“缺电子重排”，指基团以富电子的形式迁移到缺电子中心的重排反应。亲核重排反应发生时首先形成碳、氮或氧的缺电子活性中心，随后迁移基团发生重排。常见的亲核重排是1,2-重排，即基团的迁移发生于相邻的两个原子间。

7.1.1　亲核碳（碳正离子、碳烯）重排

（1）碳正离子的重排

在反应过程中生成碳正离子中间体的，均可能发生碳正离子重排。如烯烃的亲电加成、芳烃的亲电取代、亲核取代反应等。重排往往发生在1,2位，且重排后生成的碳正离子更稳定。例如：

$$\text{Ph—C(Me)(OH)—C(Me)(OH)—Ph} \xrightarrow[-H_2O]{H^+} \text{Ph—C(Me)(OH)—C}^+\text{(Me)—Ph} \xrightarrow[(2)-H^+]{(1)\text{Ph 迁移}} \text{Me—C(=O)—C(Me)—Ph}_2\ (\text{主})$$

① 瓦格纳-迈尔外因重排（Wagneer-Meerwein 重排）　重排过程中氢原子、烷基或者芳基迁移的一系列的碳正离子重排。机理如下：

$$\text{R(Y)C—C(H)X} \xrightarrow{-X^-} \left[\text{R(Y)C—C}^+\text{H} ,\ \text{R—C}(\overset{Y}{\oplus})\text{C—H} \right] \xrightarrow{[1,2]} \text{R—C}^+\text{—C(Y)H}$$

该重排普遍存在于萜类化合物中，例如α-蒎烯在−60℃与氯化氢加成时重排生成氯化

莰的反应，以及最早发现的莰醇发生分子内消除时重排生成莰烯的反应。此反应属于分子内的亲核碳重排反应。例如：

莰醇 $\xrightarrow[-H_2O]{H^+}$ [碳正离子] ⟶ 莰烯 ≡ 莰烯

α-蒎烯 $\xrightarrow{HCl}$ 氯化莰

此外，脂肪族或脂环族伯胺与亚硝酸作用时，也可发生类似的重排反应，此重排反应又称捷姆扬诺夫重排（Demjanov 重排）。例如：

$$\square\text{—}NH_2 \xrightarrow{HNO_2} \square\text{—}\overset{+}{N}{\equiv}N \longrightarrow [\square^+] \xrightarrow{H_2O} \underset{47\%}{\square\text{—}OH} + \underset{48\%}{\triangle\text{—}CH_2OH}$$

$$H_3C\text{—}C(CH_3)_2\text{—}CH_2\text{—}NH_2 \xrightarrow{HNO_2} H_3C\text{—}C(CH_3)_2\text{—}CH_2\text{—}\overset{+}{N}{\equiv}N \xrightarrow{-N_2} H_3C\text{—}\overset{+}{C}(CH_3)\text{—}CH_2CH_3 \xrightarrow{H_2O} H_3C\text{—}C(OH)(CH_3)\text{—}CH_2CH_3$$

Wagneer-Meerwein 重排常用于一些结构复杂的化合物的合成中某一关键步骤。

② 片呐醇重排（Pinacol 重排）　三取代或四取代的邻二醇在催化剂作用下，重排成醛或酮的反应称为片呐醇重排反应，常用的催化剂有硫酸、盐酸、乙酰氯和碘的乙醇溶液。

$$R^1R^2C(OH)\text{—}C(OH)R^3R^4 \xrightarrow[-H_2O]{H^+} R^1R^2C(OH)\text{—}\overset{+}{C}R^3R^4 \xrightarrow{\text{重排}} R^1R^2\overset{+}{C}(\text{—}O\text{—}H)\text{—}CR^3R^4 \xrightarrow{-H^+} R^1R^2C(=O)\text{—}CR^3R^4$$

例如：

$$Me_2C(OH)\text{—}CMe_2(OH) \xrightarrow[-H_2O]{\text{稀 }H_2SO_4} Me_3C\text{—}C(=O)\text{—}Me$$

此重排过程中碳正离子的形成和基团的迁移系经由一个碳正离子桥式过渡状态，迁移基团和离去基团处于反式位置。

迁移基团可以是烷基，也可以是芳基。对于 $R^1R^2C(OH)\text{—}C(OH)R^3R^4$ 取代基不同的片呐醇，其重排方向取决于下列两个因素。

a. 失去—OH 的难易　与供电子基团相连的碳原子上的—OH 易于失去，供电子基团的作用：*p*-甲氧苯基＞苯基＞烷基＞H。例如：

$$Ph_2C(OH)\text{—}CMe_2(OH) \xrightarrow[-H_2O]{H^+} Ph_2C(Me)\text{—}C(=O)\text{—}Me$$

b. 迁移基团的性质和迁移倾向。当空间位阻因素不大时，基团迁移倾向的大小与其亲核性的强弱一致：

$$Ph\text{—} > Me_3C\text{—} > Et\text{—} > Me\text{—} > H\text{—}$$

如均为芳基，则：

p-甲氧苯基＞*p*-甲苯基＞*m*-甲苯基＞*m*-甲氧苯基＞苯基＞*p*-氯苯基＞*o*-甲氧苯基＞*m*-氯苯基

例如：

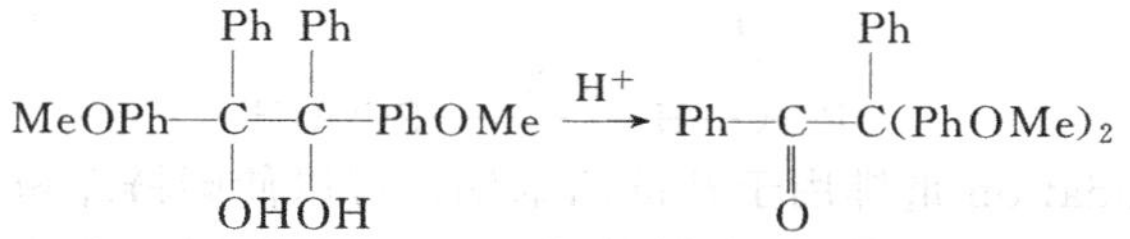

$$\mathrm{MeOPh{-}C(Ph)(OH){-}C(Ph)(OH){-}PhOMe} \xrightarrow{H^+} \mathrm{Ph{-}C(=O){-}C(Ph)(PhOMe)_2}$$

片呐醇重排反应也可用于环的扩大、缩小和螺环化合物的生成。例如：

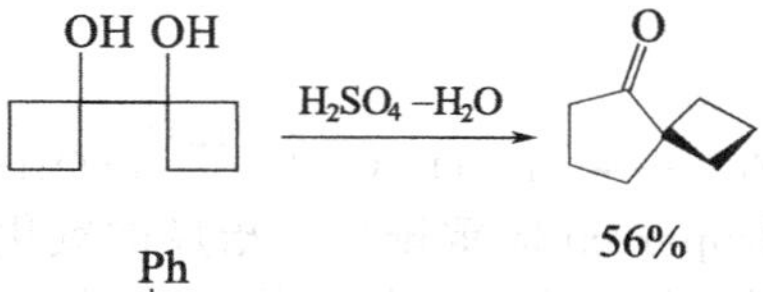

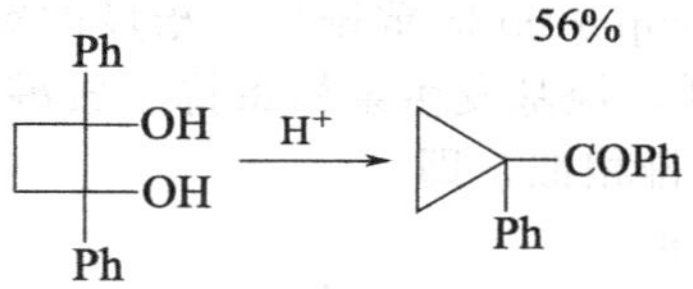

OH OH $\xrightarrow{H_2SO_4-H_2O}$ 56%

Ph OH OH Ph $\xrightarrow{H^+}$ COPh Ph

此外，在反应过程中，凡是能生成类似的碳正离子者，都能发生此类重排。例如，β-卤代或β-氨基醇和环氧化物在相应的条件下的类似重排反应，该类反应称为 semi-Pinacol（半片呐醇）重排。例如：

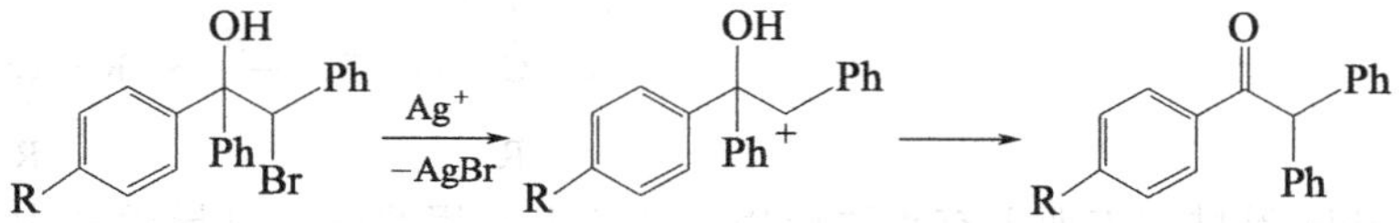

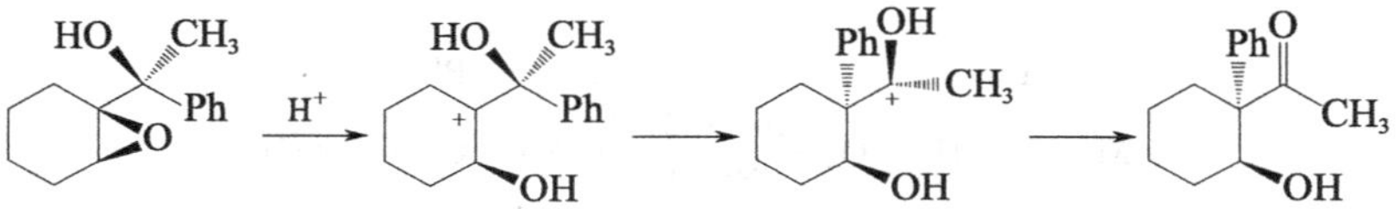

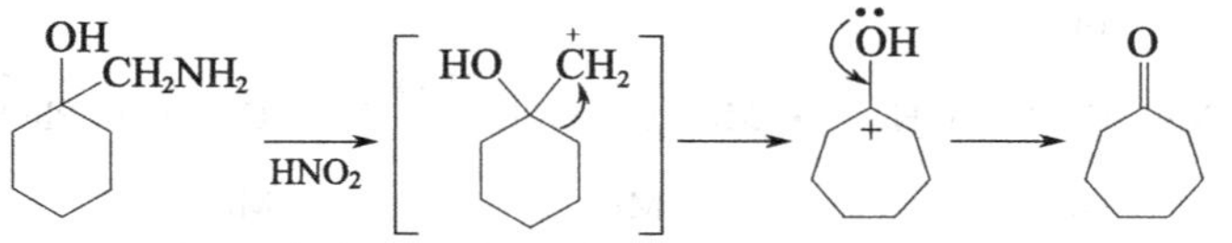

OH Ph Ph Br R $\xrightarrow[-AgBr]{Ag^+}$ OH Ph Ph^+ R ⟶ O Ph Ph R

HO CH_3 Ph O $\xrightarrow{H^+}$ HO CH_3 Ph OH ⟶ Ph OH CH_3 OH ⟶ Ph O CH_3 OH

OH CH_2NH_2 $\xrightarrow{HNO_2}$ [HO $\overset{+}{C}H_2$] ⟶ OH ⟶ O

③ 拜耳-维利格氧化重排（Baeyer-Villiger oxidation 重排） 醛和酮类化合物被过氧酸氧化，可在羰基旁边插入一个氧原子生成相应的酸和酯。反应中常用的过氧酸为过氧乙酸、过氧三氟乙酸、过氧化苯甲酸、3-氯代过氧化苯甲酸、过氧硫酸等。其过程如下：

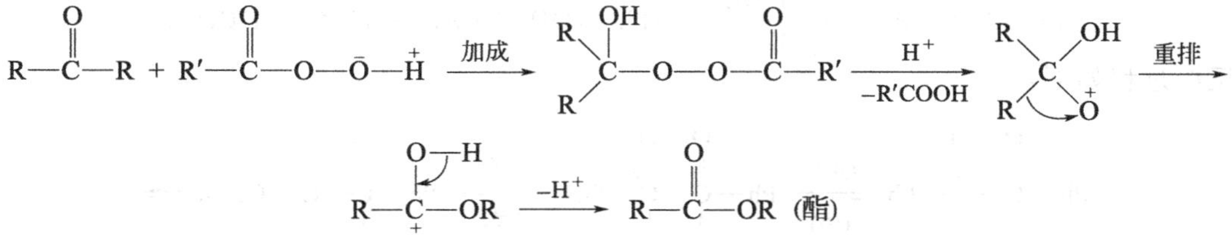

$$\mathrm{R{-}C(=O){-}R} + \mathrm{R'{-}C(=O){-}O{-}\bar{O}{-}\overset{+}{H}} \xrightarrow{加成} \mathrm{R_2C(OH){-}O{-}O{-}C(=O){-}R'} \xrightarrow[-R'COOH]{H^+} \mathrm{R_2C(OH){-}\overset{+}{O}} \xrightarrow{重排}$$

$$\mathrm{R{-}\overset{+}{C}(O{-}H){-}OR} \xrightarrow{-H^+} \mathrm{R{-}C(=O){-}OR}\ (酯)$$

对不对称酮而言，各种烃基迁移难易大致顺序如下：

叔烷基＞仲烷基～环烷基＞苄基～苯基＞伯烷基＞环丙基＞甲基

（易）（难）

例如：

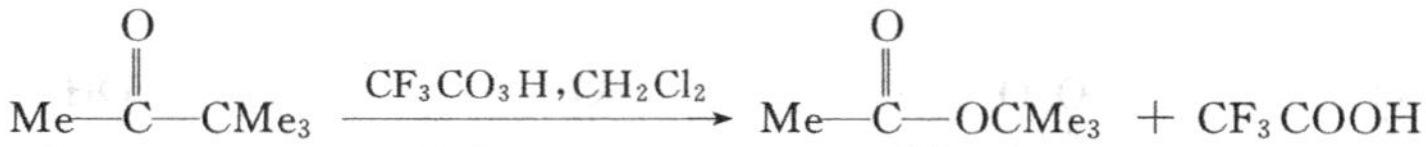

$$\mathrm{Me{-}C(=O){-}CMe_3} \xrightarrow{CF_3CO_3H,\ CH_2Cl_2} \mathrm{Me{-}C(=O){-}OCMe_3} + \mathrm{CF_3COOH}$$

醛氧化的机理与其相似，但迁移的是氢负离子，得到羧酸。

$$\mathrm{R{-}\overset{\overset{\large O}{\|}}{C}{-}H \xrightarrow{R'CO_3H} RCOOH}$$

Baeyer-Villiger oxidation 重排用于开链乙基酮，可以使碳链缩短两个碳原子，转变成相应的醇；用于环酮，可以合成内酯或顺利开环；用于苯乙酮类芳酮，可以将酮转变为酚。例如：

$$\mathrm{Ph{-}\overset{\overset{\large O}{\|}}{C}{-}Et \longrightarrow Ph{-}O{-}\overset{\overset{\large O}{\|}}{C}{-}Et \xrightarrow{H_2O} PhOH + EtCOOH}$$

④ 氢过氧化物重排（Hydroperoxide 重排）　指烃被氧化为氢过氧化物后，在酸的作用下，过氧键（—O—O—）断裂，烃基发生亲核重排生成醇（酚）和酮的反应。其反应过程与 Baeyer-Villiger oxidation 重排相似，即：

$$\mathrm{R_3C{-}O{-}OH \xrightarrow{H^+} R_3C{-}O{-}\overset{+}{O}H_2 \xrightarrow{-H_2O} R_2\overset{+}{C}{-}OR \xrightarrow{H_2O} R_2C(\overset{+}{O}H_2){-}O{-}R \xrightarrow{-H^+} R{-}\underset{\underset{\large R}{|}}{C}{=}O + ROH}$$

Hydroperoxide 重排在工业上有重要应用，工业上利用此法，以异丙苯为原料生产苯酚和丙酮：

$$\mathrm{Me_2C(Ph){-}H + O_2 \xrightarrow[Na_2CO_3]{100\sim120℃} Me_2C(Ph){-}O{-}OH}$$

$$\mathrm{Me_2C(Ph){-}O{-}OH \xrightarrow{H^+} Me_2\overset{+}{C}{-}OPh \xrightarrow{H_2O} Me{-}\underset{\underset{\large Me}{|}}{C}{=}O + PhOH}$$

⑤ 苯偶酰重排（Benzil 重排）　又称苯甲酰重排，是苯偶酰类化合物（即 α-二酮类）在强碱作用下，发生分子内重排生成 α-羟基酸的反应。最著名的是二苯基乙二酮（苯偶酰）的重排：

$$\mathrm{Ph{-}\overset{\overset{\large O}{\|}}{C}{-}\overset{\overset{\large O}{\|}}{C}{-}Ph \xrightarrow[100℃]{KOH\text{-}EtOH\text{-}H_2O} Ph_2C(OH)COOK \xrightarrow{H^+} Ph_2C(OH)COOH}$$

其反应过程如下：

$$\mathrm{Ph{-}\overset{\overset{\large O}{\|}}{C}{-}\overset{\overset{\large O}{\|}}{C}{-}Ph \underset{(快)}{\overset{OH^-}{\rightleftharpoons}} Ph{-}\overset{\overset{\large O}{\|}}{C}{-}\underset{\underset{\large Ph}{|}}{\overset{\overset{\large O^-}{|}}{C}}{-}OH \xrightarrow[(慢)]{重排} Ph{-}\underset{\underset{\large Ph}{|}}{\overset{\overset{\large O^-}{|}}{C}}{-}\overset{\overset{\large O}{\|}}{C}{-}OH \rightleftharpoons}$$

$$\mathrm{Ph_2\overset{\overset{\large OH}{|}}{C}{-}\overset{\overset{\large O}{\|}}{C}{-}O^- \xrightarrow{H^+} Ph_2\overset{\overset{\large OH}{|}}{C}{-}\overset{\overset{\large O}{\|}}{C}{-}OH}\quad(\alpha\text{-羟基酸})$$

例如：

$$\text{环己-1,2-二酮} \xrightarrow{OH^-} \text{1-羟基-1-氧负离子-2-环己酮} \longrightarrow \text{1-氧负离子环戊烷甲酸} \xrightarrow{H^+} \text{1-羟基环戊烷甲酸 (COOH)}$$

若以 RO^- 代替 OH^-，则产物为酯，即：

$$Ph-\overset{O}{\overset{\|}{C}}-\overset{O}{\overset{\|}{C}}-Ph \xrightarrow{RO^-} Ph-\overset{O}{\overset{\|}{C}}-\underset{Ph}{\overset{O^-}{C}}-OR \xrightarrow{H^+} Ph_2\overset{OH}{C}-\overset{O}{\overset{\|}{C}}-OR$$

（2）碳烯重排（Wolff 重排，沃尔夫重排）

重氮甲烷与酰氯作用形成 α-重氮甲基酮，然后在光、热和催化剂（银或氢化银）存在下放出氮气并生成酮碳烯，再重排生成反应性很强的烯酮，此重排反应称 Wolff 重排。Wolff 重排是阿恩特-艾斯特尔特反应（Arndt-Eistert reaction）的关键步骤。过程如下：

$$R-COOH \xrightarrow{SOCl_2} RCOCl \xrightarrow[-HCl]{CH_2N_2} \underset{(\alpha\text{-重氮甲基酮})}{R-\overset{O}{\overset{\|}{C}}-\overset{-}{C}H-\overset{+}{N}\equiv N} \xrightarrow[Cat.]{-N_2} \left[\underset{酮碳烯}{R-\overset{O}{\overset{\|}{C}}-\ddot{C}H}\right] \xrightarrow{重排} R-CH=C=O(烯酮)$$

烯酮与水、醇、氨及胺反应，可分别得到羧酸、酯、酰胺及取代酰胺：

$$R-CH=C=O + \begin{cases} H_2O \longrightarrow RCH_2COOH \\ R'OH \longrightarrow RCH_2COOR' \\ NH_3 \longrightarrow RCH_2CONH_2 \\ R'NH_2 \longrightarrow RCH_2CONHR' \end{cases}$$

例如：

$$O_2N-Ph-COCl \xrightarrow{CH_3CHN_2} O_2N-Ph-CO-\overset{CH_3}{\overset{|}{C}}N_2 \xrightarrow[-N_2]{Ag_2O}$$

$$O_2N-Ph-\overset{CH_3}{\overset{|}{C}}=C=O \xrightarrow{PhNH_2} O_2N-Ph-\overset{CH_3}{\overset{|}{C}H}-\overset{O}{\overset{\|}{C}}-NHPh$$

应用 Wolff 重排可以合成一些结构特殊的化合物。例如：

$$\text{(双环酮, O, }N_2\text{)} \xrightarrow{h\nu,\ MeOH} \text{(双环, COOMe)}\quad 75\%$$

7.1.2 亲核氮（氮正离子、氮烯）重排

（1）氮正离子的重排（Beckmann 重排，贝克曼重排）

肟在酸如硫酸、多聚磷酸以及能产生强酸的五氯化磷、三氯化磷、苯磺酰氯、亚硫酰氯等作用下发生重排，生成相应的取代酰胺。过程如下：

$$\underset{R\quad R'}{\overset{OH}{N}=C} \xrightarrow{H^+} \underset{R\quad R'}{\overset{\overset{+}{O}H_2}{N}=C} \xrightarrow[重排]{-H_2O} \underset{\quad R'}{\overset{R}{N}\equiv \overset{+}{C}} \xrightarrow{H_2O} \underset{HO\quad R'}{\overset{R}{N}=C} \overset{互变}{\rightleftharpoons} \underset{(酰胺)}{\underset{O\quad R'}{\overset{RHN}{C}}}$$

以上几步在反应中几乎是连续发生的，迁移基团只能从羟基的背面进攻缺电子的氮原子，因此基团为反位迁移。反应产物具有立体专属性。不同顺反异构的酮肟发生 Beckmann 重排，生成不同产物。

例如：

$$\underset{(Z)}{C_6H_5C(=N{-}OH)C_6H_4OCH_3\text{-}p} \xrightarrow{PCl_3} p\text{-}CH_3OC_6H_4C(=O)NHC_6H_5$$

$$\underset{(E)}{C_6H_5C(=N{-}OH)C_6H_4OCH_3\text{-}p} \xrightarrow{PCl_3} C_6H_5C(=O)NHC_6H_4OCH_3\text{-}p$$

另外，在迁移过程中，迁移基团原有的结构（如碳架、构型等）保持不变，例如：

$$Ph{-}\overset{*}{C}H(Me){-}C(=N{-}OH){-}Me \xrightarrow{H_2SO_4} MeC(=O){-}NH{-}\overset{*}{C}H(Me){-}Ph$$

环酮的 Beckmann 重排得到扩环产物：

$$\underset{\text{环己酮肟}}{\text{环己酮肟}} \xrightarrow{H_2SO_4} \underset{\text{己内酰胺}}{\text{己内酰胺}}$$

环己酮肟　　　己内酰胺

工业上用这种方法合成己内酰胺，此为尼龙-6 的单体。而且在药物对乙酰氨基酚（Paracetamol）的合成中也可采用该重排，从而巧妙地构建出乙酰氨基，极大程度地简化了合成步骤。

$$p\text{-}HOC_6H_4COCH_3 \xrightarrow{NH_2OH} p\text{-}HOC_6H_4C(=N{-}OH)CH_3 \xrightarrow{TsOH} p\text{-}HOC_6H_4NHCOCH_3$$

（2）氮烯重排

$$R{-}C(=O){-}\ddot{N}\text{:} \longrightarrow R{-}N{=}C{=}O \xrightarrow{H_2O} [R{-}N{=}C(OH){-}OH] \rightleftharpoons R{-}NH{-}C(=O){-}OH \xrightarrow{-CO_2} RNH_2$$

① 霍夫曼重排（Hofmann 重排）　指酰胺在碱性介质中用 Cl_2 或 Br_2（NaOCl 或 NaOBr）处理，放出 CO_2 变为减少一个碳原子的伯胺，又称霍夫曼降解反应。其过程如下：

$$R{-}C(=O){-}NH_2 + Br_2 \longrightarrow R{-}C(=O){-}NHBr \xrightarrow{OH^-} R{-}C(=O){-}\bar{N}{-}Br \xrightarrow{-Br^-} [R{-}C(=O){-}\ddot{N}\text{:}]$$

$$\longrightarrow R{-}N{=}C{=}O \xrightarrow{H_2O} [R{-}N{=}C(OH){-}OH] \rightleftharpoons R{-}NH{-}C(=O){-}OH \xrightarrow{-CO_2} RNH_2$$

例如：

$$\text{3-Br-C}_6\text{H}_4\text{-CONH}_2 \xrightarrow{Br_2\text{-}KOH} \text{3-Br-C}_6\text{H}_4\text{-NH}_2 \quad 87\%$$

Hofmann 重排过程是在分子内部进行，具有光学活性的基团在重排后构型不变。应用此重排反应可以合成脂肪族、芳香族和杂环族的胺。

② 洛森重排（Lossen 重排） 指异羟肟酸（$R-\overset{O}{\overset{\|}{C}}-NH-OH$）或其酰基衍生物（$R-\overset{O}{\overset{\|}{C}}-NH-OCOR'$）单独加热，或在 $SOCl_2$、P_2O_5、Ac_2O 等脱水剂存在下加热，发生重排得到异氰酸酯，再经水解生成伯胺。其过程如下：

$$R-\overset{O}{\overset{\|}{C}}-N(H)-OH \xrightarrow{-H^+} R-\overset{O}{\overset{\|}{C}}-\ddot{N}^{-}-OH \xrightarrow[-OH^-]{\text{重排}} R-N=C=O$$

或

$$R-\overset{O}{\overset{\|}{C}}-N(H)-OCOR' \xrightarrow{-H^+} R-\overset{O}{\overset{\|}{C}}-\ddot{N}^{-}-OCOR' \xrightarrow[-COOR']{\text{重排}} R-N=C=O$$

在重排步骤中，R 的迁移和离去基团的离去是协同进行的。当 R 是手性碳原子时，重排后其构型保持不变。

芳香族羧酸与 NH_2OH、PPA（聚对苯二甲酰对苯二胺）共热至 150～170℃，可得到芳胺：

$$H_3C-C_6H_4-COOH \xrightarrow[PPA]{NH_2OH/HCl} H_3C-C_6H_4-NH_2 + CO_2$$

（反应先生成异羟肟酸：$H_3C-C_6H_4-CONHOH$）

但当芳香环上有吸电子基团如—NO_2 等时，反应不能顺利进行；脂肪族羧酸也不能顺利进行此反应。

③ 柯提斯重排（Curtius 重排） 酰氯与叠氮化物作用生成酰基叠氮化物再重排为异氰酸酯，异氰酸酯水解得到少一个碳的伯胺，该反应可用于几乎所有羧酸，是制备伯胺的方法之一。

酰基叠氮化物在惰性溶剂中加热分解生成异氰酸酯：

$$R-\overset{O}{\overset{\|}{C}}-Cl + NaN_3 \longrightarrow R-\overset{O}{\overset{\|}{C}}-N_3 \xrightarrow{\triangle} R-N=C=O$$

异氰酸酯水解则得到胺：

$$R-N=C=O \xrightarrow{H_2O} RNH_2$$

例如：

$$(CH_3)_2CHCH_2\overset{O}{\overset{\|}{C}}-Cl \xrightarrow{NaN_3} (CH_3)_2CHCH_2\overset{O}{\overset{\|}{C}}-N_3 \xrightarrow[\triangle]{CHCl_3}$$

$$(CH_3)_2CHCH_2-N=C=O \xrightarrow{H_2O} (CH_3)_2CHCH_2-NH_2 \quad 70\%$$

④ 施密特重排（Schmidt 重排）　羧酸、醛或酮分别与等摩尔的叠氮酸（HN_3）在强酸（硫酸、聚磷酸、三氯乙酸等）存在下发生分子内重排分别得到胺、腈及酰胺：

$$R-\overset{O}{\overset{\|}{C}}-OH + HN_3 \xrightarrow{H^+} RNH_2 + CO_2 + N_2$$

$$R-\overset{O}{\overset{\|}{C}}-H + HN_3 \xrightarrow{H^+} RCN + N_2$$

$$R-\overset{O}{\overset{\|}{C}}-R' + HN_3 \xrightarrow{H^+} R-\overset{O}{\overset{\|}{C}}-NHR' + N_2$$

7.2　亲电重排

亲电重排亦称富电子体系的重排，指基团以缺电子的形式迁移到富电子中心的重排反应。重排在碱性条件下进行，大多数亦属 1,2-重排。

7.2.1　法沃斯基重排（Favourskii 重排）

α-卤代酮类在碱性催化剂（ROK、RONa、NaOH 等）存在下发生重排生成羧酸酯或羧酸（NH_3 的存在使生成酰胺）的反应，酮羰基不含卤素的一端的烃基重排至卤素位置。该反应具有立体专一性，手性基团重排后构型不变。通式：

$$R-\overset{O}{\overset{\|}{C}}-\underset{X}{\underset{|}{\overset{R^1}{\overset{|}{C}}}}-R^2 \xrightarrow{R^3ONa} R^3O-\overset{O}{\overset{\|}{C}}-\underset{R}{\underset{|}{\overset{R^1}{\overset{|}{C}}}}-R^2$$

（羧酸酯）

或

$$R-\overset{O}{\overset{\|}{C}}-\underset{X}{\underset{|}{\overset{R^1}{\overset{|}{C}}}}-R^2 \xrightarrow{NaOH} HO-\overset{O}{\overset{\|}{C}}-\underset{R}{\underset{|}{\overset{R^1}{\overset{|}{C}}}}-R^2$$

（羧酸）

而 α-卤代环酮经重排后可得到环缩小产物，该反应中有环丙酮中间体生成，已用示踪原子^{14}C 证实。例如：

$$\text{2-溴环己酮（O, Br）} \xrightarrow{NaOH,\ H_2O} \text{环戊基-COONa} \xrightarrow{H^+} \text{环戊基-COOH}$$

如用醇钠的醇溶液，则得羧酸酯：

$$\text{2-溴环己酮（O, Br）} \xrightarrow{EtONa,\ EtOH} \text{环戊基-COOEt}$$

其反应过程如下：

Favourskii 重排在小环化合物的合成方面有着特殊的应用价值。例如：

$$\xrightarrow[(2)\ H^+]{(1)\ KOH} \text{COOH}$$

7.2.2 斯蒂文斯重排（Stevens 重排）

季铵盐（或锍盐）在碱性条件下，其中的烃基从氮原子（或硫原子）上迁移至邻近的碳负离子上得到胺。过程如下：

$$Y-CH_2-\overset{+}{N}R_3 \xrightarrow{NaNH_2} Y-\overset{-}{C}H-\overset{+}{N}R_3 \longrightarrow Y-CH(R)-NR_2$$

Y为RCO, ROOC, Ph等

最常见的迁移基团为烯丙基、二苯甲基、3-苯基丙炔基、苯甲酰甲基等。其中，迁移基团的构型不变，C—N 键断裂与 C—C 键生成协同进行。例如：

$$\left[Ph-CH_2-\overset{+}{N}(CH_3)_2(CH_2Ph)\right]Cl^- \xrightarrow[150℃]{NaNH_2} Ph-CH(CH_2Ph)-N(CH_3)_2$$

Stevens 重排的应用范围很广，硫叶立德也可以发生重排。因此，可用于特殊结构化合物的合成。例如：

$$\xrightarrow[t\text{-BuOH}]{t\text{-BuOK}} \quad + \quad \xrightarrow[Ni]{H_2}$$

7.2.3 维蒂希重排（Wittig 重排）

苄基型或烯丙基型醚在强碱试剂（如 RLi、PhLi、KNH_2、$NaNH_2$ 等）作用下，形成苄基型或烯丙基型碳负离子，然后，烃基迁移而成为更稳定的氧负离子，夺取质子生成醇。其过程如下：

$$PhCH_2-O-R \xrightarrow{R'Li} [Ph-\overset{-}{C}H-O-R]Li^+ \xrightarrow{重排} Ph-CH(R)-\overset{-}{O}Li^+ \xrightarrow{H_2O} Ph-CH(R)OH$$

迁移基团 R 的迁移能力大致顺序如下：

$$H_2C{=}CH{-}CH_2{-}>PhCH_2{-}>Me{-}>Et{-}>Ph{-}$$

例如：

$$PhCH_2OCH_3 \xrightarrow[H_3O^+]{PhLi} Ph{-}CH(OH){-}CH_3$$

7.2.4 弗瑞斯重排反应（Fries 重排）

羧酸的酚酯在 Lewis 酸（如 $AlCl_3$、$ZnCl_2$、$FeCl_3$）催化剂存在下加热，发生酰基迁移至邻位或对位，形成酚酮的重排反应。通式为：

$$C_6H_5{-}OCOR \xrightarrow{AlCl_3} o\text{-}HO{-}C_6H_4{-}COR + RCO{-}C_6H_4{-}OH$$

邻位酚酮　　对位酚酮

本重排反应可看作是 Friedel-Craft 酰基化反应的自身酰基化过程。重排产物一般情况下是两种异构体的混合物，其中邻位与对位异构体的比例主要取决于反应条件、催化剂浓度和酚酯的结构。反应温度对邻、对位产物比例的影响比较大。一般来讲，较低温度（如室温）下重排有利于形成对位异构产物（动力学控制），较高温度下重排有利于形成邻位异构产物（热力学控制）。例如：

间甲苯基乙酸酯（3-$CH_3C_6H_4OCOCH_3$）$\xrightarrow[(2)H_2O,95\%]{(1)AlCl_3,165℃}$ 2-羟基-4-甲基苯乙酮（$H_3CC(=O)$，OH，CH_3）

间甲苯基乙酸酯 $\xrightarrow[(2)H_2O,80\%]{(1)AlCl_3,25℃}$ 4-羟基-2-甲基苯乙酮（OH，CH_3，$COCH_3$）

对位产物 $\xrightarrow{AlCl_3,\triangle}$ 邻位产物

Fries 重排在有机合成中有广泛的应用，如强心药物肾上腺素中间体氯乙酰儿茶酚的合成。

邻苯二酚（OH，OH）$\xrightarrow{ClCH_2COCl}$（$OCOCH_2Cl$，OH）$\xrightarrow{AlCl_3}$（OH，OH，$COCH_2Cl$）$\xrightarrow[(2)H_2/Ni]{(1)CH_3NH_2}$（OH，OH，$HO{-}CHCH_2NHMe$）

7.2.5 沙米尔脱重排（Sommelet 重排）

苯甲基三烷基季铵盐（或锍盐）在 PhLi、$LiNH_2$ 等强碱作用下发生重排，苯环上起亲核烷基化反应，烷基的 α-碳原子与苯环的邻位碳原子相连成叔胺。此反应可以作为在芳环上引入邻位甲基的一种方法。例如：

$$C_6H_5CH_2\overset{+}{N}R^3R^4{-}CHR^1R^2 \xrightarrow[-NH_3]{NH_2^-} \left[C_6H_5\overset{-}{C}H{-}\overset{+}{N}R^3R^4{-}CHR^1R^2 \rightleftharpoons C_6H_5CH_2{-}\overset{+}{N}R^3R^4{-}\overset{-}{C}R^1R^2 \xrightarrow{\text{亲核重排}} \text{（环己二烯亚甲基中间体，}=CH_2\text{，}H\text{，}C(R^1)(R^2){-}NR^3R^4\text{）} \right] \longrightarrow o\text{-}CH_3{-}C_6H_4{-}C(R^1)(R^2){-}NR^3R^4$$

（叔胺）

式中，R^1、R^2 可以是 H 或烃基；R^3、R^4 不能是 H。

7.3 σ 键迁移重排

共轭 π 体系中，处于烯丙位的一个 σ 键断裂，在 π 体系另一端生成一个新的 σ 键，同时伴随 π 键的转移，而且反应物总的 π 键和 σ 键数保持不变，这类反应叫作 σ 键迁移反应，也叫作 σ 键迁移重排。如：

$$\overset{1}{C}D_2{=}\overset{2}{C}H{-}\overset{3}{C}H{=}\overset{4}{C}H{-}\underset{|\atop H}{\overset{5}{C}H_2} \xrightarrow{\triangle} D_2\underset{|\atop H}{C}{-}CH{=}CH{-}CH{=}CH_2$$

该重排过程中，发生迁移的 σ 键可以是 C—H 键、C—C 键和 C—O 键。并且这些反应都是协同反应，即旧的 σ 键的断裂与新的 σ 键的形成和 π 键的迁移是协同进行的，其反应机理属于协同反应机理，在该过程中并不产生任何正、负离子等反应中间体。

σ 键迁移重排的系统命名法如下式所示：

$$\overset{i=1}{\underset{j=1}{\overset{Z|}{-C-}}}\overset{2}{C}{=}\overset{3}{C}{-}\overset{4}{C}{=}\overset{5}{C}{-} \longrightarrow \underbrace{-\overset{1}{C}{=}\overset{2}{C}{-}\overset{Z|}{\overset{3}{C}}-}_{[1,3]迁移},\quad \underbrace{-\overset{1}{C}{=}\overset{2}{C}{-}\overset{3}{C}{=}\overset{4}{C}{-}\overset{Z|}{\overset{5}{C}}-}_{[1,5]迁移}$$

$$\begin{matrix} i=1 & & \\ -C- & C{=} & C- \\ | & & \\ -C- & C{=} & C- \\ j=1 & 2 & 3 \end{matrix} \longrightarrow \begin{matrix} 1 & 2 & 3 \\ -C{=} & C- & C- \\ & & | \\ -C{=} & C- & C- \\ 1 & 2 & 3 \end{matrix}$$

[3,3]迁移

即先将迁移前的 σ 键的两个原子均定为 1 号，从其两端分别开始编号，把新生成的 σ 键所连接的两个原子的编号 i、j 放在方括号内，记为 $[i,j]$ σ 迁移，习惯上$[i]\leqslant[j]$。

在 C $[i,j]$ σ 迁移反应中，如果和迁移键相连的碳原子为手性碳，而且迁移后，该碳原子仍在键断裂处形成新键，称为构型保持；如果新键在原键断裂处的相反位置形成，则称为构型翻转。

最常见的 σ 迁移反应有 [3,3] σ 迁移反应和 [2,3] σ 迁移反应两种，前者包括 Cope 重排反应、Claisen 重排反应、Carroll 重排反应以及 Fischer 吲哚合成，后者包括 Gassman 吲哚合成以及一大类含有杂原子迁移的反应。

7.3.1 [3,3] 迁移重排

(1) 科普重排（Cope 重排）

1,5-二烯类化合物受热时发生类似于 *O*-烯丙基重排为 *C*-烯丙基的重排反应称为 Cope 重排。这个反应 30 多年来引起人们的广泛注意。1,5-二烯在 150～200℃ 下单独加热短时间就容易发生重排，并且产率非常好。通式：

$$RCH{=}CH{-}CH_2{-}\underset{Z}{\overset{Y}{C}}{-}CH{=}C\begin{matrix}R^1\\R^2\end{matrix} \xrightarrow{150\sim200℃} H_2C{=}CH{-}\overset{R}{CH}{-}\underset{R^2}{\overset{R^1}{C}}{-}CH{=}C\begin{matrix}Y\\Z\end{matrix}$$

65%～90%

式中，R、R^1、R^2 为 H，烷基；Y、Z 为 COOEt，CN，C_6H_5。

例如：

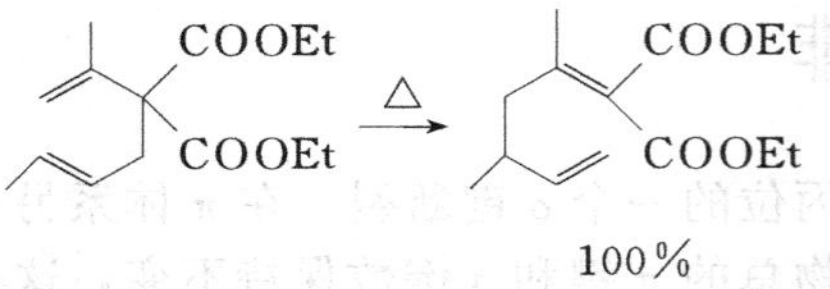

100%

Cope 重排反应过程一般系经由分子内六元环过渡状态进行的协同反应。即：

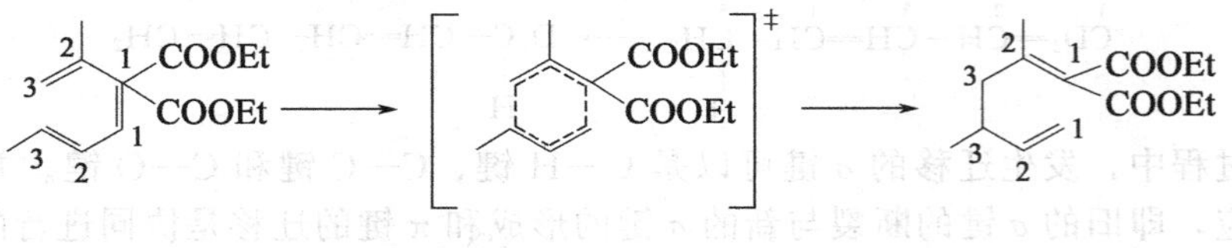

在立体化学上，表现为经过椅式环状过渡态：

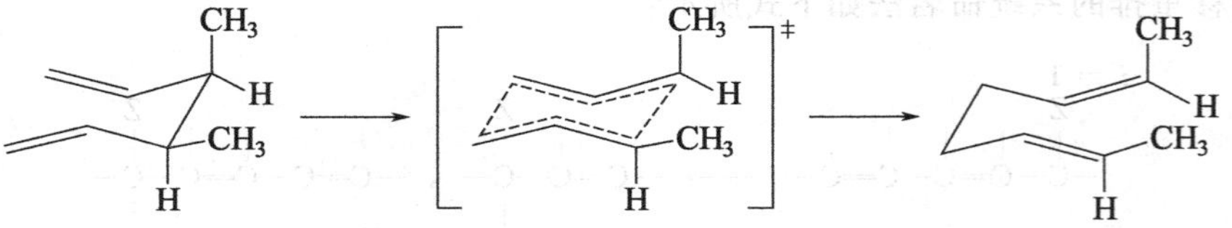

对 Cope 重排，当 3-位或 4-位上有吸电子取代基时，有利于反应的进行，例如：

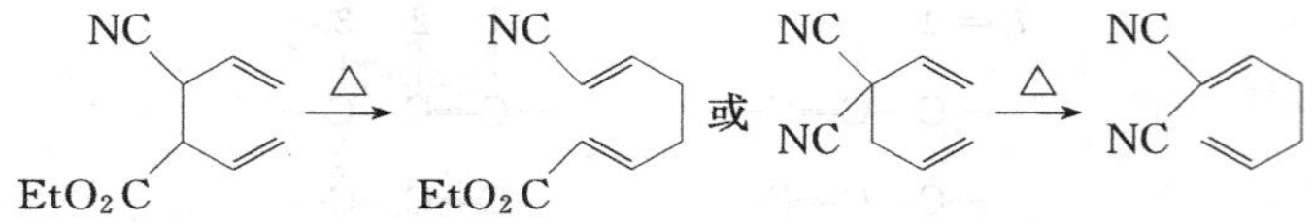

Cope 重排具有可逆性的特征，反应的平衡点取决于产物和反应物的相对稳定性，当反应物的 3-位或 4-位有吸电子取代基时，则其产物的稳定性较反应物高（如上述例子，产物具有共轭结构），而对环状化合物而言，化合物的相对张力则成为决定平衡点的主要因素。例如：

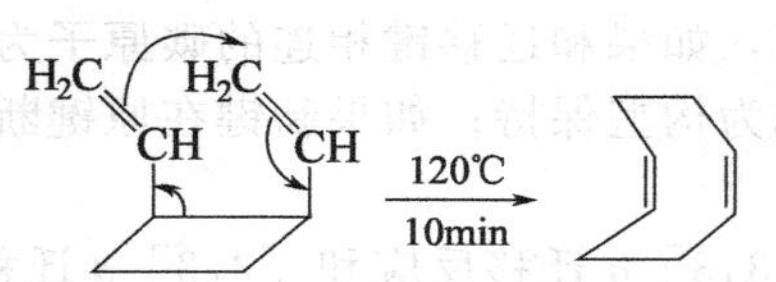

Cope 重排是形成新 C—C 键的一种合成手段，重排生成的 1,5-二烯，两个双键的位置确定，完全可以预测，不但可以用于开链的 1,5-二烯，还可用于环状二烯，以及构建七元环以上的中级环等。例如：

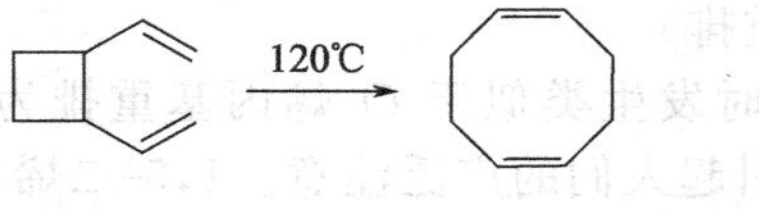

1,5-二烯在适当的位置有一个羟基时，则 Cope 重排产物为烯醇，后者转变为羰基化合物，称羟化 Cope 重排（Oxy-Cope rearrangement），例如：

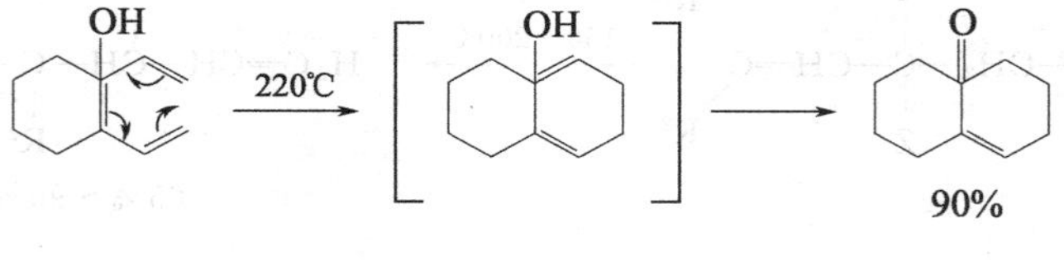

90%

Cope重排属于周环反应，它和其他周环反应的特点一样，具有高度的立体选择性。并且不需要其他手性试剂或催化剂，在有机合成中有重要意义。例如：内消旋-3,4-二甲基-1,5-己二烯重排后，得到的产物几乎全部是（Z,E)-2,6辛二烯：

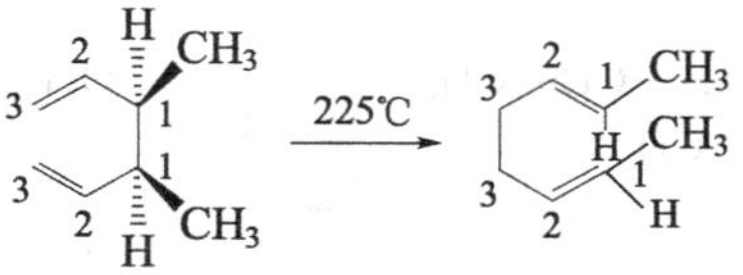

225℃

(2) 克莱森重排（Claisen重排）

烯醇类或酚类的烯丙基醚在加热条件下，发生烯丙基从氧原子上迁移至碳原子上重排为烯丙基酚类的反应。通式为：

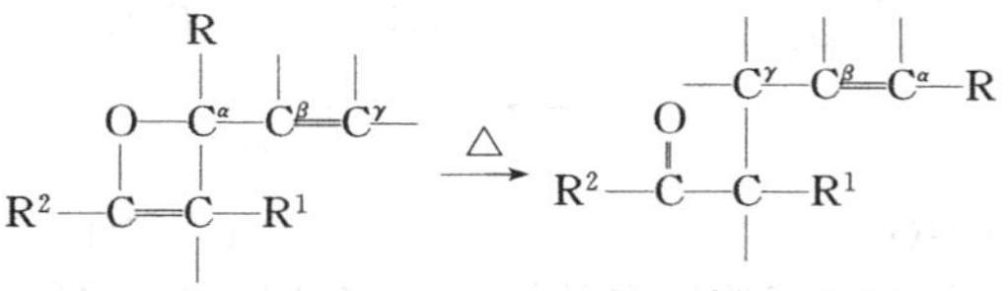

△

（O-烯丙基烯醇醚）　（C-烯丙基酮）

或

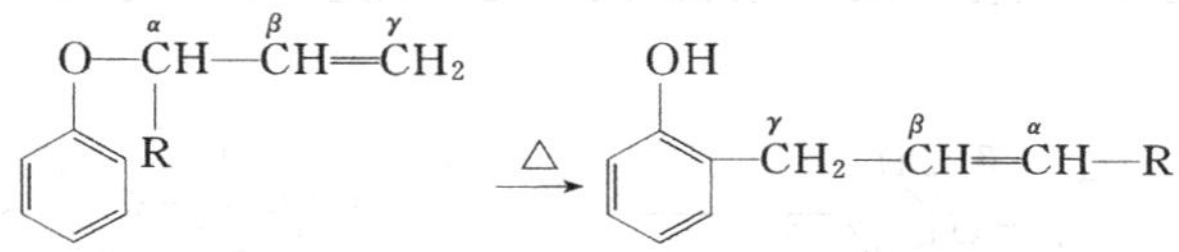

△

（O-烯丙基酚醚）　（C-烯丙基酚）

例如：

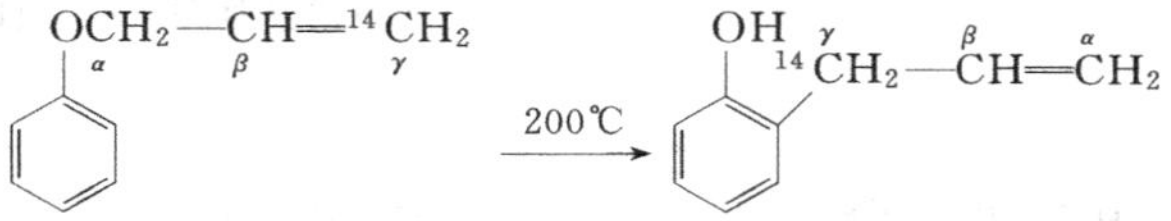

200℃

用^{14}C标记原子证明，Claisen重排是分子内的协同反应，中间经过一个环状过渡态，所以芳环上取代基的电子效应对重排无影响。

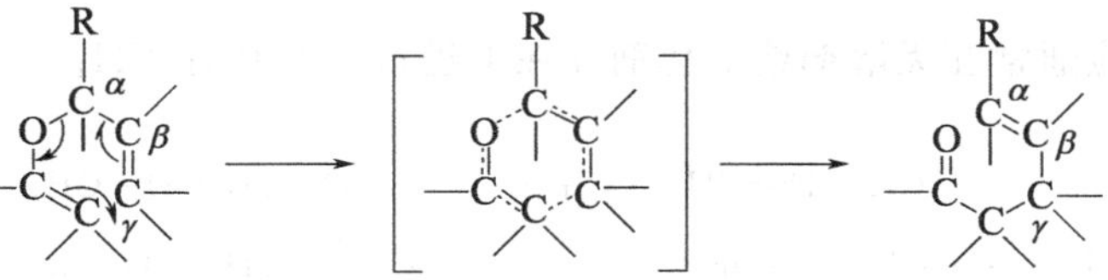

(O-烯丙基烯醇醚)　(C-烯丙基酮)

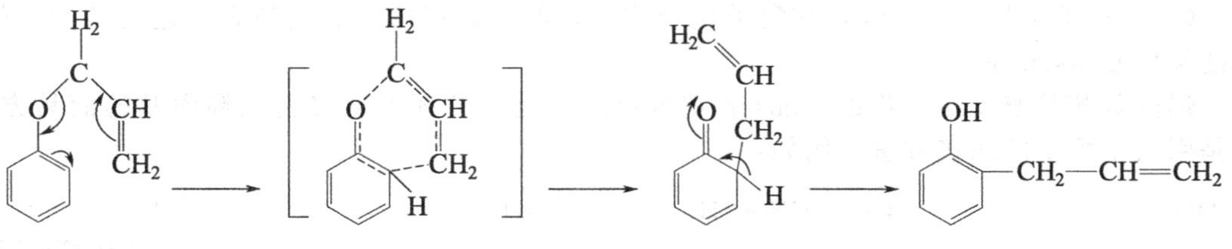

(烯丙基苯基醚)　(邻烯丙基苯酚)

对于烯丙基酚醚、O-烯丙基迁移时，优先发生邻位重排，其历程经过一次［3,3］σ迁移和一次由酮式到烯醇式的互变异构。但当两个邻位均有取代基时，则发生对位重排，不会发生间位重排（即邻、对位均有取代基时，不发生Claisen重排)，其历程是经过两次［3,3］σ迁移完成的，由^{14}C也证实了这一结论是正确的。例如：

$$\text{PhOCH}_2\text{—CH=CHPh} \xrightarrow{200℃} o\text{-HOC}_6\text{H}_4\text{—CH(Ph)—CH=CH}_2$$

$$2,6\text{-}(\text{H}_3\text{C})_2\text{C}_6\text{H}_3\text{OCH}_2\text{—CH=CH}_2 \xrightarrow{\triangle} 4\text{-}(\text{CH}_2\text{—CH=CH}_2)\text{-}2,6\text{-}(\text{H}_3\text{C})_2\text{C}_6\text{H}_2\text{OH}$$

若苯环上有间位取代基，一般并不影响 Claisen 重排反应的进行，但若有羧基、醛基时，则会发生脱羧或脱羰反应，如：

$$2,6\text{-}(\text{C}_2\text{H}_5)_2\text{-}4\text{-CHO-C}_6\text{H}_2\text{OCH}_2\text{—CH=CH}_2 \xrightarrow{\triangle} 4\text{-}(\text{CH}_2\text{—CH=CH}_2)\text{-}2,6\text{-}(\text{C}_2\text{H}_5)_2\text{C}_6\text{H}_2\text{OH} + \text{CO}$$

取代的烯丙基芳基醚重排时，无论原来的烯丙基双键是 Z-构型还是 E-构型，重排后的新双键的构型都是 E-型，这是因为重排反应所经过的六元环状过渡态具有稳定椅式构象。例如：

Z-型 ≡ (椅式构象) → [环状过渡态]‡ → E-型

E-型 ≡ (椅式构象) → [环状过渡态]‡ → E-型

Claisen 重排反应通常在无溶剂或催化剂存在下进行，但有时 NH_4Cl 等的存在有利于反应的进行，例如：

$$\text{H}_3\text{C—C(O—CH}_2\text{CH=CH}_2\text{)=CH—COOEt} \xrightarrow[\triangle]{\text{NH}_4\text{Cl}} \text{H}_3\text{C—C(=O)—CH(CH}_2\text{CH=CH}_2\text{)—COOEt}$$

（乙酰乙酸乙酯-O-烯丙基醚） （α-烯丙基-β-丁酮酸乙酯）

Claisen 重排具有普遍性，在醚类化合物中，如果存在烯丙氧基与碳相连的结构，就有可能发生 Claisen 重排。

烯丙基苯基醚类化合物的 Claisen 重排反应，是在芳环上直接引入烯丙基的简易方法，也是引入正丙基的间接方法。例如：

$$\text{PhOH} \xrightarrow[\text{K}_2\text{CO}_3]{\text{H}_2\text{C=CHCH}_2\text{Br}} \text{PhOCH}_2\text{—CH=CH}_2 \xrightarrow{200℃} o\text{-HOC}_6\text{H}_4\text{CH}_2\text{CH=CH}_2 \xrightarrow{[\text{H}]} o\text{-HOC}_6\text{H}_4\text{CH}_2\text{CH}_2\text{CH}_3$$

(3) 卡罗尔重排（Carroll 重排）

β-酮酸烯丙酯发生 Claisen 重排产生 α-烯丙基-β-酮酸，再经脱羧，得到 γ,δ-不饱和酮，此反应又称 Carroll-Claisen 重排反应。例如：

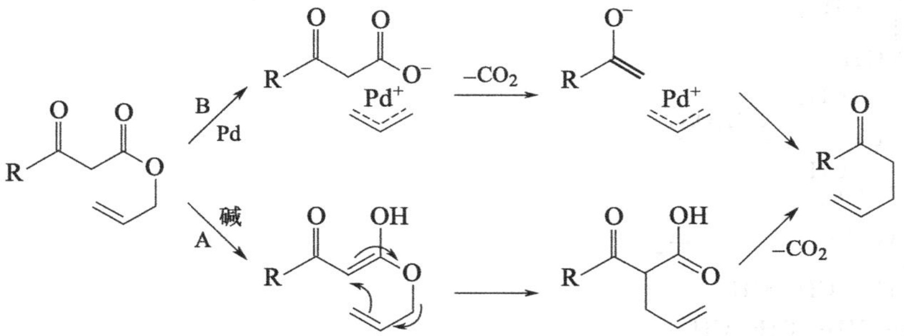

实例如下：

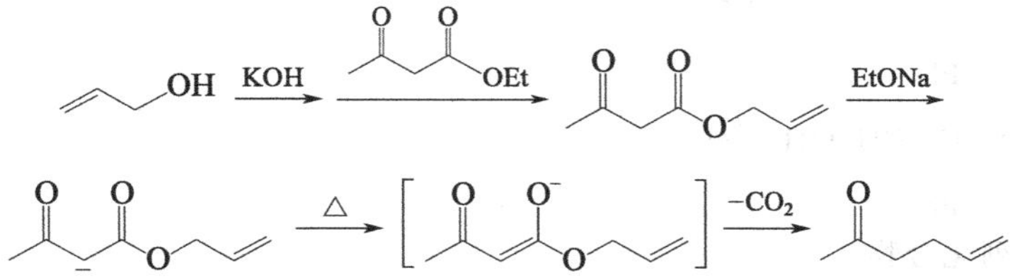

(4) 费歇尔（Fischer）吲哚合成

该反应是一个常用的合成吲哚环系的方法，由赫尔曼·埃米尔·费歇尔在 1883 年发现。反应是用苯肼与醛、酮在酸催化下加热重排消除一分子氨，得到 2-或 3-取代的吲哚。目前治疗偏头痛的曲坦类药物中有很多就是通过这个反应制取的。例如：

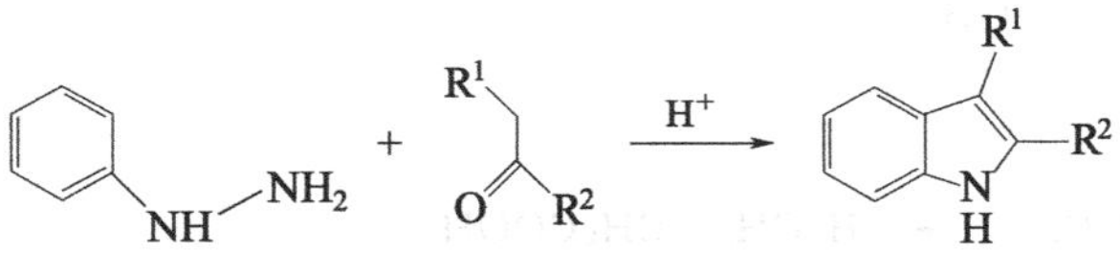

其中，盐酸、硫酸、多聚磷酸、对甲苯磺酸等质子酸及氯化锌、氯化铁、氯化铝、三氟化硼等 Lewis 酸是反应最常用的酸催化剂。若要制取没有取代的吲哚，可以用丙酮酸作酮，发生环化后生成 2-吲哚甲酸，再经脱羧即可。

7.3.2 [2,3] 迁移重排

代表性反应为加斯曼（Gassman）吲哚合成，该反应用一锅法将取代苯胺转化为吲哚衍生物。例如：

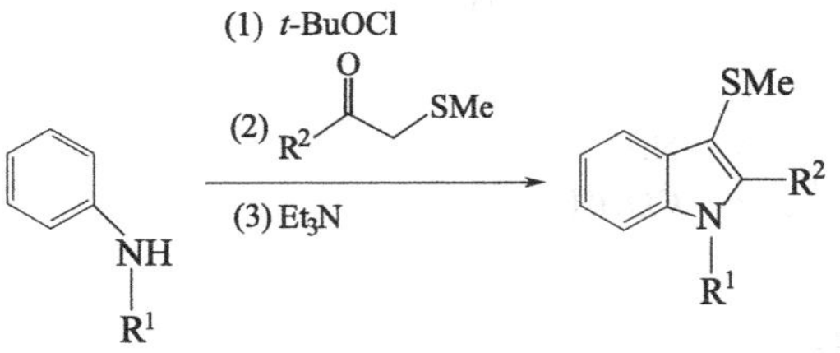

式中，R^1可以是氢或烷基；R^2为芳基时效果最好，但也可以是烷基。富电子取代苯胺（如对氨基苯甲醚）一般效果较差。

习 题

7.1 写出下列反应的主产物。

(1)

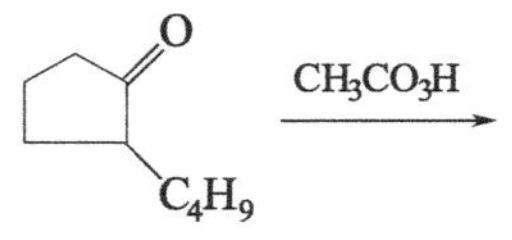

(2) 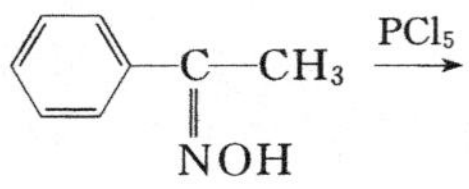 $C_6H_5-C(=NOH)-CH_3 \xrightarrow{PCl_5}$

(3) $(H_3C)_2C-C(CH_3)_2$（环丁酮，$O=C-CHCl$） $\xrightarrow{C_2H_5ONa}$

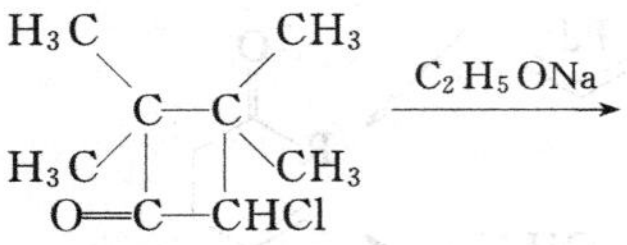

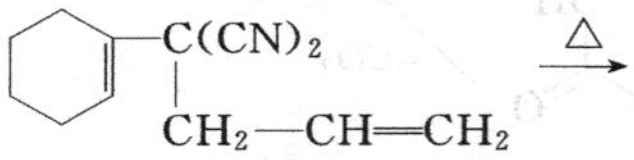

(4) 1-环己烯基 $-C(CN)_2-CH_2-CH=CH_2 \xrightarrow{\triangle}$

(5) 1-萘基 $-O-CH_2-CH=CH_2 \xrightarrow{\triangle}$

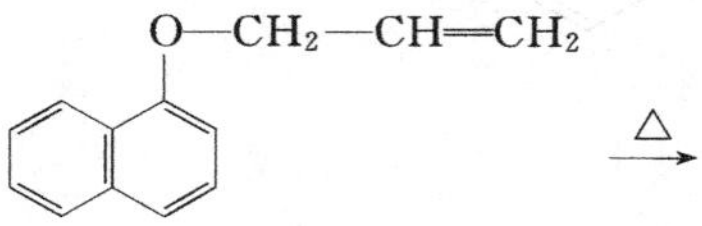

(6) 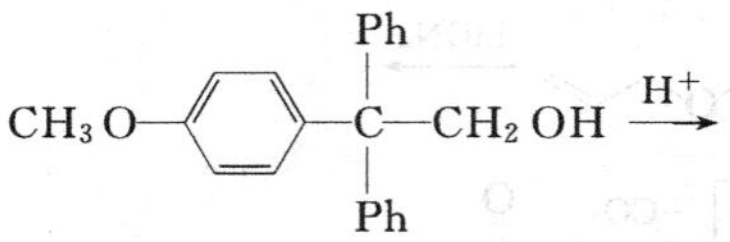 $CH_3O-C_6H_4-C(Ph)_2-CH_2OH \xrightarrow{H^+}$

7.2　设计合成下列化合物。

(1) 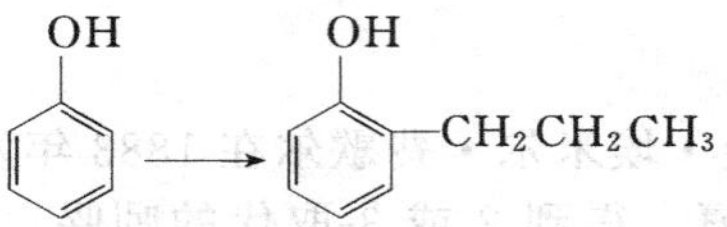 苯酚 $\longrightarrow$ 2-$CH_2CH_2CH_3$ 苯酚

(2) $O=CH-CH_2CH_2CH_2CH=CH_2$ $\longrightarrow$ $CH_2=CH-CH(OH)-CH_2CH=CH_2$

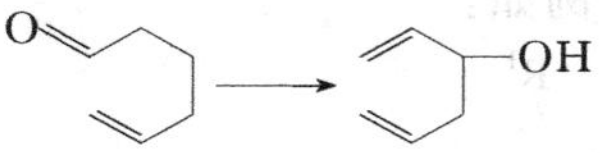

(3) 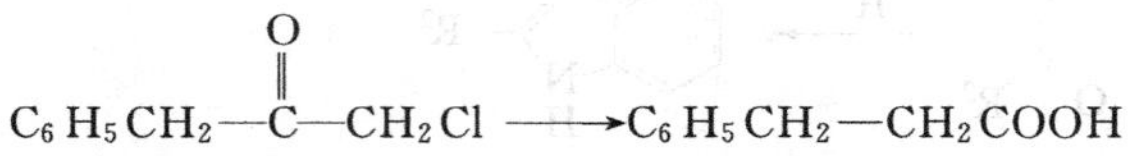 $C_6H_5CH_2-\overset{O}{\overset{\|}{C}}-CH_2Cl \longrightarrow C_6H_5CH_2-CH_2COOH$

(4) 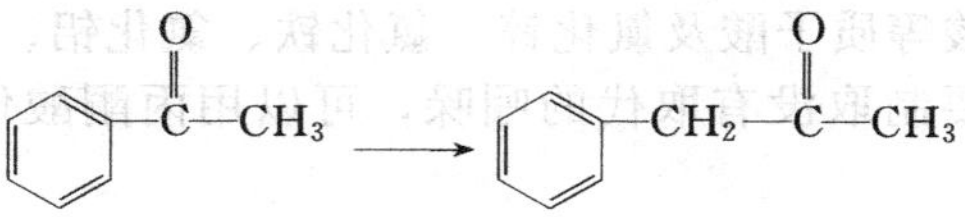 $C_6H_5-\overset{O}{\overset{\|}{C}}-CH_3 \longrightarrow C_6H_5-CH_2-\overset{O}{\overset{\|}{C}}-CH_3$

(5) $(C_6H_5)_2\overset{OH}{\overset{|}{C}}-\underset{NH_2}{\underset{|}{CH}}-CH_3 \longrightarrow C_6H_5-\overset{O}{\overset{\|}{C}}-\overset{CH_3}{\overset{|}{\underset{H}{\underset{|}{C}}}}-C_6H_5$

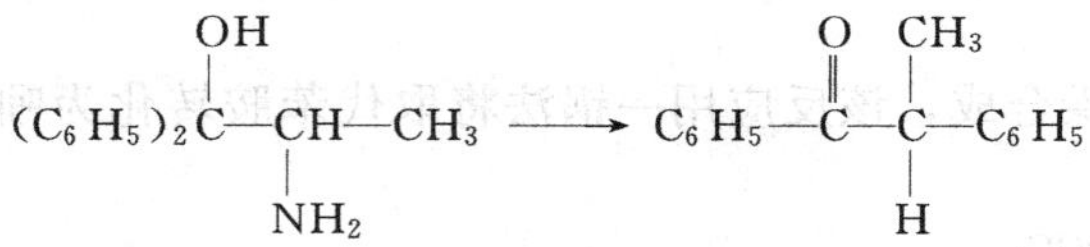

(6) 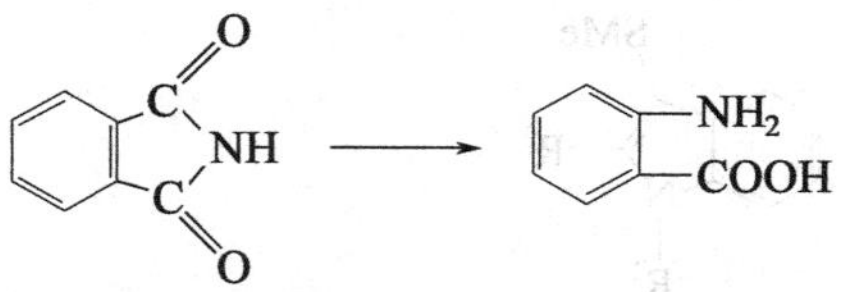 邻苯二甲酰亚胺（$C=O$，NH，$C=O$） $\longrightarrow$ 邻氨基苯甲酸（NH_2，$COOH$）

7.3　写出下列反应的机理。

(1) 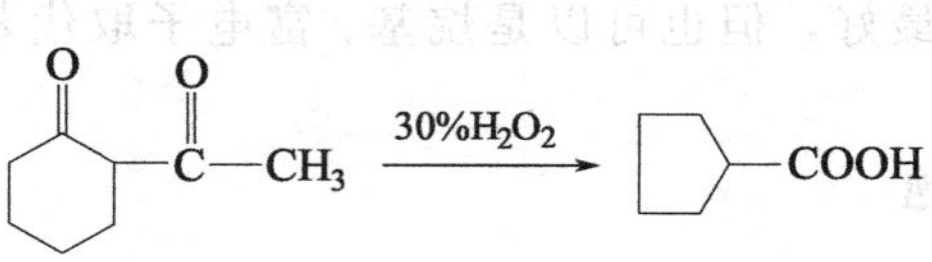 2-乙酰基环己酮 $\xrightarrow{30\%H_2O_2}$ 环戊基 $-COOH$

(2) 1,1'-二羟基联环戊烷（OH OH） $\xrightarrow{HCl}$ 螺[4.5]癸-6-酮

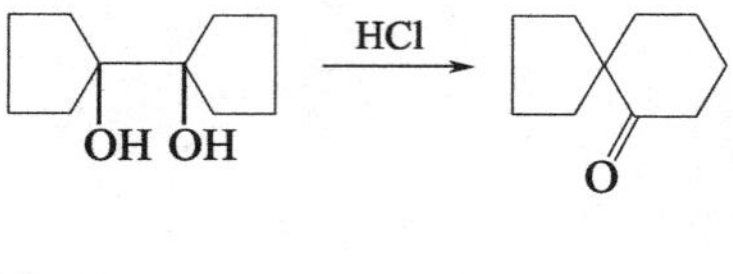

(3) $C_6H_5CH_2\overset{+}{N}(CH_2Ph)(CH_3)_2 \xrightarrow[\text{液氨}]{NaNH_2}$ o-$CH_3C_6H_4CH(Ph)N(CH_3)_2$

(4) $BrCH_2-\overset{O}{\overset{\|}{C}}-C(Br)(CH_3)-CH_3 \xrightarrow{OH^-}$ $(HOOC)(H)C=C(CH_3)_2$

第8章 环合反应

8.1 概论

形成新的碳环或杂环的反应过程称为环合反应，也称闭环缩合或成环缩合。环系的建立可通过非环体系的环化或通过对已有环的修饰而实现。后一种方式环化包含了扩环和缩环的重排反应以及环交换反应。前一种方式的环化有以下 2 种可能途径。

一是通过一个非环前体单边环化，从链状化合物向环状化合物转化，如分子内的亲电反应、亲核反应及缩合反应（羟醛缩合、酯缩合）等，属于分子内成键反应。制约分子内成环反应的因素有：环张力、分子几何结构、同时形成两反应中心（如亲电中心和亲核中心）及竞争性分子间反应。

二是通过二个或多个非环片段的分子间反应实现双边或多边环合，一般通过双（多）反应中心化合物与双（多）官能团的结合来实现，涉及协同（一步）或非协同的环加成反应或多步连续单边环化反应。一般根据体系参与反应的 π 电子数分类，有［4＋2］、［3＋2］、［2＋2］等环加成反应。

环合反应的基本规律：

① 六元环和五元环比较稳定，较易形成；

② 大多数环合反应在形成环状结构时，总是脱落某些简单的小分子，如水、氨、醇、卤化氢、氢分子等；

③ 常需要使用环合促进剂；

④ 为了形成杂环，起始反应物之一必须含有杂原子。

环状化合物具有闭合的分子骨架，根据结构可分为脂环族化合物、芳香族化合物和杂环化合物。脂环化合物是一类很重要的有机合成中间体，常用于萜类、甾体等天然化合物的合成，并且有些脂环化合物是具有生理活性的物质，同时也是一类重要的有机试剂。芳香族化合物和杂环化合物广泛存在于自然界。核酸、生物碱、花青素、叶绿素是广泛存在而又十分重要的芳香族化合物和天然杂环化合物。

脂环化合物中根据成环碳原子数目，又可分为三元环、四元环、五元环、六元环等。杂环的形成必须形成碳原子与杂原子之间的价键（C—N、C—S、C—O）。形成杂环时，只要张力允许（即符合五元环或六元环的立体条件），碳-杂原子之间的成键比较容易，它的形成主要是通过缩合反应。

本章对几种常见环状化合物的合成方法进行讨论，同时介绍几种常见的六元单杂环和五元单杂环的合成方法。

8.2 六元环的合成

8.2.1 六元脂环化合物的合成

合成六元脂环化合物最常用的是 Diels-Alder（狄尔斯-阿尔德）反应，此外，分子内的取代反应、缩合反应等也是得到六元脂环化合物常用的方法。

(1) Diels-Alder 反应

Diels-Alder 反应是共轭二烯（双烯体）与烯、炔（亲双烯体）等进行环化加成生成环己烯及其衍生物的反应，简称 D-A 反应或双烯合成反应，此反应是合成六元环较为常用的方法之一，如：

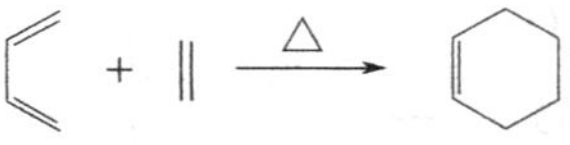

18%

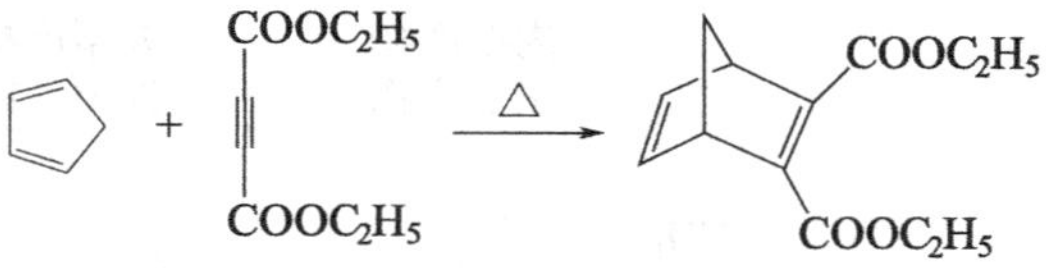

$COOC_2H_5$

$COOC_2H_5$

$COOC_2H_5$

$COOC_2H_5$

在反应过程中，反应物的 π 体系打开，形成两个新的碳-碳 σ 键和一个新的 π 键，因此，它是六个 π 电子参加的［4+2］环加成反应，同时，其反应过程中旧键的断裂和新键的生成是在同一步中完成的，属于协同反应。但是，1,3-丁二烯与乙烯生成环己烯的产率很低，仅为 18%。当双烯体上连有供电子基团（如—CH_3）或亲双烯体上连有吸电子基团（如—CHO、—COR、—COOR、—CN、—NO_2 等）时，产率会大幅度提高，如：

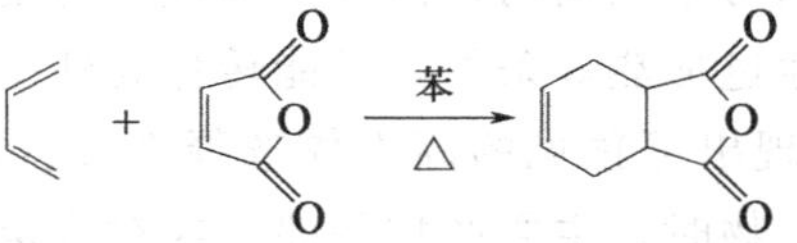

苯

(90%)

D-A 反应还要求双烯体的两个双键均为 S-顺式构象，如果双烯体的构型固定为 S-反式，则双烯体不能进行双烯合成反应。而两个双键固定在顺位的共轭二烯烃在双烯合成中的活性特别高，如环戊二烯与马来酐起反应的速率为 1,3-丁二烯的 1000 倍：

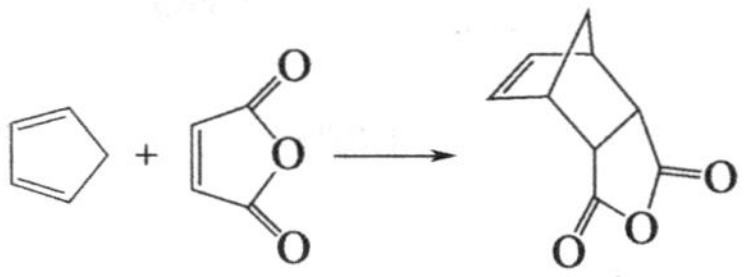

空间位阻对 D-A 反应也有影响，有些双烯体虽为 *S*-顺式构象，但由于 1,4-位取代基位阻较大，如：（CH_3、CH_3、CH_3、CH_3 取代的二烯），也不发生该类反应。

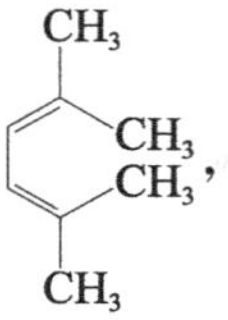

D-A 反应具有以下几个特点。

① D-A 反应是立体定向性很强的顺式加成反应，遵循顺式原理，双烯体和亲双烯体的构型保持到加成产物中。如：

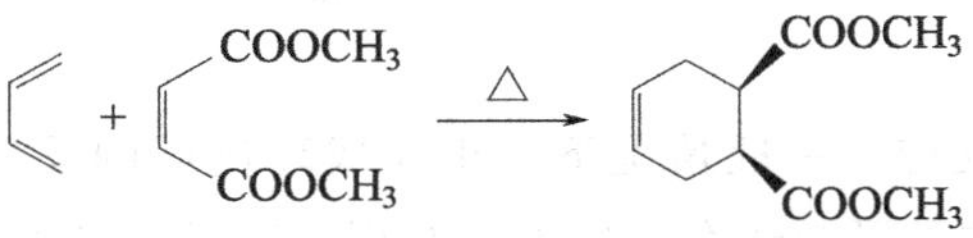

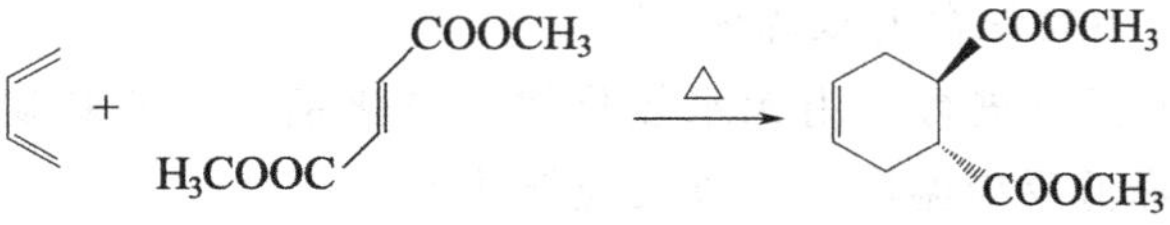

$COOCH_3$

$COOCH_3$

$COOCH_3$

$COOCH_3$

$COOCH_3$

H_3COOC

$COOCH_3$

$COOCH_3$

② D-A 反应遵循内型规则，即优先生成内型加成产物。内型加成产物是指双烯体中的 C2—C3 键和亲双烯体中与烯键或炔键共轭的不饱和基团处于连接平面同侧时的生成物，两者处于异侧时的生成物则为外型产物。如：

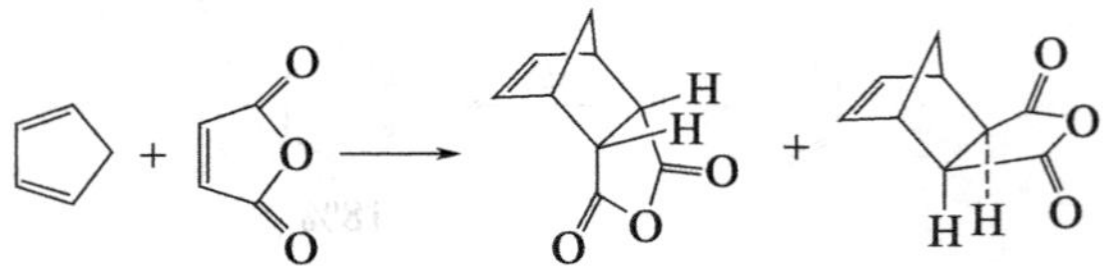

内型产物
主要产物
外型产物
次要产物

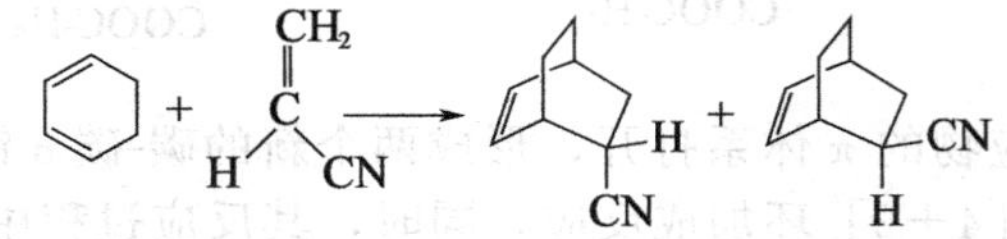

内型产物
主要产物
外型产物
次要产物

实验证明：内型加成产物是动力学控制的，而外型加成产物是热力学控制的。内型产物在一定条件下放置若干时间，或通过加热等条件，可能转化为外型产物。

③ D-A 反应是协同反应，表现出可预见的高立体选择性和区域选择性。当双烯体和亲双烯体是连有取代基的非对称化合物时，主要产物是邻位或对位定向，如：

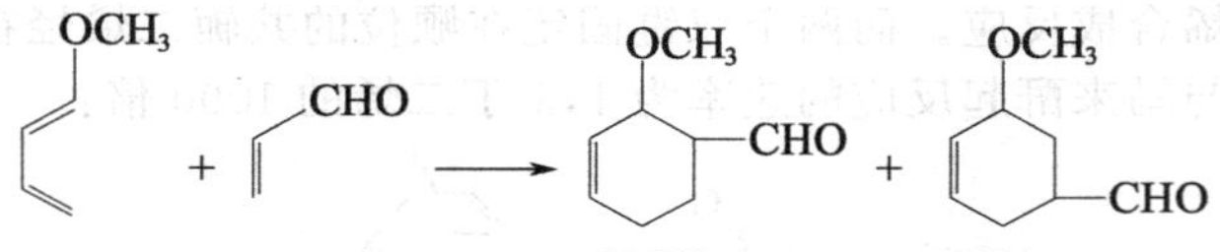

100%　0%

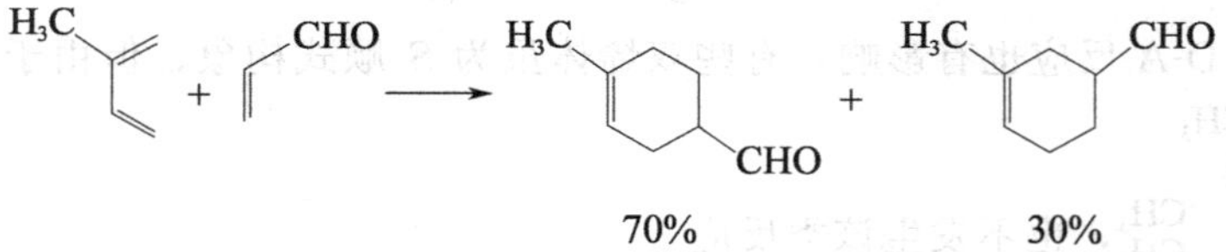

70%　30%

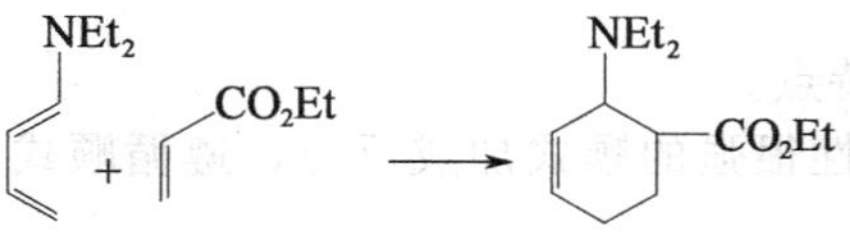

94%

D-A 反应是一个可逆反应。一般情况下，正向成环反应的反应温度相对较低，温度升高则发生逆向分解反应。这种可逆性在合成上很有用，它可以作为提纯双烯化合物的一种方法，也可用来制备少量不易保存的双烯体。

D-A 反应常在封闭管里进行。用无水氯化锌、氯化铝、二乙基氯化铝等 Lewis 酸可以催化 D-A 反应，从而降低反应温度，提高反应转化率。

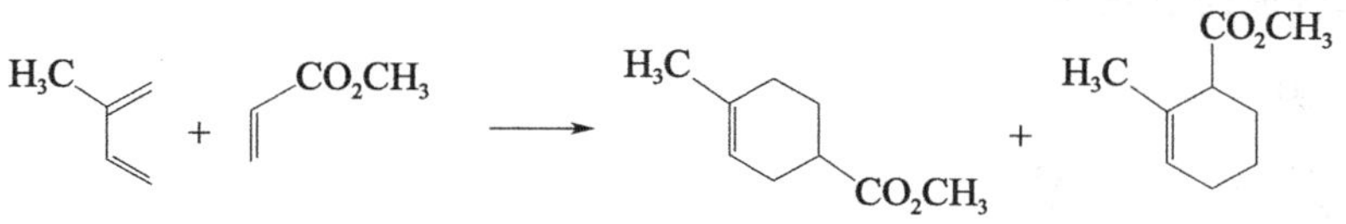

无催化剂反应120℃,6h　70%　30%

$AlCl_3$催化反应20℃,3h　95%　5%

近年来，为了适应绿色化学的发展要求，人们研究了在水相、固相以及微波辐射下进行的D-A反应，都取得了很好的结果。如1,3-环戊二烯与烯酮在水相中发生分子间D-A反应。

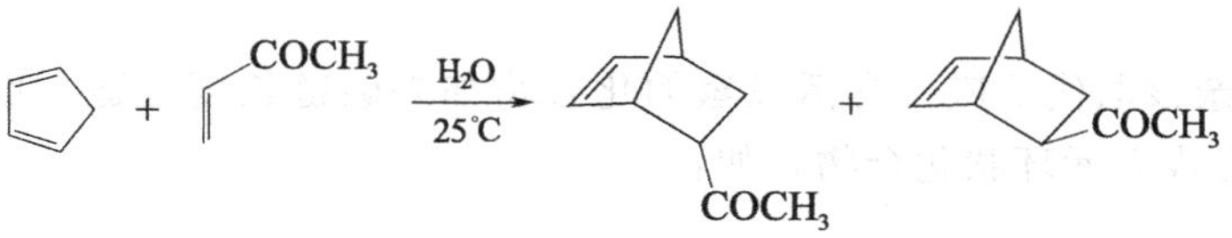

实验结果表明：水相中的反应速率要比在辛烷中反应快740倍，比在甲醇中反应快58倍。

在Lewis酸催化下，萘醌与环戊二烯在四氢呋喃和水（体积比9∶1）的混合溶液中进行D-A反应，不但有93%的高产率，而且还具有高度的立体选择性。

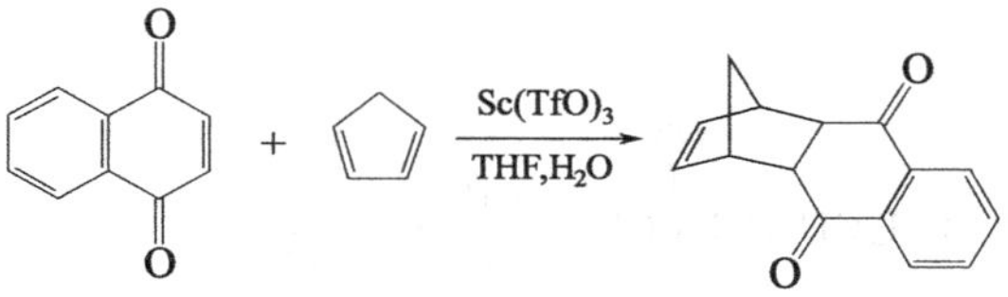

(内向型,100%)

蒽与顺丁烯二酸酐的加成反应，常规条件反应4h，收率为76.1%，而在300W微波辐射条件下，反应4min，收率为93.4%。

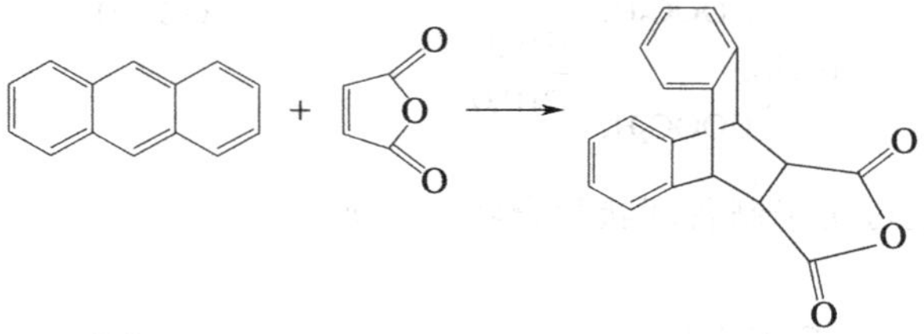

(2) 分子内取代反应

① 分子内的亲电取代反应　芳环侧链适当位置上有酰卤基或羟基时，可以发生分子内的Friedel-Crafts（付-克）反应，生成相应的环状化合物，如：

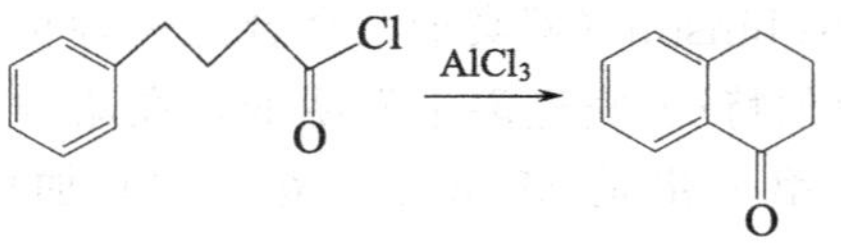

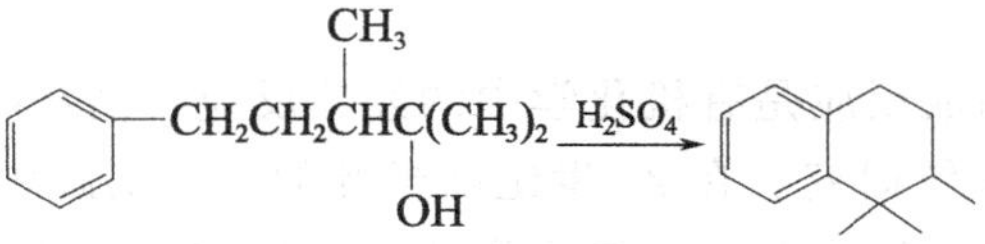

例：由苯合成四氢化萘

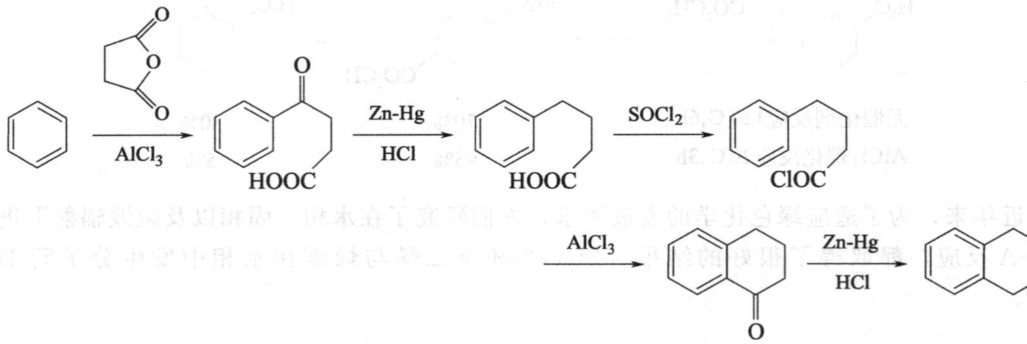

② 分子内的亲核取代反应 含活泼氢的化合物如果碳链长度合适，也能发生分子内的亲核取代反应，形成六元环状化合物，如：

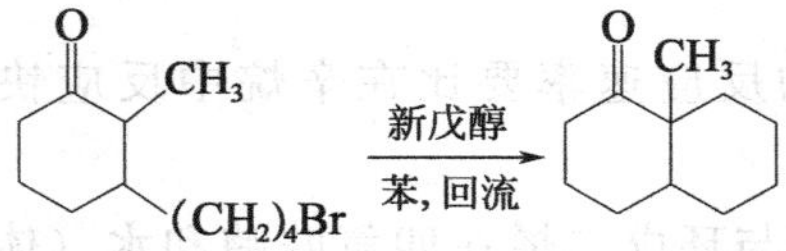

(3) 分子内的缩合反应

① 分子内的羟醛缩合，如：

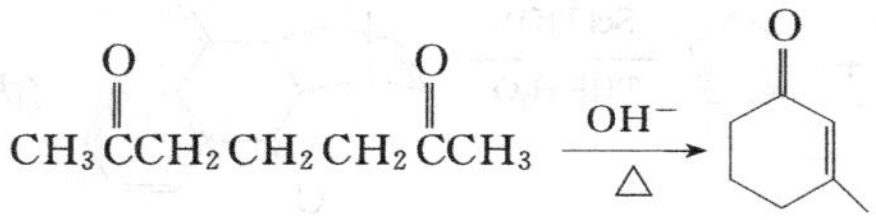

$$CH_3\overset{O}{\overset{\|}{C}}CH_2CH_2CH_2\overset{O}{\overset{\|}{C}}CH_3 \xrightarrow[\triangle]{OH^-}$$

② 分子内的酯缩合（Dieckmann 缩合反应），如：

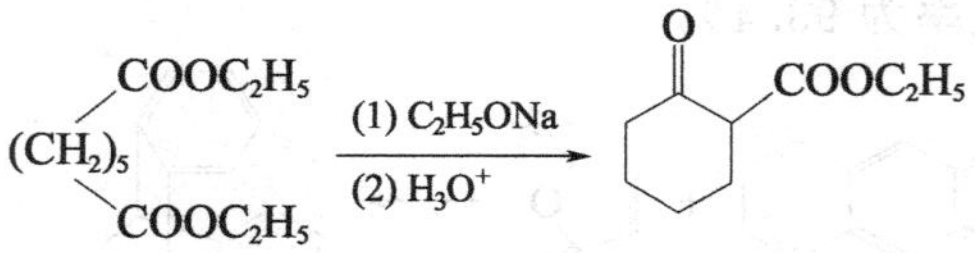

分子间的酯缩合也可用于制备环状化合物。例如：

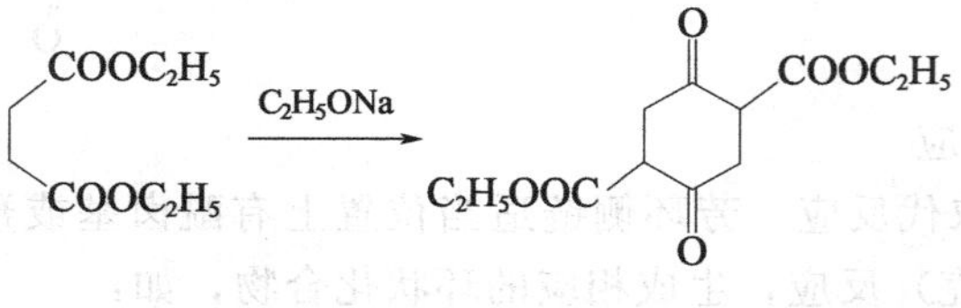

③ Robinson 环合反应 Robinson（罗宾逊）环合是一种重要的构筑六元环的反应，是由英国牛津大学著名化学家罗伯特•罗宾逊爵士发明的，在萜类化合物的人工合成中有很重要的意义。本反应分为两步，第一步是 Micheal（麦克尔）加成反应，第二步是羟醛缩合反应。

Michael（麦克尔）加成反应是有机化学中的经典反应。由旅欧的美国留学生阿瑟•麦克尔于 1887 年发现并做了系统研究。在 20 世纪前半叶的合成实践中被大量运用于天然产物和药物的合成。反应机理为：有活泼亚甲基的化合物被碱夺去一个质子，形成碳负离子，对

α,β-不饱和羰基化合物的碳碳双键进行亲核加成，是活泼亚甲基化物烷基化的一种重要方法。

利用 Michael 反应的产物进行分子内羟醛缩合，形成一个新的六元环，再经消除脱水生成 α，β-不饱和环酮的反应称为 Robinson 环合反应，这是向六元环上并联另一个六元环的重要方法，如：

$$\text{(2-甲基环己酮)} + CH_3-\overset{\overset{O}{\|}}{C}-CH=CH_2 \xrightarrow{C_2H_5ONa} \text{(2-}CH_3\text{-2-}CH_2CH_2COCH_3\text{-环己二酮)} \xrightarrow{NaOH} \text{(}CH_3\text{, OH 取代的双环酮)} \xrightarrow[-H_2O]{KOH} \text{(}CH_3\text{ 取代的双环烯酮)}$$

④ 分子内的酮醇缩合　酯和金属钠在乙醚、甲苯或二甲苯中发生双分子还原反应，得到 α-羟基酮，此反应称为酮醇缩合，如：

$$2CH_3CH_2CH_2COOCH_2CH_3 \xrightarrow[\triangle]{Na，甲苯} CH_3CH_2CH_2\overset{\overset{O}{\|}}{C}-\underset{\underset{OH}{|}}{C}HCH_2CH_2CH_3$$

二元酸酯发生分子内酮醇缩合也可生成环状酮醇：

$$\text{(环己烷-1,2-二甲酸二乙酯, }COOC_2H_5\text{, }COOC_2H_5\text{)} \xrightarrow[(2)\ H_3O^+]{(1)\ Na,\ 二甲苯} \text{(2-羟基环己酮, OH, =O)}$$

(4) 二元羧酸受热、脱羧反应

对于二元羧酸，当两个羧基的相对位置不同时，受热后发生的反应和生成的产物也不同。戊二酸受热后发生分子内的脱水反应，生成六元环状的酸酐，而庚二酸在氢氧化钡存在下受热，既脱羧，又脱水，生成六元环酮：

$$\text{(戊二酸, COOH, COOH)} \xrightarrow{300℃} \text{(戊二酸酐)} + H_2O$$

$$\text{(COOH, COOH)} \xrightarrow[Ba(OH)_2]{300℃} \text{(环己酮)}=O + CO_2 + H_2O$$

(5) δ-羟基羧酸受热后脱水生成六元环的内酯

$$R-\underset{\underset{O-H}{|}}{C}H-CH_2-CH_2-CH_2-\underset{\underset{OH}{|}}{C}=O \xrightarrow[\triangle]{H^+} \text{(R 取代的 δ-内酯)} + H_2O$$

(6) 由相应的苯系衍生物制备

六元环还可以由芳香族化合物的还原得到，如：

$$C_6H_5CH_3 \xrightarrow[\text{压力}]{H_2/Ni} C_6H_{11}CH_3$$

$$C_6H_5OH \xrightarrow{H_2} C_6H_{11}OH$$

若用金属-氨（胺）-醇试剂还原芳烃（Birch 还原），则得到环己二烯或环己二烯衍生物，如：

$$C_6H_6 \xrightarrow[NH_3\ (l)]{Na+EtOH} \text{1,4-环己二烯}$$

$$\text{邻二甲苯} \xrightarrow[NH_3\ (l)]{Na+EtOH} \text{1,2-二甲基-1,4-环己二烯}$$

8.2.2　六元杂环化合物——吡啶的合成

Hantzsch（韩奇）合成法是最重要的合成各种取代吡啶的方法，是由两分子 β-酮酸酯（如乙酰乙酸乙酯）与一分子醛和一分子氨进行缩合，先生成二氢吡啶环系，再经氧化脱氢而生成取代的吡啶：

$$2\,CH_3COCH_2COOC_2H_5 + RCHO + NH_3 \xrightarrow{(C_2H_5)_2NH} \text{1,4-二氢吡啶（2,6-}CH_3\text{，3,5-}COOC_2H_5\text{，4-R，4-H，N-H）}$$

$$\xrightarrow{HNO_3,H_2SO_4} \text{2,6-二甲基-4-R-吡啶-3,5-二甲酸二乙酯}$$

反应机理是一分子 β-酮酸酯和醛发生反应，另一分子 β-酮酸酯和氨反应生成 β-氨基烯酸酯，这两个化合物再发生 Michael 反应，然后关环，在氧化剂的作用下失去两个氢原子即得取代的吡啶：

$$CH_3COCH_2COOC_2H_5 \xrightarrow{R-CHO} CH_3COC(=CH-R)COOC_2H_5$$

$$CH_3COCH_2COOC_2H_5 \xrightarrow{NH_3} CH_3C(NH_2)=CHCOOC_2H_5$$

$$\xrightarrow{\text{Michael 反应}} H_5C_2OOC-CH(COCH_3)-CHR-C(COOC_2H_5)=C(NH_2)CH_3$$

$$\rightleftharpoons H_5C_2OOC-C(=C(OH)CH_3)-CHR-C(COOC_2H_5)=C(NH_2)CH_3 \longrightarrow \text{1,4-二氢吡啶} \xrightarrow{HNO_2} \text{2,6-二甲基-4-R-吡啶-3,5-二甲酸二乙酯}$$

Hantzsch 二氢吡啶合成法在有机合成中和药物合成中有着广泛的应用，尤其是合成心脑血管药物（钙拮抗剂）方面，出现了硝苯地平、尼莫地平、尼卡地平、非洛地平以及其他同类型化合物。

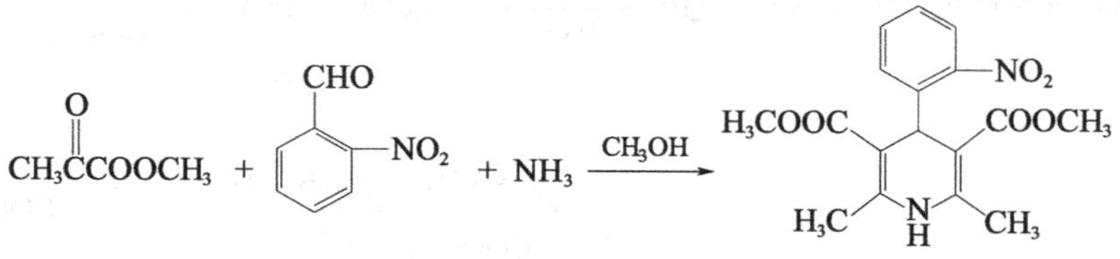

$$CH_3COCOOCH_3 + \text{邻硝基苯甲醛(CHO, }NO_2\text{)} + NH_3 \xrightarrow{CH_3OH} \text{硝苯地平}$$

硝苯地平

利用不同的醛及不同的 β-酮酸酯即产生不同取代的吡啶。

类似的另一种方法，是用 γ-二羰基化合物与氨反应，如 1,5-二羰基化合物与氨反应，先生成 δ-氨基羰基化合物，然后进行加成消除，也得到吡啶衍生物：

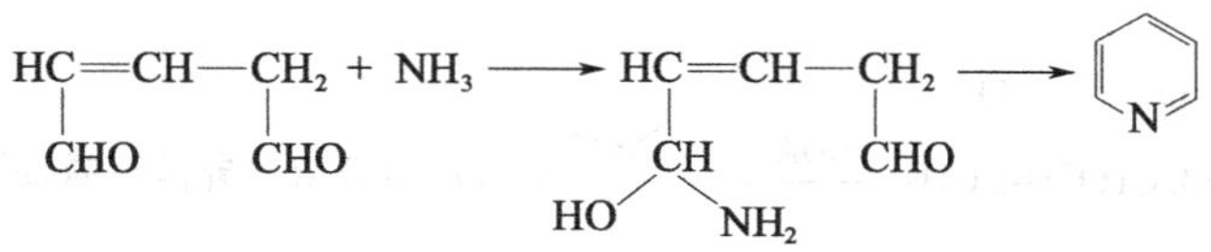

$$\underset{CHO}{HC}{=}CH{-}\underset{CHO}{CH_2} + NH_3 \longrightarrow \underset{\underset{HO\quad NH_2}{CH}}{HC}{=}CH{-}\underset{CHO}{CH_2} \longrightarrow \text{吡啶}$$

8.3 五元环的合成

五元环化合物也分为五元脂环和五元杂环，其中五元脂环化合物的合成与前述的六元脂环的合成有许多相似之处，如分子内的羟醛缩合、酯缩合等。

8.3.1 五元脂环化合物的合成

（1）分子内的取代反应

① 分子内的亲电取代反应　与六元环化合物的合成相似，芳香环侧链适当的位置有酰卤基、羟基或卤素时，可以发生分子内的付-克反应生成五元环化合物，如：

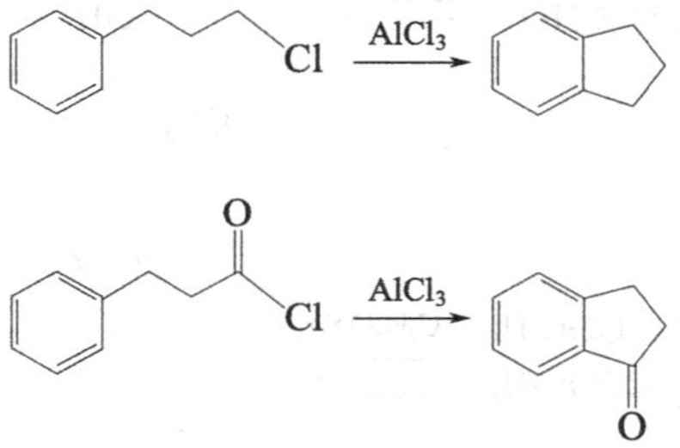

$$\text{PhCH}_2\text{CH}_2\text{CH}_2\text{Cl} \xrightarrow{AlCl_3} \text{茚满}$$

$$\text{PhCH}_2\text{CH}_2\text{COCl} \xrightarrow{AlCl_3} \text{1-茚酮}$$

② 分子内的亲核取代反应　丙二酸酯、乙酰乙酸乙酯等含活泼亚甲基的化合物中含有活泼的 α-H，在强碱如醇钠、醇钾等的作用下可形成碳负离子，而碳负离子是良好的亲核试剂，能够与卤代烃等发生亲核取代反应，将卤代烃中的烃基引入分子中。如果所用的卤代烃是二卤代烃，且两个卤原子位置合适，则可得到五元环状化合物，如：

$$CH_2(COOC_2H_5)_2 + Br(CH_2)_4Br \xrightarrow[C_2H_5OH]{C_2H_5ONa} \text{(1,1-环戊烷二甲酸二乙酯)} \xrightarrow[(2)H^+,\triangle]{(1)OH^-,H_2O} \text{环戊基-COOH}$$

$$CH_3COCH_2COOC_2H_5 + Br(CH_2)_4Br \xrightarrow[C_2H_5OH]{C_2H_5ONa} CH_3COCH(COOC_2H_5)(CH_2)_4Br \xrightarrow[C_2H_5OH]{C_2H_5ONa}$$

$$\text{1-乙酰基环戊烷甲酸乙酯 (COCH}_3\text{, COOC}_2H_5) \xrightarrow[(2)H^+,\triangle]{(1)OH^-,H_2O} \text{环戊基-COCH}_3$$

$$C_6H_5CH_2CN + Br(CH_2)_4Br \xrightarrow[\triangle]{NaOH} \text{1-苯基环戊烷甲腈 (Ph, CN)}$$

（2）分子内的缩合反应

同六元环化合物的合成相似，分子内的羟醛缩合、酯缩合等也可得到五元环状化合物。

① 羟醛缩合

$$CH_3\overset{O}{\overset{\|}{C}}CH_2CH_2\overset{O}{\overset{\|}{C}}CH_3 \xrightarrow{LDA} \text{3-甲基-2-环戊烯-1-酮} \quad (\text{LDA:二异丙基氨基锂})$$

$$OHC(CH_2)_4CHO \xrightarrow{OH^-,H_2O} \text{2-羟基环戊烷甲醛 (OH, CHO)} \xrightarrow[\triangle]{-H_2O} \text{1-环戊烯甲醛 (CHO)}$$

$$CH_3CO(CH_2)_2CHO \xrightarrow[\triangle]{NaOH} \text{2-环戊烯-1-酮}$$

$$OHC(CH_2)_3CH(CH_3)CHO \xrightarrow{NaOH} \text{(CHO, OH, CH}_3\text{ 取代环戊烷)} \xrightarrow[\triangle]{-H_2O} \text{(CHO, CH}_3\text{ 取代环戊烯)}$$

② 酯缩合

$$C_2H_5OOC(CH_2)_4COOC_2H_5 \xrightarrow[C_2H_5OH]{C_2H_5ONa} \text{2-氧代环戊烷甲酸乙酯 (COOC}_2H_5\text{, =O)}$$

$$R^1R^2C(CH_2COOC_2H_5)_2 + \underset{COOC_2H_5}{\overset{COOC_2H_5}{|}} \xrightarrow[C_2H_5OH]{C_2H_5ONa} \text{(R}^1\text{, R}^2\text{, 两个 COOC}_2H_5\text{, 两个 =O 的环戊烷二酮)}$$

③ 二元羧酸受热脱水脱羧反应　对于二元羧酸，当两个羧基的相对位置适当时，受热后也可以生成相应的五元环状化合物。

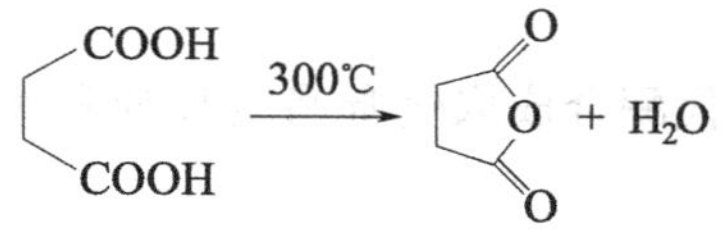

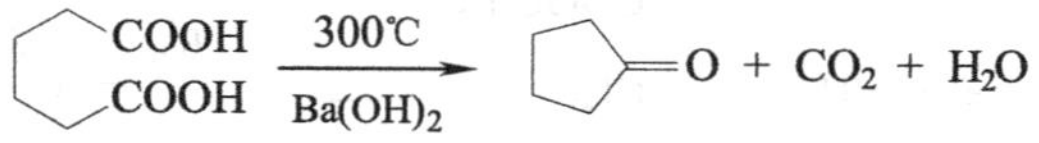

(3) γ-羟基羧酸受热后脱水生成五元环状的内酯

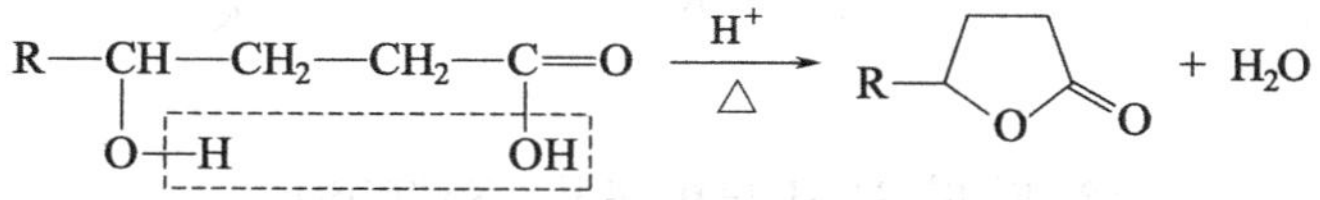

8.3.2 含一个杂原子的五元杂环——呋喃、噻吩、吡咯的合成

(1) Paal-Knorr 反应

1,4-二羰基化合物在无水的酸性条件下脱水，生成呋喃及其衍生物；1,4-二羰基化合物与氨（伯胺、芳胺等）或硫化物反应，可得吡咯、噻吩及其衍生物的反应，称为 Paal-Knorr（帕尔-克诺尔）反应，属于［1+4］型环合反应。该反应是制取呋喃、噻吩或吡咯类化合物的一种重要方法。

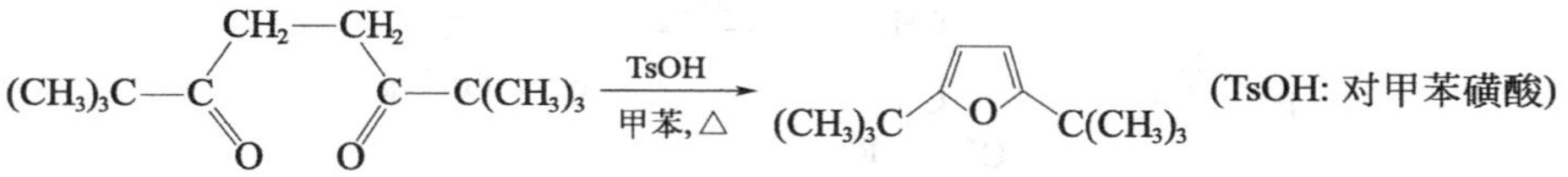

(TsOH: 对甲苯磺酸)

反应机理：

(R,R′:H, 烷基, 芳基)

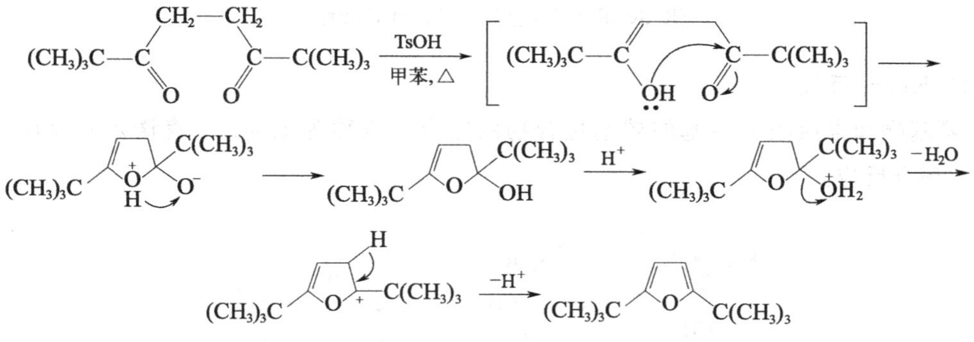

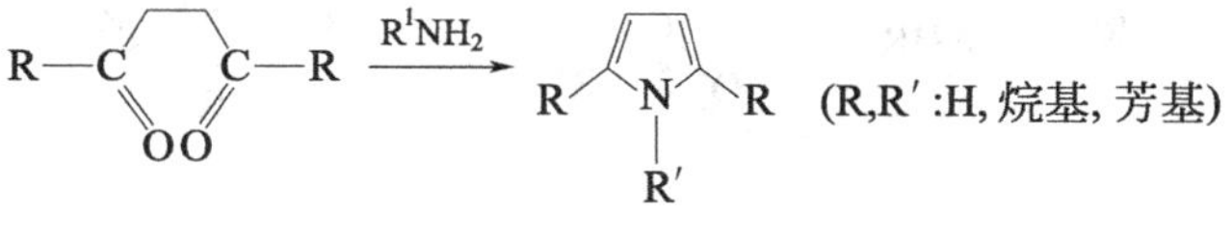

反应机理：

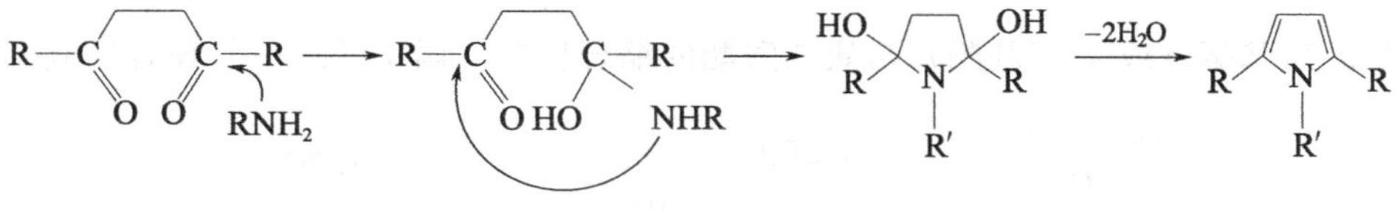

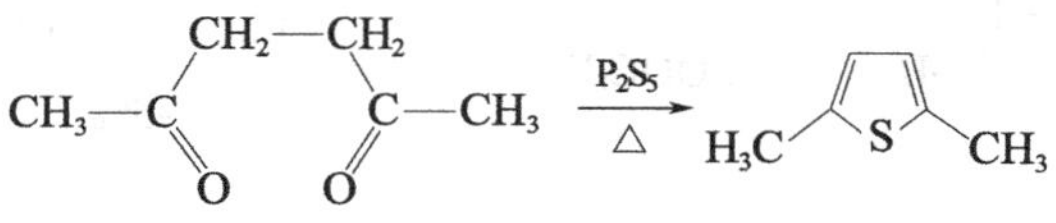

（2）Hantzsch 反应

β-酮酯与氨（或伯胺）、α-卤代酮合成取代吡咯的反应称为 Hantzsch（韩奇）反应，属于［2+3］环合反应。

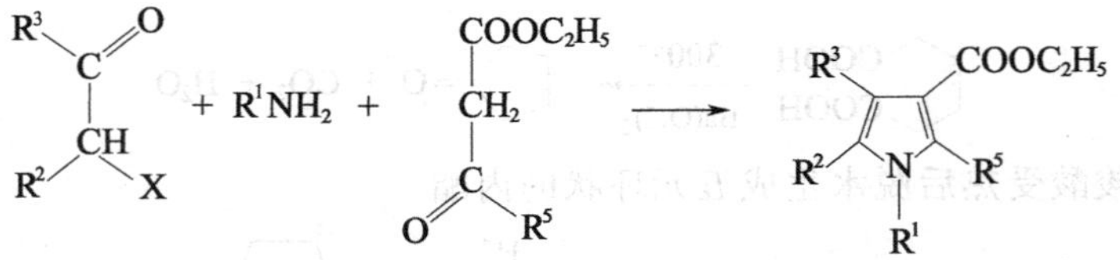

（R^1, R^2, R^3, R^5: H, 烷基, 芳基；X: Cl或Br）

（3）Feist-Benery 反应

β-羰基酯与 α-卤代酮在吡啶存在下反应生成呋喃衍生物的反应称为 Feist-Benery（法伊斯特-本纳瑞）反应，属于［2+3］环合反应。

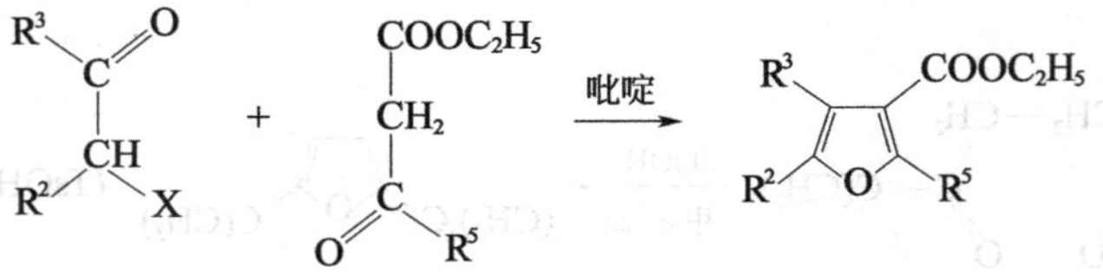

吡啶

（R^2, R^3, R^5: H, 烷基, 芳基；X: Cl或Br）

（4）Knorr 反应

α-氨基酮和含活泼亚甲基的羰基化合物的缩合反应称为 Knorr（克诺尔）反应，属于［2+3］环合反应。

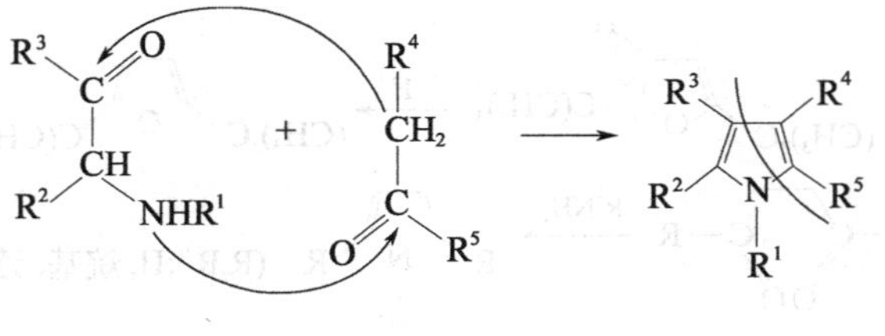

（R^1, R^2, R^3, R^4, R^5: H, 烷基, 芳基

（5）α-羟基酮（或 α-氨基酮）与炔二酸酯的缩合反应，属于［2+3］环合反应。

$$\text{PhCOCH(OH)Ph} + \text{C}_2\text{H}_5\text{OOC-C}\equiv\text{C-COOC}_2\text{H}_5 \xrightarrow[\text{HCl}]{\text{CH}_3\text{OH}} \text{4,5-二苯基呋喃-2,3-二甲酸二乙酯}\ (95\%)$$

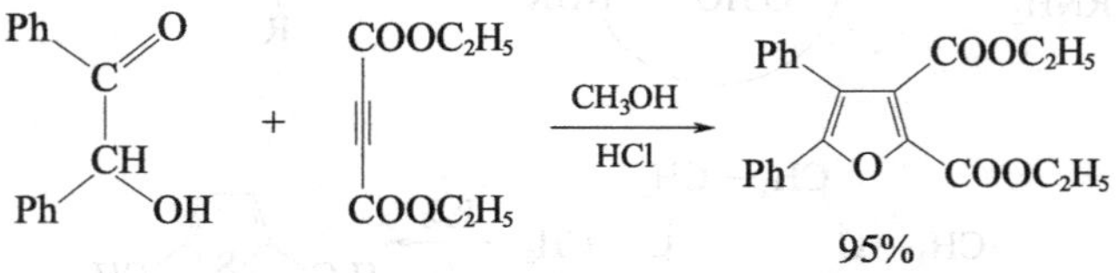

（6）α,β-不饱和醛（酮）与α-氨基酸酯的缩合反应，属于［2+3］环合反应。

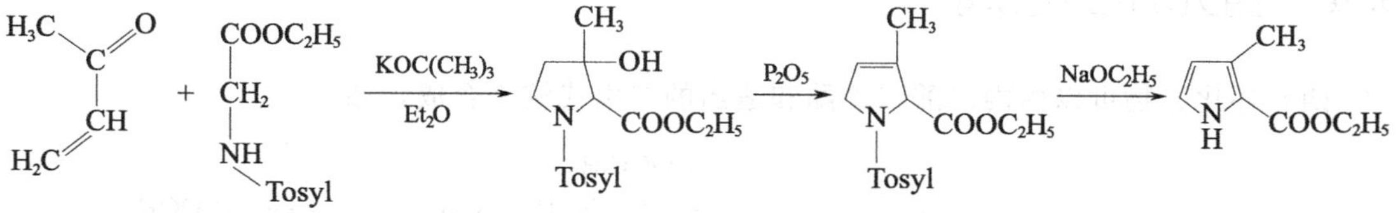

Tosyl：对甲苯磺酰基

（7）Yurev 反应

以氧化铝为催化剂，可以使吡咯、呋喃和噻吩的环系互变的反应称为 Yurev（尤里耶夫）反应。

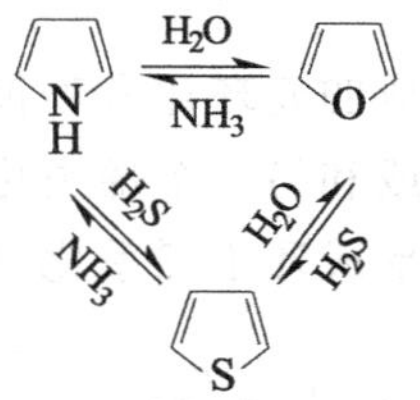

（8）其他方法

α-呋喃甲醛（俗称糠醛）在催化剂作用下加热失去一氧化碳即可生成呋喃，这是我国生产呋喃的主要方法：

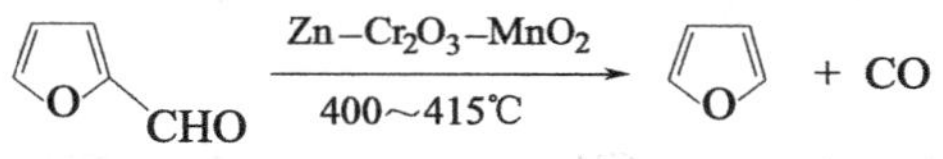

而糠醛是由麦秆、玉米芯、稻糠、高粱秆、花生壳等农副产品制取的，这些物质中都含有多聚戊糖，用热盐酸处理后即水解成戊糖，戊糖失水环化即得糠醛：

$$(C_5H_8O_4)_n + nH_2O \longrightarrow nC_5H_{10}O_5$$

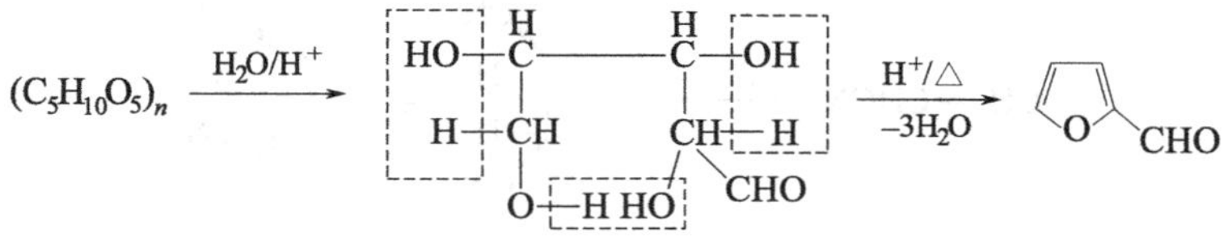

工业上制备噻吩是用丁烷、丁烯或丁二烯与硫黄混合，在 600℃下反应得到：

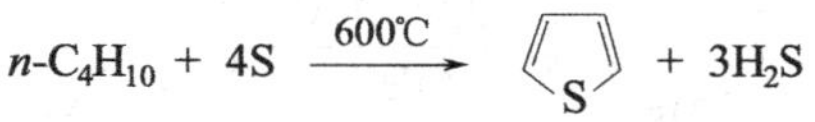

噻吩也可用琥珀酸钠盐与五硫化二磷一起加热反应制得：

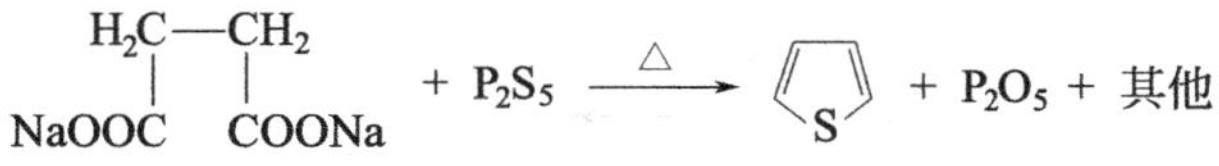

吡咯主要存在于煤焦油和骨焦油中，工业上可从呋喃或乙炔与氨作用制得：

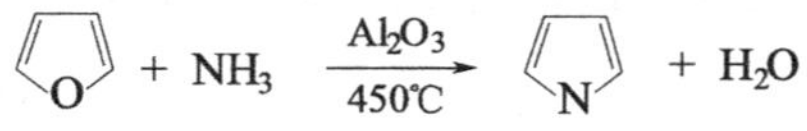

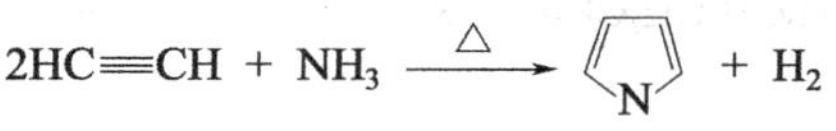

8.4 四元环的合成

四元环化合物可以由丙二酸二乙酯和适当的二卤代烷来合成，如：

$$CH_2(COOC_2H_5)_2 \xrightarrow[(2)\ BrCH_2CH_2CH_2Br]{(1)\ C_2H_5ONa/C_2H_5OH} \text{(环丁烷-1,1-二甲酸二乙酯)}\ \begin{matrix}COOC_2H_5\\ COOC_2H_5\end{matrix} \xrightarrow[(2)\ H^+/\triangle]{(1)\ H_2O/OH^-} \square\!-\!COOH$$

1,4-二卤代物在金属锌作用下脱去卤素也会得到四元环化合物，如：

$$BrCH_2CH_2CH_2CH_2Br \xrightarrow[C_2H_5OH]{Zn} \square + ZnBr_2$$

烯烃的［2＋2］环加成反应是合成四元环化合物很有价值的合成法。某些烯类化合物在光、热和一些金属盐影响下可二聚，或和另一个烯类化合物进行环化加成，形成环丁烷系化合物；也可和一个炔类化合物加成，形成环丁烯系化合物，例如：

$$\| + \| \xrightarrow{h\nu} \square$$

H COOCH$_3$ $\xrightarrow{h\nu}$ H COOCH$_3$

F F, Cl Cl + CH$_3$, Ph $\xrightarrow{130℃}$ F, CH$_3$, F, Cl, Ph, Cl

$$CH_2{=}CHCN \xrightarrow{\triangle}$$ CN, H, H, CN + CN, H, CN, H

O, Me + ‖ $\xrightarrow[CH_2Cl_2]{光照,-70℃}$ O, H, Me

1,3-丁二烯的电环化反应也可以得到四元环的环烯：

$$\xrightarrow{\triangle}$$

分子内的亲核取代反应有时也可以得到四元环化合物：

$$BrCH_2CH_2CH_2CH_2C(=O){-}R \xrightarrow{NaOH} \square\!-\!C(=O){-}R$$

8.5 三元环的合成

三元环化合物可由分子内的取代反应得到，如：

$$R-\overset{\overset{\displaystyle O}{\|}}{C}-CH_2CH_2CH_2Cl \xrightarrow{NaH,THF} R-\overset{\overset{\displaystyle O}{\|}}{C}-\triangleleft$$

$$BrCH_2CH_2Br + CH_2(COOC_2H_5)_2 \xrightarrow{2C_2H_5ONa} \triangleright\!<^{COOC_2H_5}_{COOC_2H_5}$$

三元环除由分子内的取代反应合成外，用途较广的合成方法是烯烃与碳烯及类碳烯的加成。

碳烯也称卡宾（carbene），是次甲基（$:CH_2$）及其衍生物（如二氯卡宾：CCl_2）的总称。碳烯是非常活泼的物质，在有机合成中是一类很重要的活性中间体，最简单的碳烯就是次甲基$:CH_2$。

碳烯中的碳原子是中性两价碳原子，最外层仅有六个价电子，其中四个价电子参与形成两个 σ 键，与两个氢原子或其他基团相连，还有两个未成键的电子，这两个未成键的电子可能配对，也可能未配对。若是配对的，两个电子占据同一个轨道，自旋方向相反，总的自旋数为零，这种状态的碳烯称为单线态（singlet）碳烯；若是未配对的，两个电子占据不同的轨道，自旋方向相同，总的自旋数为 3，这种状态的碳烯称为三线态（triplet）碳烯，单线态的碳原子采取的是 sp^2 杂化，三线态的碳原子采取 sp 杂化，如下所示：

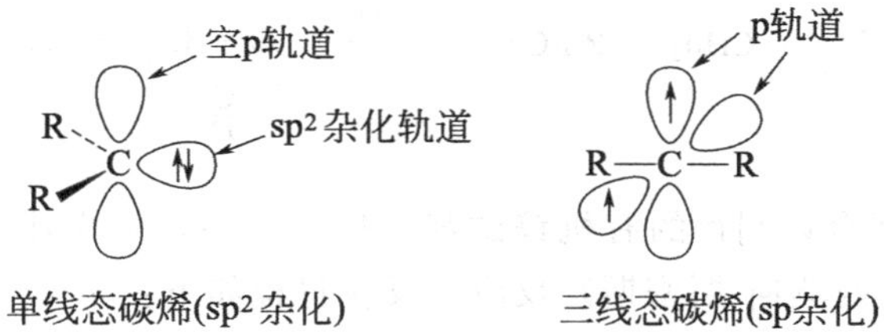

单线态碳烯(sp²杂化)　　三线态碳烯(sp杂化)

碳烯可以与烯烃、炔烃等的 π 键进行加成生成环丙烷和环丙烯衍生物，如：

$$\underset{H}{\overset{H_3C}{}}\!\!>C=C<\!\!\underset{H}{\overset{CH_3}{}} + :CH_2 \longrightarrow \text{(顺-1,2-二甲基环丙烷：}H_3C、H\text{ 与 }CH_3、H\text{ 分别连于环丙烷的两个碳上)}$$

$$HC\equiv CH + :CH_2 \longrightarrow HC=CH\ (\text{两碳经 }\underset{H_2}{C}\text{ 相连成环丙烯})$$

$$\text{环己烯} + :CCl_2 \longrightarrow \text{7,7-二氯双环[4.1.0]庚烷}\ (\text{Cl, Cl})$$

不同电子状态的碳烯和烯烃的加成方式是不同的，因此表现出不同的立体特征。单线态碳烯与烯烃的加成是一步过程，按协同机理进行，因此具有立体定向性，产物能够保持起始烯烃的构型；三线态碳烯与烯烃的加成是按分步完成的双自由基反应历程进行的，由于生成的中间体有足够的时间沿着 C—C 键旋转，因此可得顺反异构体的混合物。例如，顺-2-丁烯与单线态碳烯反应，得到的是顺-1,2-二甲基环丙烷，而与三线态碳烯反应得到的则是顺-1,2-二甲基环丙烷和反-1,2-二甲基环丙烷的混合物。

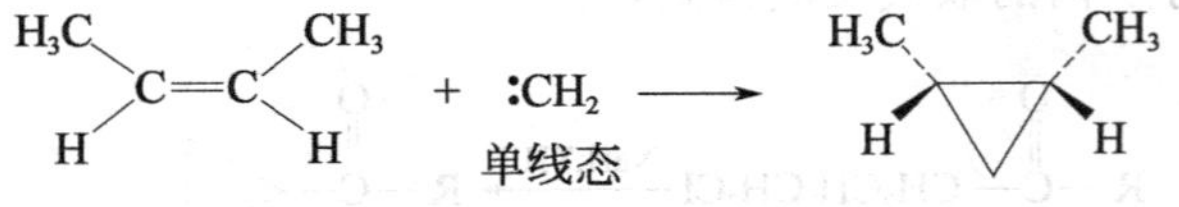

单线态

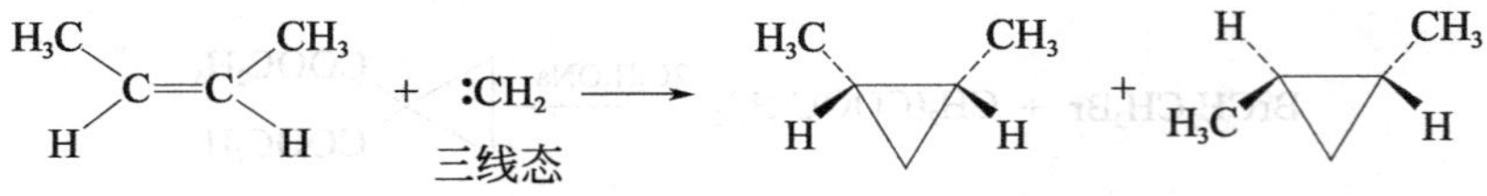

三线态

除与烯烃加成得到环丙烷系化合物之外，碳烯也可与苯环进行加成，得到与苯环并环的三元环，但加成产物随时异构化为扩环产物：

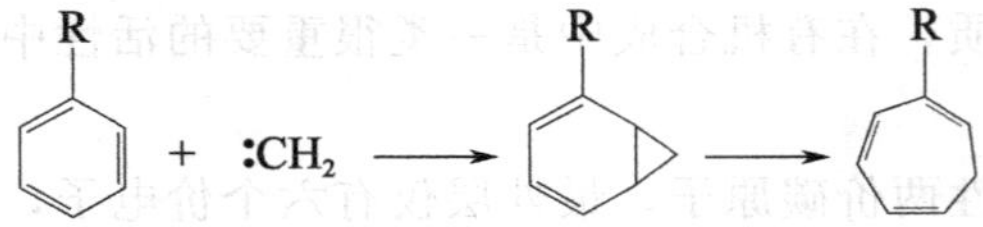

另一种制备环丙烷类化合物的方法是利用金属锌 Zn，例如：

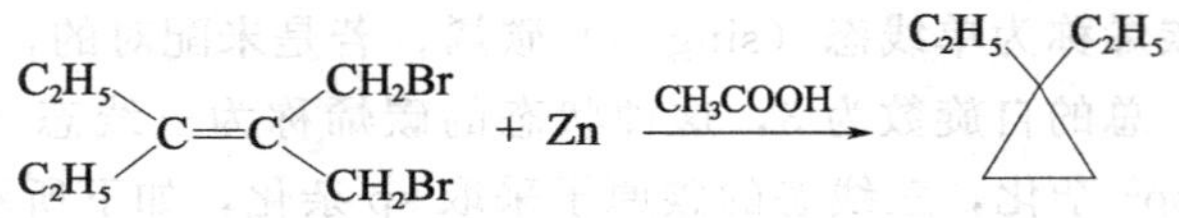

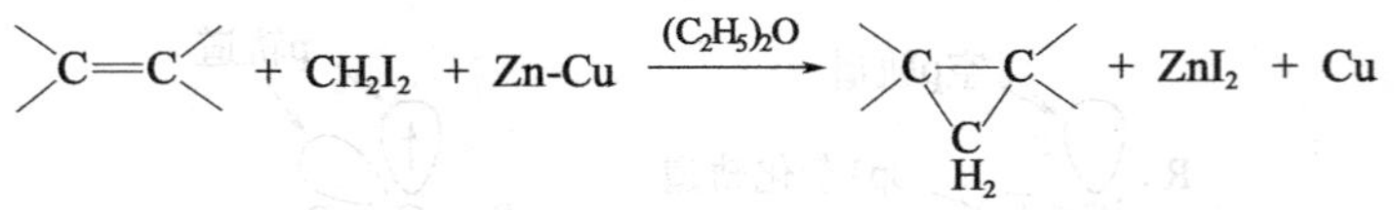

$$(C_2H_5)_2C{=}C(CH_2Br)_2 + Zn \xrightarrow{CH_3COOH} \text{1,1-二乙基环丙烷}$$

$$>C{=}C< + CH_2I_2 + Zn\text{-}Cu \xrightarrow{(C_2H_5)_2O} \text{环丙烷} + ZnI_2 + Cu$$

二碘甲烷与锌-铜偶合体制得的有机锌试剂与烯烃作用，生成环丙烷及其衍生物的反应称为 Simmons-Smith（西莫斯-斯密斯）反应，反应过程如下：

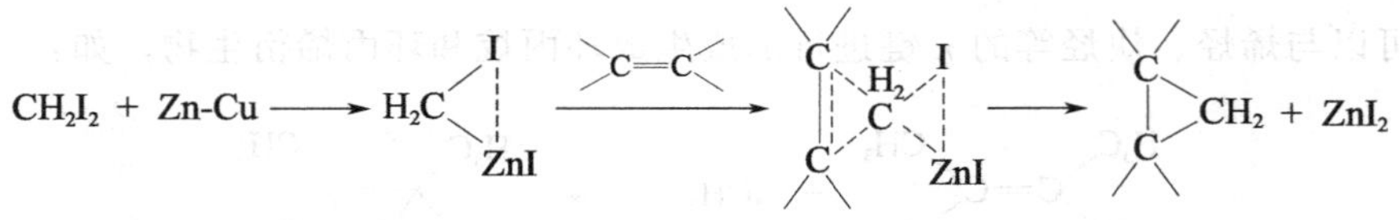

$$CH_2I_2 + Zn\text{-}Cu \longrightarrow ICH_2ZnI \xrightarrow{>C=C<} [\text{过渡态}] \longrightarrow \text{环丙烷} + ZnI_2$$

在反应过程中虽然没有产生碳烯，但是反应中产生的 ICH_2ZnI 具有类似碳烯的性质，因此，有机锌试剂 ICH_2ZnI 称为类碳烯，如：

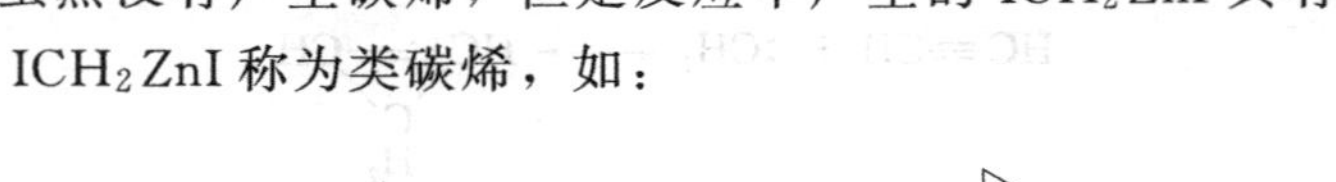

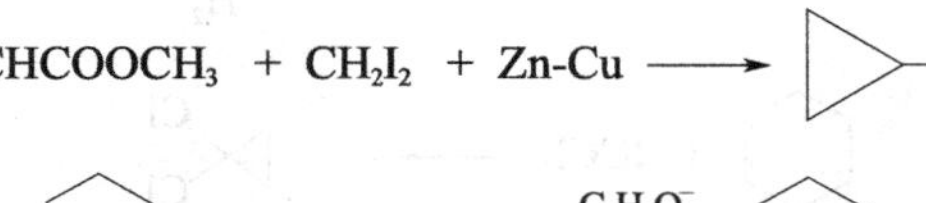

$$CH_2{=}CHCOOCH_3 + CH_2I_2 + Zn\text{-}Cu \longrightarrow \text{环丙基}{-}COOCH_3$$

$$\text{环己烯} + CH_2I_2 + Zn\text{-}Cu \xrightarrow[\triangle]{C_2H_5O^-} \text{二环[4.1.0]庚烷}$$

Simmons-Smith 反应条件温和，产率较高，且是立体专一的顺式加成反应。烯烃中若有其他基团，如卤素、羟基、氨基、羰基、酯基等存在均不受影响。

习　题

8.1　完成下列反应。

(1) 环己烯 $+CHBr_3 \xrightarrow[(CH_3)_3COH]{(CH_3)_3COK}$　(2) 2-甲基-1,3-丁二烯 + $CH_3OOC-C\equiv C-COOCH_3 \xrightarrow{\triangle}$

(3) 2 环戊烯 $\xrightarrow[CH_3COCH_3]{h\nu}$

(4) 邻苯二甲酸 $\xrightarrow{(CH_3CO)_2O}$

(5) 3-氰基-2-环己烯-1-酮 + $\| \xrightarrow{h\nu}$

(6) $CH_3CH=CHCH_3+CH_2I_2 \xrightarrow{Zn-Cu}$

(7) $ClCH_2CH_2CH_2COOCH_3 \xrightarrow{OH^-}$

(8) 降冰片烯 + CH_3CHI_2 + $(C_2H_5)_2Zn \longrightarrow$

(9) $CH_3-\overset{O}{\overset{\|}{C}}-CH_2-\underset{CH_3}{\overset{H}{C}}-CH_2COOC_2H_5 \xrightarrow{C_2H_5ONa}$

(10) 4-甲基苯甲醚 $\xrightarrow[t\text{-}C_5H_{11}OH]{Li/NH_3} \xrightarrow[\triangle]{CHCl_3} \xrightarrow[CHCl_3,\ C_6H_6]{NC(Cl)C=CH_2}$

8.2　用不超过四个碳以下的原料合成下列化合物。

(1) 螺[3.3]庚烷-2-COOH　(2) 环己基-C(CH₃)₂OH（2-环己基-2-丙醇）　(3) 1,4-环己二酮

8.3　由乙酰乙酸乙酯和其他必要试剂合成 1-(2-甲基-1-环戊烯基)乙酮。

8.4　从丙二酸二乙酯及必要试剂合成 5,5-二甲基-1,3-环己二酮。

第9章　光学异构体的拆分和不对称合成

有机化合物的分子主要是以彼此相互连接的碳碳键构成骨架，再连接上氢、氧、氮、卤素、硫、磷等元素作为有效的补充。一般情况下，碳原子在成键时采取 sp^3 杂化，形成四面体。这样的成键特性导致了两个化合物分子中键连的四个基团彼此相同，然而两个分子却无法重合，就像我们的左手和右手一样互为镜像或者称手性关系。两种互为镜像的分子为对映异构体，也称光学异构体。

手性是自然界中普遍存在的现象，构成生物体的基本物质如氨基酸、糖类等都是手性分子。含有手性因素的药物，不同光学异构体之间在活性、代谢过程及毒性等方面往往存在着差异。随着人们对手性分子认识的不断深入，手性分子的重要性不仅表现在与生物相关的领域，而且在功能材料领域，如液晶、非线性光学材料、导电高分子方面也显示出诱人的前景。人们对单一手性物质的需求量越来越大，对其纯度的要求也越来越高。因此，发展高效率、低成本的手性技术的重要性日益凸现。单一手性化合物一般可以通过光学异构体拆分法和不对称合成法获得。以下就这两方面做一概述。

9.1　光学异构体的拆分

采用恰当的光学异构体拆分技术可以以较低的成本得到较高产量的光学异构体，因此光学异构体拆分技术已经或者正在广泛地被研究和应用。据统计，大约有65%的非天然手性化合物是由外消旋体或中间产物拆分得到的。迄今在实验室或工业领域中使用的手性拆分技术主要分为5类，包括直接结晶法、化学拆分法、动力学拆分法、色谱拆分法和手性膜拆分法。

9.1.1　直接结晶拆分法

（1）自发结晶拆分法

自发结晶拆分法又称晶体机械分离拆分法，是指当外消旋体在结晶过程中，对映异构体分别能够自发地形成足够大的、肉眼可以识别的晶体，从而可以在放大镜的帮助下，用镊子将他们分别拣出来，从而达到拆分的目的。1858年，Pasteur采用自发结晶拆分法，借助放大镜用镊子将酒石酸铵盐的两种对映异构体的晶体进行分离。因此，要想采用自发结晶的方法来对外消旋体进行拆分，首先对映异构体自身必须能形成足够大的晶体或者能通过衍生化的方法转变成能自发形成足够大晶体的化合物；其次对映异构体的晶体之间在外观上能直接辨别。如 α-苯乙醇本身很难形成足够大的晶体，可以通过让他与3,5-二硝基苯甲酸形成酯，从而可得到足够大的晶体而进行拆分，见下式：

$$PhC^{*}H(CH_3)OH + HOOC\text{-}C_6H_3\text{-}3,5\text{-}(NO_2)_2 \longrightarrow PhC^{*}H(CH_3)O\text{-}CO\text{-}C_6H_3\text{-}3,5\text{-}(NO_2)_2$$

事实上，大多数化合物本身都很难形成足够大的晶体，因此采用这种方法的例子主要是通过衍生化的方法得到可以形成足够大晶体的化合物。即使是这样，由于自发结晶拆分法在操作上很烦琐，效率十分低下，故实际应用很少。

(2) 晶种结晶拆分法

晶种结晶拆分法可以根据加入晶种的方式不同分为诱导结晶法、逆向结晶法和接种结晶法三种。

诱导结晶法也称优先结晶法，是在饱和或过饱和的外消旋体溶液中加入其中一个光学异构体的晶种，使该对映异构体稍稍过量而造成不对称环境，结晶就会按非平衡的过程进行。得到晶体后，反复地重结晶可进一步提高产物的光学纯度。在这个过程中，晶种的加入造成两个对映异构体具有不同的结晶速率是该动态过程控制的关键。优先结晶法是一种高效、简单而又快捷的拆分方法。然而应当指出的是，优先结晶方法仅适用于拆分能形成足够大晶体的外消旋体，而且该足够大的晶体是稳定的结晶形式。因为这些大晶体通常只在一定的温度范围内是稳定的，一旦温度不在这个范围就只会形成该大晶体的亚稳态形式。例如外消旋的 3-(3-氯苯基)-3-羟基丙酸可以形成热力学稳定的足够大的晶体，然而在溶剂中结晶时总是生成亚稳态的外消旋化合物，因此难以用此方法实现结晶拆分的目的。

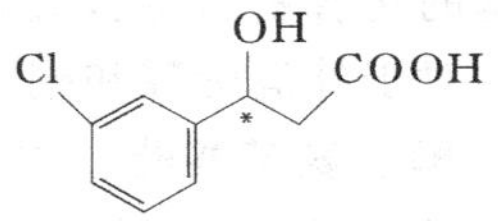

OH
Cl
COOH
*

外消旋的 3-(3-氯苯基)-3-羟基丙酸

逆向结晶法，是通过加可溶性的某一种构型的异构体到外消旋体的饱和溶液中，添加的这种构型的异构体就会吸附到外消旋体溶液中同种构型异构体结晶的表面，从而抑制该外消旋体饱和溶液中跟这种构型相同的异构体晶体的继续生长，而外消旋体溶液中跟所添加的异构体相反构型的异构体结晶速率就会加快，从而形成结晶析出。例如在外消旋的酒石酸钠铵盐的水溶液中溶入少量的 (*S*)-(−) 苹果酸钠铵或 (*S*)-(−)-天冬酰胺时，就可从溶液中结晶得到 (*R*,*R*)-(+)-酒石酸钠铵。

接种结晶拆分法，是综合了优先结晶法和逆向结晶法的特点而发展起来的一种方法。向外消旋混合物的热饱和溶液中加入其中一种纯对映体的晶种，然后冷却，则同种对映体将附在晶种上析出。待滤去晶体后，母液重新加热，并补加外消旋混合物使之饱和，然后加入另一种对映体的晶种并冷却，另一种对映体就会析出。此种方法具有工艺简单、成本低、效果好的优点，因此是比较理想的大规模拆分方法。据统计，这种选择性接种结晶法占相对比较大规模（等于或者大于 1kg）的生产总量的 1/5。目前该法已经应用在大规模生产氯霉素、薄荷醇以及抗高血压药甲基多巴等手性药物生产中。但是这种方法也存在一些缺点，比如：在生产过程中为了使外消旋混合物饱和，必须采用间断式结晶，这无疑延长了生产的周期，增加了生产成本。

(3) 手性溶剂结晶法

虽然加入特定对映异构体是一种加快某种对映异构体结晶速率的良好方法，但是在适宜的条件下，成核与晶体的生长并不一定需要特定对映异构体的接种。例如用离子型的金属有机配合物在含羟基的光活性溶剂中进行结晶时，能观察到不同对映异构体之间存在溶解度的差别。像这种利用外消旋体的两个对映体与手性溶剂的溶剂化作用力的差异来进行对映异构体结晶的拆分方法就叫作手性溶剂结晶拆分法。然而这种方法需要寻找特殊的手性溶剂，且适用于拆分的外消旋体混合物的范围相当狭窄，故实际工业生产的意义不大。

9.1.2 化学拆分法

化学拆分法是广泛使用的一种方法。根据手性试剂与外消旋体反应所得生成物不同可分为以下三种。

(1) 生成非对映异构体的拆分法

该方法称为经典成盐拆分法，是一种经典的应用最广的拆分方法。它是利用手性试剂与外消旋体进行反应可以生成两个非对映异构体，再利用生成的两个非对映异构体的某种性质（主要是溶解度）方面存在的差异而将两者分开，最后再把拆分开的两个非对映异构体分别复原为原来的对映异构体。对这种方法的一种重要的改进是用某种外消旋体作为拆分剂和待拆分的外消旋体进行反应，这样待拆分的化合物与拆分剂都是外消旋化合物，拆分剂和待拆分的化合物之间相互反应，就可以形成四个非对映异构体，从而实现拆分。要注意的是，选择合适的拆分剂是拆分成功的关键。通常拆分酸和内酯用碱类化合物，如生物碱、萜类化合物、氨基酸及其碱性衍生物等；拆分碱性物质，如外消旋的胺类化合物用酒石酸及其酰基衍生物、扁桃酸及其衍生物等；含羟基的化合物可选择扁桃酸及其衍生物、Mosher 酸、顺-2-苯甲酰氨基环己烷羧酸、萘普生等；对于外消旋醛和酮的拆分，则需要先进行转化后再选择酒石酸及其衍生物、(R,R)-2,3-丁二醇、氨基酸酯、肼和 (S)-N,N-二甲基苯基亚砜胺等。例如抗心律失常的药物美西律可以选择四氢呋喃保护的扁桃酸来进行拆分，最终得到光学纯度达 99% *ee* 的 R 和 S 两个异构体。虽然这种方法一直被作为重要的拆分方法，但其局限性也很明显：首先拆分剂和溶剂的选择性较为盲目；其次拆分的产率和产品的旋光纯度不高；第三适用于手性拆分的化合物的类型不多。

近年来，随着主-客体化学的深入研究而开发出来的包结拆分和组合拆分等新型手性拆分技术，在一定程度上解决了经典成盐拆分方法的不足。

(2) 包结拆分

该方法是 20 世纪 80 年代由日本化学家 Toda 教授发明的。其基本原理是在外消旋化合物的溶液中加入某种手性化合物，该手性化合物作为主体能够通过弱的分子间作用力（如氢键或分子间的 π-π 作用力）选择性地与外消旋化合物中的某一个对映异构体（客体）形成稳定的超分子配合物（即包结复合物）析出，从而达到使对映异构体分离的目的。并且由于主、客体分子之间不发生任何化学反应，因而与经典成盐拆分相比，所拆分的化合物不再局限于有机酸或者有机碱。而且对于主体与客体的分离可以通过溶剂交换过程以及逐级蒸馏等手段很容易地实现，使得溶剂可以重复使用。因此，包结拆分具有操作简单、成本低廉、易于规模生产的优点。

(3) 组合拆分法

组合拆分法是将组合方法引入手性拆分剂的设计和筛选之中，以一组同一结构类型的手性拆分剂构成的拆分剂家族代替通常所用的单一手性拆分剂来进行外消旋体化合物的拆分。这些拆分剂家族是以常用的手性拆分剂作为模板，经过结构修饰得到的衍生物或者是含有不同取代基的某一类结构类型的化合物，如通常用于酸性化合物拆分的 α-苯乙胺类拆分剂家族 PE-Ⅰ、PE-Ⅱ和 PE-Ⅲ以及邻氨基醇 PG，如下：

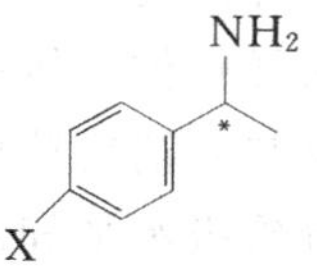

PE-Ⅰ
X＝H，Me，Br

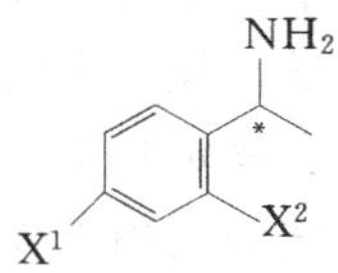

PE-Ⅱ
X^1＝H；X^2＝H，NO_2
X^1＝NO_2；X^2＝H

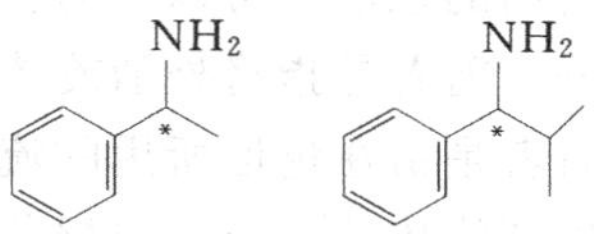

PE-Ⅲ

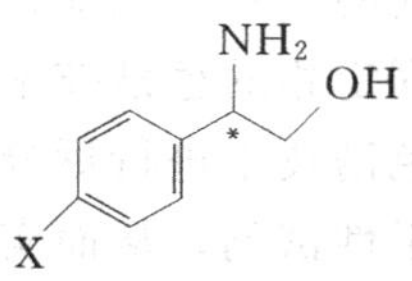

PG
X＝H，Me，OMe

在实际操作中，待拆分的底物与拆分剂家族是以 1∶1 的比例加入同一溶剂中进行拆分的。与经典的成盐拆分方法相比，组合拆分法具有结晶速度快、收率高、纯度高等特点。

9.1.3 动力学拆分法

在不对称反应环境中的某一反应进行到一定程度时，两个对映异构体之间因对该反应的速率存在差异，导致它们彼此所剩余的反应物和得到产物的量不同，因此可以分别对其进行回收或分离。利用两个对映异构体对于某一反应的动力学差异而对其进行的拆分方法是动力学拆分法。根据反应中所使用的催化剂或手性试剂的不同，可将动力学拆分法分为酶法和化学法。

（1）酶法

又称生物化学拆分法，是指某些微生物和霉菌在外消旋体的稀溶液中生长时，破坏其中一种对映体的速度比另一种快。例如酵母在 DL-氨基酸中，易与 L-对映体反应而剩下 D-对映体，从而达到拆分的目的。这是由于这些生物的体内具有高效专一的酶，它能选择性地作用于对映异构体中的某一异构体而对另一异构体则不起作用，因此也可以用完整的微生物细胞或者从微生物中提取酶作为生物催化剂来实现对外消旋体的生物化学拆分。

虽然酶催化具有副反应少、产率高、反应条件温和，且无毒、易降解、不会造成环境污染等优点，然而这种方法也存在很多局限性，比如菌种筛选很困难、酶制剂不易保存、产物后处理工作量大以及通常只能得到一种对映体等。

（2）化学法

与酶法比较相似，化学动力学拆分方法是指在外消旋体和某一手性试剂反应或在手性助剂存在下进行某种反应时，由于两种对映异构体在反应中生成的过渡态（非对映体）不同而导致他们之间反应速率的不同，因此可以通过选择手性试剂和控制反应进程使其中一个对映体转化成产物，而另一对映异构体不发生反应，从而使其达到分离的目的。化学动力学拆分方法可采用等当量的手性助剂加反应试剂的方法，也可直接使用手性催化剂。例如 Noyeri 等使用 $Ru^{Ⅱ}$-BINAP 催化体系氢化还原 α-取代 β-酮酯类化合物，实现了很高水平的对映和非对映立体控制合成，有些例子已用于工业生产。到目前为止，用 $Ru^{Ⅱ}$-BINAP 催化氢化进行动态动力学拆分得到了广泛应用，由于催化剂用量少、方法简单、经济，适合于大规模生产。另外，手性助剂和 α-卤代胺或 α-卤代羰基化合物形成的非对映异构体混合物与不同的亲核试剂反应时表现出了不同的立体选择性，从而实现其动态动力学拆分，已经引起了人们的普遍关注。

9.1.4 色谱拆分法

各种各样的色谱技术都可以用于手性拆分。根据不同的分类方法可以将色谱拆分法分为不同的类别。比如根据所用的色谱柱可以分为普通的色谱技术拆分和使用手性流动相或者手性固定相的色谱技术拆分。前者是指将外消旋体与手性试剂反应生成非对映异构体，按一般的色谱技术进行拆分；后者是指在色谱所用的流动相或者固定相中加入能够与外消旋体作用的手性试剂，从而实现外消旋体的拆分。根据色谱拆分法的应用可以分为分析级水平和制备级水平。

（1）高效液相色谱法（HPLC）

高效液相色谱法分离对映异构体可分为间接法和直接法，前者又称为手性试剂衍生化法（CDR），后者可分为手性流动相添加剂法（CMPA）和手性固定相法（CSP）。CDR 法是将对映异构体先与高光学纯度的衍生化试剂反应形成非对映异构体后进行色谱分离测定。此法要求：a. 对映异构体一定要具有易于衍生化的基团；b. 手性试剂和反应产物在衍生化反应和色谱条件下均不发生消旋化反应；c. 反应产物在色谱中能被高效地分离。衍生化反应后就可用通用的非手性柱对其进行分离，检测方法常采用紫外-可见分光光度法（UV）、荧光法和电化学法等。随着 HPLC-MS 联用技术的发展，也可采用 MS 检测。目前常用的手性衍生化试剂主要有光学活性的氨基酸类、羧酸衍生物类、异硫氰酸酯与异氰酸酯类、萘衍生物类及胺类。CMPA 法是将手性试剂添加到流动相中，利用手性试剂与各对映异构体之间结合的稳定常数不同，以及各对映异构体与手性试剂生成的结合物在固定相上分配系数的差异，从而实现对其的分离。此法主要包括手性包含复合法、手性配合交换法及手性离子对色谱法等。CMPA 法可以采用普通的色谱柱（非手性的固定相），检测方法多为 UV 和电导检测法（ECD）。CSP 法是将高纯度的手性试剂化学键合到固定相上，键合后的固定相与各个对映异构体分别形成复合物，可根据复合物的稳定常数不同而获得分离，分离的效率和洗脱顺序取决于复合物的相对强度。检测的方法一般为 UV。目前常用的手性固定相有蛋白质手性固定相、手性聚合物固定相、环糊精手性固定相、纤维素和多糖衍生物手性固定相、冠醚类手性固定相和 Pirlde 型手性固定相等。

（2）气相色谱法（GC）

GC 分离对映异构体也可分为间接法和直接法。间接法与 HPLC 法相似，也是将手性衍生化试剂与外消旋体反应形成非对映异构体后分离测定。直接法与 HPLC 法的 CSP 相似，是通过使用手性固定相来提供拆分所需要的手性中心，使用这个方法不需要进行柱前手性衍生化反应。间接法不如直接法方便和准确，因为间接法中分离前所进行的化学反应常会增加最终的分离误差。另外，使用手性衍生化试剂要求分子结构中存在一个活性官能团，以形成非对映异构体的衍生物，而对映体的反应速率可能会有差异。而且，衍生化试剂必须是光学纯的。而直接法由于对映体与手性固定相直接的相互作用差异较小，必须采用高效毛细管柱，价格较为昂贵。因此这种方法只适合分析级水平。

（3）高效毛细管电泳法（CE）

CE 最初是为生物大分子的分析和纯化而发展起来的微量分析技术，在高压电场的作用下，样品中各组分之间因其在毛细管通道中的迁移率和分配行为存在的差异而实现对对映异构体的分离。CE 的分离模式主要包括毛细管区带电泳、毛细管等电聚焦、胶束电动毛细管电泳、毛细管凝胶电泳以及毛细管等速电泳和毛细管电色谱等。CE 拆分对映异构体也同样分为间接法和直接法两种。间接法是将对映体与手性试剂进行衍生化反应后形成非对映异构体，然后在非手性电泳系统中进行拆分的方法。直接法是先将手性选择剂加入到背景电解质中，也可先将其结合在毛细管壁上或固定在凝胶支撑剂上，在电泳过程中，与对映体作用生成的非对映异构体具有不同的稳定常数，进而有不同的迁移速率而得以分离。检测方法多是联用 UV 或者 MS。目前常用的手性选择剂有环糊精（CD）、冠醚、大环内酯类抗生素、手性混合胶束、手性选择性金属配合物和蛋白质等。

（4）高效电分离微柱液相色谱法（CEC）

CEC 是近年来综合了 HPLC 和 CE 的优势而发展起来的。它克服了 CE 选择性差和难以分离中性物质的困难，还大大提高了液相色谱的分离效率，开辟了高效分离技术的新途径。目前用 CEC 进行对映体拆分主要有三种方式：a. 非手性固定相结合手性添加剂流动相，手性选择作用依靠流动相中添加的手性选择剂产生；b. 采用手性固定相，手性选择剂键合在固定相上；c. 采用手性分子烙印固定相，进行记忆性、专一性分离。

（5）其他色谱拆分法

其他的色谱方法还包括薄层色谱法（TLC）和模拟流动床色谱法（SMB）等。先进的 TLC 采用分子烙印技术，利用其作为手性固定相；SMB 实际是多根色谱柱串联形成循环回路，从而提高分离效率，减少损失。

9.1.5 膜分离技术

膜分离技术是通过模拟氨基酸的生物转移来实现的。氨基酸的生物模拟通常是由埋在生物膜中的载体蛋白来传递的，这种转移的对映体选择性是非常高的。已报道的膜包括：①在光学活性的冠醚中浸入聚合薄膜的氨基酸光学拆分薄膜；②具有两亲性侧链的 α-螺旋链聚氨基酸衍生物手性固定膜；③纤维素衍生物固定膜；④海藻酸钠和脱乙酰壳多糖分别与戊二醛生成的交联复合物手性膜材料。

9.2 不对称合成

不对称合成，也称手性合成、立体选择性合成、对映选择性合成，是研究向反应物引入一个或多个具有手性元素的有机合成的分支。不对称合成的第一个实例是由被称为“糖化学之父”的 Fischer 完成的。1890 年，Fischer 用 L-阿拉伯糖与氢氰酸反应，再经酸性水解，成功地分离出 3∶1 量的 L-甘露糖酸和 L-葡萄糖酸。1894 年，Fischer 首次提出“不对称合成”的概念，其后 Marckwald 将其定义为“从对称构造的化合物产生光学活性物质的反应，使用光学活性材料作为中间体，但不包括使用任何分析过程作为手段”。接着 Morrison 和 Mosher 提出了一个广义的定义，将不对称合成定义为“一种反应，其中底物分子整体中的非手性部分经过反应试剂作用，不等量地生成立体异构体产物的手性单元。也就是说，不对称合成是这样一个过程，它将潜手性单元转化为手性单元，使得产生不等量的立体异构产物”。这里，反应剂可以是化学试剂、催化剂、溶剂或物理因素。

利用不对称合成反应得到的单一手性产物具有更好的性能或者作用。例如有的不对称合成生产的手性药物的疗效是原来药物的数倍或数十倍，同时又避免了另一种无疗效或有毒副作用的异构体在人体中积聚产生毒害。服用未经光学拆分药物造成悲剧的典型是“反应停（Thalidomide）”事件。该药于 20 世纪 60 年代在欧美广泛使用，导致许多婴儿畸形。后来的研究表明，“反应停”的 *R*-异构体具有减缓妊娠反应的作用，但 *S*-异构体可导致胎儿畸形。

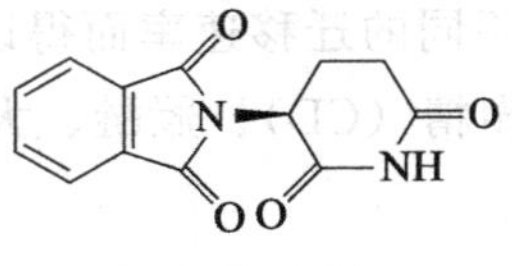

(*S*)-Thalidomide
致畸作用

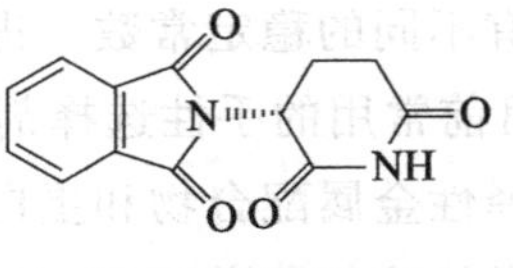

(*R*)-Thalidomide
减缓妊娠反应，不致畸

不仅仅是药物，一些食品添加剂也有这样的问题。例如健康糖（Aspartame）的两种手性分子中，其中一种是甜味，而另一种却是苦味。

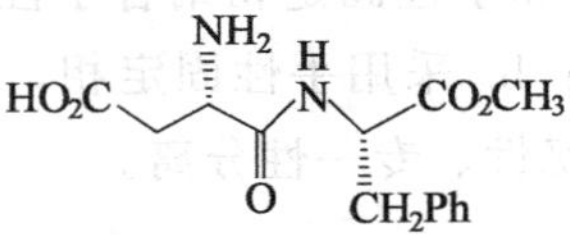

(*S*,*S*)-Aspartame
甜味

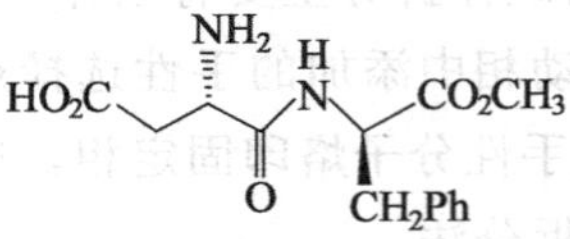

(*S*,*R*)-Aspartame
苦味

除医药、食品工业外，不对称合成在农药、香料工业以及功能材料等领域中也显示出愈来愈重要的作用。如手性液晶材料、手性有机导电材料。由于不对称（手性）因素的存在，不同手性组分可具有独特的理化性能，可见手性化合物与不对称合成的重要应用价值。尽管近几十年来化学家在不对称合成方面进行了大量的研究工作，但是不对称合成依然是一个十分年轻而且充满活力的领域，也依然是当代化学研究的热点与前沿。

9.2.1　不对称合成在测定对映体绝对构型中的应用及对映体纯度的测定

（1）对映体绝对构型的测定

对于对映体绝对构型的测定，最常用的、也是最直接的方法是 X 射线结晶学的方法。然而这样一个直接测定的方法也有它的局限性，例如它只限于适宜的晶体或含有适当其他原子的晶体，同时还需要通过烦琐的计算才可以得知（现在常用计算机来计算）。因此目前常用"构型联系"这样一个间接的方法来测定对映体的绝对构型。它是首先通过 X 射线结晶学的方法测定一个化合物的构型，然后将待测构型的化合物与已测定其绝对构型的化合物联系起来，从而获得待测化合物的绝对构型。构型联系的方法有化学方法和物理方法。物理上最经常应用，同时也比较可靠的是旋光色散（optically rotatory dispersion）和圆二色散（circular dichroism），它们都有供测定用的很完备的仪器。化学方法上主要是通过化学转变或降解，不过要特别注意的是在进行这些反应时不要影响手性原子或中心，避免异构化或消旋化的产生。应用不对称合成测定构型是化学方法的一种。主要有以下两种方法。

① Prelog 法　Prelog 研究了 Grignard 试剂对 α-酮酸酯的加成。如用苯甲酰甲酸乙酯和碘化甲基镁经加成、水解得到外消旋的 2-苯基-2-羟基丙酸。

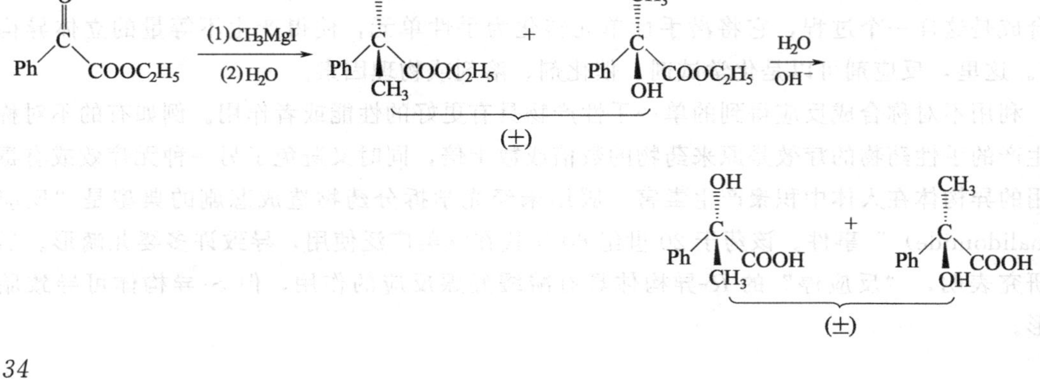

$$PhC(=O)COOC_2H_5 \xrightarrow[(2)H_2O]{(1)CH_3MgI} \underbrace{PhC(OH)(CH_3)COOC_2H_5 + PhC(CH_3)(OH)COOC_2H_5}_{(\pm)} \xrightarrow[OH^-]{H_2O} \underbrace{PhC(OH)(CH_3)COOH + PhC(CH_3)(OH)COOH}_{(\pm)}$$

若用光学活性的醇［如 S-(＋)-3,3-二甲基-2-丁醇］和苯甲酰基甲酰氯反应生成的酯跟碘化甲基镁进行加成、水解，反应如下式：

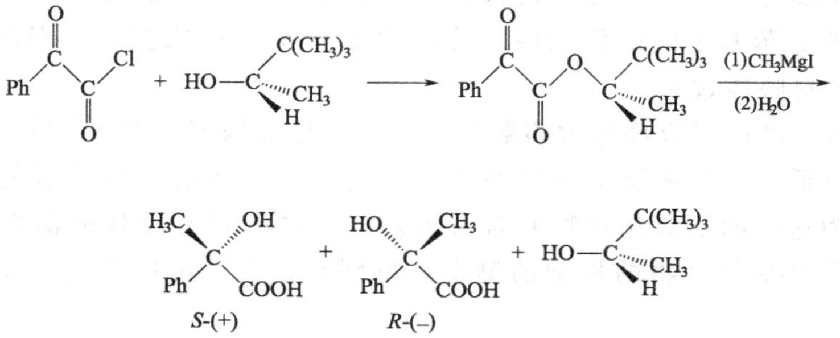

Ph–C(=O)–C(=O)–Cl ＋ HO—C(H)(CH₃)(C(CH₃)₃) ⟶ Ph–C(=O)–C(=O)–O–C(H)(CH₃)(C(CH₃)₃) $\xrightarrow[(2)H_2O]{(1)CH_3MgI}$

H_3C(Ph)C(OH)COOH ＋ HO(Ph)C(CH_3)COOH ＋ HO—C(H)(CH_3)($C(CH_3)_3$)

S-(+)　　R-(–)

则得到的产物中 S-(＋)-对映体要比 R-(－)-对映体多 24%。

Prelog 通过研究 Grignard 试剂对 α-酮酸酯的加成产物总结出了一个经验规律。当 α-酮酸或其酰氯（如上例中的苯甲酰基甲酰氯）与光学活性的仲醇（S 型）经酯化反应产生光学活性的 α-酮酸酯后，用非手性的 Grignard 试剂（如甲基 Grignard 试剂）对其进行亲核加成反应可以得到非对映体的 α-羟基酸酯，水解后即得到光学活性的 α-羟基酸（S 型），该光学活性 α-羟基酸的绝对构型与所使用的仲醇的绝对构型之间存在着关联。

对反应的过渡态进行构象分析显示，在 α-酮酸酯（1）中的两个羰基处于反式共平面的位置（R_L、R_M 分别表示该醇的不对称碳上的大取代基、小取代基），酮羰基和酯基中的烷氧基是顺向的。该烷氧基手性碳上的取代基有三个典型的构象［（2）、（3）、（4）］。Prelog 通过考察甲基 Grignard 试剂的进攻方式发现，（2）和（3）是占优势的过渡态，按这些过渡态进行反应给出相同绝对构型的 α-羟基酸（S 型）。第三种过渡态（4）为非主要过渡态，反应经该过渡态将给出相反绝对构型的 α-羟基酸（R 型）。这可能因为反应按过渡态（4）进行时，甲基 Grignard 试剂的进攻要受到较大的基团 R_L 的空间阻碍。因此，反应主要按过渡态（2）和（3）进行，也就是说甲基 Grignard 试剂从空间位阻最小的一侧进攻。根据这样的规则，产物 α-羟基酸的主要产物的绝对构型与生成酯所用的仲醇的绝对构型是相互关联的。

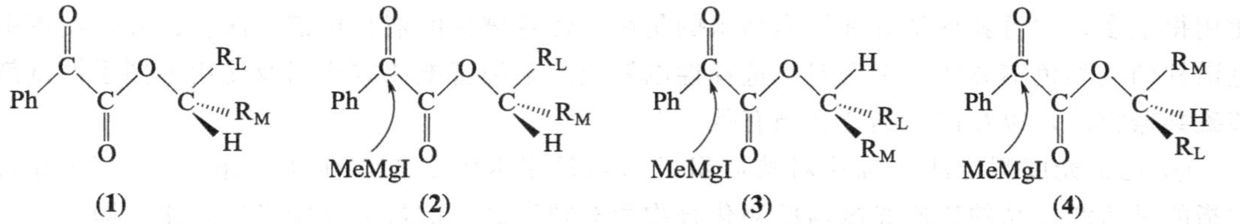

Ph–C(=O)–C(=O)–O–C(R_L)(R_M)(H)　(1)

Ph–C(=O)–C(=O)–O–C(R_L)(R_M)(H)，MeMgI　(2)

Ph–C(=O)–C(=O)–O–C(H)(R_L)(R_M)，MeMgI　(3)

Ph–C(=O)–C(=O)–O–C(R_M)(H)(R_L)，MeMgI　(4)

Prelog 方法已广泛用于仲醇绝对构型的测定。已用的化合物有脂肪醇、环醇类、单萜醇类及其有关的化合物，倍半萜及其有关的化合物，三萜醇类、甾体醇类、生物碱、糖类及其有关的化合物和其他醇类。

② Horeau 法　Horeau 法是根据动力学拆分的原理来测定羟基化合物的绝对构型。它是用（＋）-α-苯基丁酸酐在冷的无水吡啶中用过量的消旋异丙基苯甲醇处理，然后用某种构型的 α-苯基丁酸制得的酐回收未反应的醇并测定其旋光。根据许多试验的结果，Horeau 发现，回收醇的构型能与手性试剂的构型联系起来：若用右旋 α-苯基丁酸制得

的酐回收未反应的醇，所回收到的醇就是 R-构型；若用左旋 α-苯基丁酸制得的酐回收未反应的醇，所回收到的醇就是 S-构型。此步骤也可反过来，那就是使用过量的消旋底物 α-苯基丁酸酐来对光学活性醇进行处理，在此情形下酐是过量的，测定经未反应的酐水解所得的 α-苯基丁酸的旋光性。若光学活性醇是 R 构型的，则回收的 α-苯基丁酸是（S)-(+)-对映体过量。

使用 α-苯基丁酸酐可以确定大多数手性仲醇的绝对构型，然而该化合物对位阻较大的醇反应活性较低，这就限制了它的使用。不过，这一问题可以通过使用 2-苯基丁酰氯来解决，因为这样的酰氯化合物对含有大取代基的醇仍有较好的活性。Horeau 法已广泛地用于各类羟基化合物的构型的测定，特别是萜类、甾体及生物碱方面仲羟基构型的测定。

(2) 对映体纯度的测定

1974 年，Eliel 提出了具有实际意义的不对称合成反应所必须具有的条件，即：a. 对所预期的光学异构体必须有良好的化学收率和光学收率；b. 手性产物与所使用的手性辅助剂要易于分离；c. 手性试剂（或催化剂）能很好地被回收并且不减少光学活性。事实上，大多数的不对称合成反应通常生成不等量的对映体，即一个对映体比另一个对映体过量一些，过量的多少常称为反应的不对称程度，它的定量表示通常用对映体过量百分数来计算。

对映体过量百分数（ee，enantiomeric excess)，如在反应产物中有 R 型和 S 型两种对映体，当 R 型为主要产物时，则

$$ee=\frac{[R]-[S]}{[R]+[S]}\times 100\%=[R]\%-[S]\%$$

相应地，一个非对映体对另一个非对映体过量即为非对映体过量百分数（de，diastereomeric excess)，如在反应产物中有 A 和 B 两种非对映体，当 A 为过量的非对映体时，则

$$de=\frac{[A]-[B]}{[A]+[B]}\times 100\%=[A]\%-[B]\%$$

可用于 ee 测定的方法已有不少，最简单的是通过测定样品的比旋光度来确定。而目前使用得最多，并可获得精确和可靠结果的是用手性色谱柱的液相色谱方法。此外，使用手性色谱柱的气相色谱方法、带有对映选择性电解质的毛细管电泳方法以及使用不同手性试剂的核磁共振方法，也在许多场合相当有效。

① 比旋光度测定法　描述对映体组成的最常用术语是光学纯度（op，optical purity）。它指的是所测样品的比旋光度与所测化合物两对映体之一的最大比旋光度之比。即：

$$op=\frac{[\alpha]_{样品}}{[\alpha]_{\max}}\times 100\%$$

对于任何化合物的对映体来说，其最大的比旋光度就是纯对映体的比旋光度。比旋光度的获得可以通过旋光仪测定的旋光度来计算，即：

$$[\alpha]_{\lambda}^{t}=\frac{\alpha}{cl}$$

式中，t 为测定时的温度（一般为 20℃）；λ 为用于测定的光源的波长（常用钠光，波

长 589 nm，标记为 D)；α 为旋光仪测得的旋光度，(°)；c 为被测溶液的浓度，g/mL；l 为样品池光程长度，dm。

通过测定比旋光度来确定样品的光学纯度，具有操作简单的优点，而且所用的仪器价格相对比较便宜，大多数实验室都能做到。尤其对测定结果的精确度要求不高的场合，更加适宜。但是对于需要精确测定光学纯度的场合，越来越多的研究表明，它存在以下的局限性。

首先，必须知道纯对映体之一的最大比旋光度，而获得 100%光学纯的化合物很难，也就是说通常情况下，最大比旋光度是未知的。其次，被测化合物必须具有中等以上的旋光能力，否则误差较大。再次，比旋光度的测定受多种因素的影响，如温度、样品浓度、少量旋光性杂质、溶剂效应等。因此有时误差较大。尤其当样品中含有—OH、—NH_2、—COOH、—$CONH_2$ 等官能团时，由于他们与极性溶剂之间存在比较强的作用，因此测得的比旋光度随样品浓度的变化严重偏离正比关系。最后，测试所需要的样品用量比较大（通常需要几十毫克至上百毫克，由其旋光能力而定）。

② 核磁共振法　通常情况下，互为对映体的两种化合物的 NMR 信号完全重合。给对映体加一个不对称的环境，使它们处于非对映异构关系时，它们就有可能产生化学位移不等价，从而使相应基团的信号分开。

实际应用时，主要通过两种途径来实现：一是用一种光学纯试剂将对映体变成非对映体，然后测定其内部非对映异构基团的相对峰强度；二是在测定的样品中加入手性试剂或手性位移试剂，提供一个外部非对映异构环境。

a. 手性衍生剂（CDA）　使用最广的是 Mosher 试剂（MTPA）。由于 MTPA 中含有羧基，与醇反应可得到酯，或与胺反应得到酰胺，因此可用于各种不同结构的手性醇和胺的对映体纯度的测定。

H_3CO　Ph

F_3C　COOH

S-MTPA

Mosher 试剂有如下优点：(a) 试剂很稳定，在严格的酸、碱、温度等条件下不发生外消旋化；(b) 生成的非对映体基团通常有较大的化学位移；(c) 分子中的三氟甲基信号是单峰，可用于^{19}F NMR 测定；(d) 生成的衍生物有较好的挥发性和溶解性，不但可以采用 NMR 测定，也可采用色谱法测定。

b. 手性溶剂（CSA）　将对映体溶于非手性溶剂中时，其 NMR 信号完全重合。然而如果将其溶解于一种手性溶剂（CSA）中，则两种对映体分别与手性溶剂形成非对映异构关系的二元缔合物，这时其化学位移应该会有一些差别，当这种差别大到基线完全分离，能分别准确积分时，便可用加 CSA 的 NMR 方法测定样品的对映体纯度。在这方面已经有许多人做了大量的研究，应用最广的 CSA 是下面两类：

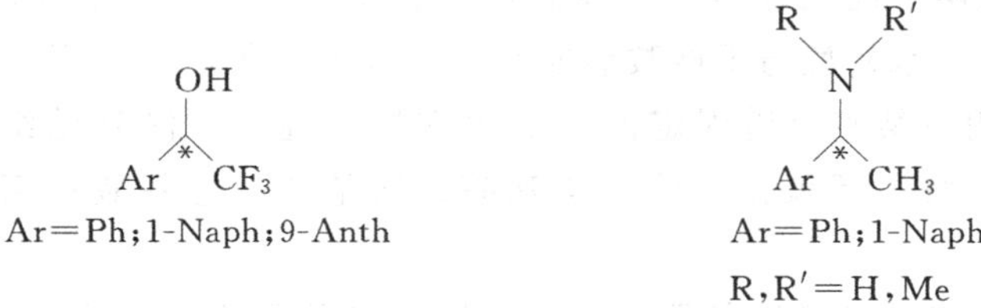

用此法进行测定时，样品溶液一般由样品、CSA 和非手性的共溶剂配成。CSA 用量约为样品的 3～5 倍，非手性的共溶剂通常选用非质子的弱极性溶剂，如 $CDCl_3$、CCl_4、C_6D_6、CS_2 等，以避免溶剂分子与溶质或 CSA 的竞争缔合。凡有利于缔合物生成的条件都有利于增大化学位移差。测定时，一般先用外消旋样品测得其 NMR 谱，然后将待测样品的 NMR 谱与之对照，以确定对映体相应的峰，并求出相对含量。

该法具有操作简便、成本较低的优点，因此可用于含有各种不同官能团的化合物。它也存在一些缺点，主要是化学位移的差别较小，常碰到特征基团的信号达不到基线完全分离的情况，故其应用受到一定的限制。但在用得上的场合却是最简便的方法。

c. 手性位移试剂（CSR）　镧系金属离子对 NMR 信号有抗磁位移作用。将不同的镧系金属离子（主要有铕 Eu、镨 Pr、镱 Yb）和不同的手性 β-二酮配合，就可制成一系列的 CSR。由于手性位移试剂 CSR 可以使范围广泛的各种不同类型的有机物对映体信号化学位移产生明显的不等价，因此已经被成功用于数百种不同手性化合物的对映体纯度的测定，成为测定对映体纯度的有力手段。

③ 色谱分析法　采用色谱分析测定对映体纯度，具有快速、灵敏和高精度等优点，因而受到特别的重视，现在已经逐渐发展成为不对称分析的主要手段。色谱分析方法的基础是手性物质的对映体的直接的或者间接的完全分离。

在用色谱法测定 *ee* 值时，对映体的含量可用相应对映体的峰面积通过积分计算求得。用手性色谱测定对映体纯度的精确度，通常可以达到 0.1%甚至更好。而且测定操作和结果的重复性很好，因此特别适合高精度要求的样品测定。从使用的仪器来看，可以分为如下三种。

a. 气相色谱（GC）　GC 是分析非对映体混合物的一种有用的方法，但其主要用于挥发性和稳定性好的手性化合物的对映体纯度的测定。由于样品在分析前一般不需要先进行衍生化，直接进样分析，测定时样品的用量极微，但分析的灵敏度很高（10^{-8}g），而且在分析中不会受到痕量杂质的影响，因此特别适合于跟踪不对称反应的全过程。这个方法使用含有高纯度对映体拆分辅助剂的手性固定相，要分析的对映体由于与固定相之间发生快速和可逆的非对映性的相互作用，因此会以不同的速度被洗脱（以保留时间 t_R 表示）。气相色谱手性固定相主要有以下几种。

(a) 氢键型手性固定相　使用这种固定相时，氢键作用是对映体分离的主要作用力。如某些氨基酸衍生物固定相，主要用于分离氨基酸、羧酸、醇、胺、内酯、内酰胺等对映体化合物。

(b) 形成包合物的手性固定相　环糊精衍生物手性固定相用于分离稠环烷烃、没有取代的烯烃、卤代烃、醇、醛、酮、胺、腈类、环氧化合物、羧酸、卤代酸、羟基酸、内酯和氨基酸等化合物的对映体。

(c) 金属配体交换手性固定相　一些金属离子（Eu、Rh、Ni、Mn、Cu 等）与手性试剂（如樟脑酸衍生物，水杨酸与手性胺形成的席夫碱等）所形成的配位化合物就构成了固定相。将这类固定相与某些色谱固定液（如角鲨烷）混合，涂到毛细管柱上可以用来分离烯烃、环酮、醇、胺、环氧化合物、氨基醇、氨基酸、羟基酸和卤代酸等化合物的对映体。

(d) 手性聚硅氧烷固定相及交联手性固定相　交联手性固定相专指将手性固定相与毛

细管壁交联而成的色谱柱。例如以聚硅氧烷为基质，然后键合上一定浓度的手性固定相。采用这一类固定相将使手性固定相的耐温性得到改善，扩大其使用的温度范围，同时也能增进涂渍性能。交联毛细管柱一般具有耐溶剂冲洗、耐高温、寿命长、柱效高等特点，并且在超临界流体色谱条件下也可以使用。

一般来说，如果待分离的化合物具有低沸点（例如低于 260℃），或者它们可以被转化为低沸点的化合物，而且这些化合物在分析过程中不会发生外消旋化作用以及具有较高的热稳定性，就可以用 GC 来分析。在 GC 分析中，洗脱化合物的温度越低，手性分离成功的机会就越大。

b. 液相色谱（HPLC） HPLC 是对 GC 使用局限性的一个很好的补充。如果化合物的沸点高，或者化合物在分析过程中有分解或外消旋化的倾向，这时就不适合采用 GC 进行分析，一般应该采用手性固定相或移动相的 HPLC 来进行分离。随着用于对映体纯度测定的快捷简便的液相色谱方法的开发，HPLC 在手性化合物的分析中可能是重要的发展方向。

使用 HPLC 来测定手性化合物的对映体组成时，除了可以通过手性柱以外，还可以利用其光学活性的性质来加以检测。与比旋光度有关的 HPLC 检测器有旋光检测器（ORD）和圆二色光谱检测器（CD）两类。当光学活性的样品通过 ORD 时，会使线性偏振光产生一个偏转角度，这一差别可通过 ORD 转化为电信号，从而实现对样品的检测。当然使用这种检测器也有一些不足之处，例如检测器的灵敏度会由于多重反射及检测池中其他原因的影响造成偏振光去偏振化而降低。

从光源发射的光线通过起偏镜后就变成了偏振光，然后经过调制就可以得到左旋或者右旋的偏振光。这些经调制后的偏振光通过样品池以后可以通过光敏二极管来检测左旋和右旋偏振光的强度。输出的信号，即 CD 信号，实际上是样品对左旋和右旋偏振光吸光度的差别。CD 信号（$\Delta\varepsilon$）与紫外吸收信号（摩尔吸光系数 ε）的比 $\Delta\varepsilon/\varepsilon$ 称为非对映常数或各向异性常数，用 g 表示（$g = \Delta\varepsilon/\varepsilon$）。研究结果表明，对于大多数手性化合物，$g$ 常数与样品的浓度无关，但与样品的对映体组成成正比。这就是采用 HPLC-CD/UV 测定手性化合物对映体组成的基本原理。

9.2.2 不对称合成的分类及实例

针对手性的来源，手性合成分为普通不对称合成和绝对不对称合成。普通不对称合成是指依靠直接或者间接由天然获得的手性化合物衍生的基团诱导产生手性化合物的合成。而绝对不对称合成是指绝对脱离天然产物来源而通过物理方法（比如说圆偏光的照射等）诱导产生手性的合成。后者相当困难，所以目前只有非常有限的几个反应能做到绝对不对称合成。

普通不对称合成可以分为生物合成和化学合成。生物合成手性化合物通常是通过从天然产物中提取和酶催化合成两种途径来实现的。这是一种非常有效而又受到很大限制的方法。通常所说的不对称合成主要是化学合成，是通过立体化学控制的途径来实现的。立体化学控制有三种方法：底物控制、试剂控制和不对称反应。有时手性拆分也被算作不对称合成的一种。在大多数的有机合成中都用到催化剂，手性催化剂在不对称合成中的使用也是很常见的。下面就底物控制、试剂控制和不对称催化这三个方面来做一概述。

(1) 底物控制

底物中含有的不饱和共价键，尤其是羰基，是构建手性中心碳原子的重要官能团，它既可以表现亲电试剂的功能，也可以通过它所衍生的烯醇结构，表现出亲核试剂的功能。具体如下。

① 烯醇盐的不对称烷基化反应　醛、酮和羧酸及其衍生物由于具有特殊的结构，很容易去除酸性质子而产生烯醇结构。其通式如下：

$$R^1C(=O)CH_2R^2 \underset{}{\overset{Base}{\rightleftharpoons}} R^1C(O^-)=CHR^2 \xrightarrow{E^+} R^1C(=O)C^*H(E)R^2$$

为了使羰基化合物产生烯醇结构，必须使用 Lewis 碱作为促进剂。所选用的 Lewis 碱应该满足两个条件：a. 具有足够的碱性，以确保生成烯醇结构所需要的选择性去质子过程；b. 所选用的碱必须是具有空间位阻的，以便阻碍该碱对羰基中心碳原子的亲核进攻。

羰基通过烯醇结构来实现不对称烷基化的反应是较常用的手性传递反应之一。在这一过程中，如果将手性烯醇体系作为一类亲核试剂，底物的手性可被传递至新形成的不对称碳原子。这类反应根据烯醇化合物结构上的不同，一般可以再分为三类：环内型、环外型和配位环内型。

对于环内型和环外型，亲电试剂的进攻方向主要受空间位阻影响，有可能会受到立体电子效应的影响。配位型的环内不对称诱导在不对称有机反应中曾占据非常重要的地位。开链的烯醇体系通过金属的螯合作用变成环状，从而使得环内手性诱导的立体选择性的烷基化反应得以实现。这种手性诱导方法是迄今为止涉及羰基化合物的不对称合成反应中较有效的方法之一。配位型环内不对称诱导反应的通式如下：

$$R^1CH(OLi)CH_2COOR \xrightarrow{LDA} [R^1CH(O)-C(E^+)=C(OR)O \cdot Li\text{ 螯合}] \longrightarrow R^1CH(OH)CH(E)COOR$$

$$LDA: [(CH_3)_2CH]_2N^- Li^+$$

② 手性辅基作用下的不对称烷基化反应　酮或酸类化合物与手性辅剂相结合可以得到手性的亚胺、酰亚胺、酰胺和磺内酰胺等不同的含氮化合物，这些手性的底物发生不对称烷基化取代反应得到相应的烷基化产物，而手性辅基则可在烷基化反应完成之后通过水解或还原反应去除。通过这些反应可以得到各种不同的 α-取代的酮、羧酸及相关的羰基化合物。常用的手性辅助剂是美国哈佛大学的 Evans 开发的噁唑啉酮和瑞士日内瓦大学 Oppolzer 开发的樟脑磺内酰胺。

Evans 等报道了一种以脯氨醇类化合物为手性辅基的手性诱导反应。通过锂烯醇盐中金属的螯合作用使反应过渡态具有刚性结构，从而使基羧酸的 α-烷基化反应具有较高的非对映选择性。采用这种方法可以得到一系列 α-取代的羧酸类化合物。例如当采用其中一种噁唑啉酮对映体作为手性辅基时的通式如下：

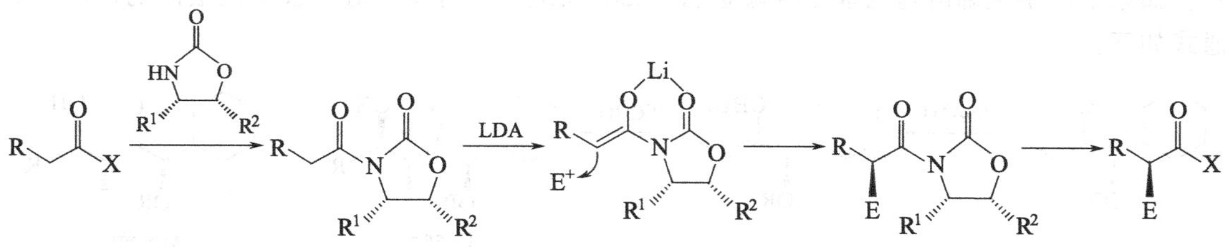

磺内酰胺辅基的烷基化反应也是一种很有效的方法。酰基磺内酰胺（Sultam）是一种廉价的手性辅基。在不对称醛醇缩合反应中，应用该体系手性辅基，可以高选择性地得到目标产物。其通式如下：

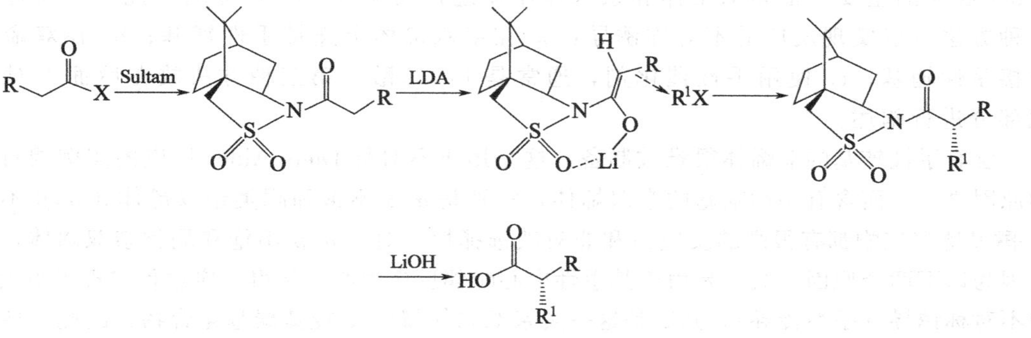

92%~99%(*ee*)

在这个过程中，首先将磺内酰胺辅基与 NaH 和酰氯衍生物反应制备得到酰基磺内酰胺，接着经过正丁基锂去质子处理变为中间过渡态，此过渡态在催化剂六甲基膦酰胺（HMPA）存在下，与亲电试剂烷基卤代物反应，得到 *α*-烷基化产物，再经过重结晶精制后，用 $LiAlH_4$ 还原或用 LiOH 水解，即可以得到手性产物。

③ 金属试剂对双键的加成　在手性配体存在下，烷基金属化合物对羰基衍生物的亲核加成是有机合成中受到较广泛研究的反应之一。该反应的优点在于：在催化量的手性配体存在下，可以从非手性或潜手性的羰基化合物与非手性的烷基金属反应，得到高对映选择性的产物。例如：

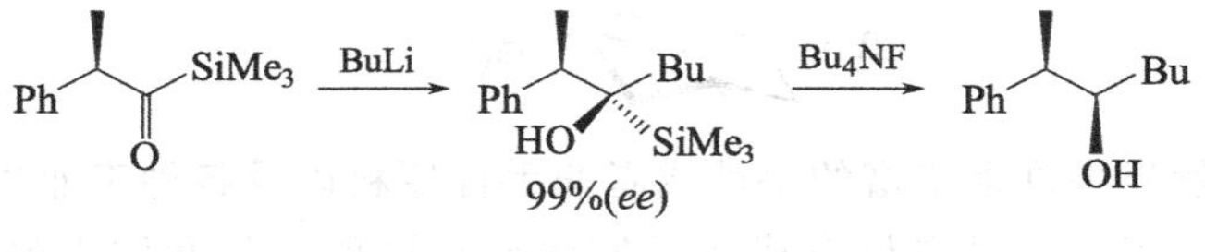

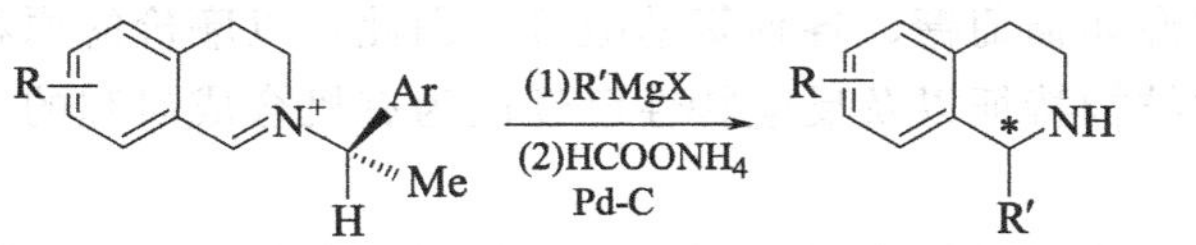

99%(*ee*)

88%~96%(*ee*)

④ 醛醇缩合反应　又称为 Aldol 缩合反应，是亲核试剂与亲电的羰基基团（及类似基团）的缩合反应，也是有机合成中构建不对称 C—C 键的最简单、同时能满足不对称合成方法学最严格要求的一类化学转化。在有机合成和天然产物化学中醛醇缩合是较重要的反应之

一。如果采用手性烯醇盐与非手性醛进行 Aldol 反应，即可得到对映选择性很高的产物。其通式如下：

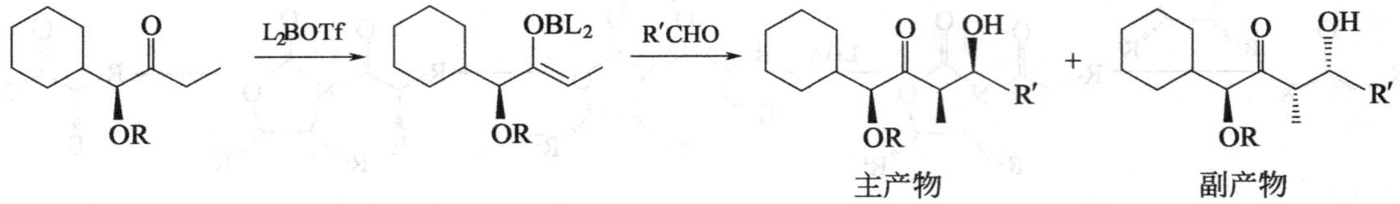

主产物　　副产物

⑤ 环加成反应　环加成反应有很多种，其中 Diels-Alder 反应是构建复杂分子较有效的方法之一。这个反应最吸引人的特征是它可以立体选择性地同时形成两个键，生成多达四个手性中心，而且在大多数情况下，反应的立体化学都是可以预见的。Diels-Alder 反应的主要特征是双烯体和亲双烯体在进行反应时以顺式加成。此外，通过以下三种方法可以实现反应的不对称诱导：a. 在亲双烯体上连接手性辅基；b. 在双烯体上连接手性辅基；c. 使用手性催化剂，通常是 Lewis 酸。第三种方法放在后面不对称催化部分进行阐述。

含有手性辅基的双烯体很难被制备，这是用于不对称 Diels-Alder 反应的实例相对较少的原因之一。而含有手性辅基的亲双烯体，特别是 α,β-不饱和酮类亲双烯体和 α,β-不饱和 N-酰基噁唑烷酮都有很高的反应性和非对映选择性。对于 α,β-不饱和酮类亲双烯体，可能是因为以下两个原因：其一是由于其手性中心毗邻反应中心，使得反应过程实现了很大程度的不对称诱导（手性传导）；其二是这一类亲双烯体属于 α-羟基羰基化合物，因此一些不必要的官能团（一般是指手性辅基）可以在反应结束后很容易地通过高碘酸盐氧化去掉。这种方法也有一些缺点，由于在去除手性辅基时会完全破坏手性辅基的结构，因此从某种程度来说是一种浪费，然而它仍然是一种非常有效的不对称诱导方法。总之，无论是实验结果还是前线轨道理论都表明，含有吸电子基团的亲双烯体在进行 Diels-Alder 反应时都会表现出相对较高的活性。例如：

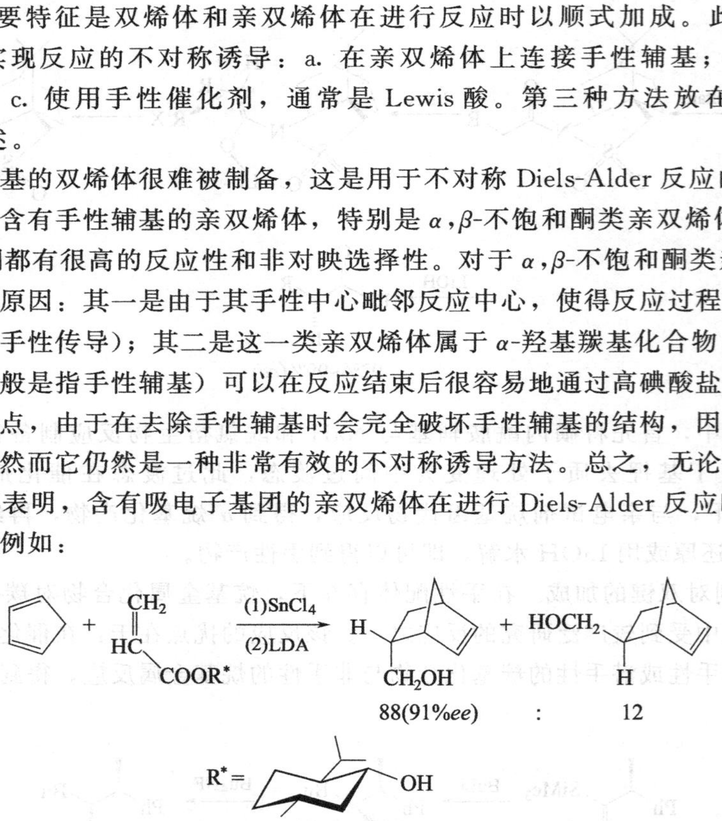

88(91%*ee*)　:　12

总之，利用自然界中许多丰富的手性或者非手性原料以及各种工业生产中的基本原料合成一些复杂的有机分子一直是有机合成化学家的研究课题。如我国大量生产的 α-蒎烯、松香，以及各种天然资源如葡萄糖、各种氨基酸等。因此，以廉价的原料为出发点设计合成路线，充分利用原料的结构特征以及反应特性已经成为有机合成研究的一个方向。

(2) 试剂控制

在底物进行不对称反应时加入手性试剂，得到反应产物为新的手性化合物，而手性试剂能部分回收。

① 不对称氧化反应　它是利用一些手性氧化剂来氧化底物，从而得到旋光性不同的化合物。常用的手性氧化剂有单过氧樟脑酸，还有 H_2O_2 或 Me_3CCOOH 与某些生物碱的季铵盐配合，以及过氧异丙苯与旋光性酮配合也常用来进行不对称氧化反应。例如直接氧化苯

乙烯会得到两种旋光性环氧乙烷的衍生物，而如果采用手性氧化剂就可以得到某种对映体过量的环氧乙烷衍生物。

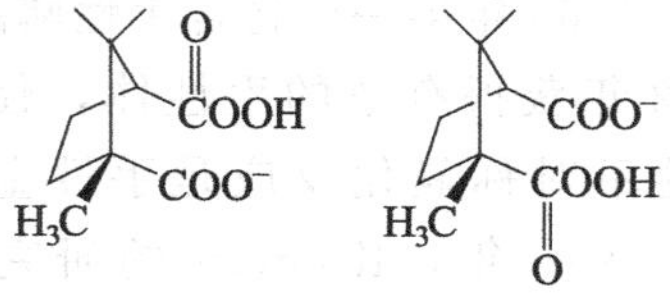

单过氧樟脑酸 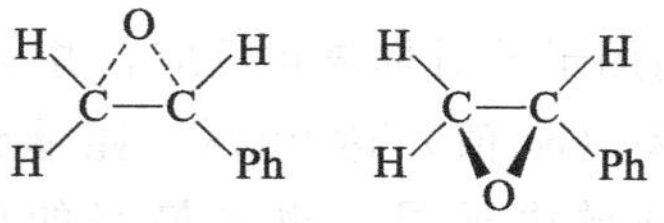　　环氧乙烷衍生物

然而，在烯烃的不对称环氧化研究中，手性过氧羧酸诱导的环氧化反应所得产物的 *ee* 值很少能超过 20%，其原因可能是因为在过氧羧酸中手性中心的控制离反应位点的距离太远。目前烯烃的不对称环氧化反应大都是在手性催化剂的作用下进行的。

② 不对称还原反应　一些还原剂如硼氢化物、氢化铝锂等可以用于光学活性物质的改性，而制成含有手性中心的还原剂，作为改性的物质有旋光性醇类、酒石酸衍生物、糖类、生物碱、氨基酸、萜类、胺类及杂环化合物等，利用还原反应由非光学活性底物制备光学活性物质，是一种很有效的不对称合成反应。例如：

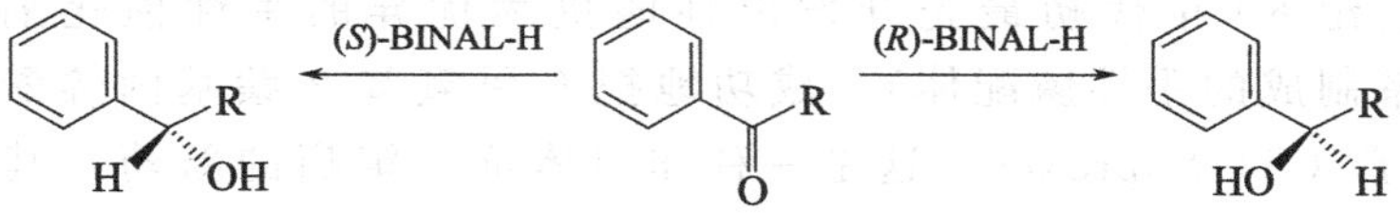

(*S*)-BINAL-H　(*R*)-BINAL-H

R=CH_3　C_2H_5　n-C_3H_5　n-C_4H_9

ee(%)=95　98　100　100

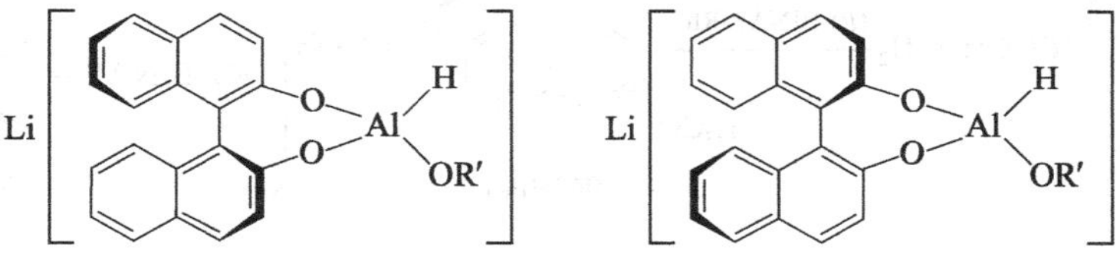

(*S*)-BINAL-H　(*R*)-BINAL-H

BINAL-H: 2,2'-二羟基-1, 1'-联萘氢化铝

③ 不对称加成与缩合反应　硼烷或者烷基硼对于烯烃的加成反应是立体选择的顺式加成，产物具有很强的专一性。当烷基硼中的烷基是光学活性基团时，效果更为显著。例如：

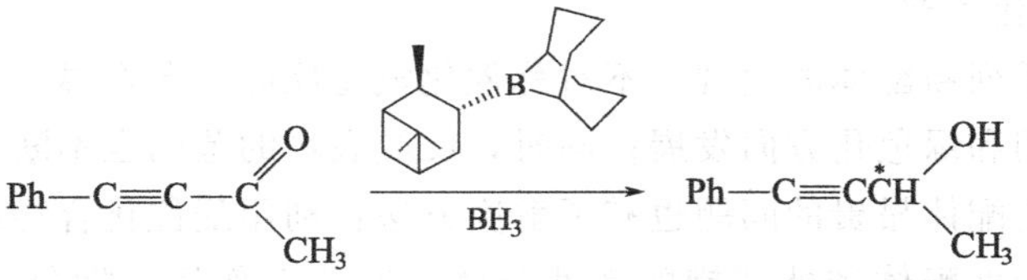

$$Ph-C\equiv C-C(=O)CH_3 \xrightarrow[BH_3]{} Ph-C\equiv C\overset{*}{C}H(OH)CH_3$$

96.5%(*ee*)

这样的情况不仅适用于手性的硼试剂，使用手性醇、手性硫、手性胺等试剂也同样可以实现不对称反应。

(3) 不对称催化

不对称催化是一个手性增量的过程，使用少量手性配体或手性修饰剂即可获得大量手性化合物，它是众多不对称合成反应中最有效、也最具有研究开发价值的合成手性化合物的方法。

① 不对称催化氢化　不对称氢化反应是研究得较深入的一类不对称催化合成。据估计

在已工业化的所有不对称合成反应中有 70%的反应属于不对称氢化反应。

2001 年，诺贝尔化学奖得主之一的 Knowles 就是在这方面做出了重要贡献。曾是美国孟山都公司（Monsanto）研究人员的 Knowles 于 1968 年第一个将含手性膦配体的铑配合物作为手性催化剂用于不对称氢化反应，并于 1972 年获得有效的手性体，使不对称合成对映体过量百分率（*ee* 值）达 90%。铑催化剂的不对称氢化反应是手性金属有机催化剂在不对称合成领域中最早、也是最好的例子。1975 年，Knowles 的研究很快就被孟山都公司用于治疗帕金森症的药物手性多巴（L-Dopa）的生产。这是不对称催化的第一个工业化例子。

MeO, AcO, COOH, NHAc $\xrightarrow[\text{Rh(COD)}_2\text{BF}_4]{H_2/50℃}$ MeO, AcO, COOH, NHAc (95%(*ee*)) ⟶ HO, HO, COO^-, NH_3^+ (L-Dopa)

此后，研究者在 Knowles 的研究基础上不断换用其他膦配体，日本京都大学的野依良治于 20 世纪 80 年代初最先开发出性能更为优异的手性催化剂 Ru（BINAP）（α,α'-联苯体系制成的手性膦配体），成功地把 6-甲氧基-2-萘基丙烯酸进行不对称催化反应，得到了（*S*）-Naproxen，这是一种非甾体抗炎镇痛的新药，其对映体过量百分率高达 96%。

H_3CO, COOH + H_2 $\xrightarrow{(R)\text{-BINAP-Rh}}$ H_3CO, H, CH_3, COOH (96%(*ee*))　（(*R*)-BINAP= PPh_2, PPh_2）

Novartis 公司运用 Togni 和 Spindler 的不对称氢化技术生产以光学纯异构体为主的除草剂，年产量为 1 万吨。使用这些除草剂相比普通的除草剂在达到同等除草效果的情况下，用量减少 40%。因此使用不对称氢化技术既可以减少生产原料的消耗，又可以减轻除草剂对环境的污染。

Knowles 与野依良治由于各自出色地研究开拓了不对称催化氢化的领域，他们共同获得了 2001 年度诺贝尔化学奖。

目前，随着一系列新配体的出现，不对称催化氢化反应正向常温、常压和高选择性、高反应速率、重复使用和绿色化方向发展；同时，反应底物的范围也不断扩大。另一方面，催化不对称合成中手性配体昂贵的问题也有了解决方法：利用配位化合物的手性识别原理，使廉价的对映纯的非活性配体和外消旋的活性配体之间相互作用，拆分了外消旋体的活性配体，从而起到不对称催化的作用。这是不对称催化发展的一个方向。

② 不对称催化氧化　不对称催化氧化反应主要有两种。一种是环氧化反应。其中烯丙醇的 Sharpless 的环氧化反应最为经典，它具有简易、可靠、光学纯度高、产物的绝对构型可以预见等优点，是目前为止最成功的环氧化方法。

1980 年，Sharpless 用手性钛酸酯（Ti-tartrate）及过量的过氧叔丁基醇对烯丙醇进行氧化，成功地实现了不对称环氧化的过程。并且 Sharpless 很快就将这一反应用于一种治疗心脏病的药物——普萘洛尔[(*S*)-propanol] 的合成。

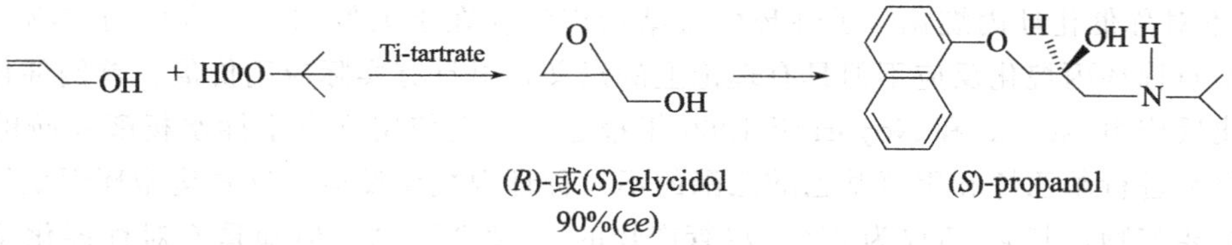

(R)-或(S)-glycidol 90%(ee)　　(S)-propanol

后来，Sharpless 经过改进，发现在分子筛的存在下，用较少量的四异丙基钛酸酯 [$Ti(OPr^i)_4$]和手性的酒石酸二乙酯（DET）组成了著名的 Sharpless 试剂，也实现了过氧叔丁基醇对烯丙醇衍生物的不对称环氧化，对映体过量百分率（ee 值）大于 90%，对某些反应物能获得 100%的选择性。

另一种是双羟基化反应。1988 年 Sharpless 用手性配体双金鸡纳碱和四氧化锇的催化体系，对烯烃进行不对称氧化的研究，得到手性二醇，该反应已成功用于抗癌药物（紫杉醇）的合成。

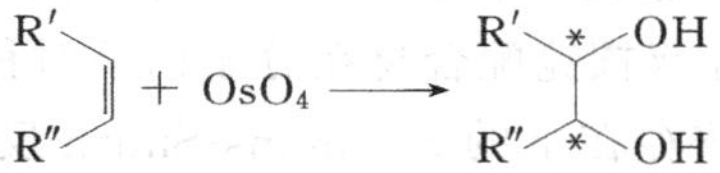

不对称环氧化和不对称双羟基化反应是 20 世纪较为著名的有机反应之一，并且很快就被应用在了许多光活性天然产物的全合成中。Sharpless 小组先后用了 17 年的时间，研究了 250 多个手性配体和数千个烯烃底物，发表研究论文上百篇。目前已经知道除顺式烯烃外，一般烯烃都可以得到较高的选择性。Sharpless 因为在不对称氧化领域做出了杰出的贡献而获得了 2001 年度诺贝尔化学奖。

③ 不对称催化烯烃异构化　研究者们在进行不对称催化氢化研究时，发现当使用铑与 BINAP 形成的配合物作为催化剂对具有烯胺结构的化合物进行不对称氢化反应时，这些烯胺化合物发生了立体选择性很高的异构化反应，如下式：

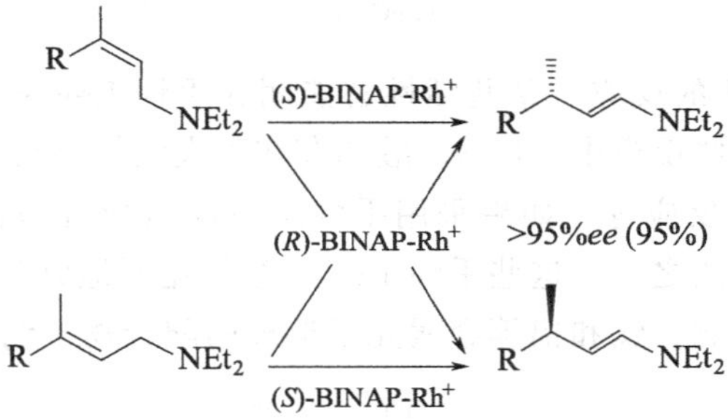

根据这一对映选择性催化反应，日本的 Takasago 公司利用 BINAP-Rh 催化烯丙基胺的不对称异构化反应技术，在 1983～1996 年仅消耗掉 250kg 手性配体，就已经生产近 3 万吨薄荷醇（Menthol）及其中间体。如下式：

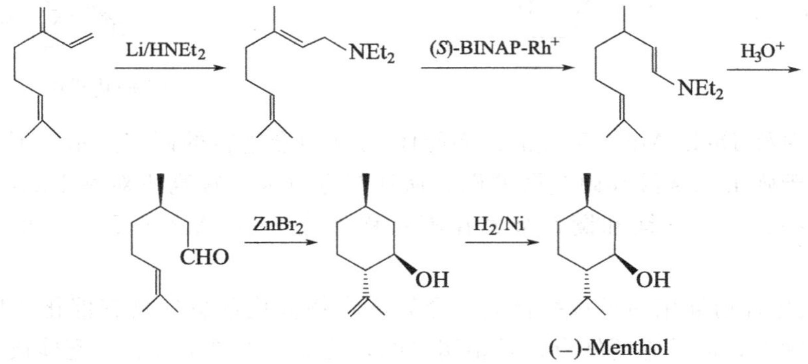

(–)-Menthol

④ 不对称催化环丙烷化　手性环丙烷结构广泛存在于天然和人工合成的产物中，这一事实使不对称环丙烷化反应不但具有理论上的意义，更具有实际应用价值。首例催化不对称环丙烷化反应由 Nozaki 和 Noyori 于 1966 年报道。他们使用含有手性水杨醛亚胺的铜配合物为催化剂进行苯乙烯和重氮基乙酸乙酯的不对称环丙烷化反应，反式构型环丙烷衍生物为反应的主要产物，其 *ee* 值仅为 6%。尽管产物的 *ee* 值并不高，但却是不对称催化反应中的一个突破。

在一些过渡金属配合物的催化作用下，金属键合的卡宾中间体的行为与通过光解或热解产生的游离卡宾不同，因此，使用这种卡宾中间体和烯烃反应就可以制备出光学活性环丙烷化合物。为了实现不对称环丙烷化反应，一般可采取两种策略：第一种是基于辅基的方法，共价连接的手性辅基使烯烃或环丙烷化试剂获得手性；第二种是在金属催化剂上使用手性配体。研究者们利用这两个策略已经发展了很多手性配体。例如手性席夫碱配合物、半咕啉配体、双噁唑啉配体等。其中手性双核铑配合物在分子内不对称环丙烷化反应中给出了较好的结果，而环丙烷二胺在双磺酰胺存在下的 Simmons-Smith 反应也可以高立体选择性地给出相应的环丙烷化产物。另外，Tang 等发展的用手性硫叶立德或碲叶立德的方法也是合成手性环丙烷的好办法。

值得一提的是，2003 年 Shi 首次用修饰的二肽化合物为催化剂，进行烯烃的不对称 Simmons-Smith 环丙烷化反应，得到中等至较好程度的化学产率和 *ee* 值。如下式：

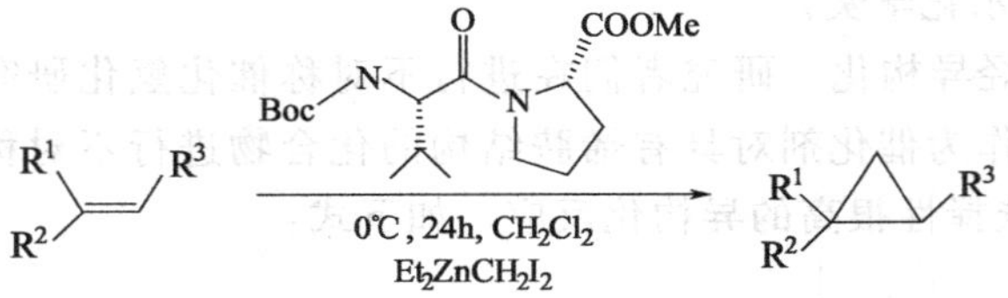

⑤ 手性 Lewis 酸催化的反应　某些活性官能团在手性 Lewis 酸的作用下可以更容易地生成碳正离子，因此在这些反应中，Lewis 酸的存在可大大提高反应速率。例如羰基化合物的加成反应、Diels-Alder 反应等。如果采用手性 Lewis 酸配合物作为催化剂，则是实现高对映选择性加成反应的方法之一。这些手性 Lewis 酸催化剂通常是具有 C_2 对称性的二羟基化合物或者二胺化合物与硼、钛和铝等金属元素形成的配合物。例如：

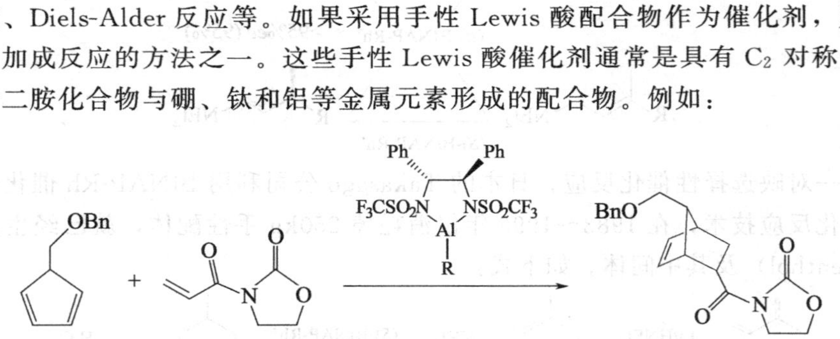

对用于不对称 Diels-Alder 反应的许多配体-金属组合进行的研究显示，不但与氧原子的配位较强，属于强 Lewis 酸和硬金属的硼、钛和铝等可大大提高不对称 Diels-Alder 反应的速率和立体选择性，铜、镁和镧系金属在不对称催化 Diels-Alder 反应中也给出了很好的结果。

⑥ 纯有机化合物催化的不对称合成　金属配合物催化剂虽然具有催化活性好、立体控制选择性高的优点，但是它的缺点也是很明显的，比如：需要贵金属、配体成本高、催化剂

对空气和水汽敏感、回收利用困难、产物中残留金属的毒性问题等。因此研究者们将目光投向了有机催化剂。目前使用有机催化剂的不对称合成反应类型有 Aldol 反应、环加成反应、Michael 加成反应、烷基化反应等。例如：

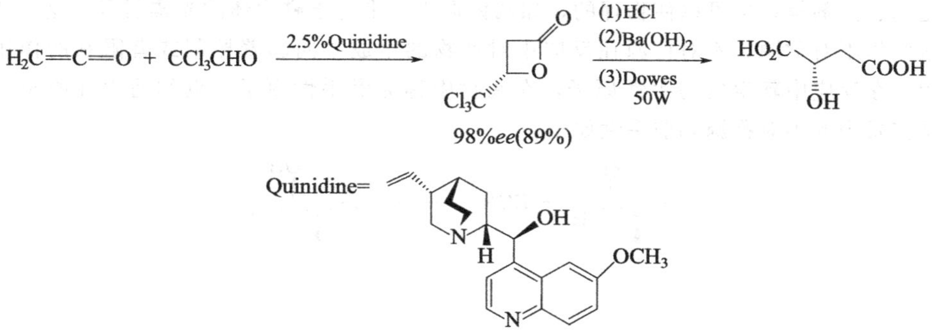

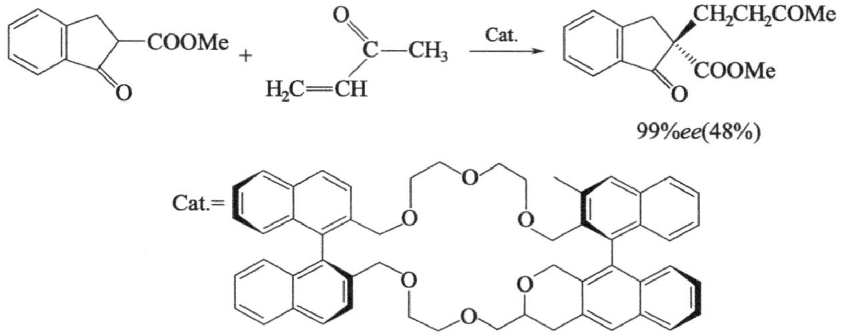

尽管有机催化剂的催化条件简单，易于回收利用，然而它在催化活性和选择性方面还有待提高。

习　题

9.1 已知 DL-氯霉素的母体氨基醇的结晶拆分方法为：首先在 80℃下将 DL-氨基醇溶解于水中形成饱和溶液，然后加入适量的 D-氨基醇并冷却至 20℃，即可析出一定量的 D-氨基醇。接下来，将母液加热至 80℃，向母液中加入 DL-氨基醇使得溶液达到饱和，然后将溶液冷却至 20℃，析出物质即为 L-氨基醇。重复以上的操作，即可交替地分离出 D-氨基醇和 L-氨基醇。请说明这是采用了哪种拆分方法，其原理是什么？

9.2 丙酮酸甲酯被还原后，再经过水解，得到的产物只可能是外消旋乳酸。而如果先将丙酮酸与左旋的薄荷醇进行酯化反应，然后再进行还原反应，这时所得的还原产物经水解后生成的是左旋体占优势的乳酸。请结合下面的式子进行简要的说明。

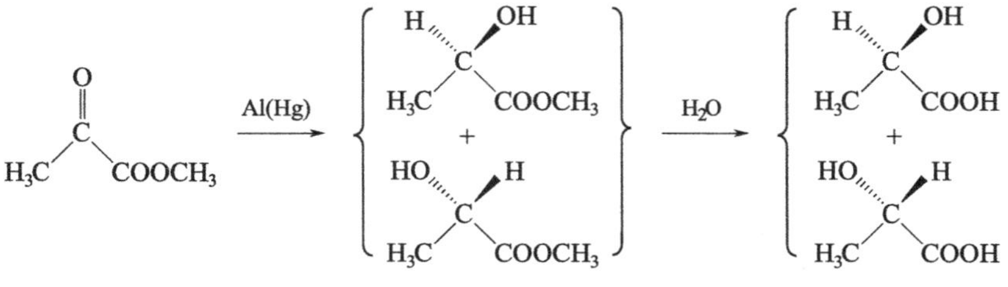

左旋薄荷醇的结构为

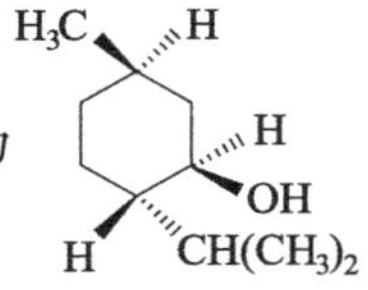

9.3　由于某种原因使反应底物分子中的反应部位在过渡态时形成一个不对称环境（或者称为手性环境）而使生成两种异构体的活化自由能不同，从而导致其生成量不同，这就是不对称合成反应发生的原因。在这个过程中，造成这种手性环境的因素可以是化学的，如手性的底物、试剂、催化剂、溶剂等；也可以使物理的，如圆偏振光、平行于磁力体的光辐射等。这种化学的不对称因素叫作不对称源，不对称源在反应中对产物的生成方向起着控制或者限制的作用，叫作指向作用。在反应中新生成的手性原子，在底物中称为潜手性原子，也称前手性原子。请指出下面的反应式中的不对称源和前手性原子。

O H + HCN ⟶ OH CN

第 10 章　保护基在有机合成中的应用

在有机合成反应中，往往需要对分子中个别基团进行加工，这就必须提高反应的专属性，因此在合成反应过程中会使用一些保护基，对某些敏感的官能团进行保护和去保护，否则可能会导致所需反应的失败。所谓保护基，就是将反应物中不希望发生反应的敏感基团转为不发生反应的基团。

基团保护和去保护是复杂有机合成中的重要问题。需要保护的基团主要包括羧基、巯基、羟基、氨基和羰基等。已有的保护基团种类很多，去保护基条件也各不相同。基团保护和去保护试剂研究的发展方向是反应条件温和、被保护基团稳定、易脱离、具有高选择性。

10.1　胺的保护

一级和二级胺易被氧化剂氧化，也容易发生取代反应，如 N 原子上不仅易发生烷基化和酰基化反应，还可以与醛酮的羰基发生亲核加成反应。为了使氨基在分子内其他部分反应时能保持不变，通常需要用易于脱去的基团进行保护。

由于许多生物活性分子，如氨基酸、肽、糖肽、氨基糖、β-内酰胺、核苷、生物碱等均含有 N 原子，因此氨基的保护在有机合成中占有十分重要的地位。

10.1.1　*N*-酰基型氨基保护基

将胺转变成取代的酰胺是一个简便而应用很广泛的氨基保护方法。一级胺的单酰基往往足以保护氨基，使其在氧化、烷基化等反应中保持不变。而更完全的保护则是与二元羧酸形成环状双酰胺衍生物。常用的简单酰基及其稳定性次序为：苯甲酰基＞乙酰基＞甲酰基。

如二肽的合成中氨基的保护：

$$\mathrm{HCONH\underset{\mid}{\overset{R}{C}}HCOOH + NH_2\overset{R'}{\underset{\mid}{C}}HCOOMe \xrightarrow{DCC} HCONH\overset{R}{\underset{\mid}{C}}HCONH\overset{R'}{\underset{\mid}{C}}HCOOMe}$$

DCC：二环己基碳二亚胺

然而在多肽的合成中，一般不用甲酰基和乙酰基，而是用结构较为复杂的三氟乙酰基（Tfac)、叔丁氧羰基（*t*-Box、Boc)、三氯乙氧羰基（Tceoc)、苄氧羰基（Cbz）以及邻苯二甲酰基（Phth）作为氨基的保护基团。一方面是因为简单的酰基稳定性较差，难以对氨基实施完全保护；另一方面在酸性或碱性条件下脱去甲酰基和乙酰基可能对多肽键中的酰胺键产生不利的影响。

(1) 叔丁氧羰基

叔丁氧羰基保护氨基的条件温和，受保护的氨基化合物能够经受催化氢化、比较强烈的碱性条件和亲核反应条件。常用的保护试剂有 Boc_2O（二叔丁基二碳酸酯）和 BocON［2-(叔丁氧羰基氧亚氨基)-2-苯乙腈］。如对苯丙氨酸中的氨基保护如下：

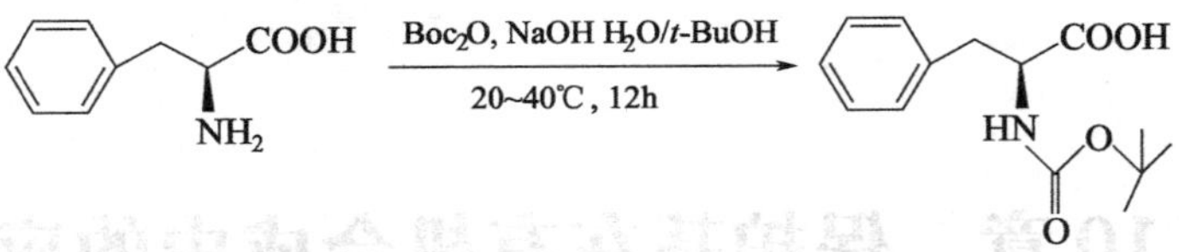

Boc$_2$O, NaOH H$_2$O/t-BuOH
20~40℃, 12h

脱去 Boc 保护基最常用的方法是常温下使用三氟乙酸（TFA）或三氟乙酸的 CH_2Cl_2 溶液，即可迅速去除保护基。

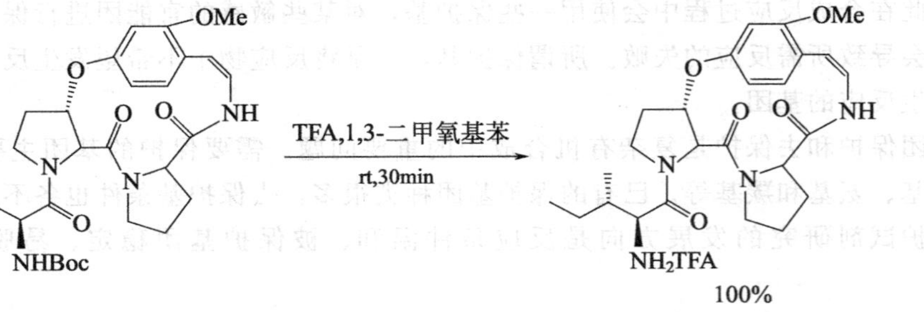

TFA,1,3-二甲氧基苯
rt,30min
100%

（2）三氟乙酰基

卤代乙酰基尤其是三氟乙酰基不仅在甾体、苷类合成中保护氨基得到应用，而且也可以保护糖上的氨基，例如胸腺嘧啶核苷的合成。

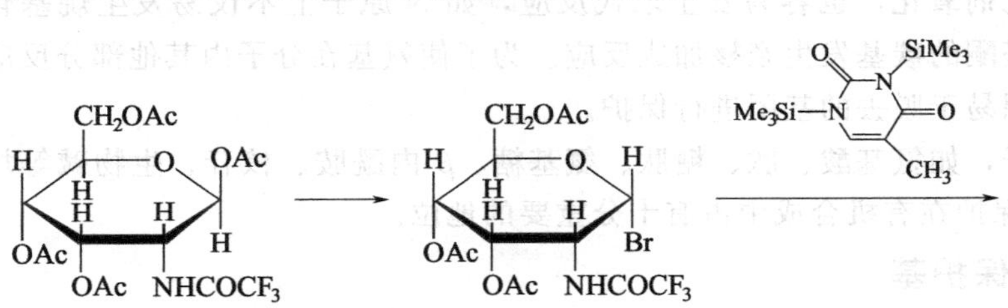

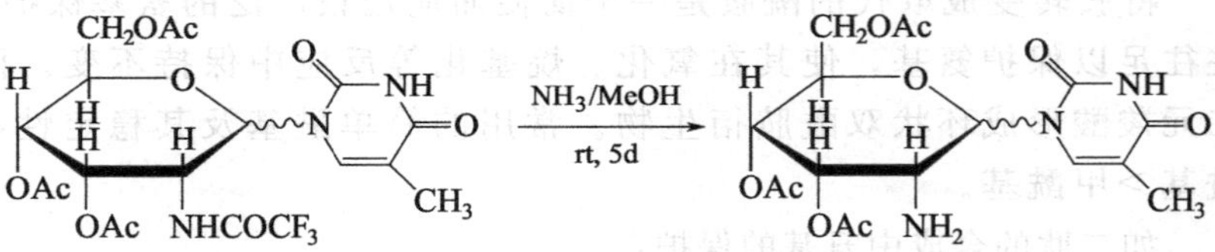

NH$_3$/MeOH
rt, 5d

三氟乙酰基可以在温和的碱性条件下水解去掉，如用氨水、氢氧化钠、氢氧化钡以及碱性离子交换树脂等。

（3）苄氧羰基

苄氧羰基保护氨基的条件非常温和，在碱性水溶液中室温下使用很快就能完成保护。由于 CbzCl 非常便宜，适合大量原料的制备，而且 Cbz 可以被氢解除去，因此得到了广泛的应用。

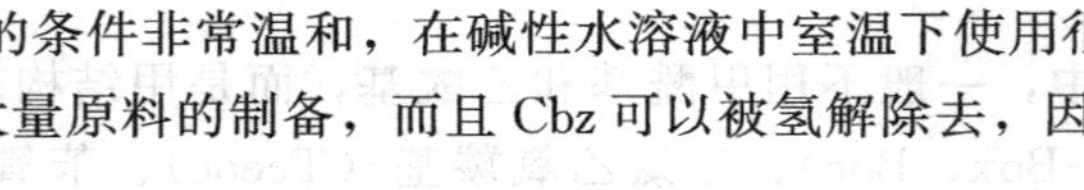

CbzCl
2mol/L NaOH
5～10℃,1h

（4）9-芴甲氧基羰基

9-芴甲氧基羰基（Fmoc）基团对酸性条件相当稳定，它的使用是现代固相和液相多肽合成的基础，常用的保护试剂是 Fmoc-Cl，在 $NaHCO_3$ 或 Na_2CO_3 存在下，可以取得较好的收率。同时该保护基的除去按照 β-消除的原理，只需简单的碱如 NH_3、Et_2NH、哌啶、吗啡碱等在非质子极性溶剂［DMF、NMP（N-甲基吡咯烷酮）或 MeCN］中即可快速完成氨基的释放。

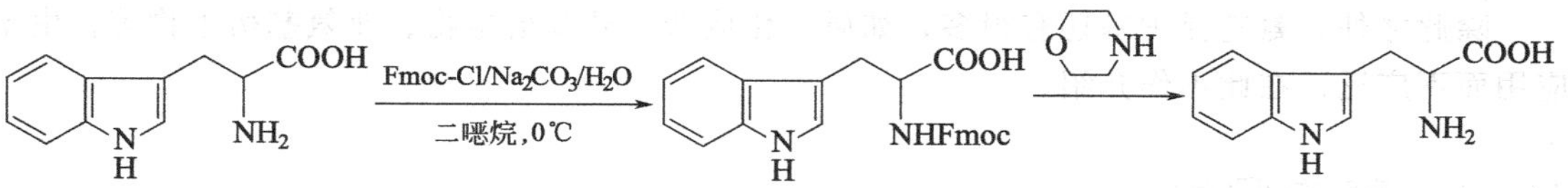

Fmoc-Cl/Na_2CO_3/H_2O，二噁烷，0℃；吗啉

(5) *N*-磺酰基衍生物

Hinsberg反应可将一级、二级和三级胺的混合物分开，这一分离作用可视作一个早期用苯磺酰胺对氨基进行保护的例子。磺酰基类氨基保护基是较稳定的保护形式，这些化合物一般都是很好的结晶，与碳酰胺类保护基比较，不易受到亲核试剂的进攻。

磺酰基的除去因底物特性而有区别。对于弱碱，如吲哚和吡咯，它们的磺酰基保护可以使用简单的碱水解完成脱除；但是如果是伯胺或仲胺的磺酰胺，则需要使用强烈的还原条件才能完成此过程。

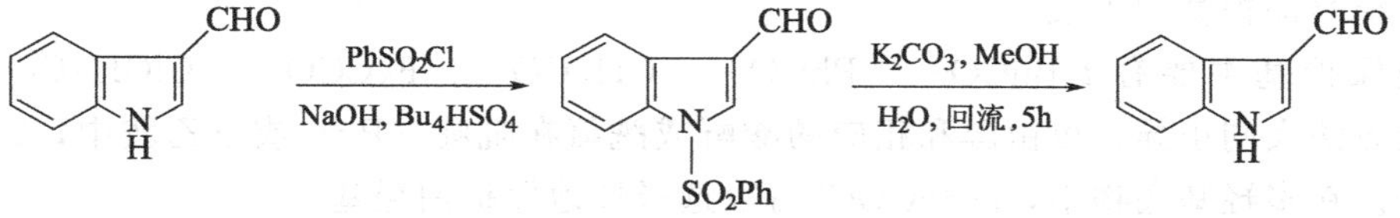

$PhSO_2Cl$，NaOH，Bu_4HSO_4；K_2CO_3，MeOH，H_2O，回流，5h

10.1.2 *N*-烷基类氨基保护基

(1) 苯甲基及其衍生物

用烷基保护氨基主要使用苄基或三苯甲基，由于这些基团的空间位阻作用对氨基可以起到很好的保护，但简单的烷基对胺保护后却难以去除，因而很少使用。伯胺可以在 Na_2CO_3 存在下与苄基溴反应，二次烷基化得 *N*,*N*-二苄基衍生物，而且还能很容易地催化氢解而除去；还原氨化方法是另一种常用的方法，而且可以控制 *N*-单苄基化，产率很好：

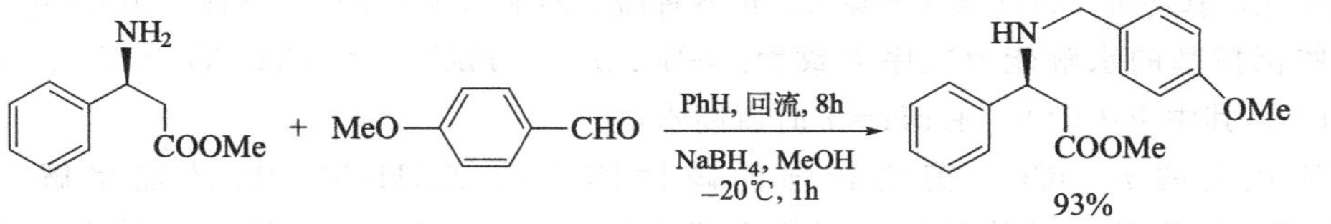

PhH，回流，8h；$NaBH_4$，MeOH，−20℃，1h；93%

(2) 烯丙基和异丙烯衍生物

烯丙基可用于保护咪唑环上的N—H键。腺嘌呤和6-羟基嘌呤与烯丙基溴在 *N*,*N*-二甲基乙酰胺中，在 K_2CO_3 存在下可得9-烯丙基衍生物，用碱处理则异构化成丙烯基衍生物。C_1 位进行甲基化后，在碱性条件下丙烯基可被氧化除去。

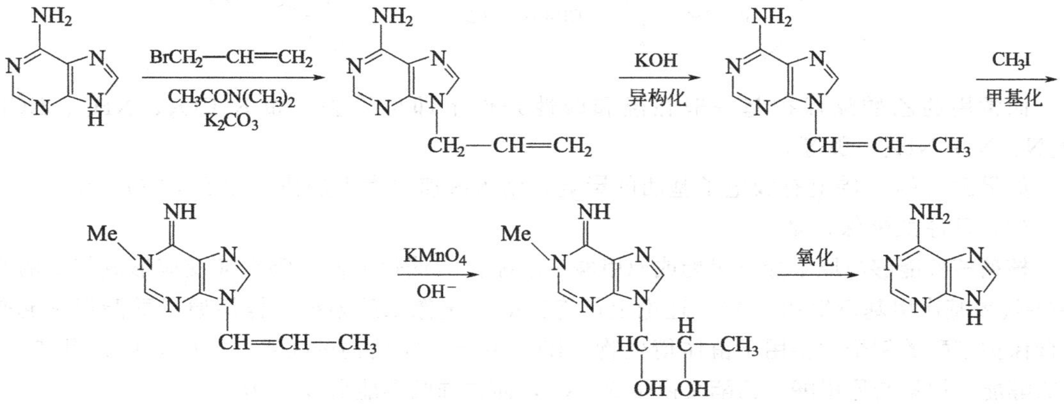

$BrCH_2—CH=CH_2$，$CH_3CON(CH_3)_2$，K_2CO_3；KOH，异构化；CH_3I，甲基化；$KMnO_4$，OH^-；氧化

除此之外，氨基保护基还有很多，如质子化成盐、硅基衍生物、亚氨基衍生物等，由于应用面不广泛，在此不作介绍。

10.2 醇的保护

羟基的保护基大概有 150 种，但其中只有少部分具有普遍的实用价值。下面从几大类加以讨论。

10.2.1 酯类保护基

形成羧酸酯是最常用来保护醇羟基的方法，使其在酸性或中性条件的反应中不受影响。该方法经济而有效，且在碱性条件下易去除。

(1) 酯类保护基的生成

酯类保护基主要有 *t*-BuCO—、PhCO—、CH_3CO—、F_3CCO—、$ClCH_2CO$—等。生成酯类的方法大同小异，可由醇和相应的酸酐或酰氯在吡啶（Py）或三乙胺中，0～20℃下反应获得。在多羟基底物中，*t*-BuCOCl 可以选择性地保护伯羟基。

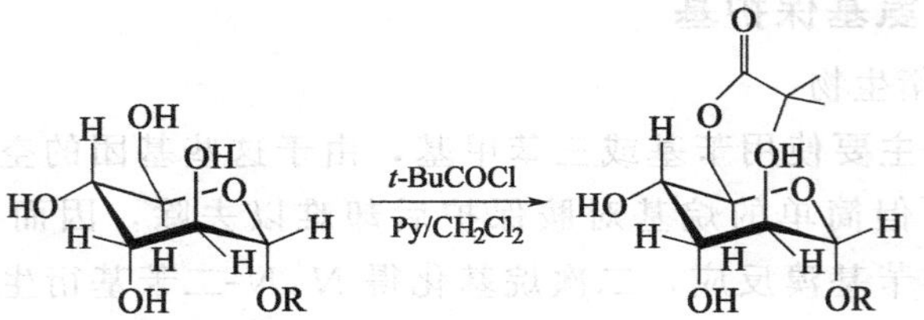

t-BuCOCl
Py/CH_2Cl_2

(2) 酯类保护基的除去

酯类保护基均可在碱性条件下除去，但各种酰基的水解速率不同，立体位阻大的酰基水解较慢，这些保护基的水解能力次序大致为：*t*-BuCO—＜ PhCO—＜ CH_3CO —＜ $ClCH_2CO$—＜ F_3CCO—，其中 F_3CCO—在 pH＝7 时就能水解。

位阻较大的 *t*-BuCO—需要较强的碱性体系如 KOH/MeOH 才能水解，但此时 TBDMSO（叔丁基二甲基硅基）醚却不能水解；除去 *t*-BuCO—的另一种方法就是用金属氢化物还原，如 $LiAlH_4$、DIBAL（二异丁基氢化铝）或 $KBHEt_3$ 等，反应条件相对也较强烈。

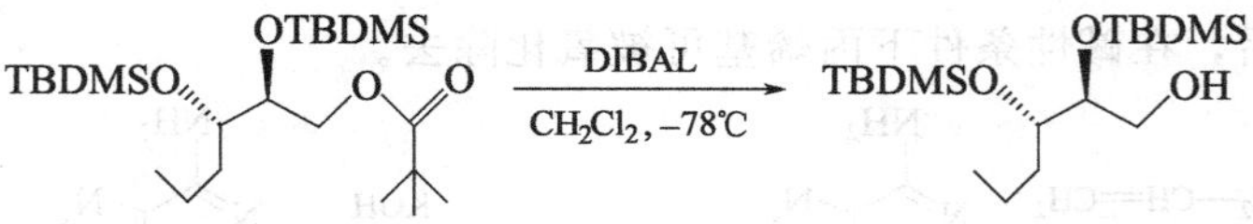

DIBAL
CH_2Cl_2, −78℃

而常用的乙酸酯保护基一般在温和碱性条件下即可除去。如 K_2CO_3、NH_3、KCN、Et_3N、NH_2NH_2、胍等。

如果酰基的 α-碳上有吸电子基团的影响，则水解速率大大加快，如 F_3CCO^- 等。

(3) 环原酸酯保护基

核糖核酸能够与原甲酸三甲酯或原甲酸三乙酯在酸催化下发生酯交换反应形成相应的 2′，3′-*O*-烷氧基次甲基衍生物（A）；理论上可将三醇系统像二醇系统一样用原甲酸酯保护起来，这种保护三醇的例子主要用于甾体衍生物（B），由于立体结构的关系，2-羟甲基-2-甲基-1,3-丙二醇能很快地与原甲酸三乙酯交换生成（C），而甘油则不能形成（D）。

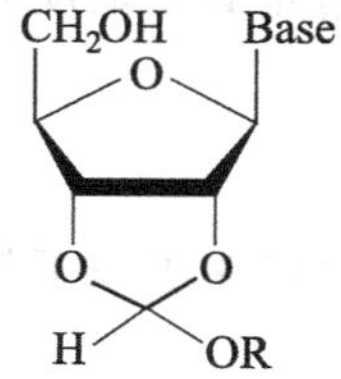

(A) 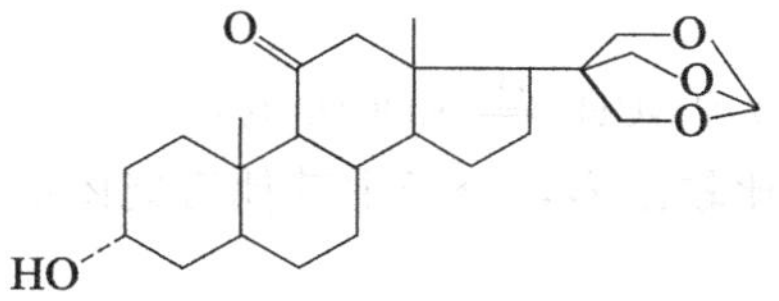 (B) 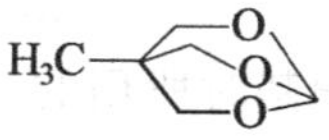 (C) 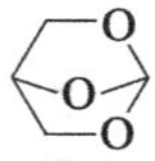 (D)

环状原甲酸酯在碱性溶剂中稳定，但在非常温和条件下即能被酸催化而水解脱去。

(4) 碳酸环酯保护基

碳酸环酯保护基广泛用于糖化学中，顺-1,2-二醇非常容易形成碳酸酯，将二醇在吡啶溶液中与光气作用即可制备碳酸环酯：

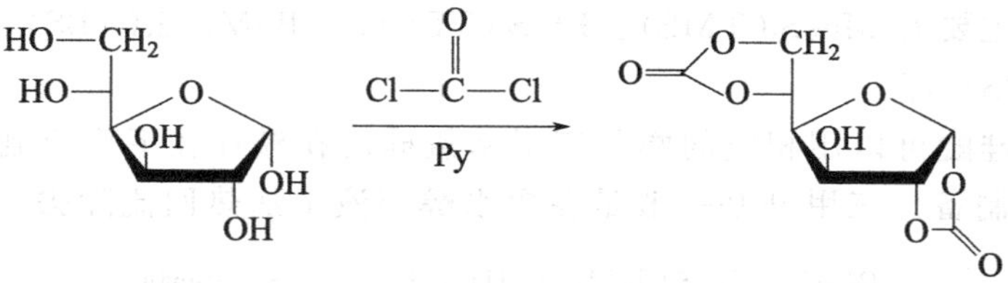

碳酸环酯作为保护基的用处，极大部分在于对酸性试剂比较稳定，对溴水、Pb$(OAc)_4$、HBr/AcOH 和 H_2-Pd 也稳定，但对弱碱水解条件却是敏感的，可用氧化钡水溶液除去该保护基。

(5) 苯硼酸环酯保护基

苯硼酸环酯通常是将二醇与苯硼酸或苯硼酸酐在非羟基溶剂中来制备。苯硼酸环酯在空气中通常是稳定的结晶型固体，可以进行酰化反应而不失去保护基。但苯硼酸酯对水和醇非常不稳定，室温下即可很快除去保护基。

苯硼酸酯曾成功地用于 D-木糖衍生物的转变：

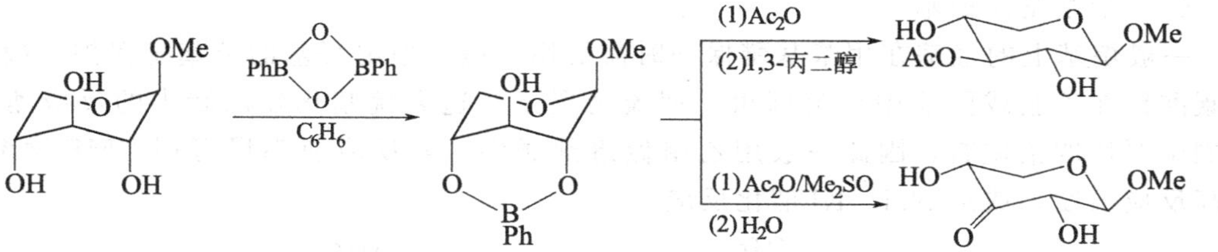

10.2.2 醚类保护基

(1) 烷基醚类保护基

烷基醚类作为醇类常规的保护基使用得较多的有甲醚、叔丁醚、烯丙醚、苯甲醚及其衍生物，如三苯甲基醚等。

糖类化合物和其他醇类中的羟基经常通过甲基化加以保护。甲基化反应可采用碘甲烷、硫酸二甲酯、二甲基甲酰胺和二甲基亚砜在碱性条件下完成。简单的烷基醚可以用 BCl_3 处理而裂开，糖类的某些甲醚用 CrO_3/CH_3COOH 处理时可以氧化成相应的甲酸酯，但甲基作为醇类的常规保护基由于不易除去而难以应用。

叔丁基保护基成功地在多肽中用来保护具有羟基的氨基酸中的醇羟基，如丝氨酸、苏氨酸等。制备叔丁醚时，可以将相应的醇的二氯甲烷溶液在酸催化、室温下与过量异丁烯反应制得：

$$ROH+(CH_3)_2C=CH_2 \xrightleftharpoons{H^+} ROC(CH_3)_3$$

由于除去保护基时所用的酸性条件比较激烈，分子中其他官能团的稳定性限制了叔丁基的应用范围。

烯丙基醚容易制成，且在中度酸性和碱性条件下稳定。但在强碱性条件下易异构成丙烯醚，后者易被酸水解。因此烯丙基只能与对碱稳定的保护基一起应用。

$$ROH+CH_2=CHCH_2Br \xrightarrow{NaOH} ROCH_2CH=CH_2 \xrightarrow[DMSO]{t\text{-}BuOK} ROCH=CHCH_3$$

（2）硅醚类保护基

硅醚保护基主要有 Me_3Si(TMS)、Et_3Si(TES)、t-$BuMe_2Si$(TBS)、t-Pr_3Si(TIPS)、t-$BuPh_2Si$(TBDPS) 等。

醇类三甲基硅醚可以用相应的醇与三甲基氯硅烷在碱存在下反应制得；也可以与六甲基硅氨烷反应制备。三甲硅基一般是在含水醇溶液中加热回流除去。

$$ROH+Me_3SiCl(Me_3SiNHSiMe_3) \longrightarrow ROSiMe_3$$

由于三甲硅基的不稳定性，作为醇羟基的保护基，它并不经常用于合成。

叔丁基二甲基硅醚较为稳定，能耐受氢氧化钾的酯水解条件和温和的还原条件（如 $Zn—CH_3OH$）。可用下面方法引进该保护基：

$$(CH_3)_2Si(t\text{-}Bu)Cl + \text{咪唑} \xrightarrow[ROH]{DMF} (CH_3)_2Si(t\text{-}Bu)—OR$$

在 $Bu_4N^+F^-$ 的四氢呋喃中，室温时 40min 即可脱去该保护基。叔丁基二甲基硅和三异丙基硅的氯化物可选择性地保护一级醇羟基。

（3）苄基醚保护基

一般烷基上的羟基在用苄基醚保护时需要用强碱，但酚羟基的苄基醚保护一般只要用碳酸钾在乙腈或丙酮中回流即可，回流情况下，这类烷基化在乙腈中的反应速率比丙酮中要快四倍左右，因此一般用乙腈做溶剂居多。若反应速率慢可用 DMF 做溶剂，提高反应温度，或加 NaI、KI 催化反应。

（反应式：HO-糖环(OTr, AcHN, OMe) $\xrightarrow[99\%]{BnBr,NaI}$ BnO-糖环(OTr, AcHN, OMe)）

苄基醚在中性溶液中很容易被催化氢解，常用钯催化氢解或者金属钠在液氨或醇中脱保护。

（反应式：BnO-糖环(AcHN, CH_3, H, AcHN, OMe) $\xrightarrow[100\%]{10\%Pd/C/H_2}$ HO-糖环(AcHN, CH_3, H, AcHN, OMe)）

(4) 四氢吡喃醚

四氢吡喃醚是一种缩醛型混合醚，对碱、Grignard 试剂、RLi、$LiAlH_4$、烃化剂和酰化剂均稳定，广泛用于炔醇类、甾体类、核苷酸、糖、甘油酯、环多醇和肽类分子中羟基的保护，但不能用于在酸性介质中进行反应。3,4-二氢-吡喃能对醇类进行酸催化加成，生成四氢吡喃醚，酸性条件下水解即可解除该保护基。

该方法已经用于昆虫信息素的全合成，保护过程如下：

$$HO(CH_2)_8CH{=}CHCH_2COOBu\text{-}t \xrightarrow[H^+]{\text{二氢吡喃}} \text{THP}{-}O(CH_2)_8CH{=}CHCH_2COOBu\text{-}t$$

$$\xrightarrow[(2)H_2O]{(1)Me_3SiCl/NaI} HO(CH_2)_8CH{=}CHCH_2COOBu\text{-}t$$

(5) 缩醛和缩酮

对于1,2-或1,3-二醇化合物，除了用环酯和原酸酯来保护外，还可以用缩醛和缩酮类衍生物来保护两个羟基的二元醇。

① 缩丙酮保护基　丙酮在酸催化下可与顺式1,2-二醇反应生成环状的缩酮：

$$\begin{array}{l}H_2C{-}OH\\ CH{-}OH\\ H_2C{-}OH\end{array} \xrightarrow[\text{干 HCl}]{CH_3COCH_3} \begin{array}{l}H_2C{-}OH\\ CH{-}O\\ H_2C{-}O\end{array}\!\!>\!C(CH_3)_2 \xrightarrow[H^+]{CH_3(CH_2)_{14}COOH}$$

$$\begin{array}{l}H_2C{-}OCO(CH_2)_{14}CH_3\\ CH{-}O\\ H_2C{-}O\end{array}\!\!>\!C(CH_3)_2 \xrightarrow[H_2O]{H^+} \begin{array}{l}H_2C{-}OCO(CH_2)_{14}CH_3\\ CH{-}OH\\ H_2C{-}OH\end{array}$$

② 缩苯甲醛保护基　苯甲醛在酸性催化剂（如 HCl、H_2SO_4、p-$CH_3C_6H_4SO_3H$、无水 $ZnCl_2$ 等）存在时可与1,3-二醇反应生成环状的缩醛：

$$\begin{array}{l}H_2C{-}OH\\ HC{-}OH\\ H_2C{-}OH\end{array} \xrightarrow[H^+]{PhCHO} HO{-}\begin{array}{l}H_2C{-}O\\ CH\\ H_2C{-}O\end{array}\!\!>\!CHPh \xrightarrow[(2)H_2O]{(1)CH_3(CH_2)_{14}COCl,Py} \begin{array}{l}H_2C{-}OH\\ CH{-}OCO(CH_2)_{14}CH_3\\ H_2C{-}OH\end{array}$$

环状缩醛（酮）在绝大多数中性及碱性介质中都是稳定的，对氧化剂 CrO_3、HIO_4、碱性 $KMnO_4$，还原剂 $LiAlH_4$、$NaBH_4$ 以及催化氢化也都是稳定的，可广泛用于甾类、甘油酯和糖类、核苷等分子中1,2-及1,3-二羟基的保护。在酸性条件下，环状缩醛（酮）极易水解，故可用作脱保护基的方法。

10.3 酚与邻苯二酚的保护

酚的保护基和醇相似，可分为两大类——醚类和酯类。醚类主要有烷基醚和缩醛，酯类保护基一般是酰基或磺酰基，它们对酚提供了广泛的保护。

邻苯二酚及其衍生物，由于两个邻位羟基的相邻关系，可以用环缩醛（酮）和环酯等保护。

10.3.1　酚的烷基化和脱烷基化

（1）酚的烷基化

酚的烷基化反应可以通过酚与重氮烷反应、酚与卤代烷、硫酸或亚硫酸在碱存在下反应或酚与烯烃在酸催化下反应来完成。

① 重氮烷烷基化　重氮烷与酚在惰性溶剂中很快反应生成烷基醚，副产物极少。例如，过量的重氮甲烷与原儿茶酸作用生成二甲氧基衍生物，若控制重氮甲烷的用量，可有选择地使酸性较大的对位羟基甲基化：

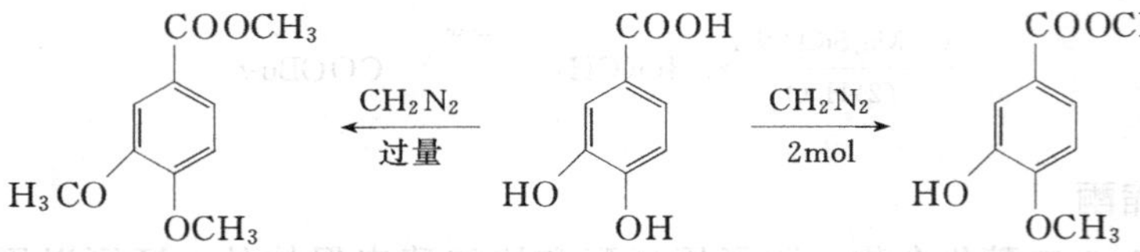

COOCH3 / H3CO / OCH3 ←(CH_2N_2, 过量)— COOH / HO / OH —(CH_2N_2, 2mol)→ COOCH3 / HO / OCH3

邻苯二酚基与硼酸或其盐在水溶液中反应生成硼酸环酯化合物后不再被重氮甲烷甲基化，因此可以从黄酮芸香苷制备黄酮醇的鼠李素：

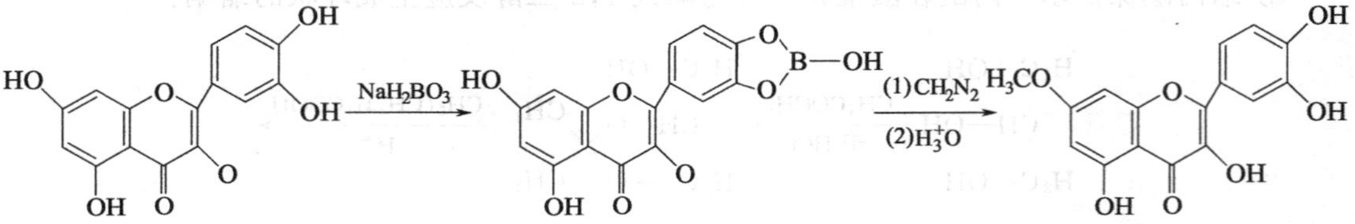

HO, OH, OH, O, OH, O —(NaH_2BO_3)→ HO, O, B—OH, O, OH, O —((1)CH_2N_2 (2)H_3^+O)→ H3CO, OH, OH, OH, OH, O

② 卤代烷与硫酸酯的烷基化　最常用的酚烷基化方法是将卤代烷或硫酸酯，在碱存在下与酚或酰化酚反应。这类反应是酚盐阴离子或酚本身对烷基的亲核取代作用。

邻苯二酚和间苯二酚的单甲基化最好在 pH=8～9 的条件下，与限制量的硫酸二甲酯反应：

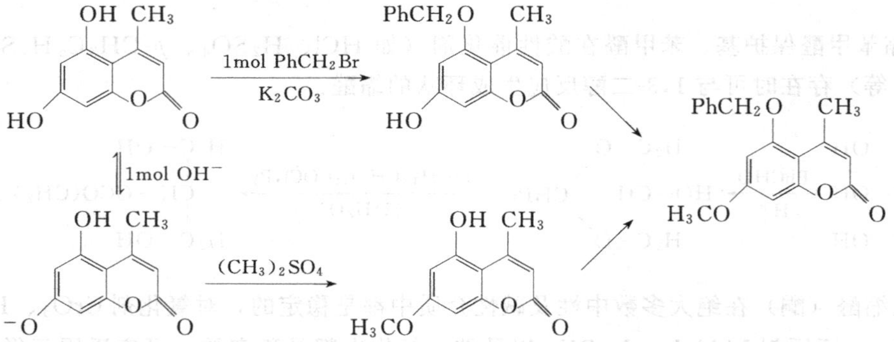

OH CH3 / HO / O —(1mol $PhCH_2Br$, K_2CO_3)→ PhCH2O CH3 / HO / O → PhCH2O CH3 / H3CO / O

⇅ 1mol OH^-

OH CH3 / $^-$O / O —($(CH_3)_2SO_4$)→ OH CH3 / H3CO / O → PhCH2O CH3 / H3CO / O

在羰基邻位的羟基或者形成强氢键的羟基，与重氮烷一样，也不易被卤代烷或硫酸酯进行甲基化。

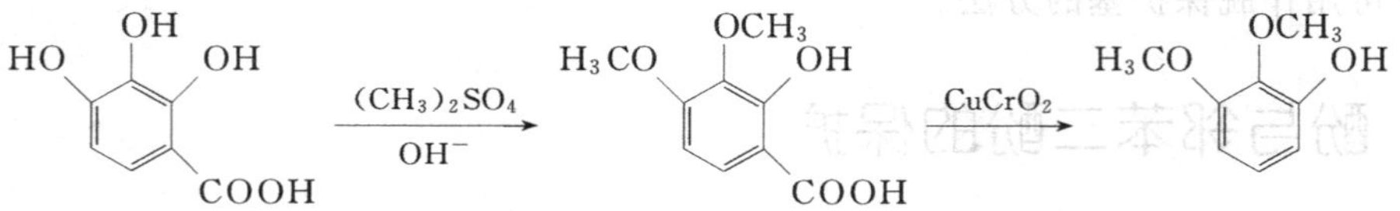

HO, OH, OH, COOH —($(CH_3)_2SO_4$, OH^-)→ H3CO, OCH3, OH, COOH —($CuCrO_2$)→ H3CO, OCH3, OH

在多酚化合物中，需要对邻位双酚基进行保护时，可用双配位的次甲基、亚异丙基或二苯次甲基来实现。反应按一般的烷基化步骤进行。

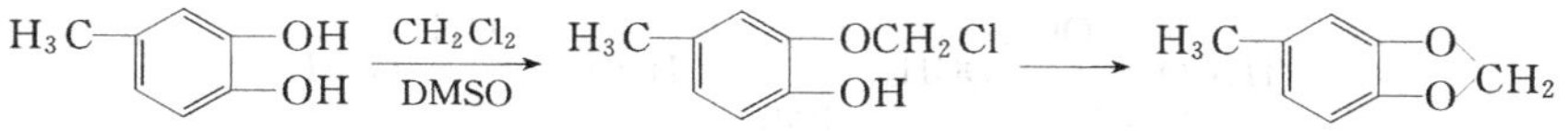

(2) 酚醚的脱烷基化

① 酸性试剂　几乎所有的烷基酚醚在适宜的条件下均能被酸性试剂所断裂。各种烷基的稳定性次序为：$—OCH_2R$ >$—OCH(CH_3)_2$，$—OCH_2Ph$ >$—C(CH_3)_3$，$—OCH_2OCH_3$，—O-四氢吡喃基。一般来说，甲醚是最稳定的，而具有缩醛结构的甲氧甲基醚和四氢吡喃醚就更容易脱去。

由于叔丁醚容易裂去，因此曾用于从嘧啶合成假尿核苷。当用盐酸甲醇时，在 60℃加热 2min 即可除去保护醚基，而此条件下不会改变糖的呋喃糖环结构。

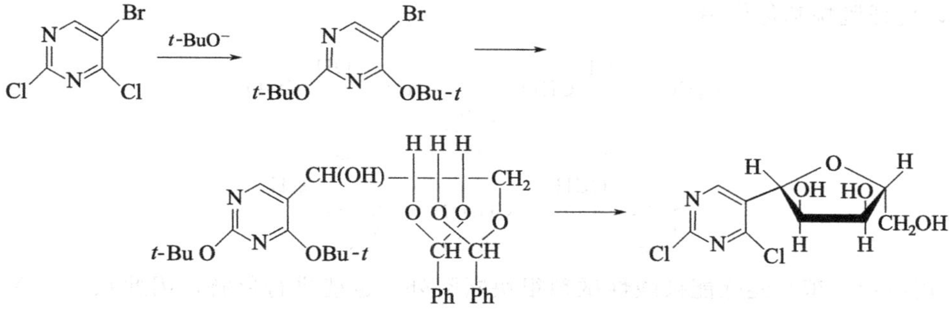

② 氧化试剂　对位二甲氧基苯型化合物，在硝酸、铬酸酐或硫酸铈等氧化下，脱去甲基生成对醌，后者还原形成对位二羟基结构。例如将异茴芹内酯转变成佛手内酯的 6-羟基衍生物，就是利用氧化剂脱去保护基，最后一步反应利用了苄基醚和甲基醚对酸的不同稳定性。

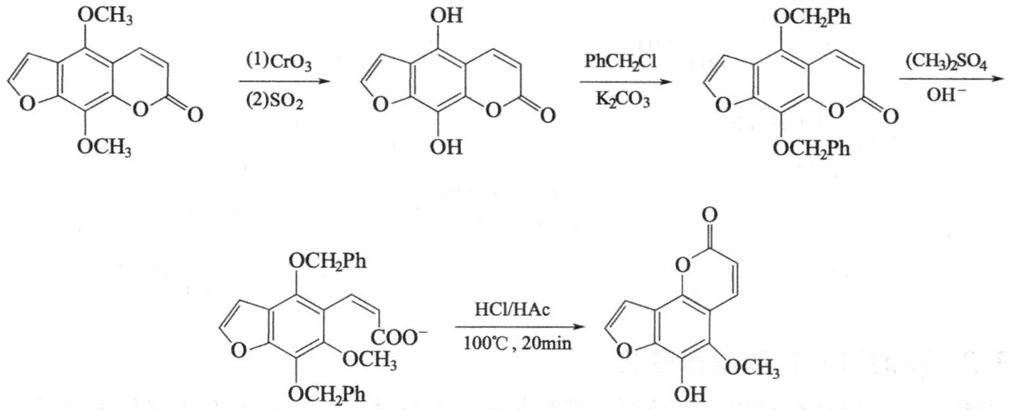

③ 卤化硼和卤化铝　三卤化硼和三卤化铝是脱烷基化特别是脱甲基化最有效的试剂。

由于 1,2,3-苯三酚三甲醚 2-位上的醚基对酸比较敏感，但在控制条件下，溴化铝和氯化铝可选择性地脱去羰基的邻位、对位或间位的醚基：

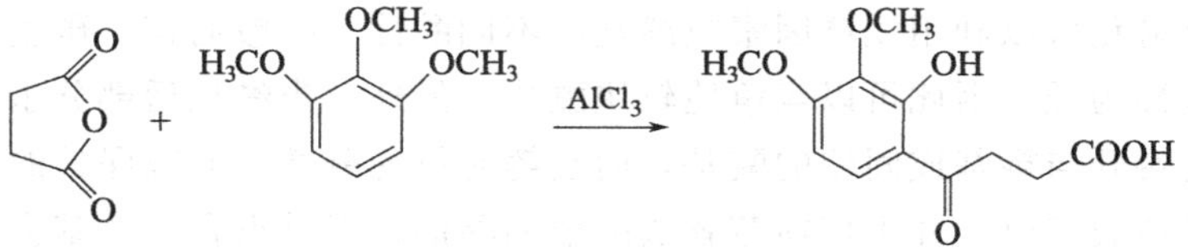

④ 格氏试剂和碘化镁　格氏试剂可以使烷基苯基醚裂开，而且具有选择性：

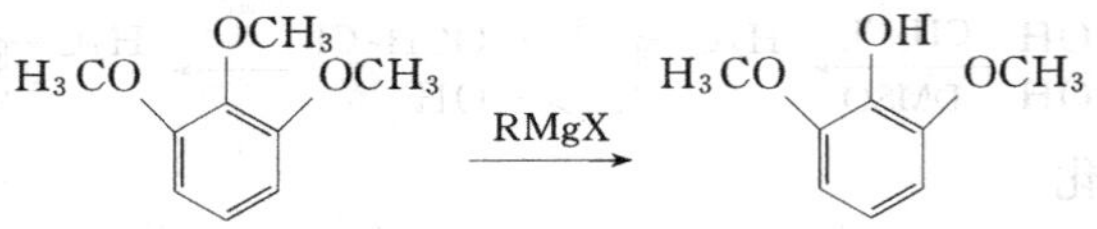

格氏试剂的作用来自于分子中的卤化镁；此后采用碘化镁作脱醚试剂，它对处于羰基的间位的甲氧基具有选择性的脱去作用。

⑤ 亲核试剂以及碱催化　酸、卤化硼和氯化铝的脱醚作用可归之为催化作用：它们能和醚中氧上的孤电子对形成配位键，从而有助于对烷基进行亲核进攻。当没有这些催化剂存在时，强的亲核试剂如—SPh、—NH_2、—PPh_2、—$AsPh_2$ 和—SC_2H_5 可以在特定的情况下用作脱烷基试剂。当所生成的酚盐是一个被共轭效应所稳定的阴离子时，只需用氢氧根离子就足以胜任脱烷基化作用。

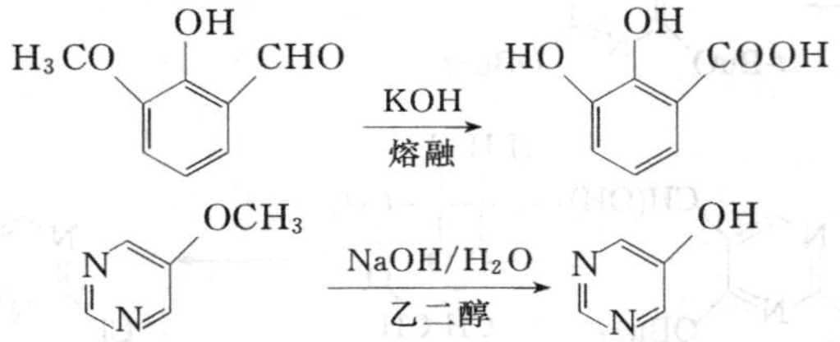

⑥ 还原剂　苄基醚除能被酸性试剂很快断裂外，也能进行氢解，因此从一个含有苄基和甲基的醚化合物中能够选择性地除去苄基，由此常用来合成部分甲基化的多酚。

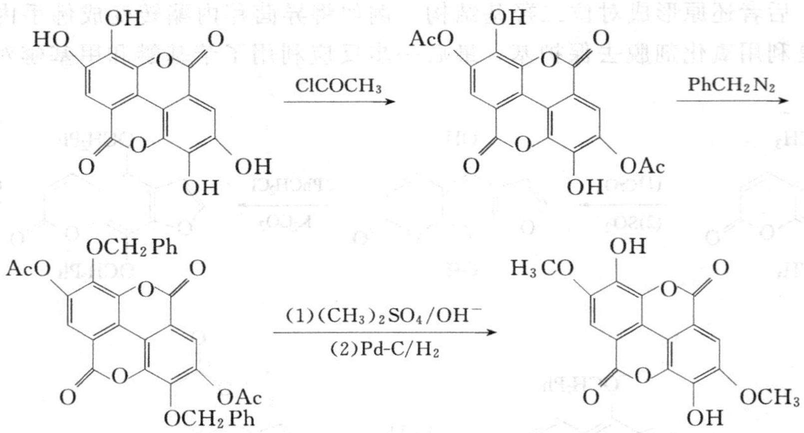

10.3.2　酚的酰基化和脱酰基化

当酚的分子中具有对酸或对还原、氧化敏感的官能团时，则用酰基来保护酚羟基。酚的酰化可以常规地从酚和相应的酰卤或酸酐在碱存在下作用而得。

酰化酚非常容易进行碱催化裂解，而烷基醚在这种条件下一般是稳定的，二者可互补所短。

多酚的部分酰化可以利用立体因素或酚基的不同酸性。一般而言，羰基间位的酚基其酸性较在对位的酸性为低，因此可以竞争地较快酰化。另外，当酰化后部分水解时，如用较为温和的碱则不能裂开与羰基成间位的酰基，而裂解对位的酰基。而被保护的对双没食子酸用碱使乙酰基选择地裂解时，并不切断芳香酸酚酯的酯键，但是没食子酰基会转移到热力学较为稳定的间位。如：

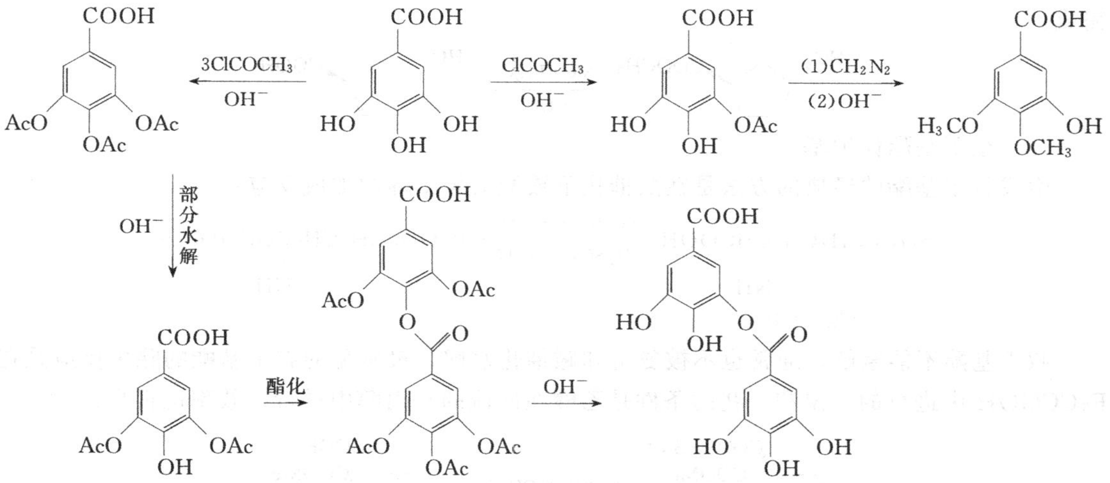

可以用碳环酸酯来完成邻苯二酚的选择性保护。碳环酸酯的制备可从邻酚与二苯碳酸酯一起加热，或在碱存在下与光气反应。用碱甚至热水即可很容易地使碳环酸酯水解。

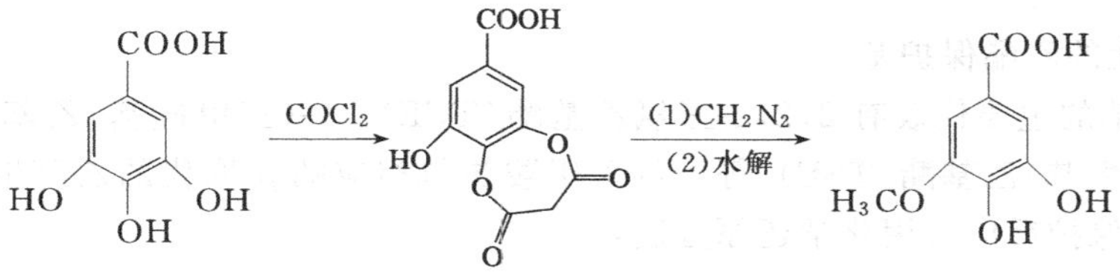

10.4 羧基的保护

肽的合成给予羧基保护以极大的推动力，保护的目的主要是阻止碱性试剂与羧酸质子之间的反应，少数情况下是为了阻止亲核试剂的进攻或金属氢化物的还原。羧酸的保护基大多以酯的形式来完成，也有的用原酸酯类化合物进行保护。

10.4.1 酯类保护基

酯类的合成可以采取以下几种方法：

a. 酸和醇直接反应；

b. 酰卤或酸酐与醇反应；

c. 羧酸盐与卤代烃反应；

d. 羧酸与烯烃反应；

e. 羧酸与重氮烷烃反应。

(1) 甲酯保护基

甲酯的优点是简单、位阻小、易制备。一般甲酯可采用传统方法制备，对于氨基酸，则可利用 $(CH_3)_3SiCl$ 或 $SOCl_2$ 活化的酯化反应。

$$HOCH_2CH(NH_2)COOH \xrightarrow[MeOH,rt,20h]{Me_3SiCl} HOCH_2CH(NH_2)COOCH_3$$

比较温和的条件还有使用 $KHCO_3/CH_3I$ 进行甲酯化。

甲酯的脱除通常在 CH_3OH 或 THF 与水的混合溶剂中进行，使用 KOH 等无机碱来完成：

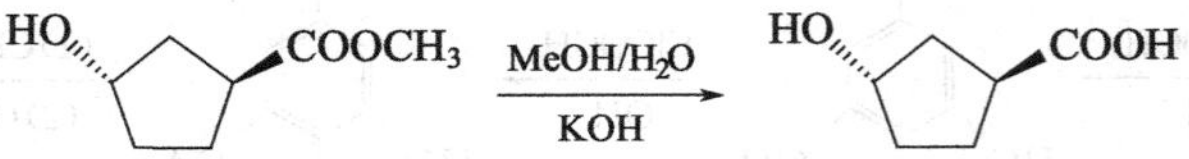

HO–环戊烷–COOCH₃ $\xrightarrow[KOH]{MeOH/H_2O}$ HO–环戊烷–COOH

(2) 叔丁基酯保护基

生成叔丁基酯的经典的方法是在酸催化下羧酸对异丁烯的加成反应：

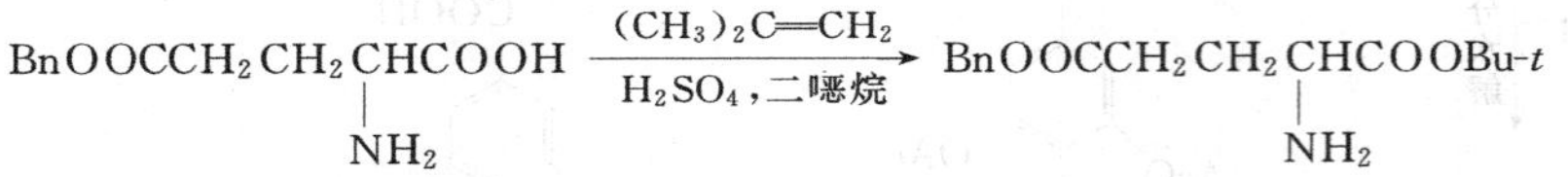

$$BnOOCCH_2CH_2CH(NH_2)COOH \xrightarrow[H_2SO_4,二噁烷]{(CH_3)_2C=CH_2} BnOOCCH_2CH_2CH(NH_2)COOBu\text{-}t$$

(Bn：苄基)

叔丁基酯不能氢解，通常也不被氨解和碱催化水解，最常见的叔丁基酯的除去反应是在 F_3CCOOH 中进行的。温和一些的条件是乙酸在回流的异丙醇中进行，效率也很高：

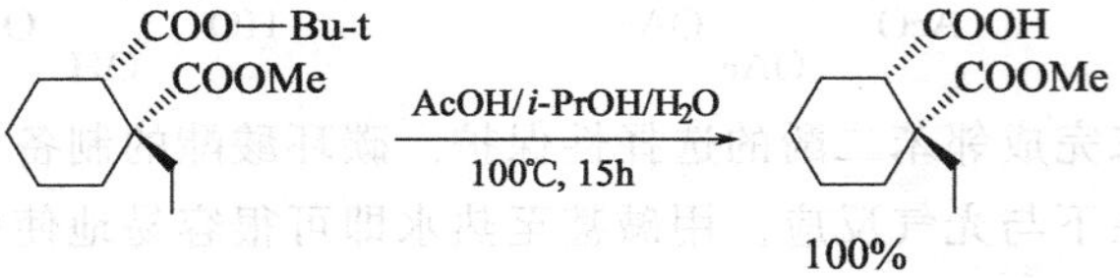

COO—Bu-t / COOMe $\xrightarrow[100℃,\ 15h]{AcOH/i\text{-}PrOH/H_2O}$ COOH / COOMe　100%

(3) β-取代的乙酯保护基

这类保护基的主要代表有 2,2,2-三氯乙基酯(TCE)、2-(三甲硅基)乙基酯(TMSE) 和 2-(对甲基苯磺酰基)乙基酯(TSE) 等。可采用羧酸与相应的 β-取代的乙醇生成 β-取代的乙酯。TCE 的脱保护反应可用化学还原方法：

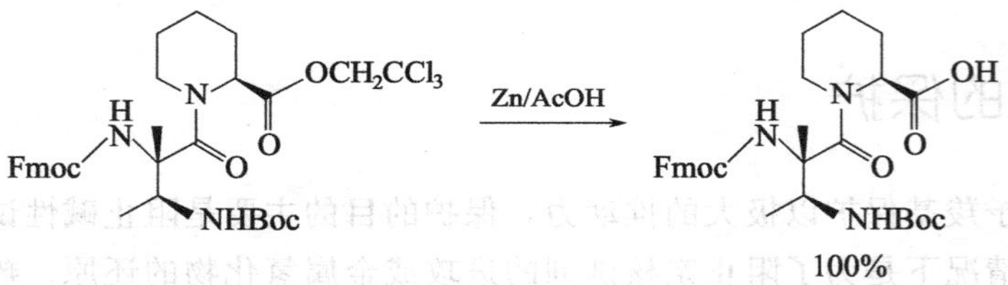

OCH_2CCl_3 (Fmoc, NHBoc) $\xrightarrow{Zn/AcOH}$ OH (Fmoc, NHBoc)　100%

而 TMSE 和 TSE 则主要采用 β-消除反应来脱保护基：

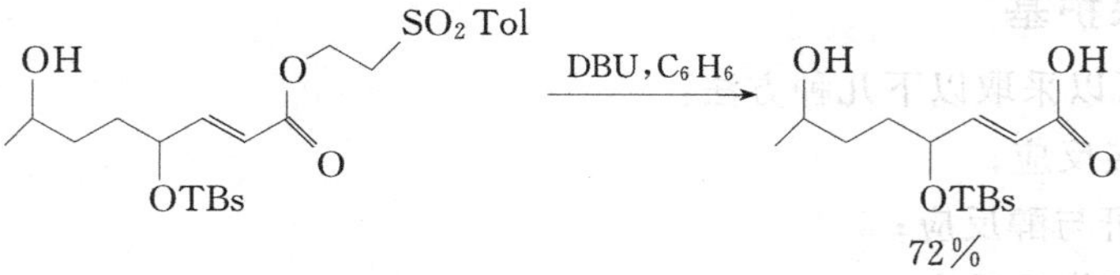

OH, OTBs, SO_2Tol $\xrightarrow{DBU,C_6H_6}$ OH, OTBs, OH　72%

(Tol：甲苯基　DBU：1,8-二氮杂环十一烯)

(4) 苄基、取代苄基和二苯甲基酯类保护基

这类保护基的最大特点是可以催化氢解除去，条件中性而温和，具体与相应的苄基醚类保护基类似。

(5) 烯丙基酯保护基

烯丙基酯的特色是除去保护基的反应与众不同，多数使用 Pd 催化的烯丙基异构化-水解反应。

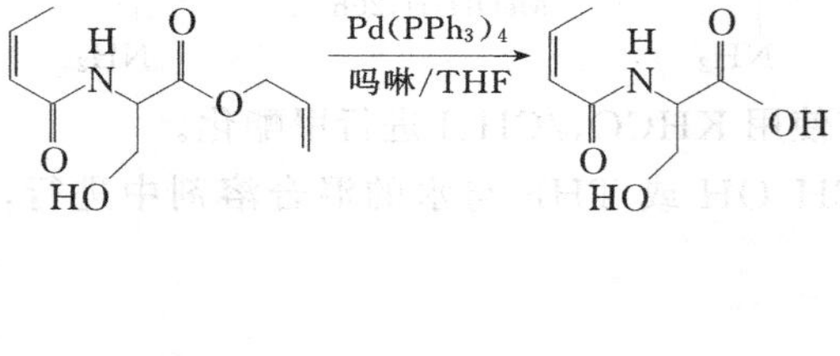

H, N, O, HO $\xrightarrow[吗啉/THF]{Pd(PPh_3)_4}$ H, N, O, OH, HO

（6）硅基酯保护基

硅基酯由相应氯硅烷、羧酸在碱存在下制备。脱保护也较为方便，简单的 K_2CO_3/CH_3OH 体系，$CH_3COOH/H_2O/THF$(3∶1∶1) 等均非常有效；1% HF/CH_3CN 溶液也是很好的去除保护基的方法。

10.4.2 原酸酯类保护基

为了满足底物能够经受强亲核试剂的进攻，可采取原酸酯保护基，它不仅保护了羧酸中的羟基，同时也保护了羰基。原酸酯的制备与缩酮类似，除去此类保护基的方法是用酸水解。

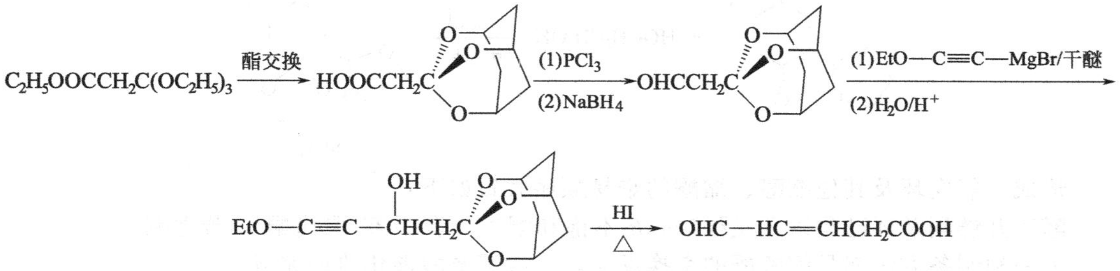

$C_2H_5OOCCH_2C(OC_2H_5)_3$ —酯交换→ $HOOCCH_2C$(原酸酯) —(1)PCl_3 (2)$NaBH_4$→ $OHCCH_2C$(原酸酯) —(1)EtO—C≡C—MgBr/干醚 (2)H_2O/H^+→ EtO—C≡C—CH(OH)CH$_2$C(原酸酯) —HI, △→ OHC—HC=CHCH$_2$COOH

10.4.3 唑啉类保护基

2-取代-1,3-唑啉可以认为是掩蔽的羧酸酯，其中的羰基氧换成了氮原子。由于这类化合物水解条件非常强烈，故限制了它的应用，但在不对称合成中应用仍较为广泛。

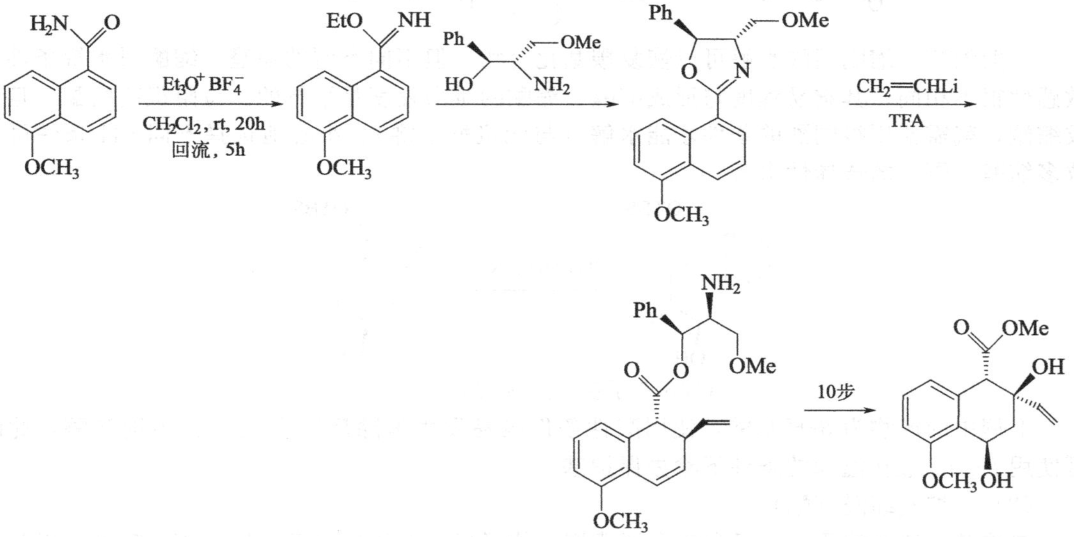

$Et_3O^+BF_4^-$; CH_2Cl_2, rt, 20h; 回流, 5h; Ph, HO, NH_2, OMe; CH_2=CHLi; TFA; 10步; OCH_3; OH; OMe

10.5 羰基的保护

醛、酮中的羰基可能是有机化学中最具多种功能的基团，因此可以理解为什么在保护醛、酮方面进行了大量的工作。醛、酮的保护基相对种类较少，常见的有 *O*,*O*-缩醛（酮）和 *S*,*S*-缩醛（酮），以及 *O*,*S*-缩醛（酮）等。这些保护基可以经受较宽的反应条件，能够满足大多数需要保护的情况。

10.5.1 *O*,*O*-缩醛（酮）

（1）1,3-二氧戊环和 1,3-二氧己环

最常见的醛、酮保护基是二氧戊环，这种保护基对大多数碱性及中性反应条件稳定，但

可被有机锂、格氏试剂裂解，芳香羰基的二氧戊环缩合物在某些非酸性条件下可被氢解，如催化还原，或在氨液中与碱金属作用。

通常分别由 1,2-乙二醇和 1,3-丙二醇在酸催化下与醛酮反应而制备 1,3-二氧戊环和1,3-二氧己环。反应中的脱水处理过程有利于反应的正向进行，常用的酸有 *p*-TsOH、CSA（对二甲氨基苯甲酸甲酯）、PPTs（对甲苯吡啶磺酸鎓盐）或酸性离子交换树脂等。TMSCl（2,4,6-三甲基苯磺酰氯）是一个很有用的试剂，它在反应中既是催化剂，又是脱水剂，如：

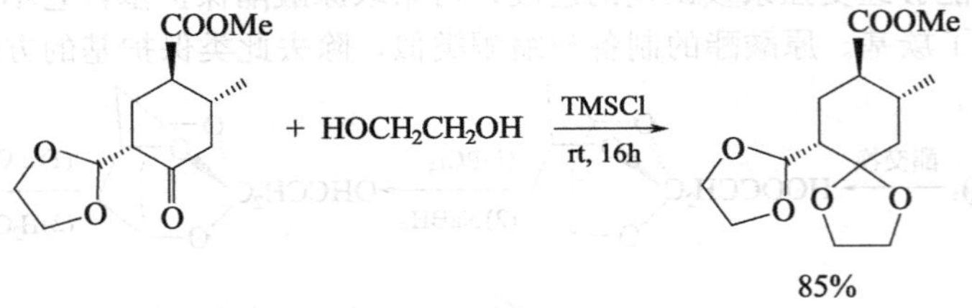

COOMe　+ $HOCH_2CH_2OH$　TMSCl / rt, 16h　COOMe　85%

形成二氧戊环及其他缩醛、缩酮的难易顺序大致如下：

醛＞开链酮及环己酮＞环戊酮＞α,β-不饱和酮＞α-单-及双-取代酮≫芳香酮

另一种制备方法就是缩醛酮的交换反应，一般需要酸催化协助完成：

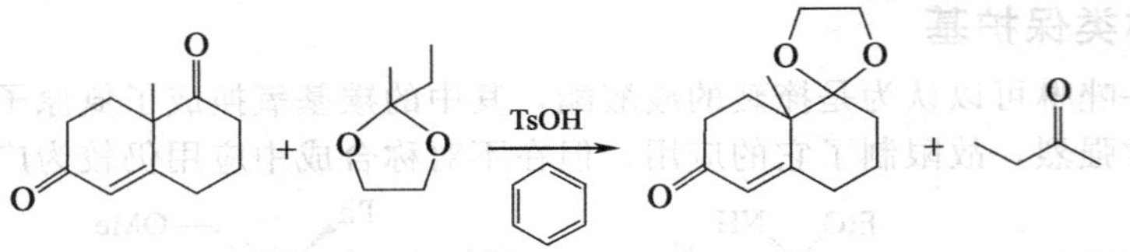

TsOH

一般缩醛、缩酮用酸水解可以恢复羰基化合物，但不同类型的缩醛、缩酮对水解条件的敏感性很不相同，其难易程度与形成缩醛、缩酮的难易程度是平行的。位阻很高的酮一旦形成缩酮，就需要用很剧烈的条件才能水解（与无机酸煮沸）。小心地选择不同 pH 条件可导致多缩醛（酮）的选择性水解。

OTBS　OH　$PdCl_2(MeCN)_2$　OTBS　OH

(TBS: 叔丁基二甲基硅基)

上例中的产物为β-羟基酮，使用酸性条件极易发生消除反应生成α,β-不饱和酮，此时可使用 Lewis 酸在温和的条件下除去保护基。

（2）二烷基缩醛（酮）

二烷基缩醛及缩酮一般只有醛和活泼酮才能形成。在酸催化下，醛、酮与醇或原甲酸酯或低沸点的缩酮（如 2,2-二甲氧基丙烷）反应即得。

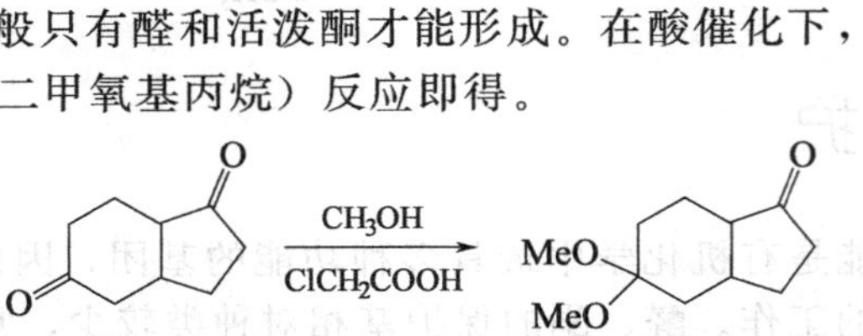

CH_3OH / $ClCH_2COOH$　MeO　MeO

二烷基缩醛和缩酮对中性及碱性条件的稳定性与二氧戊环衍生物相平行，不同的是在高温（如 Wolff-Kischner 还原反应）条件下能分解成烯醇醚。

10.5.2　*S*,*S*-缩醛（酮）

使用 *S*,*S*-缩醛（酮）保护羰基化合物的缺点是大多数含硫化合物具有难闻的气味，而且水解反应常常会用到重金属盐，另外对 Pd 和 Pt 催化剂具有毒性。尽管如此，由于该类化

合物对水解反应的稳定性和除去保护时条件温和，且高度专一，使之在复杂分子合成中有广泛的应用。

由于二硫醇的沸点较高，而甲硫醇的沸点只有 34℃，所以在合成实践中，环状 *S*,*S*-缩醛（酮）的应用较为普遍。

S,*S*-缩醛（酮）可由硫醇及二硫醇与羰基化合物经酸催化反应而制备，Lewis 酸和质子酸均可以催化缩合反应。

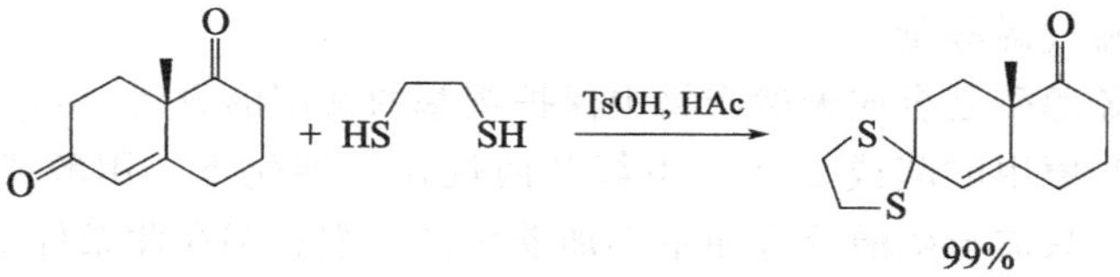

TsOH, HAc

99%

由于 *S*,*S*-缩醛（酮）具有高度的热稳定性，因此 $HSCH_2CH_2SH$ 可以直接将一些 *O*,*O*-缩醛（酮）置换为 *S*,*S*-缩醛（酮）：

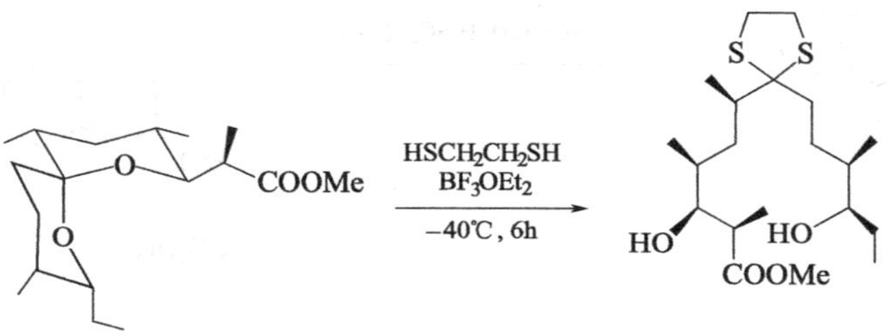

$HSCH_2CH_2SH$
BF_3OEt_2
−40℃, 6h

S,*S*-缩醛（酮）对于 *O*,*O*-缩醛（酮）的水解条件都是非常稳定的，据此可以区分两者，并先后选择性地脱除。比较常见的脱除 *S*,*S*-缩醛（酮）的条件都是使用重金属盐，如 Hg^{2+}、Ag^{+}、Cu^{2+}、Tl^{3+} 等。

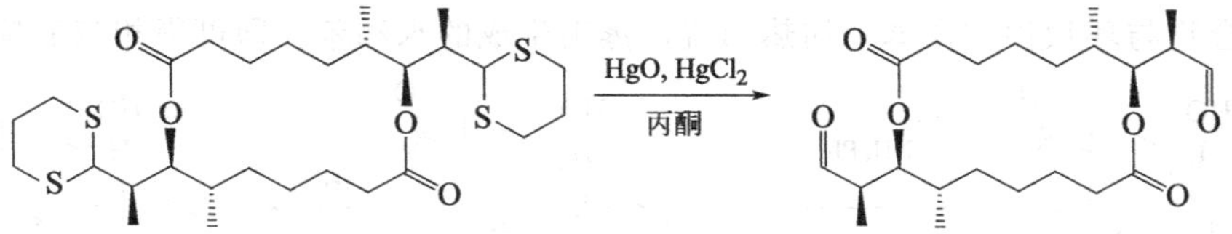

HgO, $HgCl_2$
丙酮

氧化反应也是一种去保护的方法。二硫缩酮用过氧酸氧化成双砜，在氧存在下用碱作用分解产生原来的酮：

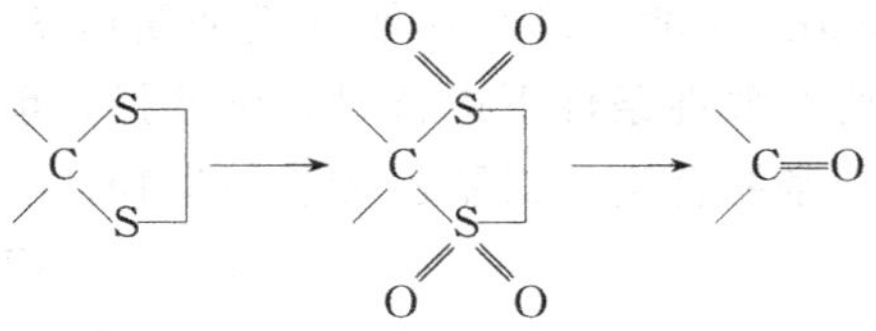

10.5.3 *O*,*S*-缩醛（酮）

1,3-氧硫杂环己烷是替代 1,3-二噻烷的好方法，因为前者的金属化的条件与后者类似，但水解速率约为后者的 10^4 倍。在类似的条件下，*O*,*S*-缩醛（酮）能够被选择性地除去。*O*,*S*-缩醛（酮）的不足之处在于其锂化产物稳定性有限，缺乏对称性而引入新的立体化学问题。

O,*S*-缩醛（酮）的砜加热至其熔点以上时分解出原来的酮；也可以采用重金属盐去除保护基。

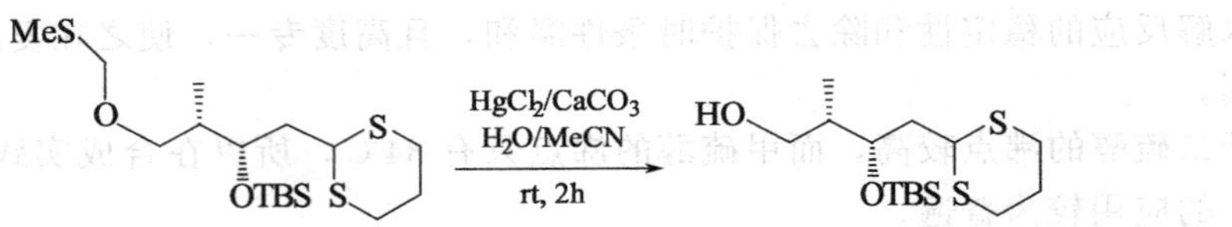

HgCl$_2$/CaCO$_3$
H$_2$O/MeCN
rt, 2h

10.5.4　烯醇醚和烯胺

本节讨论的保护基几乎仅限在甾体化合物中使用，且多数用于 α,β-不饱和酮衍生物。

（1）烯醇醚和硫代烯醇醚

烯醇醚和硫代烯醇醚是合成天然产物中保护羰基的常用的方法。α,β-不饱和酮转化为它的双烯醇醚一般是与原甲酸酯或 2,2-二甲氧基丙烷在酸催化下，用醇或二氧六环作溶剂进行反应，双烯硫醇醚只需与硫醇反应而不必加催化剂。饱和酮在此条件下难以反应，故可利用这一差异选择性地保护 α,β-不饱和酮。

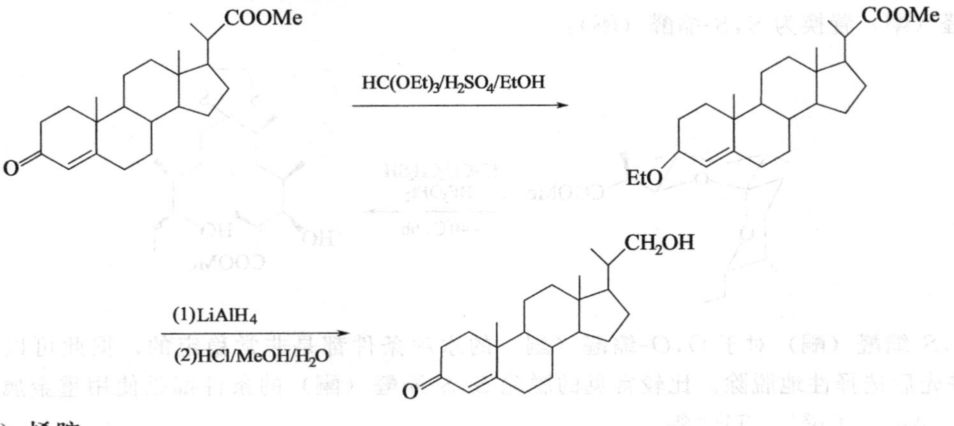

HC(OEt)$_3$/H$_2$SO$_4$/EtOH

(1)LiAlH$_4$
(2)HCl/MeOH/H$_2$O

（2）烯胺

羰基化合物与环状仲胺在苯中加热回流，蒸出生成的水和苯，即可得相应的烯胺。

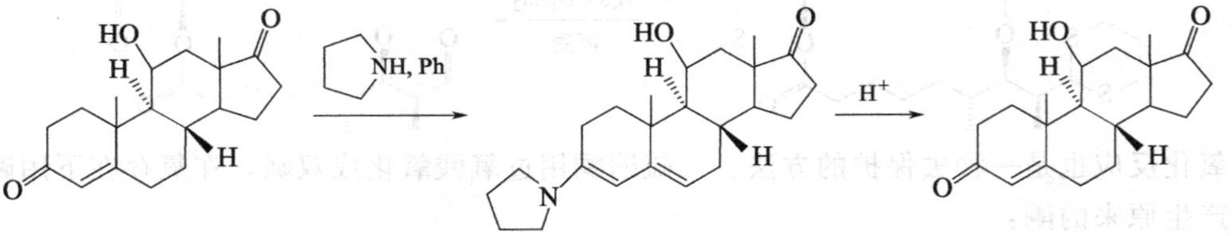

NH, Ph

H$^+$

烯胺对碱、LiAlH$_4$、Grignard 试剂以及其他有机金属试剂稳定，对酸敏感，可通过酸性水解解除保护。当反应需要在酸性条件下进行时，则选择目前唯一对酸稳定、对碱敏感的羰基保护基——丙二腈，与羰基缩合生成二腈乙烯基衍生物。

H$_2$O/EtOH, △

CH$_2$N$_2$, EtOH, $-N_2$

浓 NaOH/H$_2$O, 50℃

此外，保护羰基还可以采取缩胺脲、肟及取代腙的形式，其应用的主要困难在于它们裂解成原来的羰基方面存在问题，在此不作详述。

习　　题

10.1　完成下列转化。

(1) 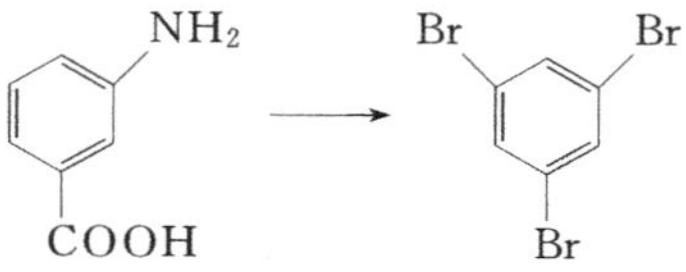 3-氨基苯甲酸（NH_2，COOH）⟶ 1,3,5-三溴苯（Br，Br，Br）

(2) 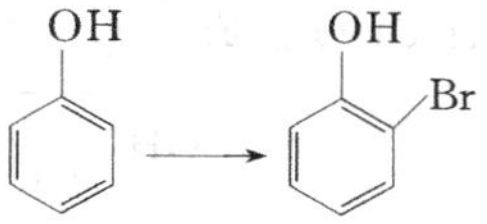 苯酚（OH）⟶ 邻溴苯酚（OH，Br）

(3) 氯苯（Cl）⟶ 2,6-二硝基苯胺（O_2N，NH_2，NO_2）

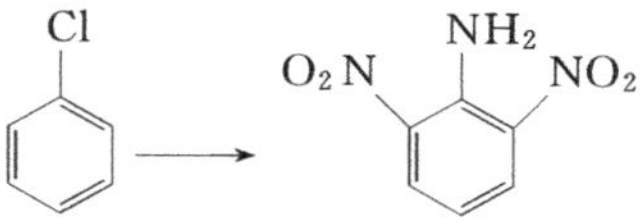

(4) 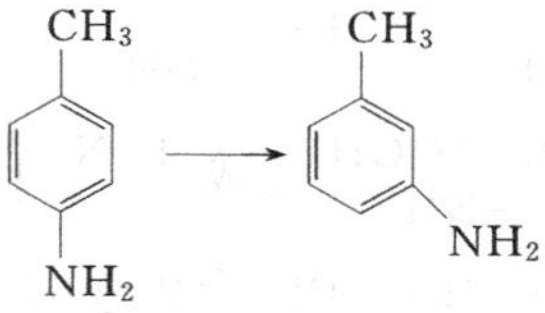 对甲基苯胺（CH_3，NH_2）⟶ 间甲基苯胺（CH_3，NH_2）

(5) TBDPSO—CH₂CH₂—CH(HO)—C≡C—C_6H_5 ⟶ R—C≡C—CH(OH)—CH₂CH₂—CH(OH)—C≡C—C_6H_5

(6) $NH_2CH_2CH_2CHO \longrightarrow NH_2CH_2CH_2COOH$

(7) $RNH_2 \longrightarrow RNHR'$

(8) $HOCH_2—C\equiv CH \longrightarrow HOCH_2—C\equiv C—COOH$

(9) 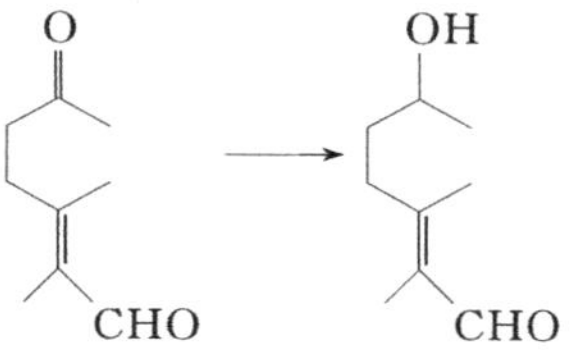 酮（O）…CHO ⟶ 醇（OH）…CHO

(10) 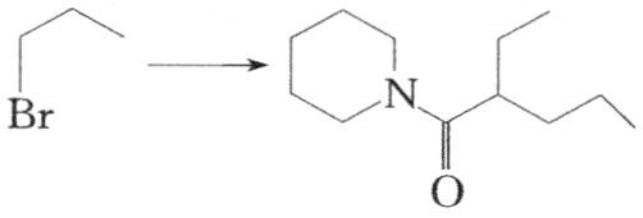 1-溴丙烷（Br）⟶ 哌啶酰胺（N，O）

(11) 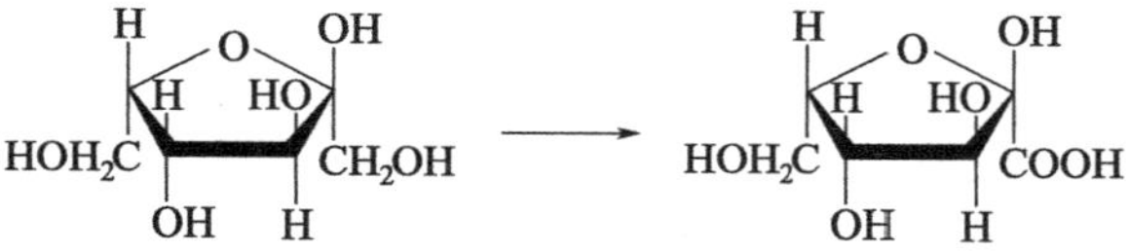 呋喃糖（H，O，OH，H，HO，HOH_2C，CH_2OH，OH，H）⟶（H，O，OH，H，HO，HOH_2C，COOH，OH，H）

(12) 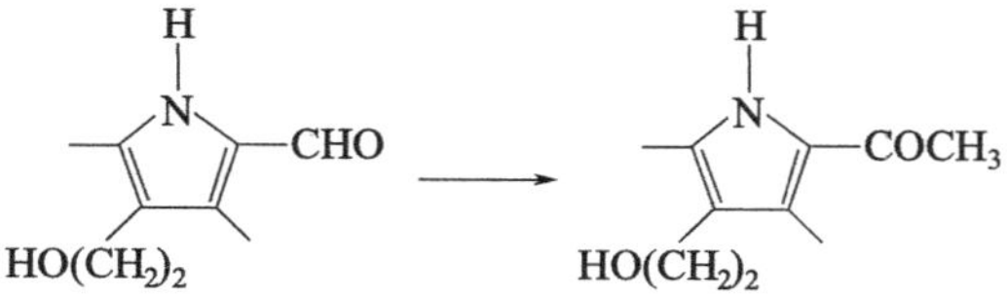 吡咯（H，N，CHO，$HO(CH_2)_2$）⟶（H，N，$COCH_3$，$HO(CH_2)_2$）

10.2　由指定原料合成下列化合物。

(1) 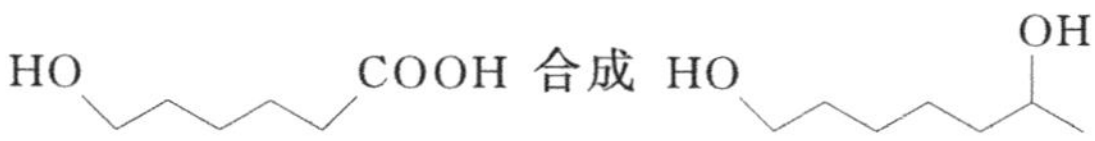 HO～～～～～COOH 合成 HO～～～～～CH(OH)CH₃

(2) 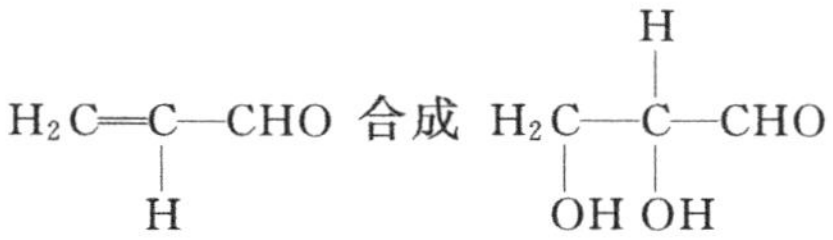 $H_2C{=}C(H)—CHO$ 合成 $H_2C(OH)—C(H)(OH)—CHO$

(3) 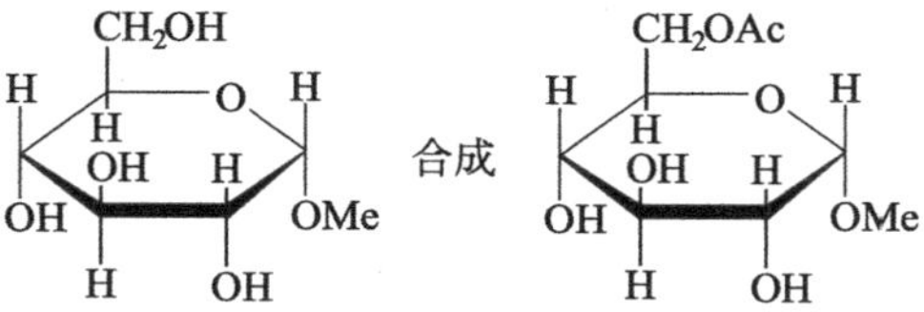 甲基吡喃糖苷（CH_2OH，H，O，H，H，OH，H，OH，OMe，H，OH）合成（CH_2OAc，H，O，H，H，OH，H，OH，OMe，H，OH）

（4） O COOEt 合成 O

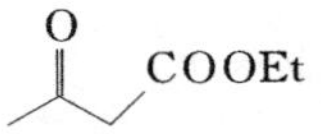

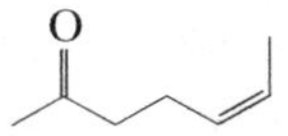

（5） $BrCH_2CH_2CHO$ 合成 O CH_2CH_2CHO

（6） OH OH 合成 OH CH_3 H_3C OH

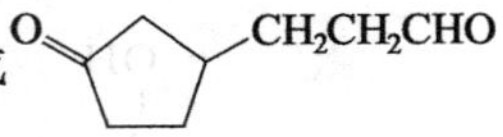

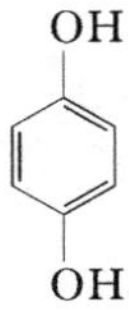

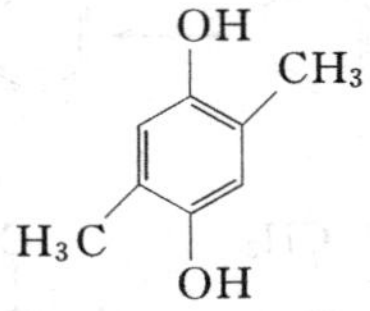

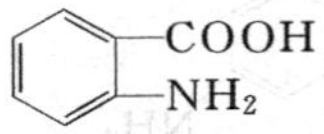

（7） COOH NH_2 合成 H_2N COOH NH_2

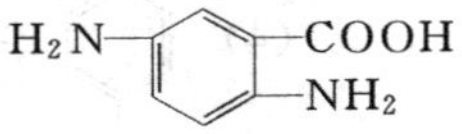

（8） p-$BrC_6H_4C{\equiv}CH$ 合成 p-$HOOCC_6H_4C{\equiv}CH$

（9） O $COOCH_3$ 合成 O CH_3 OH CH_3

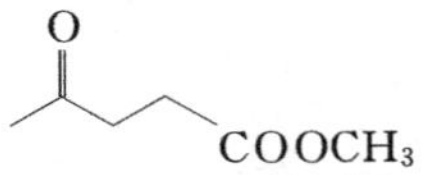

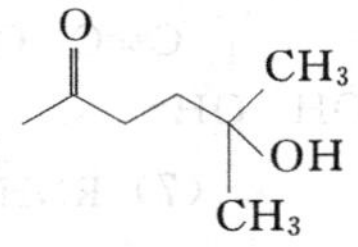

（10） O 合成 O

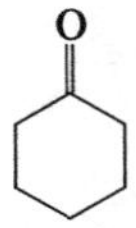

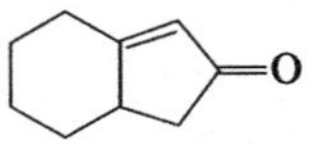

第 11 章　有机合成试剂

有机合成试剂包括元素有机试剂、金属有机试剂、过渡金属有机试剂以及稀土金属有机试剂等。此类化合物在理论研究上丰富和发展了化学结构理论，实际应用上为工农业生产以及国防、尖端科学提供了性能优异的合成材料和各种具有特殊性能的化学物质，它们具有许多特殊的反应性能，对它们的研究、开发和利用是当代有机合成的一个重要特征。有机镁和有机锂试剂在有机合成中获得了广泛的应用，而硼、铝、硅、硫、磷等有机化合物作为化学试剂在有机合成中的特殊应用也在不断地被开发推广，日益受到人们的重视。本章介绍镁、锂、铜、硼、磷、硅等有机试剂及其在合成中的应用。

11.1　有机镁试剂

法国有机化学家格利雅（Grignard）于 1901 年在里昂大学研究发现金属镁可与卤代烃反应生成有机镁化合物，并用其代替了难以制备且易于燃烧、活性较低的有机锌试剂。由于这一发现及有机镁试剂的应用对有机化学的发展起到了极其重要的推动作用，由此格利雅获得了 1912 年的诺贝尔化学奖。至今，格氏试剂在国内外仍被广泛研究。它是我们最熟悉最常用的金属有机试剂，不但原料易得，价格便宜，制备容易，而且反应活性高，不仅是实验室中常用的制备试剂，在工业生产特别是在精细合成中也有广泛的应用。

11.1.1　格氏试剂的制备

（1）用卤代烃制备 Grignard 试剂

格氏试剂经典的制备方法是将卤化物溶解在无水醚类溶剂中，并将其缓慢滴加到洁净表面的镁屑中。

为了防止生成的试剂与水、氧气、二氧化碳反应以及与未反应的卤代烃偶联，反应须在惰性气体保护下于低温进行。所用溶剂如乙醚、四氢呋喃或其他惰性溶剂均需严格处理，必须保证绝对无水。否则将影响产率，甚至使反应不能进行。

从理论上来说，烷基、芳基卤化物都可以反应，但实际上与卤代烃的活性以及溶剂有关系。卤代烃与镁的反应活性为：RI＞RBr＞RCl＞RF。氟代烃难以用来制备格氏试剂，碘代烃最活泼。因此格氏试剂制备在引发阶段常常加入少量碘或碘甲烷。活泼卤代烃，常用无水乙醚为溶剂，但乙烯型或卤代苯型卤化物，尤其是氯化物，在乙醚中不易形成格氏试剂，但可以在四氢呋喃中顺利进行。

$$\text{RX} + \text{Mg} \xrightarrow{\text{无水乙醚}} \text{RMgX}$$

$$\text{C}_6\text{H}_5\text{Cl} \xrightarrow[\text{THF}]{\text{Mg}} \text{C}_6\text{H}_5\text{MgCl}$$

$$\text{3-BrC}_6\text{H}_4\text{Cl} \xrightarrow[\text{Et}_2\text{O}]{\text{Mg}} \text{3-(MgBr)C}_6\text{H}_4\text{Cl}$$

(2) 用金属化法制备 Grignard 试剂

具有较强酸性的烃类化合物与较活泼的烷基格氏试剂发生反应，可以生成另一类格氏试剂，反应物的氢的酸性必须大于产物的酸性反应才能正向进行。含有活泼氢的烃类化合物，在使用格氏试剂时必须要注意，以防其分解。

$$RC\equiv CH + C_2H_5MgX \xrightarrow{Et_2O} RC\equiv CMgX + C_2H_6$$

$$\text{环戊二烯} + C_2H_5MgX \xrightarrow{Et_2O} \text{环戊二烯基-MgX} + C_2H_6$$

11. 1. 2　格氏试剂的反应

格氏试剂中的烃基部分具有亲核性，可以发生亲核加成、亲核取代以及偶联反应等。

(1) 与醛、酮的反应

格氏试剂与醛、酮的反应是制备醇的一种重要方法。与甲醛反应生成增加一个碳原子的伯醇，其他醛生成仲醇，与酮反应生成叔醇。格氏试剂几乎可以和所有羰基起加成反应，反应的活性依羰基的加成活性而不同，受结构影响很大。位阻较大的酮和位阻大的格氏试剂难以发生加成。

$$C_6H_{11}\text{—}MgCl + HCHO \xrightarrow[(2)H_3O^+]{(1)\text{无水 }Et_2O} C_6H_{11}\text{—}CH_2OH \quad 69\%$$

$$CH_3CH_2\text{—}\overset{O}{\overset{\|}{C}}\text{—}CH_3 + CH_3\underset{}{\overset{CH_3}{\overset{|}{C}H}}\text{—}CH_2MgBr \xrightarrow[(2)H_3O^+]{(1)\text{无水 }Et_2O} CH_3CH_2\text{—}\overset{OH}{\overset{|}{\underset{CH_3}{\underset{|}{C}}}}\text{—}CH_2\text{—}\underset{CH_3}{\underset{|}{C}H}CH_3 \quad 28\%$$

格氏试剂与 α,β-不饱和醛反应通常得到 1,2 -加成产物。但是，如果格氏试剂的空间位阻较大，则生成 1,2-和 1,4 -加成的混合物。如果位阻非常大，则生成 1,4-加成产物。例如：

$$CH_3CH\!=\!CHCHO + CH_3CH_2MgBr \xrightarrow[(2)H_3O^+]{(1)\text{无水 }Et_2O} CH_3CH\!=\!CH\overset{OH}{\overset{|}{C}H}\text{—}CH_2CH_3$$

70%

1,2-加成为主

$$CH_3CH\!=\!CH\overset{O}{\overset{\|}{C}}CH_3 + C_2H_5MgX \xrightarrow[2)H_3O^+]{1)\text{干醚}} CH_3\underset{C_2H_5}{\underset{|}{C}H}CH_2\overset{O}{\overset{\|}{C}}CH_3 + CH_3CH\!=\!CH\overset{CH_3}{\overset{|}{\underset{OH}{\underset{|}{C}}}}C_2H_5$$

1,4-加成 38%　　　　1,2-加成 41%

$$C_6H_5CH{=}CHCOC(CH_3)_3 + C_2H_5MgX \xrightarrow[2)H_3O^+]{1)干醚} C_6H_5CH(C_2H_5)CH_2COC(CH_3)_3$$

1,4-加成 100%

(2) 与酰卤、酯和腈的反应

酰卤在常温下与格氏试剂反应，通常生成叔醇，但若使用酰卤与一分子格氏试剂在低温下反应，可使反应停留在生成酮的阶段。

$$C_6H_5COCl + C_6H_5MgBr \longrightarrow C_6H_5COC_6H_5 \xrightarrow[(2)H_3O^+]{(1)C_6H_5MgBr} (C_6H_5)_3COH$$

93%

$$\text{1-甲基环戊烷甲酰氯 (}CH_3\text{, }COCl\text{)} + CH_3MgI \xrightarrow[-15℃]{醚} \text{1-甲基-1-乙酰基环戊烷 (}CH_3\text{, }COCH_3\text{)}$$

格氏试剂和酯的反应常用来合成具有两个相同烃基的醇，与甲酸酯反应生成对称的仲醇，其他酯得到叔醇。

$$2CH_3(CH_2)_3MgBr + H{-}\overset{O}{\overset{\|}{C}}{-}OC_2H_5 \xrightarrow[(2)H_3O^+]{(1)Et_2O} CH_3(CH_2)_3\underset{}{\overset{OH}{\overset{|}{C}H}}(CH_2)_3CH_3$$

85%

$$C_6H_{11}{-}\overset{O}{\overset{\|}{C}}{-}OC_2H_5 + 2CH_3MgI \xrightarrow[(2)H_3O^+]{(1)Et_2O} C_6H_{11}{-}C(OH)(CH_3){-}CH_3$$

腈与格氏试剂反应生成亚胺盐，水解之后得到酮，反应可以停留在此阶段。

$$\text{9-氰基菲 (}C{\equiv}N\text{)} + CH_3MgI \longrightarrow \xrightarrow{H_3O^+} \text{9-乙酰基菲 (}COCH_3\text{)}$$

52%～59%

(3) 与环氧化合物的反应

格氏试剂与环氧乙烷反应生成增加两个碳的伯醇，在香料工业中就用此反应合成苯乙醇。

$$C_6H_5MgBr + \text{环氧乙烷} \longrightarrow \xrightarrow{H_3O^+} C_6H_5CH_2CH_2OH$$

(4) 与卤代烃反应

格氏试剂与烃化剂反应可以提供增长碳链的方法，但在实用时有许多限定。例如格氏试剂与饱和卤代烃反应产率较低，只有与烯丙基卤化物和苄基卤化物反应收率较好。

$$C_6H_{11}{-}MgBr + CH_2{=}CHCH_2Br \xrightarrow{Et_2O} C_6H_{11}{-}CH_2CH{=}CH_2$$

70.5%

$$\text{邻氯苄氯 (}CH_2Cl\text{, }Cl\text{)} + C_6H_5MgBr \longrightarrow \text{邻氯二苯甲烷 (}CH_2C_6H_5\text{, }Cl\text{)}$$

88%

(5) 与 CO_2 的反应

CO_2 与格氏试剂反应经水解后生成羧酸，此方法可将伯、仲、叔和芳香卤代烷制备成增加一个碳原子的羧酸。

$$(CH_3)_3CMgCl \xrightarrow{CO_2} (CH_3)_3CCOOMgCl \xrightarrow{H_3O^+} (CH_3)_3CCOOH \quad 70\%$$

11.2 有机锂试剂

有机锂试剂和格氏试剂有许多相似之处，凡是格氏试剂能够发生的反应，有机锂试剂都可以发生。尽管制备方法没有格氏试剂那样方便，但它的活性比格氏试剂要高，能进行一些格氏试剂无法进行的反应，故在合成中特别是在精细有机合成、高分子合成中起着重要作用。

11.2.1 有机锂试剂的制备

(1) 卤代烃与金属锂反应

$$RX + 2Li \longrightarrow RLi + LiX$$

有机锂化合物活性较高，制备时须在干燥和氮气（氩气更好）保护中进行，以隔绝空气、二氧化碳和水汽等。所用溶剂视制备的有机锂化合物而定。活泼的有机锂试剂宜用己烷、庚烷、苯等为溶剂；活泼性不大的有机锂可用乙醚为溶剂；而难以制备的烃基锂需要用四氢呋喃、乙二醇二甲醚、丁醚等作溶剂，同时还要提高反应温度，促进反应进行。

由于有机锂活性较高，在制备和反应时一般要保持低温，有时甚至在干冰中进行反应。

$$n\text{-}C_4H_9Cl + 2Li \xrightarrow[N_2]{\text{庚烷，干冰}} n\text{-}C_4H_9Li + LiCl$$

$$(CH_3)_3CCl + 2Li \xrightarrow[N_2,\ -30℃]{Et_2O} (CH_3)_3CLi + LiCl$$

(2) 锂-卤素交换反应

芳基或乙烯基卤化物与金属锂反应较难，通常采用锂-卤素交换反应来制备相应的有机锂化合物，产率较好。

$$CH_2{=\!=}CHX + n\text{-}C_4H_9Li \longrightarrow CH_2{=\!=}CHLi + n\text{-}C_4H_9X$$

$$C_6H_5X + n\text{-}C_4H_9Li \longrightarrow C_6H_5Li + n\text{-}C_4H_9X$$

溴和碘化物容易进行锂-卤素交换反应，极少数氯化物也能用在交换反应中，而氟化物则完全不能进行该反应。

(3) 锂-氢交换反应

具有较强酸性的烃类化合物与较活泼的烃基锂发生锂-氢交换反应，可以生成另一类有机锂试剂。

$$\text{环戊二烯} + PhLi \longrightarrow \text{环戊二烯基锂（Li）} + PhH$$

$$n\text{-}BuC{\equiv}CH + n\text{-}C_4H_9Li \longrightarrow n\text{-}BuC{\equiv}CLi + n\text{-}C_4H_{10}$$

11.2.2 有机锂试剂的反应

(1) 与醛、酮的反应

有机锂试剂与醛、酮的反应与格氏试剂相似，只是有机锂试剂的活性更高，不易受空间位阻的影响，能完成一些格氏试剂无法进行的反应。

$$Me_2CHLi + Me_2CH\overset{O}{\overset{\|}{C}}CHMe_2 \xrightarrow{Et_2O} (Me_2CH)_3COLi \xrightarrow{H_3O^+} (Me_2CH)_3COH$$

与 α,β-不饱和酮反应时，有机锂试剂主要生成 1,2 -加成产物，而格氏试剂主要生成 1,4-加成产物。

$$Ph-CH{=}CH-\overset{O}{\overset{\|}{C}}-Ph \xrightarrow[1,4\text{-加成}]{PhMgBr} Ph-\underset{Ph}{\underset{|}{C}H}-CH_2-\overset{O}{\overset{\|}{C}}-Ph$$

$$Ph-CH{=}CH-\overset{O}{\overset{\|}{C}}-Ph \xrightarrow[1,2\text{-加成}]{PhLi} Ph-CH{=}CH-\underset{Ph}{\underset{|}{\overset{OH}{\overset{|}{C}}}}-Ph$$

(2) 与 CO_2、羧酸及其衍生物的反应

CO_2 与格氏试剂反应生成羧酸，而与有机锂试剂反应却生成酮。这主要是因为有机锂试剂具有更强的亲核性，能同第一步生成的羧基阴离子继续反应，从而生成酮。

$$RLi + CO_2 \longrightarrow R-C(=O)OLi \xrightarrow{RLi} R_2C(OLi)_2 \xrightarrow{H_3O^+} R_2C{=}O$$

$$C_6H_{11}Li + CO_2 \longrightarrow C_6H_{11}-\overset{O}{\overset{\|}{C}}-OLi \xrightarrow{C_6H_{11}Li} C_6H_{11}-\underset{OLi}{\underset{|}{\overset{OLi}{\overset{|}{C}}}}-C_6H_{11} \xrightarrow{H_3O^+} C_6H_{11}-\overset{O}{\overset{\|}{C}}-C_6H_{11}$$

有机锂试剂与羧酸作用也生成酮。

$$R-C(=O)OH \longrightarrow R-C(=O)OLi \xrightarrow{R'Li} RR'C(OLi)_2 \xrightarrow{H_3O^+} RR'C{=}O$$

$$C_6H_{11}-COOH + 2CH_3Li \xrightarrow{H_3O^+} C_6H_{11}-\overset{O}{\overset{\|}{C}}-CH_3$$

有机锂试剂与羧酸酯反应，也只用于格氏试剂不能正常进行的反应中，产物一般为叔醇。

$$\begin{matrix} CHCH_2COOEt \\ \| \\ CHCH_2COOEt \end{matrix} + 4PhLi \longrightarrow \begin{matrix} CHCH_2C(OH)Ph_2 \\ \| \\ CHCH_2C(OH)Ph_2 \end{matrix}$$

与甲酰胺反应得到醛，与其他酰胺反应时产物一般为酮。

$$\text{2,6-}(OCH_3)_2C_6H_3Li + H\overset{O}{\overset{\|}{C}}-N(Me)Ph \longrightarrow \underset{62\%}{\text{2,6-}(OCH_3)_2C_6H_3CHO}$$

$$PhLi + PhCONEt_2 \longrightarrow \underset{76\%}{Ph-\overset{O}{\overset{\|}{C}}-Ph}$$

(3) 与环醚的反应

有机锂试剂与环氧乙烷等的开环加成反应，产率一般比格氏试剂好，有些反应格氏试剂不能进行。

$$RLi + \text{(环氧乙烷)} \longrightarrow \xrightarrow{H_3O^+} RCH_2CH_2OH$$

$$PhLi + \text{(苯基环氧乙烷)} \longrightarrow \xrightarrow{H_3O^+} Ph-CH_2\underset{|}{\overset{OH}{C}}H-Ph$$

(4) 与吡啶的反应

芳香体系易发生亲电取代反应，不易发生亲核取代反应。但有机锂化合物中 C —Li 键的可极化性大，它对芳香核的亲核反应是可以进行的。例如苯基锂与吡啶在 0℃ 反应生成加成产物，在氧化剂的作用下，得到吡啶的取代产物，也可以加热使芳环异构。这种反应在苯中很少见，而在吡啶的 α -或 γ -位可以发生，特别是 α-位。

$$\text{吡啶} \xrightarrow[Et_2O, 0℃]{PhLi} \text{(2-苯基-2-氢-N-锂-1,2-二氢吡啶)} \xrightarrow{O_2} \text{2-苯基吡啶}\quad 80\%$$

(5) 与卤代烃的偶联反应

和格氏试剂一样，有机锂试剂可作为亲核试剂与卤代烃进行偶联反应，增长碳链。

$$HC{\equiv}CLi + RX \longrightarrow HC{\equiv}CR \quad 83\%\sim 89\%$$

(6) 和金属卤化物的反应

由于有机锂是电正性很高的金属，因此有机锂试剂可同某些电正性较低的金属卤化物在无水惰性溶剂里反应，以制备该金属的有机金属化合物。

$$4RLi + SnCl_4 \xrightarrow{N_2} R_4Sn + 4LiCl$$

$$2RLi + CuI \xrightarrow{N_2} R_2CuLi + LiI$$

$$RLi + CuI \xrightarrow{N_2} RCu + LiI$$

11.3 有机铜试剂

有机铜试剂是有机合成化学中较早广泛应用的有机合成试剂，它不仅能发生多种类型的化学反应，而且这些反应具有良好的区域选择性和立体选择性，提供了许多很有合成价值的形成 C—C 键的新方法。有机铜试剂包括烃基铜试剂（RCu）和二烃基铜锂试剂（R_1R_2CuLi），其中二烃基铜锂试剂溶解性好，活性高，选择性好，因此更具合成价值。

11.3.1 有机铜试剂的制备

有机铜试剂通常是利用有机金属化合物与卤化亚铜反应制备：

$$RLi + CuX \longrightarrow RCu + LiX$$

$$2RLi + CuX \longrightarrow R_2CuLi + LiX$$

（R＝芳基、烯基、伯烷基等）

运用这种方法很容易制得芳基、烯基、伯烷基铜试剂。由于仲烷基、叔烷基形成的有机铜试剂稳定性不如伯烷基铜试剂，所以最好有配位体存在，使它们形成配位化合物而提高稳定性。

$$2RLi + CuX \cdot Lig \longrightarrow R_2CuLi \cdot Lig + LiX$$

(Lig＝配体)

11.3.2 有机铜试剂的反应

(1) 与 α,β-不饱和羰基化合物的反应

α,β-不饱和羰基化合物与有机镁试剂反应往往生成1,2-和1,4-加成混合产物，有机锂试剂优先生成1,2-加成产物，但有机铜锂试剂只发生1,4-加成，即Michael加成反应。它提供了将烷基、芳基、烯基、烯丙基、苄基导入 α,β-不饱和羰基化合物 β-位的重要方法，特别适用于位阻大的 α,β-不饱和羰基化合物。

$$R_2CuLi + \gt C{=}C{-}C{=}O \longrightarrow R{-}C{-}C{=}C{-}\overset{-\ +}{OCuRLi} \xrightarrow{H_3O^+} R{-}C{-}C{=}C{-}OH \rightleftharpoons R{-}C{-}C{-}C{=}O$$

$$H_3C{-}HC{=}CH{-}\overset{O}{\overset{\|}{C}}{-}CH_3 + Me_2CuLi \xrightarrow{H_3O^+} H_3C{-}\underset{CH_3}{\underset{|}{HC}}{-}CH_2{-}\overset{O}{\overset{\|}{C}}{-}CH_3$$

94%

3-甲基环己-2-烯酮 $\xrightarrow[H_3O^+]{Me_2CuLi}$ 3,3-二甲基环己酮

98%

对多环体系而言，有机铜试剂可将烃基立体定向的导入 β-位的 α-键。利用这一性质可进行许多天然产物的立体选择合成。例如：

(多环烯酮，含 CH_3、H、$OCOCH_3$) $\xrightarrow{Me_2CuLi}$ (产物，新引入 H_3C，含 CH_3、H、$OCOCH_3$)

由于二烃基铜锂试剂中的烃基可以是烷基、烯基、烯丙基和苄基等基团，反应物中带有—CO—、—OH、—COOR、—$CONR_2$ 基团时不受影响，故在合成中应用很广。

2-[$(CH_2)_4COCH_3$]环戊-2-烯酮 + $(H_2C{=}CH)_2CuLi$ $\longrightarrow$ 2-[$(CH_2)_4COCH_3$]-3-($CH{=}CH_2$)环戊酮

α-、β-炔酮、炔酸、炔酸酯与有机铜锂试剂进行这类Michael加成，几乎全生成顺式加成产物。例如：

$$C_2H_5{-}C{\equiv}C{-}COOCH_3 \xrightarrow{(CH_3)_2CuLi} \begin{matrix} C_2H_5 & & COOCH_3 \\ & C{=}C & \\ H_3C & & H \end{matrix}$$

(2) 与环氧化合物的反应

二烃基铜锂试剂与环氧化合物在温和的条件下进行反式开环反应生成醇。当环氧化合物结构不对称时，多数情况下进攻位阻小的碳原子。羰基、烷氧基、酯基的存在对反应没有影响。例如：

$$\text{(环氧)}\ C(COOCH_3)(CH_2COOCH_3) + (Me_2CHCH_2)_2CuLi \longrightarrow Me_2CHCH_2CH_2C(OH)(COOCH_3)CH_2COOCH_3$$

在 Cu(Ⅰ) 存在下，碳负离子亲核试剂对 2,3-环氧醇的反应一般都选择优先进攻C2 位。

$$\text{(2,3-环氧环己醇)} + (CH_3)_2CuLi \longrightarrow \underset{85\%}{\text{(产物1)}} + \underset{15\%}{\text{(产物2)}}$$

乙烯基取代的环氧乙烷与有机铜锂试剂反应，既可发生 Michael 加成，也可直接开环。一般优先发生 Michael 加成，而且以反式加成为主。利用这一反应可以立体选择性地引入异戊二烯单元，形成许多天然非环萜丙烯醇。

$$\text{(乙烯基环氧乙烷)} + R_2CuLi \longrightarrow R\text{—}CH_2C(CH_3){=}CHCH_2OH$$

（3）与酰卤的反应

在十分温和的条件下，二烃基铜锂试剂与酰卤的活泼卤素直接发生置换反应生成酮，产率很好。酰卤分子中含有的氰基、羰基、烷氧基及卤素等基团均无影响，是合成酮类化合物的有效方法之一。

$$BuOOCCH_2CH_2COCl + Bu_2CuLi \longrightarrow \underset{95\%}{BuOOCCH_2CH_2COBu}$$

（4）与溴代酮的反应

利用二烃基铜锂试剂与卤代烃反应而不与酮反应的特点，采用 α-溴代酮与二烃基铜锂反应，可使酮烃基化，不仅副反应少，产率高，而且适用于位阻大的酮的合成。

$$H_3C\text{—}C(CH_3)(Br)\text{—}C(=O)\text{—}CH(CH_3)_2 + [(CH_3)_2CH]_2CuLi \longrightarrow H_3C\text{—}C(CH_3)(CH(CH_3)_2)\text{—}C(=O)\text{—}CH(CH_3)_2$$

（5）与卤代烃的反应

与有机镁化合物一样，有机铜化合物也可以与卤代烃进行偶联反应。它不仅与伯、仲、叔卤代烃反应，而且可以与活性很差的烯基卤化物、芳基卤化物反应。

$$2Bu_2CuLi + C_{10}H_{21}Br \longrightarrow \underset{80\%}{C_{14}H_{30}}$$

$$H_3C\text{—}C_6H_4\text{—}Br + (H_2C{=}C(CH_3))_2\text{—}CuLi \longrightarrow \underset{80\%}{H_3C\text{—}C_6H_4\text{—}C(CH_3){=}CH_2}$$

不管是有机铜试剂与具有顺反异构的烯基卤化物反应，还是具有顺反异构的有机铜试剂与卤代烃反应，均可优先得到双键构型保持不变的产物。因此，有机铜试剂与卤代烃反应是一种新的立体选择性合成多取代烯烃的重要方法。例如：

$$PhCH{=}CHBr + Ph_2CuLi \longrightarrow (E)\text{-}PhCH{=}CHPh + (Z)\text{-}PhCH{=}CHPh$$

	反式产物	顺式产物
顺式	<1%	73%
反式	90%	<2%

上述反应已广泛应用于三取代烯烃的立体选择性合成中，如保幼激素合成中就利用了这类反应：

$$\text{(CH}_2)_2\text{C}\equiv\text{CCH}_2\text{OH} \xrightarrow[(2)\text{I}_2,-78℃]{(1)\text{LiAlH}_4/\text{MeONa}} \text{(CH}_2)_2\text{C(I)=CHCH}_2\text{OH} \xrightarrow{(\text{CH}_3)_2\text{CuLi}} \text{(CH}_2)_2\text{C(CH}_3)\text{=CHCH}_2\text{OH}$$

(6) 有机铜试剂的偶联反应

有机铜试剂被加热（有时甚至是室温）以及二烃基铜锂试剂与氧化剂（包括在空气中）接触时就会发生偶联反应。若烃基是烯基，其构型可立体定向地保留在偶联产物中。

$$\text{H}_3\text{C(H)C=C(H)Cu} \xrightarrow{90℃} \text{H}_3\text{C(H)C=C(H)-C(H)=C(H)CH}_3$$

84%

$$\text{PhCH}_2\text{Cu} \xrightarrow{25℃} \text{PhCH}_2\text{CH}_2\text{Ph}$$

88%

11.4 磷叶立德

磷叶立德是 α-碳负离子内鏻盐，结构为 $R^3P^+—C^-R^1R^2$。由于磷原子具有低能量的 3d 空轨道，而 α-C 上又具有孤电子对的 p 轨道，因此可以产生 d-p 共轭，分散 α-C 上的负电荷，使分子趋于稳定。故磷叶立德也可表示为 $R^3P═CR^1R^2$，如下式所示：

$$\text{P}^3\overset{+}{\text{P}}—\overset{-}{\text{C}}\text{R}^1\text{R}^2 \longleftrightarrow \text{P}^3\text{P}═\text{CR}^1\text{R}^2$$

11.4.1 磷叶立德的制备及分类

制备磷叶立德最常用的方法是将三价磷化物与卤代烷作用生成的季鏻盐与适当的碱处理，脱去 α-H 而得到，反应式如下：

$$\text{R}^1\text{R}^2\text{CHBr} + \text{R}^3\text{P} \longrightarrow \text{R}^1\text{R}^2\text{CH}\overset{+}{\text{P}}\text{R}^3\overset{-}{\text{Br}} \xrightarrow{\text{碱}} \text{R}^1\text{R}^2\text{C}═\text{PR}^3$$

在卤代烃中，以碘代烃最为活泼，氯代烃活性较低，通常采用溴代烃。一般而言，制得的磷叶立德不需分离，让其保存在溶液中，再加入其他反应试剂即可进一步反应。

若用 $Ph_3P═CHR$ 表示磷叶立德，可将其分为三类。

① 稳定的磷叶立德　R 为吸电子基，如羧基、酯基、酰基、氰基等；

② 活泼的磷叶立德　R 为推电子基，如烷基、环烷基等；

③ 半稳定的磷叶立德　R 为烯基、芳基、炔基。

11.4.2 磷叶立德的反应

磷叶立德的结构特征表明它是一类强亲核试剂，但与一般的碳负离子不同，大多数都能稳定存在。它具有特殊的化学活性，能发生多种有机反应，是有机合成的重要中间体，广泛用于 C—C 键的形成。

(1) 与羰基化合物的反应

磷叶立德与羰基化合物反应是合成烯烃的重要方法，常称为 Wittig（维悌希）反应。

$$R^1R^2C{=}PR^3_3 + R^3R^4C{=}O \longrightarrow R^2R^1C{=}CR^3R^4 + R^3_3P{=}O$$

羰基化合物可以是脂肪或芳香醛、酮，羰基组分可以含有双键、叁键、羟基、烷氧基、卤素、酯基等，磷叶立德也可以带有双键、叁键及其他官能团而不受影响，因此使用范围很广。

Wittig 反应的历程是磷叶立德首先对羰基化合物进行亲核加成，形成内𬭸盐，接着关环，形成四元环中间体，最后四元环中间体发生顺式消除，生成烯烃。

$$R^1R^2C{=}PR^3_3 + R^3R^4C{=}O \longrightarrow R^3R^4C(O^-)\text{—}C(\overset{+}{P}R^3_3)R^1R^2 \longrightarrow \text{(四元环 O—PR}^3_3\text{)} \longrightarrow R^2R^1C{=}CR^3R^4 + R^3_3P{=}O$$

Wittig 反应条件温和、产率较高，用途很广。该反应的第一个优点是具有高度的位置专一性，即双键生成在原来羰基的位置，可以制备能量上不利的环外双键化合物。如在维生素 D_2 的合成中充分利用了 Wittig 反应：

$$\text{(酮)} + Ph_3P{=}CHCH{=}CH_2 \longrightarrow \text{(二烯)} \xrightarrow{O_3} \text{OHC—(醛)} \xrightarrow{\text{O=C}_6\text{H}_9\text{—OH}} \text{(酮醇)} \xrightarrow{H_2C{=}PPh_3} \text{(三烯醇)} \xrightarrow{h\nu} \text{(产物, OH)}$$

（各结构均含 C_9H_{17} 取代基及 H）

第二个优点是与 α,β-不饱和羰基化合物不发生 1,4 -加成反应，因此双键的位置比较固定，特别适合于合成多烯类化合物和萜类化合物。如维生素 A 的合成：

$$\text{(环己烯基 CHO)} + Ph_3P{=}\text{(多烯链)} \longrightarrow \text{(多烯)}$$

第三个优点是反应具有很好的立体选择性。一般来说，在非极性溶剂中，共轭稳定的磷叶立德与醛酮反应优先生成反式烯烃，而不稳定磷叶立德则优先生成顺式烯烃。

$$Ph_3P{=}CHCH_3 + CH_3COCHMe_2 \longrightarrow \underset{90\%}{(H_3C)(H)C{=}C(CH_3)(CHMe_2)}$$

Wittig 反应的立体化学与磷叶立德的种类及反应条件有关，如表 11-1 所列。

表 11-1 磷叶立德反应的立体选择性参考

反应条件	稳定磷叶立德	不稳定磷叶立德
极性溶剂		
(a)非质子性	低选择性，但以反式为主	选择性差，以顺式为主
(b)质子性	生成顺式烯烃的选择性增加	生成反式烯烃的选择性增加
非极性溶剂		
(a)无盐存在	高选择性地生成反式烯烃	高选择性地生成顺式烯烃
(b)有盐存在	生成顺式烯烃的选择性增加	生成反式烯烃的选择性增加

1958 年，Horner 首先报道 α-位有吸电子基的磷酸酯与醇钠作用生成的碳负离子具有与磷叶立德相似的性质，与羰基化合物反应，高产率的生成烯烃及磷酸根负离子，此反应常称为 Wittig-Horner 反应。

$$RCH_2{-}P(=O)(OEt){-}OEt \xrightarrow{EtONa} \left[R\overset{-}{C}H{-}P(=O)(OEt){-}OEt\right]Na^+ \xrightarrow{R^1COR^2} RHC{=}CR^1R^2 + (EtO)_2P(=O){-}O^-$$

与 Wittig 反应相比，Wittig-Horner 反应具有如下优点。

① 磷酸酯极易由亚磷酸酯与卤代烃反应制得。

$$PCl_3 + ROH \longrightarrow P(OR)_3 \xrightarrow{R'CH_2X} (RO)_2P(=O){-}CH_2R' \xrightarrow{EtONa} \left[R'\overset{-}{C}H{-}P(=O)(OR){-}OR\right]Na^+$$

② 磷酸酯碳负离子比相应的磷叶立德具有更强的亲核性，能在温和的条件下与多种类型的羰基化合物发生反应，生成烯烃。

③ 反应生成的磷酸盐易溶于水，容易分离，操作简化。

④ 最突出的优点是磷酸酯碳负离子与醛、酮反应的立体化学受取代基的立体因素、电子效应及反应介质的影响较小，几乎立体专一地生成反式产物。

（2） 酰化反应

磷叶立德与酰卤在苯溶液中进行 *C* -酰化作用，是制备酰基磷叶立德的实用方法。

$$Ph_3P{=}CHR + R'COCl \longrightarrow \left[Ph_3\overset{+}{P}{-}CHR{-}C(=O){-}R'\right]Cl^- \xrightarrow{Ph_3P{=}CHR} \underset{50\%\sim93\%}{Ph_3P{=}CR{-}C(=O){-}R'} + [Ph_3\overset{+}{P}CH_2R]Cl^-$$

酰基磷叶立德是有机合成的重要中间体，加热水解或者用锌-乙酸还原裂解可制得酮，进行高温裂解可得到炔。

$$RC{\equiv}CR' \xleftarrow{\triangle} Ph_3P{=}CR{-}C(=O){-}R' \xrightarrow[\text{或 } Zn/CH_3COOH]{H_2O} \underset{74\%\sim93\%}{RCH_2COR'}$$

采用酰卤进行酰化反应的缺点是有一分子磷叶立德转变为鳞盐，若改用羧酸酯或硫代羧酸酯作酰化剂则可避免这一缺点。

$$(CH_2)_n\begin{cases}COOC_2H_5\\CH{=}PPh_3\end{cases}\longrightarrow (CH_2)_n\begin{cases}C{=}O\\C{=}PPh_3\end{cases}+EtOH$$

41%～84%

磷叶立德也可用氯甲酸酯进行酰化反应，生成 α-烷氧羰基磷叶立德，水解后得到羧酸酯。若进一步再用酰氯进行酰化，提供了累积二烯烃的合成方法。

$$Ph_3P{=}C(R)(COOEt)+R'CH_2COCl\longrightarrow\left[Ph_3\overset{+}{P}{-}C(R)(COOEt){-}COCH_2R'Cl^-\right]\xrightarrow{Ph_3P=C(R)COOEt}$$

$$\left[Ph_3\overset{+}{P}{-}C(R)(COOEt){-}C(O^-){=}CHR'\right]\longrightarrow R'CH{=}C{=}C(R)COOEt$$

51%～80%

(3) 偶联反应

具有 α-氢的磷叶立德与氧作用可以发生偶联反应，提供了合成对称烯烃的方法。一般认为反应首先生成醛，醛与另一分子磷叶立德反应得到烯烃。

$$Ph_3P{=}CHR+O_2\longrightarrow[RCH{=}O]\xrightarrow{Ph_3P=CHR}RCH{=}CHR$$

60%～72%

双磷叶立德的偶联反应是制备环烯烃的良好方法。

$$(CH_2)_n\begin{cases}CH{=}PPh_3\\CH{=}PPh_3\end{cases}\xrightarrow{O_2}\begin{cases}(CH_2)_n\begin{cases}CH\\\parallel\\CH\end{cases}\quad(n=3,4,5)\quad 52\%\sim68\%\\(CH_2)_n\begin{cases}HC{=}CH\\HC{=}CH\end{cases}(CH_2)_n\quad 52\%\end{cases}$$

下列鳞盐与碳酸钠反应生成的磷叶立德可被过氧化氢氧化偶联为 β-胡萝卜素。

$$\text{[C}_{15}\text{ polyenyl]}{-}CH_2\overset{+}{P}Ph_3\cdot HSO_4^-\xrightarrow[(2)H_2O_2/H_2O/i\text{-}PrOH]{(1)Na_2CO_3}$$

β-胡萝卜素　　80%

11.5　有机硼试剂

有机硼试剂主要包括硼烷、烃基硼烷、烃基卤硼烷，以及硼酸、烷基硼酸、烷基硼酸酯等多种类型，其中硼烷和烃基硼烷是有机合成中最重要、应用最广泛的硼试剂。有机硼试剂是高度缺电子的亲电试剂，能够发生众多反应，而且这些反应条件温和，操作简便，产率较高，更突出的是这些反应具有极好的立体选择性，特别适用于许多天然产物的合成。

11.5.1 烃基硼烷的制备

Brown 及其同事发现不饱和烯烃或炔烃在醚类溶剂中迅速地与硼烷 BH_3（通常以气态二聚体乙硼烷 B_2H_6 存在）发生加成反应，转化为有机硼烷，即硼氢化反应。

$$>C=C< + H-B< \xrightarrow{\text{室温}} H-\overset{|}{\underset{|}{C}}-\overset{|}{\underset{|}{C}}-B<$$

$$-C\equiv C- + H-B< \xrightarrow{\text{室温}} \underset{H}{>}C=C\underset{B-}{<} \longrightarrow -CH_2-C(B<)_2-$$

乙硼烷对烯烃的加成是硼原子优先加到取代基较少的碳原子上。加成方向受立体因素和电子效应的影响。该反应通常在室温下进行，绝大多数烯烃与之反应生成三烷基硼，具有高取代的烯烃则生成一烷基或二烷基硼。

$$n\text{-}C_4H_9CH=CH_2 + B_2H_6 \longrightarrow (n\text{-}C_4H_9CH_2CH_2)_3B$$

$$(CH_3)_2C=CHCH_3 + B_2H_6 \longrightarrow [(CH_3)_2CH\underset{}{\overset{CH_3}{\overset{|}{C}H}}]_2BH$$

二(3-甲基-2-丁基)硼烷　简写 Sia_2BH

$$(CH_3)_2C=C(CH_3)_2 + B_2H_6 \longrightarrow (CH_3)_2CH-\overset{CH_3}{\underset{CH_3}{\overset{|}{\underset{|}{C}}}}-BH_2$$

2,3-二甲基-2-丁基硼烷　简写 $ThBH_2$

由于烷基的位阻效应，一烷基或二烷基硼烷与烯烃的反应性能比硼烷弱，但却具有更高的立体要求和选择性。如 Sia_2BH、9-BBN 是应用极广的选择性有机硼试剂。9-BBN 是由 1，5 -环辛二烯在四氢呋喃中与乙硼烷反应制得的。

$$\text{1,5-环辛二烯} + B_2H_6 \longrightarrow \text{9-BBN (BH)}$$

9-硼双环[3.3.1]壬烷　简写9-BBN

烯烃	$n\text{-}C_4H_9CH$ ↑	$=CH_2$ ↑	$(CH_3)_2CHCH$ ↑	$=CHCH_3$ ↑
B_2H_6	6%	94%	43%	57%
Sia_2BH	1%	99%	5%	95%
9-BBN	0.1%	99.9%	0.3%	99.7%

因此，利用不同硼试剂进行硼氢化反应可制得各种不同结构的烃基硼烷，这些烃基硼烷经各种转化反应可合成多种类型的有机化合物。

11.5.2 烃基硼烷的反应

(1) 氧化反应

烃基硼烷分子中的 B—C 键很容易被氧化断裂成 C—O 键，通常使用碱性过氧化氢作为氧化剂，反应基本是定量进行的。在该反应条件下，有许多官能团不参与反应，所以通过这种方法能把各种取代烯烃、炔烃转化成醇或羰基化合物。而且该反应总的结果相当于水对双键或叁键的反马氏加成，从而弥补了常用的酸催化水合反应的不足。

$$RCH{=}CH_2 \xrightarrow{B_2H_6} (RCH_2CH_2)_3B \xrightarrow[NaOH]{H_2O_2} RCH_2CH_2OH$$

$$H_2C{=}CHCH_2COOC_2H_5 \xrightarrow{BH_3 \cdot THF} [C_2H_5OOC(CH_2)_3]_3B \xrightarrow[NaOH]{H_2O_2} HOCH_2(CH_2)_2COOC_2H_5$$

该反应已广泛用于天然产物的立体选择性合成。例如由 D-(+)-苧可立体选择地合成 D-(−)-新薄荷醇。

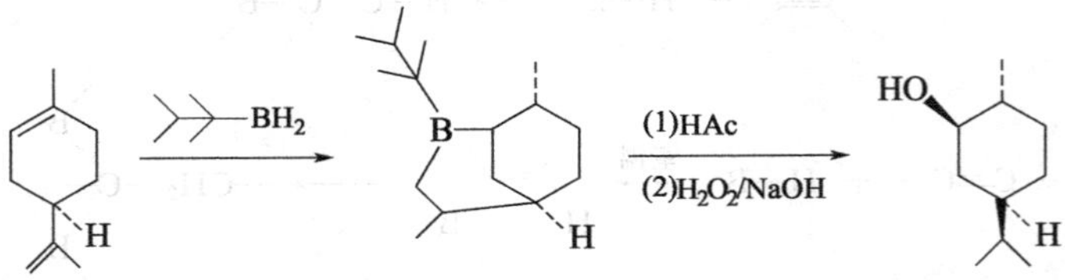

$$\xrightarrow{\text{BH}_2} \quad \xrightarrow[(2)H_2O_2/NaOH]{(1)HAc}$$

末端炔烃与乙硼烷可发生双硼氢化反应，所产生的烷基硼经碱性水解及氧化可得醇。若用 Sia_2BH 作为硼氢化试剂，可停留在单硼氢化阶段，经氧化可成为由末端炔烃制备醛的新方法。

$$RC{\equiv}CH \xrightarrow{Sia_2BH} RCH{=}CH{-}B\langle \xrightarrow[NaOH]{H_2O_2} RCH_2CHO$$

双取代炔烃与乙硼烷反应，一元加成速度较快，继续加成较慢，可停在单硼氢化阶段，经氧化提供了由炔烃制备酮的新方法。

$$RC{\equiv}CR \xrightarrow{B_2H_6} RCH{=}C(R){-}B\langle \xrightarrow{H_2O_2/OH^-} RCH_2C(=O)R$$

$$C_2H_5C{\equiv}CC_2H_5 \xrightarrow[(2)H_2O_2/OH^-]{(1)Sia_2BH} C_2H_5CO(CH_2)_2CH_3$$

68%

(2) 羰基化反应

硼烷的羰基化是指具有强配位能力的 CO 与缺电子的硼烷之间的反应。这个反应的价值在于羰基化之后的产物进一步反应，可生成多种类型的化合物如醇、醛、酮等。在这类反应中，最有用的是三烃基硼烷与一氧化碳的反应。对于无位阻的三烃基硼烷，该反应在一定温度和常压下，生成的初始产物，连续经过三次重排，最后经碱性过氧化氢氧化得到三烃基甲醇。

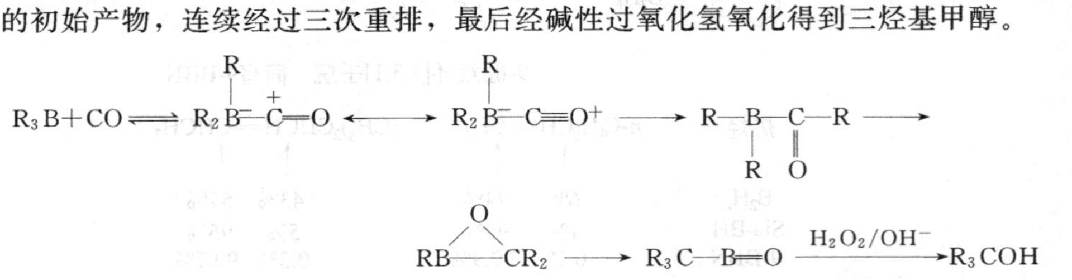

$$R_3B + CO \rightleftharpoons R_2\overset{R}{\underset{}{B^-}}{-}\overset{+}{C}{=}O \longleftrightarrow R_2\overset{R}{B^-}{-}C{\equiv}O^+ \longrightarrow R{-}\underset{R}{B}{-}\underset{O}{\overset{}{C}}{-}R \longrightarrow$$

$$RB\overset{O}{\frown}CR_2 \longrightarrow R_3C{-}B{=}O \xrightarrow{H_2O_2/OH^-} R_3COH$$

80%～90%

用此反应可以合成一些具有特殊结构的化合物。

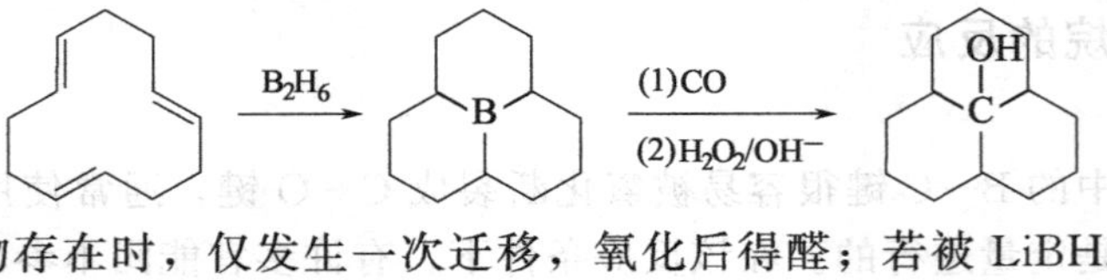

$$\xrightarrow{B_2H_6} \quad \xrightarrow[(2)H_2O_2/OH^-]{(1)CO}$$

当有金属氢化物存在时，仅发生一次迁移，氧化后得醛；若被 $LiBH_4$ 还原则生成伯醇。

$$R_2B\overset{O}{\overset{\|}{C}}-R \begin{cases} \xrightarrow{H_2O_2/OH^-} RCHO \\ \xrightarrow{LiBH_4} RCH_2OH \end{cases}$$

在少量水存在下，使 CO 与三烃基硼烷反应，硼原子上第三个烃基的迁移受到阻碍，因此氧化时得到高产率的对称酮。该方法提供了合成酮的一条非常方便的路线。

$$RB\overset{O}{\frown}CR_2 \xrightarrow[\text{约 }100℃]{H_2O} \left[\begin{array}{c} R-B-CR_2 \\ \quad | \quad\ \ | \\ \ OH\ OH \end{array}\right] \xrightarrow{H_2O_2/OH^-} R_2CO$$

$$\text{环戊烯} \xrightarrow{B_2H_6} (\text{环戊基})_3B \xrightarrow[100℃]{CO,\ H_2O} \xrightarrow{H_2O_2/OH^-} \text{环戊基}-\overset{O}{\overset{\|}{C}}-\text{环戊基}\ \ 90\%$$

(3) 质子分解反应

有机硼烷在温和条件下用羧酸（常用沸腾的丙酸）进行质子分解，把 B—C 键转化为 C—H键，这是有效的非催化氢化的好方法。当烯烃分子中存在某些对催化氢化敏感的基团时，可利用该方法将烯烃还原成相应的饱和烃，且保持了与硼连接的碳原子构型。

$$CH_3SCH_2CH{=}CH_2 \xrightarrow{B_2H_6} (CH_3SCH_2CH_2CH_2)_3B \xrightarrow[\text{回流}]{\text{丙酸}} CH_3SCH_2CH_2CH_3\ \ 78\%$$

$$\text{降冰片烯} \xrightarrow{B_2D_6} \text{(exo-D, exo-B 加成产物)} \xrightarrow{C_2H_5\overset{O}{\overset{\|}{C}}OD} \text{(exo-D, exo-D 降冰片烷)}$$

炔烃也可以进行还原。二取代炔烃的硼氢化-质子分解反应生成顺式烯烃，使用具有位阻的硼烷，可避免继续硼氢化。

$$C_2H_5C{\equiv}CC_2H_5 \xrightarrow{Sia_2BH} \underset{H\qquad\quad B(Sia)_2}{\overset{C_2H_5\qquad C_2H_5}{C{=}C}} \xrightarrow{CH_3COOH} \underset{H\qquad\quad H}{\overset{C_2H_5\qquad C_2H_5}{C{=}C}}$$

68%（几乎100%顺式）

(4) 异构化反应

有机硼烷在合成上一个颇有价值的反应是在加热下发生异构化，主要形成硼原子与烃基上最小立体障碍碳原子相连的化合物。

$$CH_3CH_2\underset{\underset{\diagup\ \diagdown}{B}}{\underset{|}{C}}H(CH_2)_2CH_3 \xrightarrow{150℃} \underset{90\%}{CH_3(CH_2)_4CH_2B\langle} + \underset{4\%}{CH_3CH_2\underset{\underset{\diagup\ \diagdown}{B}}{\underset{|}{C}}H(CH_2)_2CH_3} + \underset{6\%}{CH_3\underset{\underset{\diagup\ \diagdown}{B}}{\underset{|}{C}}H(CH_2)_3CH_3}$$

硼原子在末端位置占优势。该反应受乙硼烷或其他含硼氢键分子的强烈催化。烃基硼烷的热异构化反应是分子内硼氢化-消除-硼氢化反应的结果。反应中发现硼原子容易顺着碳原子直链迁移，并且能通过单烷基化分支的碳链，但不能通过完全取代的碳原子而迁移。

当活性相近或更高的烯烃存在时，烃基硼烷中的烃基可以部分或全部地被置换。利用这种性质，在有机硼烷重排异构之后，与适当的烯烃共热置换出异构化的烯烃，从而得到末端烯烃。反应过程如下：

$$R-\overset{|}{\underset{|}{C}}-\overset{|}{\underset{B}{C}}-\overset{|}{\underset{|}{C}} \rightleftharpoons R-C{=}C-C \rightleftharpoons R-\overset{|}{\underset{|}{C}}-\overset{|}{\underset{B}{C}}-\overset{|}{\underset{|}{C}} \rightleftharpoons R-C-C{=}C-$$

$$\rightleftharpoons R-\overset{|}{\underset{|}{C}}-\overset{|}{\underset{|}{C}}-\overset{|}{\underset{B}{C}}- \xrightleftharpoons[R'CH=CH_2]{} R'CH_2CH_2B + R-\overset{|}{C}-\overset{|}{C}=C-$$

通过烯烃的硼氢化、热异构化、置换反应，得到末端烯烃。例如 α-蒎烯转化为 β-蒎烯：

$$\alpha\text{-蒎烯} \xrightarrow{\text{BH}} \text{硼烷加成物} \xrightarrow{\triangle} \text{末端硼烷} \xrightarrow{RCH=CH_2} \beta\text{-蒎烯}$$

(5) 偶合反应

有机硼烷（三烃基硼烷）与 Tollens 试剂反应生成偶联产物 R—R。例如：

$$CH_3(CH_2)_3CH{=}CH_2 \xrightarrow{B_2H_6} (n\text{-}C_6H_{13})_3B \xrightarrow[NH_3]{AgNO_3} \underset{70\%}{CH_3(CH_2)_{10}CH_3}$$

氯代硼烷与末端炔烃的硼氢化产物在碱性条件下用碘处理，可发生偶联，立体选择性地得到顺，反-共轭二烯烃。

$$RC{\equiv}CH + BH_2Cl \longrightarrow (RCH{=}CH)_2BCl \xrightarrow{I_2/NaOH} RCH{=}CH{-}CH{=}CHR$$

11.6 有机硅试剂

近几十年来，有机硅化学发展迅速。硅有机化合物最初仅作为醇的保护基团被引入到有机合成中，却因其特殊的反应性能，越来越受到有机合成化学家的重视。许多硅有机化合物如烯醇硅醚、乙烯基硅烷、烯丙基硅烷等均是具有多种反应性能的合成中间体，可以发生多种类型的合成反应，广泛用于有机合成。

硅原子与同族的碳原子类似，均为四价。但硅的原子半径比较大，成键时表现出自身的特点，其在有机合成中的广泛应用也是由它特殊的结构所决定的。

① Si—O 及 Si—F 键比 C—O 及 C—F 键强，而 Si—C 及 Si—H 键比 C—C 及 C—H 键弱，可以引起许多热力学有利的反应。

② 由于 Si—C 及 Si—O 都是极性键，硅原子易被亲核试剂进攻而发生异裂，使含硅基团容易离去，发生多种形式的消去及取代反应。

$$Nu\!: + Si{-}C{-}C^+ \longrightarrow NuSi^+$$

$$Nu\!: + Si{-}OR \longrightarrow OR^- + NuSi^+$$

③ 硅原子具有 3d 空轨道，它可与相邻的 α-碳负离子形成 d-p 共轭，使碳负离子稳定，从而使得硅原子或碳原子上能发生多种类型的烃化反应、酯化反应和缩合反应等。

④ 硅原子的另一突出性质是它形成的 Si—C 键可以稳定 β- 碳正离子，这一现象与 C—H

键的超共轭效应相似。这种稳定化作用可在合成中得到应用。

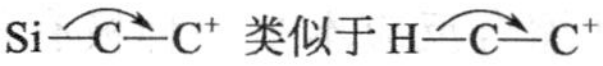

$$Si-C-C^{+} \text{ 类似于 } H-C-C^{+}$$

正是硅原子的这些特点决定了硅有机化合物在有机合成中多方面的应用。由于硅烷化试剂已广泛用于合成中各个方面，在此只介绍其中一些重要应用。

11.6.1 烯醇硅醚

烯醇硅醚是一类重要的合成试剂，可以进行相当于烯醇负离子的反应，但又比烯醇负离子稳定，较易制备，而且反应具有强的区域或立体选择性，在有机合成中有广泛应用。

(1) 烯醇硅醚的制备

最广泛的制备方法是三甲基氯硅烷与醛、酮在三乙胺的存在下，以 DMF 为溶剂进行反应，制备相应的烯醇三甲基硅醚。叔丁基二甲基硅醚比前者有更大的水解稳定性，也可按这类方法合成。

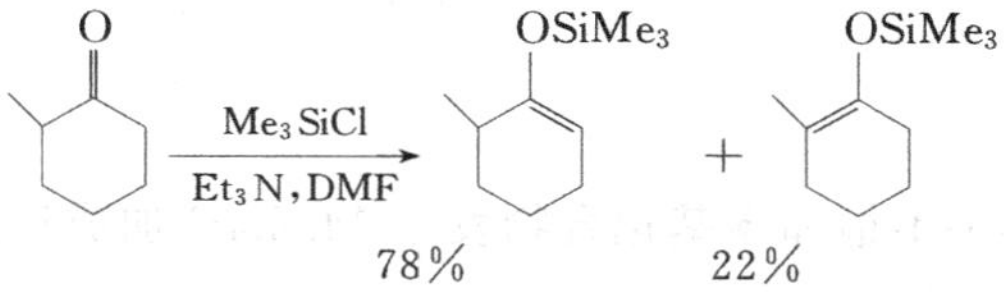

O; Me_3SiCl; Et_3N,DMF; $OSiMe_3$ 78%; + $OSiMe_3$ 22%

α,β-不饱和羰基化合物进行还原硅化、烃化硅化或硅氢化反应，是区域专一性地制备多取代或少取代烯醇硅醚的有效方法。

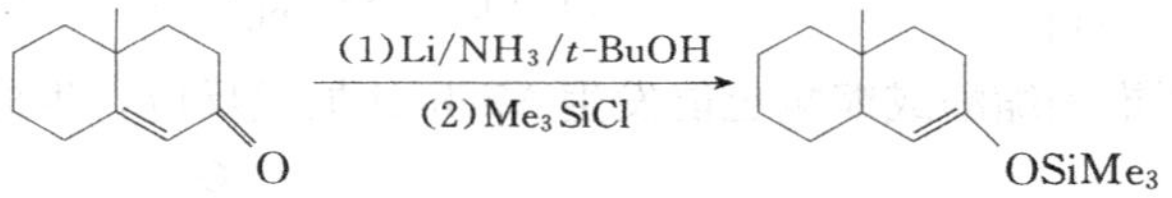

O; (1)Li/NH_3/t-BuOH; (2)Me_3SiCl; $OSiMe_3$

若用羧酸酯或羧酸首先与强碱作用形成烯醇锂盐，继而进行硅基化，即可制得烯醇硅醚。

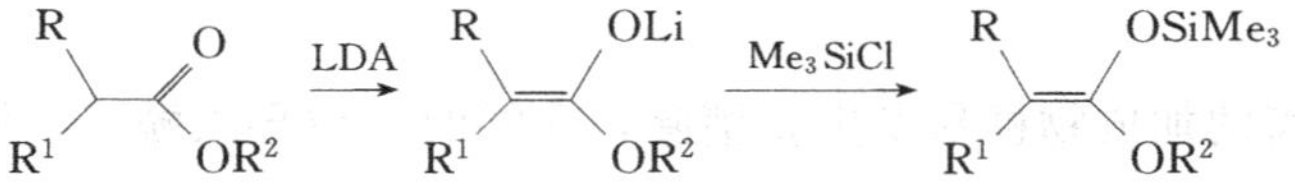

R, R^1, O, OR^2; LDA; R, R^1, OLi, OR^2; Me_3SiCl; R, R^1, $OSiMe_3$, OR^2

(2) 烃化反应

在 Lewis 酸存在下，叔卤代烃离解出的活性碳正离子可与烯醇硅醚区域专一性地反应，生成 α-叔烷基酮。苄基卤化物、烯丙基卤化物、乙酸烯丙酯等也是有效的烃化试剂。

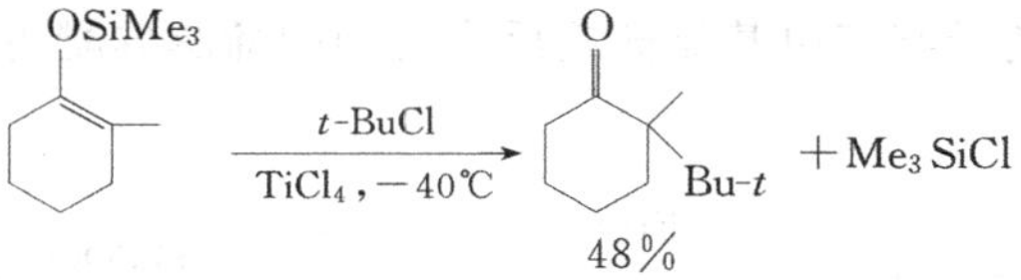

$OSiMe_3$; t-BuCl; $TiCl_4$, −40℃; O, Bu-t 48%; + Me_3SiCl

若用氯甲基芳基硫醚作烃化剂，可在酮的 α-位导入芳硫甲基，进一步还原，即可在酮的 α-位导入甲基。若用高碘酸钠氧化，则可在酮的 α-位导入亚甲基。

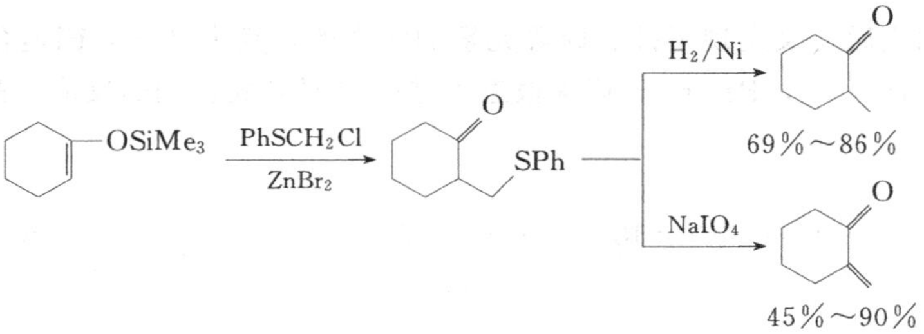

$OSiMe_3$; $PhSCH_2Cl$; $ZnBr_2$; O, SPh; H_2/Ni → O 69%～86%; $NaIO_4$ → O 45%～90%

(3) 缩合反应

两种不同的醛、酮之间的交叉缩合反应本是一种极有价值的有机合成反应，然而由于经常生成自身缩合或多缩合产物，从而限制了该反应的实际应用。1974 年，Mukaiyama 报道的烯醇硅醚在 Lewis 酸 $TiCl_4$ 催化下与醛酮化合物的亲电反应，则有利于生成交叉羟醛缩合产物，并有很好的区域选择性。该反应需要计算量的 $TiCl_4$ 作催化剂，以 CH_2Cl_2 作溶剂，与醛的反应在 −78℃下进行得极快，而与酮的反应以在 0℃为宜。反应过程如下：

OSiMe3, Ph —TiCl4→ OTiCl3, Ph —(丙酮)→ TiCl3 螯合物 (Ph) —H2O→ Ph-CO-CH2-C(OH)(CH3)2

OSiMe3 (6-甲基环己烯基) + PhCHO —TiCl4 / CH2Cl2→ 2-(α-羟基苄基)-6-甲基环己酮 81%

(4) Michael 反应

烯醇硅醚可与多种 α,β-不饱和羰基化合物发生 Michael 加成反应，该反应条件温和，优于碱催化的 Michael 加成反应。

Me3SiO(Ph)C=CH2 + (CH3)2C=CH-CO-CH3 —TiCl4 / CH2Cl2, −78℃→ Ph-CO-CH2-C(CH3)2-CH2-CO-CH3

烯醇硅醚与 α,β-不饱和缩醛或缩酮也能发生 Michael 加成反应，生成 5-羰基缩醛或缩酮。

1-OSiMe3-环戊烯 + CH3CH=CH-CH(OCH3)2 —TiCl4 / Ti(OCEt3)4→ 2-[CH(CH3)CH2CH(OCH3)2]环戊酮

(5) 酰化反应

烯醇硅醚与酰卤的加成物极易发生 β-消除，在酮的 α-位导入酰基，得到 β-二酮。

OSiMe2Bu-t (环己二烯) —CH3COCl / TiCl4, −78℃→ 乙酰基取代的环己烯酮

丙二酸二乙酯的负离子与三甲基氯硅烷反应得到的烯醇硅醚再与酰氯反应，最后生成酰基取代的丙二酸二乙酯。

$(EtOOC)_2\overset{-}{C}H + Me_3SiCl \longrightarrow$ (EtOOC)(EtO)(Me3SiO)... EtOOC, OEt, H, OSiMe3 $\xrightarrow{PhCOCl}$ PhC(=O)CH(COOEt)2

11.6.2 Peterson 反应

继磷叶立德之后，又发现了硅、硫等元素的叶立德，其中硅叶立德是合成烯烃的一种非常有效的方法。1968 年，Peterson 首次报道了硅叶立德与醛、酮的反应，故又称为Peterson 反应。

$$>C=O + {}^{-}C-SiR_3 \longrightarrow -C(O^{-})-C(SiR_3)- \longrightarrow >C=C< + {}^{-}O-SiR_3$$

凡通过生成β-羟基硅烷，然后令其发生β-消除的反应均被纳入 Peterson 反应范畴，因此如何制备α-硅基碳负离子就成了 Peterson 反应的关键。

（1）制备

硅叶立德通常用四烃基硅烷在强碱的作用下生成。

$$Me_3SiCH_2Ph \xrightarrow{n\text{-BuLi}} Me_3Si\bar{C}HPh$$

$$Me_3SiCH_2COOEt \xrightarrow[THF,\,-70℃]{(C_6H_{11})_2NLi} Me_3Si\bar{C}HCOOEt$$

（2）Peterson 反应的应用

Peterson 反应主要用于合成烯烃，尤其是端基烯烃。

$$Me_3Si\bar{C}HPh + PhCHO \longrightarrow Me_3SiCH(Ph)—CHPh(O^-) \longrightarrow PhCH=CHPh$$

$$Me_3Si\bar{C}HCOOEt + \text{环己酮} \longrightarrow \text{环己亚基}=CHCOOEt \quad 95\%$$

该方法在有些情况下比 Wittig 反应更有优越性。

$$\text{酮} \xrightarrow{Ph_3P=CH_2} \text{无反应}$$

$$\text{酮} \xrightarrow{Me_3SiCH_2MgCl} \text{亚甲基化产物}$$

Peterson 反应作为 Wittig 反应的一个发展，不仅可用于各种取代烯烃的合成，而且还可合成多烯类、羰基化合物、α,β-不饱和酸酯类等不同类型的化合物，从而大大拓宽了Wittig反应的应用范围。此外，在合成带有官能团的烯烃时，Peterson 反应比 Wittig 反应所需的条件温和，而且副产物 $(Me_3Si)_2O$ 容易挥发而除去，故比 Wittig 反应更具优越性。

习　题

11.1　写出实现下列化合物转化的方法。

（1）环己基-MgBr ⟶ 环己亚基=CH_2

（2）$H_2C=CHBr \longrightarrow n\text{-}C_6H_{13}CH=CH_2$

（3）苯基-MgBr ⟶ 苯基-CHO

（4）金刚烷酮(=O) ⟶ 金刚烷醇(OH)

（5）金刚烷酮(=O) ⟶ 金刚烷(Me)(OH)

（6）环己基-COOH ⟶ 环己基-$COCH_3$

（7）$CH_3CH_2MgBr \longrightarrow$ 苯基-$COCH_2CH_3$

（8）$CH_3CH_2CH_2CH_2Br \longrightarrow n\text{-}C_4H_9C\equiv CH$

11.2　写出下列反应的中间物和产物。

（1）$CH_3MgBr + CH(OEt)_3 \longrightarrow \xrightarrow{H^+/H_2O}$

（2）$CH_3Li + CO_2 \longrightarrow \xrightarrow{RLi} \xrightarrow{H^+/H_2O}$

（3）BH $\longrightarrow \xrightarrow{\triangle} \xrightarrow{CH_3CH=CH_2}$

（4）$CH_3OCH_2Br + PPh_3 \longrightarrow \xrightarrow{碱}$ $\xrightarrow{环己酮}$

（5）$H_3CC\equiv CCH_3 + B_2H_6 \longrightarrow \xrightarrow{H_2O_2/OH^-}$

（6）$PhLi + PhCOOH \longrightarrow \xrightarrow{PhLi} \xrightarrow{H_2O/H^+}$

（7）H_3CO　OCH_3 $+ n\text{-}C_4H_9Li \xrightarrow[THF]{TMEDA} \xrightarrow{HCONMe_2}$

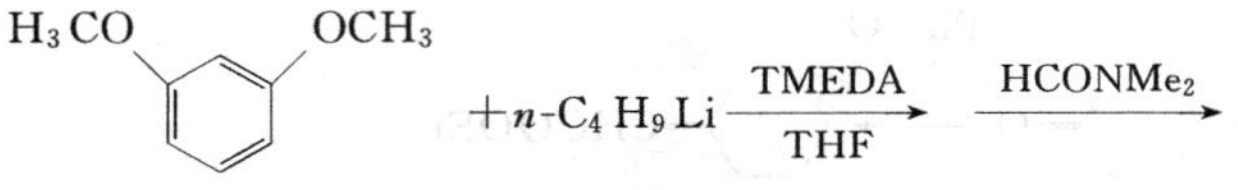

（8）$CH_3CH_2CH_2CH_2CH_2Cl + 2Li \xrightarrow[N_2]{己烷} \xrightarrow{CH_3CONMe_2}$

11.3　用指定的原料合成下列化合物（其他试剂任选）。

（1）Br $\longrightarrow$ O, CH_3

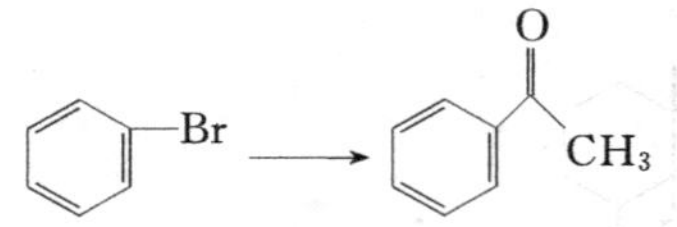

（2）$n\text{-}C_4H_9Cl \longrightarrow Me_3CC\equiv CCH_2CHMe_2$

（3）O $\longrightarrow$ O

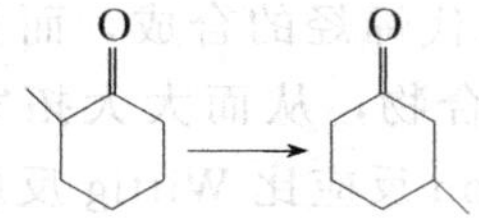

（4）$OSiMe_3$ $\longrightarrow$ O

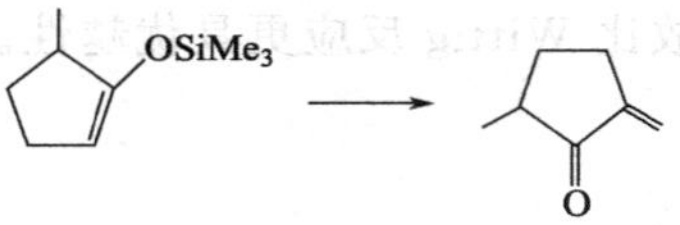

（5）$Me_3B \longrightarrow Me_3COH$

（6）$PhCHO \longrightarrow Ph_2CHCH_2COOCH_3$

（7）N $\longrightarrow$ N, Ph

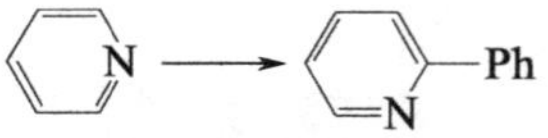

（8）$H_3CC\equiv CH \longrightarrow CH_3CH_2CH_2OH$

第12章 逆合成分析与有机合成设计

12.1 逆合成分析法

逆合成分析法（retrasynthesis）有时也叫作反合成分析法（antithetic synthesis），是有机合成路线设计最简单、最基本的方法。通常，合成是指从某些原料出发，经过若干步反应，最后合成出所需的目标产物，或叫目标分子（target molecule，TM）；通过切断而产生的一种想象的碎片称为合成子（synthon），它通常为一个负离子或者正离子，也可以是反应的中间体。实际进行合成路线设计时需要反其道而行之，即从目标分子的结构出发，先考虑由哪些中间体合成目标物，再考虑由哪些原料合成中间体，最后的原料就是起始物（starting material，SM）。这种方法就是“逆合成分析”。

在表示合成步骤时，每步常用箭头“→”，而表示逆合成时，用符号“⟹”表示。逆合成法是大多数有机合成工作者所使用的方法。究其原因，是因为在大多数情况下，除了由产物回推到原料外没有其他更好的方法可采用。

12.2 合成路线设计

设计合成路线是进行有机合成的重要一步。在全世界每个有机实验室里都要进行化合物的合成工作，合成一个有机化合物，首先要做的就是设计它的合成路线，制订合成方案。如果所合成的化合物是前人合成的，那么，可以根据文献所报道的工作，仿照或改造前人的合成路线；如果所要的目标分子从未有人合成过，就必须自己设计合成路线。通常把可行的路线都画出来，加以评判、修正，直至做出决定为止。或重新修改方案，直至获得成功为止。

根据原料的来源、产率的高低、成本的贵贱考虑，有机合成路线设计所考虑的一般原则主要有如下三点。

① 采用尽可能有效（产率高）的反应和方便的步骤。尽可能地避免和控制副反应的发生。

② 总收率要高。要求每个单元反应的收率高（无异构体生成）；要求单元反应要尽可能少。单元反应多，总收率就会降低，同时成本也会提高。

③ 排列方式也会影响总产率。在将A、B、C、D、E和F连接成ABCDEF的合成中，如果用直线型方法（又称连续方法，sequential approach），至少要包括下列5步：

$$\mathrm{A} \xrightarrow{\mathrm{B}} \mathrm{AB} \xrightarrow{\mathrm{C}} \mathrm{ABC} \xrightarrow{\mathrm{D}} \mathrm{ABCD} \xrightarrow{\mathrm{E}} \mathrm{ABCDE} \xrightarrow{\mathrm{F}} \mathrm{ABCDEF}$$

如果每个单元反应的收率为90%，则总收率为 $(0.9)^5=0.59$，即59%。

若分支一次，亦即先合成中间体ABC和DEF，再将它们结合成ABCDEF，此法称为平行法（parallel approach）。如每步收率为90%，总收率为 $(0.9)^3=0.73$，亦即73%。因此要提高总产率，就要减少连续步骤的数目，如有可能，应该使用平行法，而不是连续法。

$$\left.\begin{array}{l} A \xrightarrow{B} AB \xrightarrow{C} ABC \\ D \xrightarrow{E} DE \xrightarrow{F} DEF \end{array}\right\rangle \longrightarrow ABCDEF$$

12.3　单官能团化合物的合成路线设计

12.3.1　简单醇的合成

醇主要通过格氏反应、羰基化合物的亲核加成和还原反应来制备。前两者是由小分子构成大分子的过程，而后者是官能团转换的过程。在分子拆开的过程中，拆开的方式要视目标分子的结构而定。

对于简单醇的合成，首先是基于切断 α,β-键（通过异裂的方式），得到两个合成子：

$$R-\underset{Y}{\overset{R'}{C}}-OH \Longrightarrow R-\underset{+}{\overset{R'}{C}}-OH + Y^-$$

正离子部分的合成等效剂为醛酮，负离子部分的情况有下列三种。

① Y^- 为稳定性较好的负离子，如 ^-CN、$R-C\equiv C^-$ 等。

② Y^- 为 R^-，在通常的情况下，R^- 的合成等效剂是 RMgX 和 RLi。

③ Y^- 为 H^-，其合成等效剂是 $NaBH_4$ 或 $LiAlH_4$。亦即用 $NaBH_4$ 或 $LiAlH_4$ 还原羰基化合物。

TM1 的合成是利用这种切断的一个最简单的例子。

$$H_3C-\underset{CN}{\overset{CH_3}{C}}-OH \quad TM1$$

【分析】

$$H_3C-\underset{CN}{\overset{CH_3}{C}}-OH \Longrightarrow H_3C-\overset{CH_3}{C}=O + CN^-$$

【合成】

$$H_3C-\overset{CH_3}{C}=O \xrightarrow[(2)H^+]{(1)NaCN} H_3C-\underset{CN}{\overset{CH_3}{C}}-OH$$

又如 TM2 的合成：

$$H_3C-\underset{C\equiv CH}{\overset{Ph}{C}}-OH \quad TM2$$

【分析】

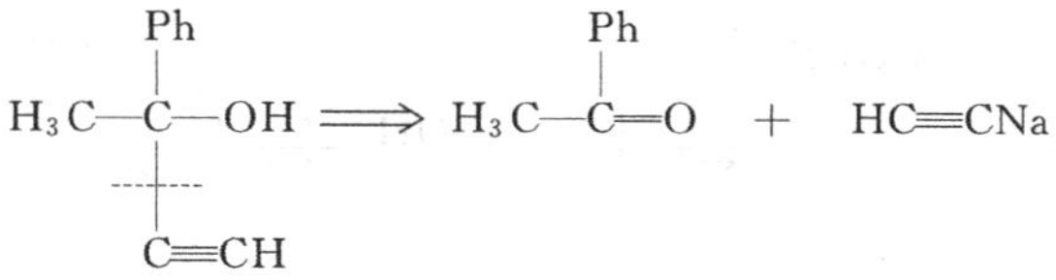

$$H_3C-\underset{C\equiv CH}{\overset{Ph}{C}}-OH \Longrightarrow H_3C-\overset{Ph}{C}=O + HC\equiv CNa$$

【合成】

$$HC\equiv CH \xrightarrow{NaNH_2} HC\equiv CNa \xrightarrow[(2)H_3O^+]{(1)\ H_3C-\overset{Ph}{C}=O} H_3C-\underset{C\equiv CH}{\overset{Ph}{C}}-OH$$

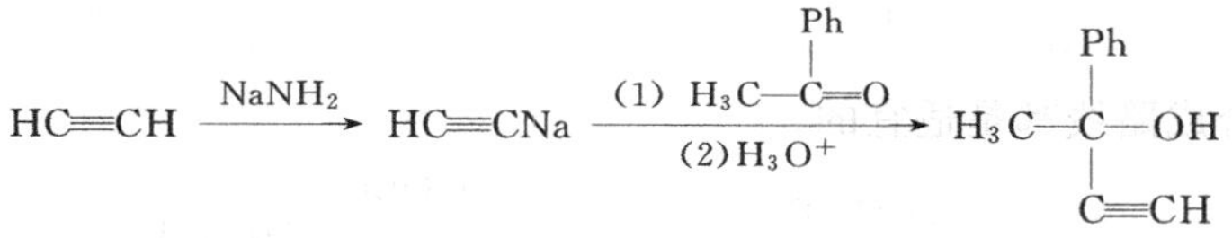

如果醇通过 α,β-键的切断，没有一种切断能给出稳定的负离子，必须用 RMgX 或 RLi 作为合成等效剂。如 TM3 的合成，这是一种通过格式试剂的合成方法：

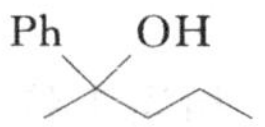

Ph OH TM3

【分析】

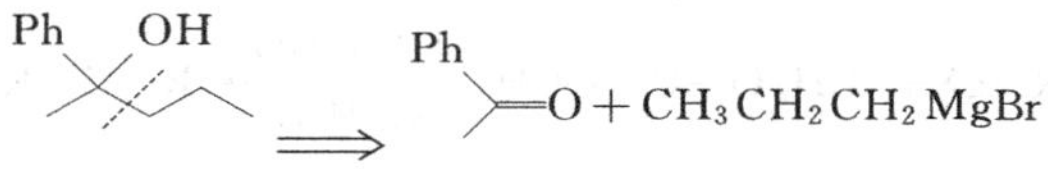

Ph OH $\Longrightarrow$ Ph—C(=O)—CH$_3$ $+ CH_3CH_2CH_2MgBr$

【合成】

$$C_6H_6 \xrightarrow[AlCl_3]{CH_3COCl} PhCOCH_3 \xrightarrow[(2)H_3O^+]{(1)CH_3CH_2CH_2MgBr} \text{Ph, OH (TM3)}$$

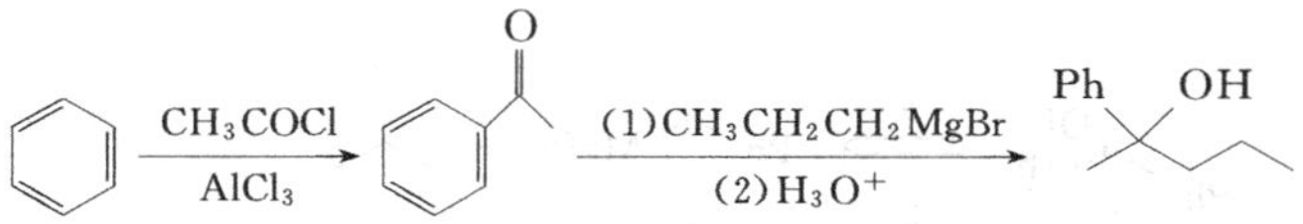

有时，醇可能有不止一种切断方式，最终以哪种方式为主要看合成路线的难易及原料来源是否易得。TM4 有两种不同的切断方式：

【分析】

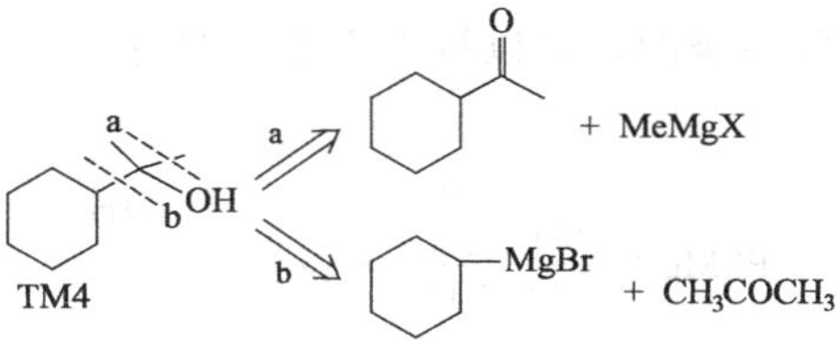

TM4 (a, b, OH) $\xrightarrow{a}$ 环己基甲基酮 + MeMgX

TM4 $\xrightarrow{b}$ 环己基MgBr $+ CH_3COCH_3$

很显然，选择 b 较为适宜，因为丙酮和卤代环己烷是容易得到或易制备的化合物。比较切断 a 和 b，可以给我们一个启示：在分子的中央切断，可使逆推简化。

优良切断原则：切断应倒退至可被接受的起始原料或易于制备的化合物为止，力求获得最大的简化。

合成：

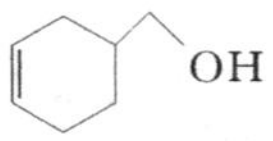

OH TM5

【分析】 带羟基的碳上有一个氢，可考虑用羰基化合物的还原制得。

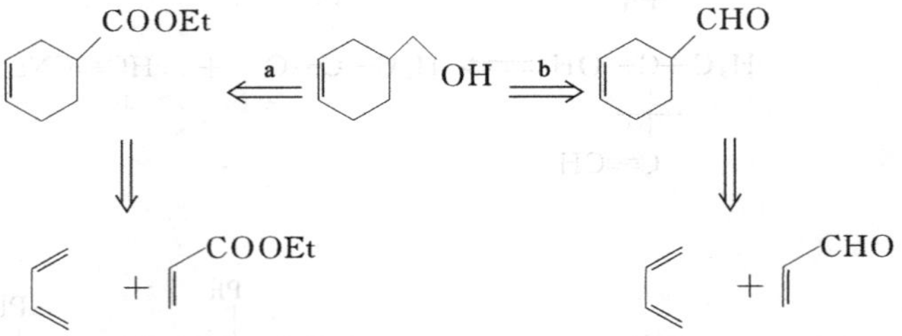

COOEt　CHO

（a）⇐ 环己烯甲醇（OH）⇒（b）

⇓　⇓

丁二烯 + 丙烯酸乙酯（COOEt）　丁二烯 + 丙烯醛（CHO）

【合成】　两条合成路线都是适宜的。

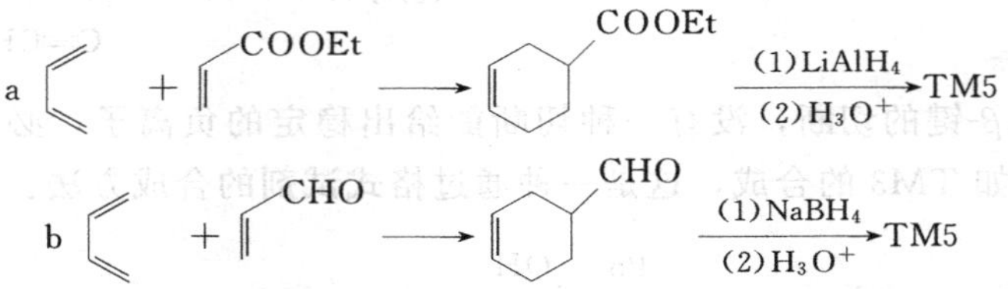

a　丁二烯 + 丙烯酸乙酯（COOEt）⟶ 环己烯甲酸乙酯（COOEt）$\xrightarrow[(2)H_3O^+]{(1)LiAlH_4}$ TM5

b　丁二烯 + 丙烯醛（CHO）⟶ 环己烯甲醛（CHO）$\xrightarrow[(2)H_3O^+]{(1)NaBH_4}$ TM5

碳酸酯与 Grignard 试剂也能生成叔醇，相当于将三分子 RMgX 的烃基连在了同一个碳原子上。

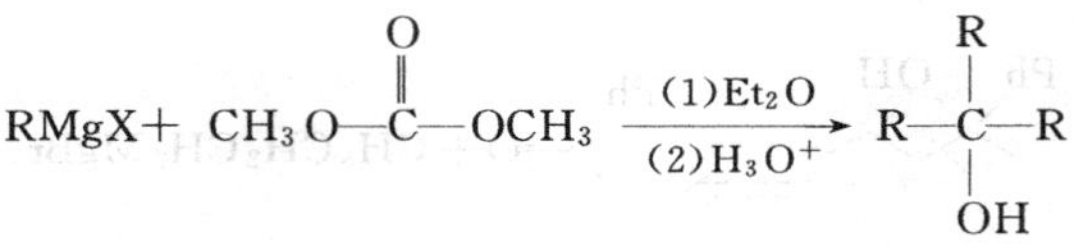

$$RMgX + CH_3O-\overset{O}{\overset{\|}{C}}-OCH_3 \xrightarrow[(2)H_3O^+]{(1)Et_2O} R_3C-OH$$

完成 TM6 合成设计：

TM6（Ph 苄基叔醇，切断 a / b）$\overset{a}{\Longrightarrow}$ Ph⌒MgBr + 丙酮

$\overset{b}{\Longrightarrow}$ Ph⌒COOEt + 2MeMgBr

⇓

Ph⌒COOH ⟹ Ph⌒CH_2OH

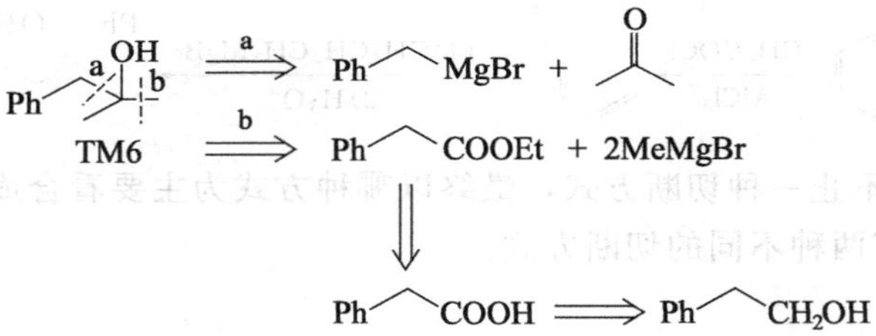

β-C 上仅有一个取代基的一级醇，可以按下列方法制备：

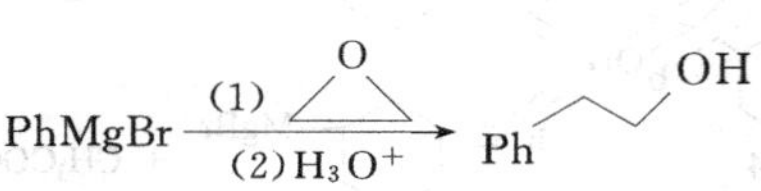

$$PhMgBr \xrightarrow[(2)H_3O^+]{(1)\ \text{环氧乙烷}} Ph\frown\frown OH$$

将上述方法加以推广，可得切断：

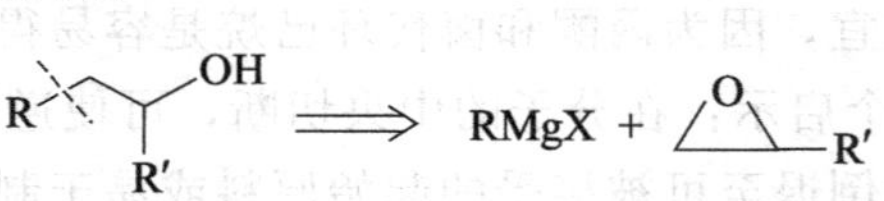

R⌒CH(OH)R′ ⟹ RMgX + 环氧化合物（R′）

与上述切断相对应的合成反应是：

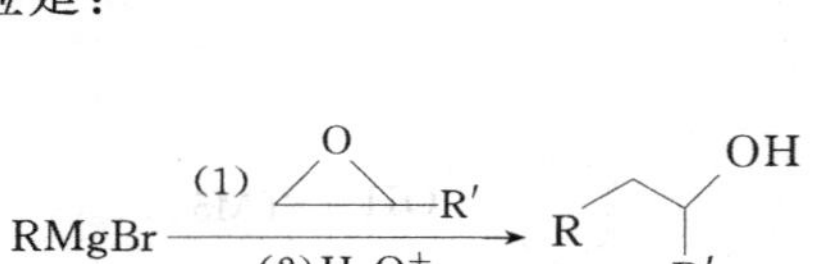

$$RMgBr \xrightarrow[(2)H_3O^+]{(1)\ \text{环氧化合物}(R')} R\frown CH(OH)R'$$

此方法称为环氧化合物路线。其优点是：这一反应是立体专一的。碳负离子的进攻目标

是环氧化物中连有取代基较少（即空间位阻较小）的碳原子。不足之处是，一般仅限于单取代环氧化合物，取代基较多时，选择性就不可靠。

简单醇的合成方法：

RX $\xrightarrow{Mg}$ RMgX

RMgX $\xrightarrow{HCHO}$ RCH_2OH

RMgX $\xrightarrow{R'CHO}$ R-CH(OH)-R'

RMgX $\xrightarrow{R'COR''}$ RR'R''C-OH

RMgX $\xrightarrow{HCOOEt}$ R_2CHOH

RMgX $\xrightarrow{R'COOEt}$ RR'R'C-OH

RMgX $\xrightarrow{\text{R'-环氧乙烷}}$ $R'CH(OH)CH_2R$

RMgX $\xrightarrow{\text{环氧乙烷}}$ RCH_2CH_2OH

12.3.2 醇衍生物的合成

在有机化合物之间的相互转化过程中，醇羟基是关键的官能团，它可以作为桥梁，通过官能团转换转变为其他的官能团。下面列出了常见的几种官能团转换的实例。

（1）酯的合成

$PhCH_2CH_2CH(OAc)CH_2CH_2Ph$　TM7

【分析】

$PhCH_2CH_2CH(OAc)CH_2CH_2Ph$ $\xRightarrow{FGI}$ $PhCH_2CH_2CH(OH)CH_2CH_2Ph$ $\Longrightarrow$ HCOOEt＋ $PhCH_2CH_2Br$

【合成】

$PhCH_2CH_2Br$ $\xrightarrow[(3)H_3O^+]{(1)Mg,Et_2O\ (2)HCOOEt}$ $PhCH_2CH_2CH(OH)CH_2CH_2Ph$ $\xrightarrow{Ac_2O}$ TM7

（2）酮的合成

环己基-CH(OH)-$CH_2CH_2CH_2CH_3$　TM8

【分析】

环己基-CH(OH)-C_4H_9 $\xRightarrow{FGI}$ 环己基-CO-C_4H_9 $\Longrightarrow$ 环己基-CHO ＋ C_4H_9MgBr

环己基-CHO $\Longrightarrow$ 环己基-CH_2OH $\Longrightarrow$ 环己基-Br ＋ HCHO

【合成】

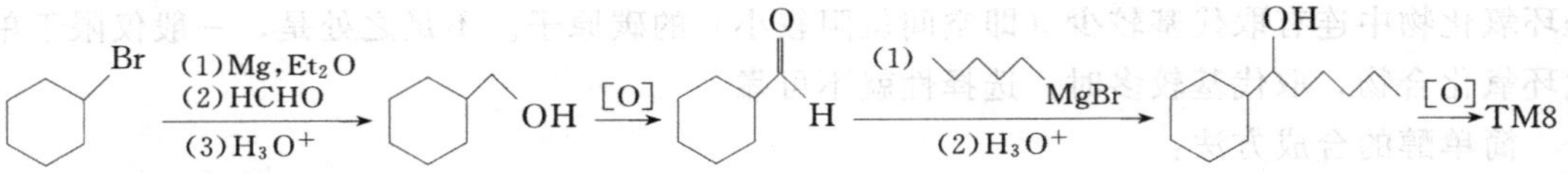

(3) 卤代烃的合成

1979 年，化学家为研究吸电子基团在 S_N1 反应中所起的作用，特选择制备化合物 TM9 以供这一目的之用。

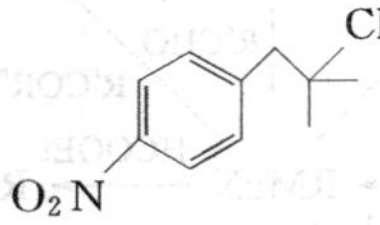

TM9

【分析】

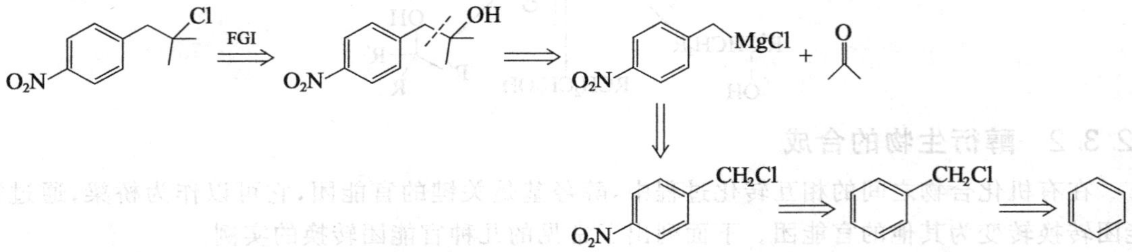

【合成】

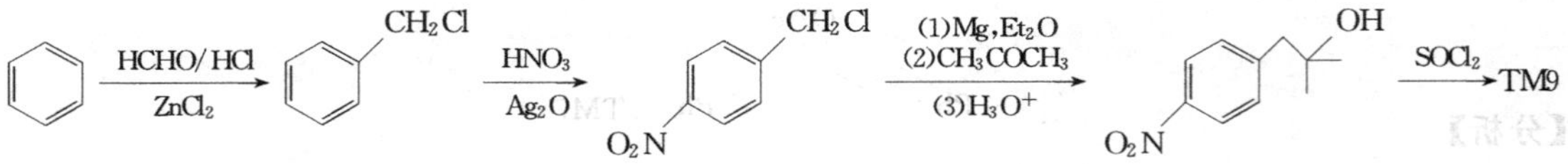

(4) 烯烃逆推到醇

【分析】

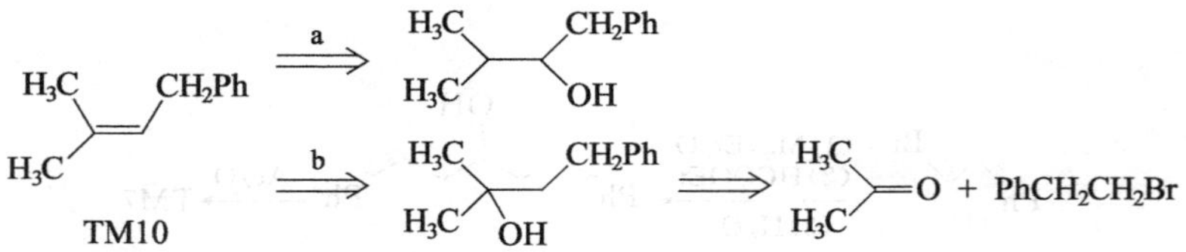

TM10

路线 a 不可行，依据 Saytzeff 规则，醇 A 脱水时得不到所要的产物。

【合成】

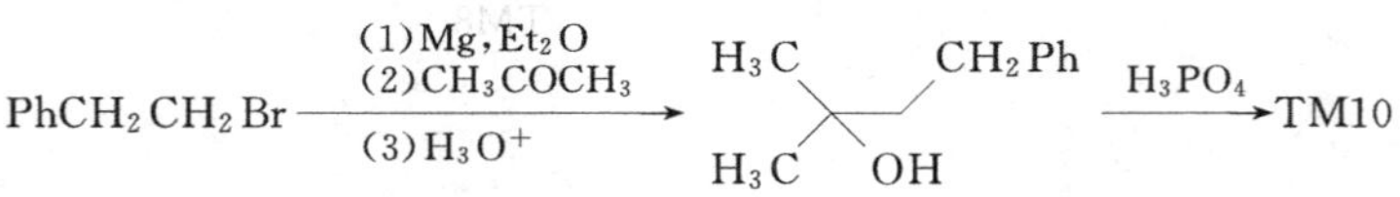

12.3.3 烯烃的合成

(1) 醇脱水合成烯烃

烯烃通常在酸性条件下（最普通的酸是 $KHSO_4$ 和 H_3PO_4，或酸性略低的 $POCl_3$ 在吡啶中的溶液）由醇脱水而得。而醇则用通常的方法制备。例如合成化合物 TM11：

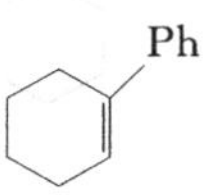

TM11

【分析】 从策略上说，将—OH放在支化点上较好。

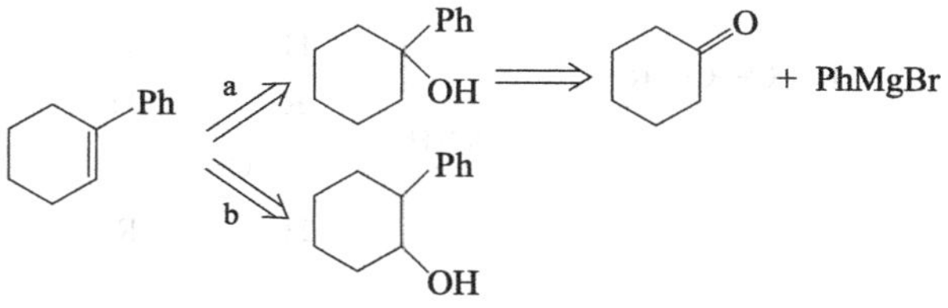

b为无用的切断，因为会产生

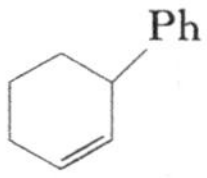

【合成】

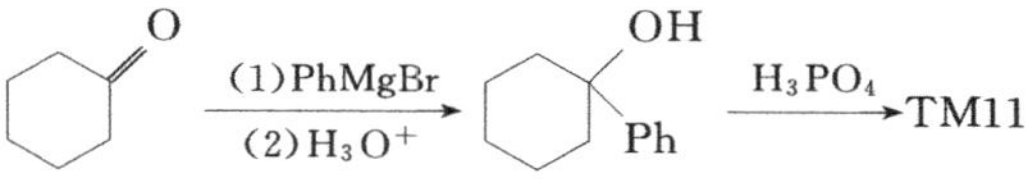

$\xrightarrow[(2)H_3O^+]{(1)PhMgBr}$ $\xrightarrow{H_3PO_4}$ TM11

（2）Wittig反应合成烯烃

$$PhCH_2CH_2Br+Ph_3P \longrightarrow Ph_3\overset{+}{P}—CH_2CH_2Ph\overset{-}{Br} \xrightarrow{n\text{-}BuLi} Ph_3\overset{+}{P}—\overset{-}{C}HCH_2Ph \xrightarrow{CH_3COCH_3} (CH_3)_2C═CHCH_2Ph$$

Wittig试剂常用苯基锂、丁基锂、甲基锂、叔丁醇钾、氨基钠、乙醇钠等碱来制备。如果使用的卤代烃分子中含有稳定碳负离子的基团，则可用Na_2CO_3、NH_3等弱碱。Wittig反应切断分子可得到两组合成子。选择何种合成子，主要看试剂的来源、操作的繁简等，有时两者都是可行的。

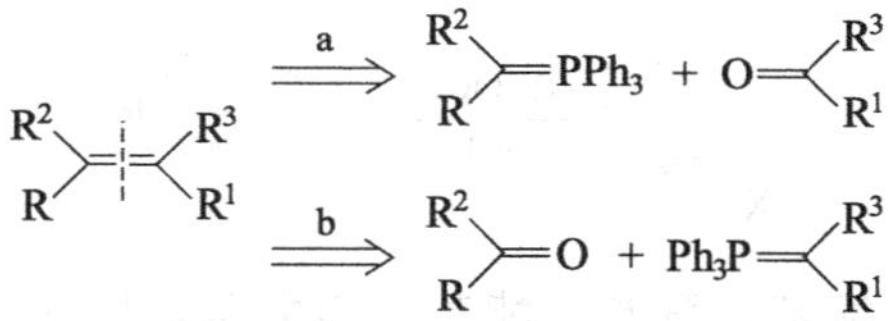

a: $R^2RC═PPh_3 + O═CR^3R^1$

b: $R^2RC═O + Ph_3P═CR^3R^1$

化合物TM12的合成：

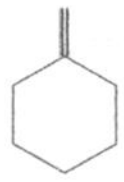

TM12

【分析】

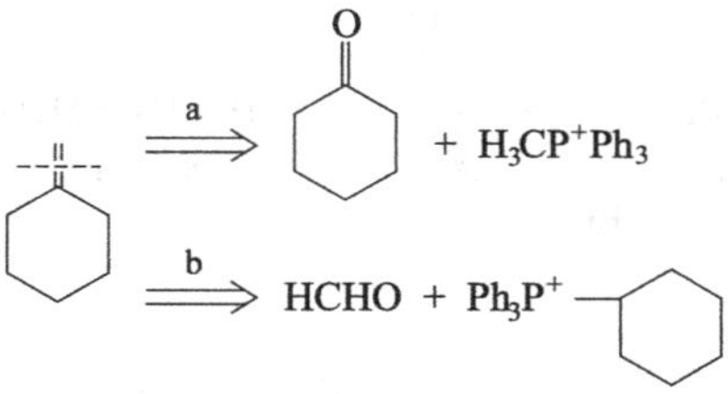

a: + $H_3CP^+Ph_3$

b: HCHO + Ph_3P^+—

【合成】 路线a也许会理想些，因为环己酮和碘甲烷较易得到。

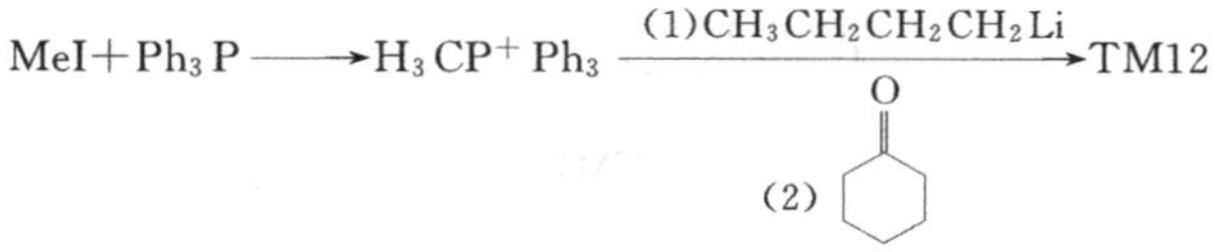

$$MeI+Ph_3P \longrightarrow H_3CP^+Ph_3 \xrightarrow[(2)]{(1)CH_3CH_2CH_2CH_2Li} TM12$$

（3）炔还原合成烯烃

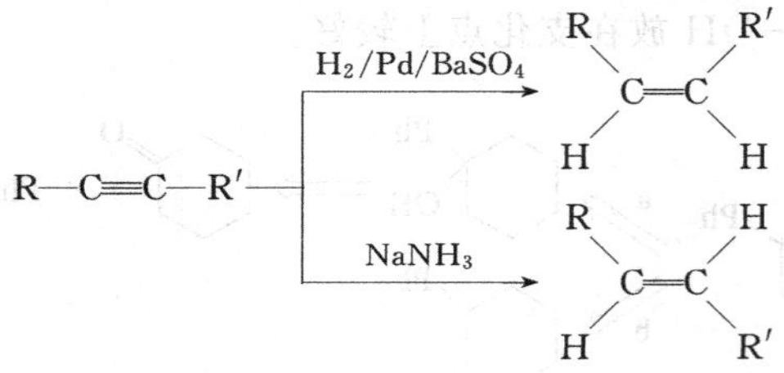

$$R—C \equiv C—R' \xrightarrow{H_2/Pd/BaSO_4} \text{(顺式) } RCH=CHR'$$

$$R—C \equiv C—R' \xrightarrow{NaNH_3} \text{(反式) } RCH=CHR'$$

例如：合成化合物 TM13

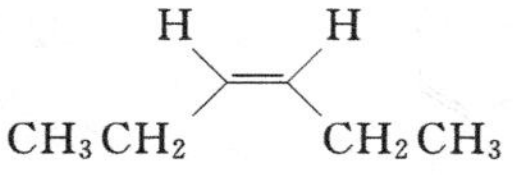

(Z)-$CH_3CH_2CH=CHCH_2CH_3$

TM13

【分析】

$$\text{(Z)-}CH_3CH_2CH=CHCH_2CH_3 \Longrightarrow CH_3CH_2 \vdots C \equiv C \vdots CH_2CH_3 \Longrightarrow NaC \equiv CNa + EtBr$$

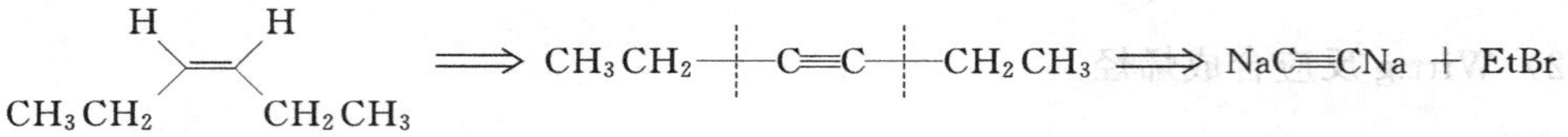

【合成】

$$HC \equiv CH \xrightarrow{2NaNH_2} NaC \equiv CNa \xrightarrow{2CH_3CH_2Br} H_3CH_2C—C \equiv C—CH_2CH_3 \xrightarrow{H_2/Pd/BaSO_4} TM13$$

12.3.4 芳香酮的合成

芳香酮的合成主要通过 Friedel-Crafts 酰基化反应。

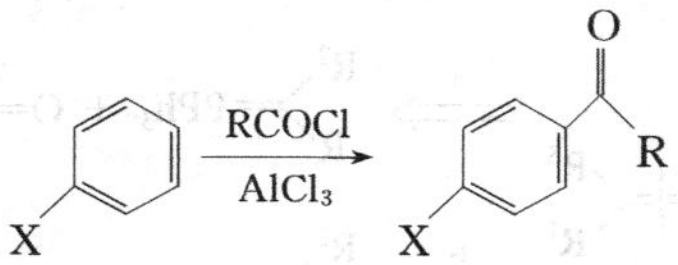

$$X\text{-}C_6H_5 \xrightarrow[AlCl_3]{RCOCl} p\text{-}X\text{-}C_6H_4COR$$

如果取代基 X 为硝基、氰基、酰基、酯基、磺酸基，则无反应（但是如果同时有强给电子基团存在，则能发生反应，进入的位置由给电子基团的定向位置来确定）。该反应可用于制备芳环上具有长链烷基的芳香类化合物；方法是芳环先经酰基化生成酮，再经 Clemensen 还原反应或 Kishner-Wolff-Huang Minglong 还原反应得到产物。

例如：

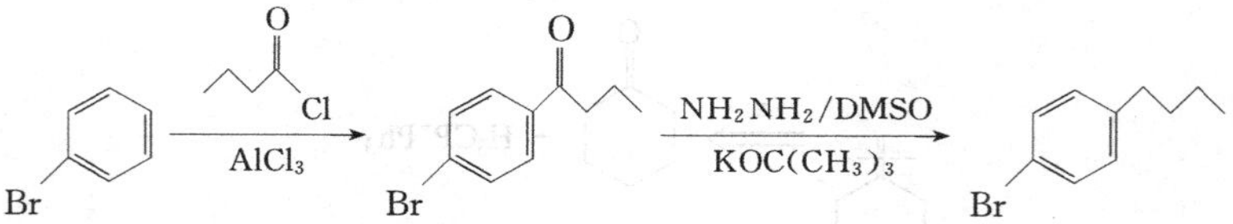

$$Br\text{-}C_6H_5 \xrightarrow[AlCl_3]{CH_3CH_2CH_2COCl} p\text{-}Br\text{-}C_6H_4COCH_2CH_2CH_3 \xrightarrow[KOC(CH_3)_3]{NH_2NH_2/DMSO} p\text{-}Br\text{-}C_6H_4CH_2CH_2CH_2CH_3$$

如化合物 TM14 的制备：

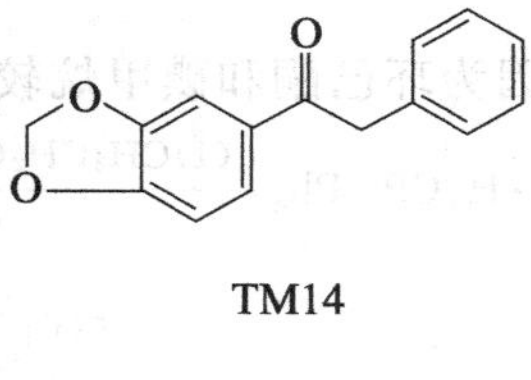

(3,4-亚甲二氧基苯基)$—COCH_2C_6H_5$

TM14

【分析】

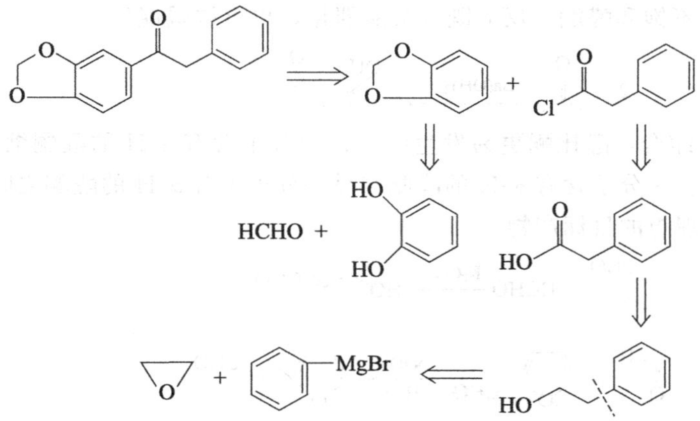

HCHO +

【合成】　邻苯二酚是易得的原料。

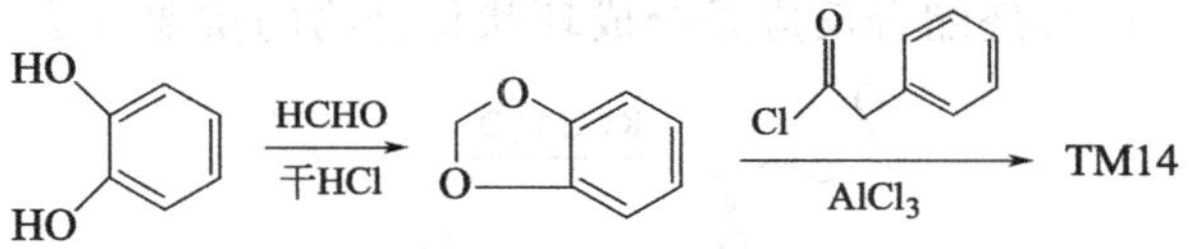

TM14

12.3.5　简单醛酮和羧酸的合成

醛、酮、羧酸的合成方法很多。如合成 TM15 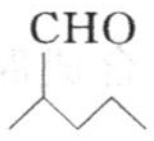 。

【分析】

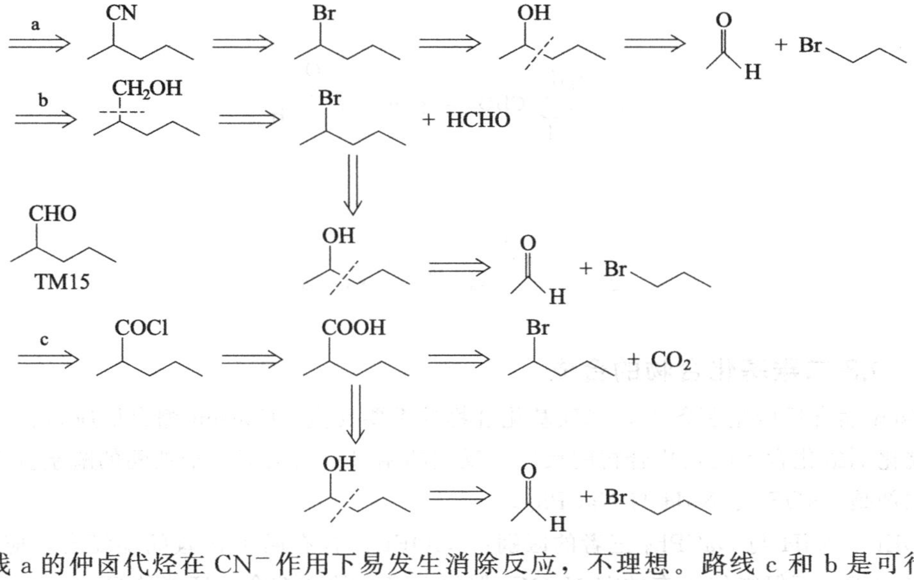

路线 a 的仲卤代烃在 CN^- 作用下易发生消除反应，不理想。路线 c 和 b 是可行的，而且都可返回到同样的起始原料。

12.4　双官能团化合物的合成路线设计

12.4.1　β-羟基醛酮和 α,β-不饱和醛酮的合成

β-羟基醛酮可借助于羟醛缩合反应（aldol condensation）来制备。羟醛缩合反应的产物

失去一分子水，得到 α,β-不饱和醛酮。反应既可被酸催化，也可被碱催化。

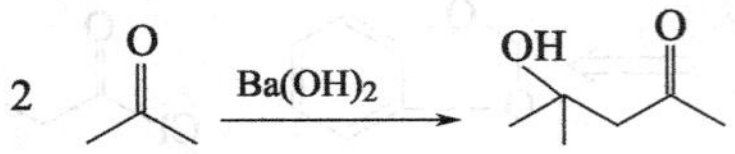

2 [丙酮] $\xrightarrow{Ba(OH)_2}$ [4-羟基-4-甲基-2-戊酮]

无 α-H 的醛酮不发生缩合，醛比酮更易发生缩合；两分子含有 α-H 的醛酮缩合，得四种产物，在合成上无意义。一分子含有 α-H 的醛酮与另一分子不含 α-H 的醛酮之间的缩合，控制好操作条件，可获得理想的目标产物：

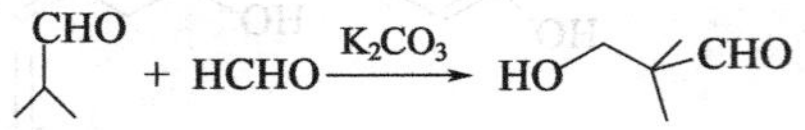

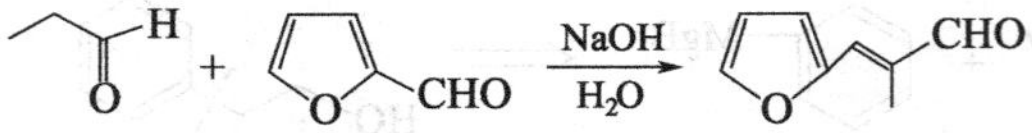

[异丁醛] + HCHO $\xrightarrow{K_2CO_3}$ HO—CH₂—C(CH₃)₂—CHO

[丙醛] + [糠醛] $\xrightarrow[H_2O]{NaOH}$ [2-甲基-3-(2-呋喃基)丙烯醛]

芳香醛和含有两个 α-H 的脂肪醛（酮）缩合，形成 α,β-不饱和醛酮的反应，称为 Claisen-Schmidt 反应。分子内羟醛缩合反应是合成环状化合物的重要方法：

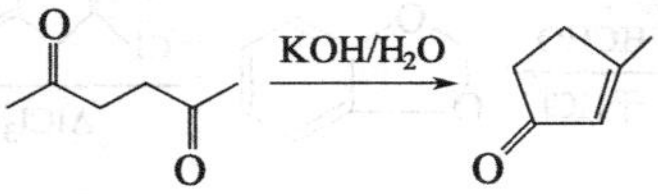

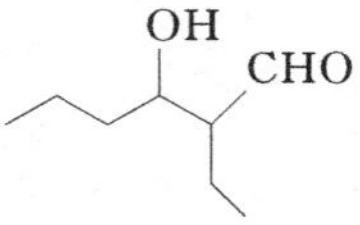

[2,5-己二酮] $\xrightarrow{KOH/H_2O}$ [3-甲基-2-环戊烯酮]

如 TM16 [2-乙基-3-羟基己醛] 的合成路线

【分析】

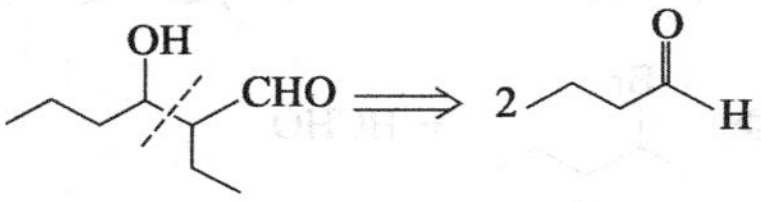

[2-乙基-3-羟基己醛] $\Longrightarrow$ 2 [丁醛]

【合成】

2 [丁醛] $\xrightarrow{稀\ OH^-}$ TM16

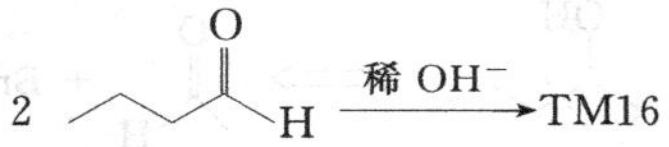

12.4.2　1,3-二羰基化合物的合成

Claisen 缩合反应是制备 1,3-二羰基化合物的重要反应。Claisen 缩合反应是在碱催化下以酯为酰化剂酰化含活泼氢化合物的反应。反应的结果是活泼氢原子被酯的酰基置换。常用的碱性试剂是 NaOEt 、NaH 与 $NaCPh_3$。

NaOEt 、NaH 与 $NaCPh_3$ 三者的区别：NaOEt 使含有两个 α-氢的酯缩合，应用最广。NaH 与 $NaCPh_3$ 不但能使所有的在 NaOEt 催化下缩合的酯缩合，还能使只有一个 α-氢的酯缩合。例如：

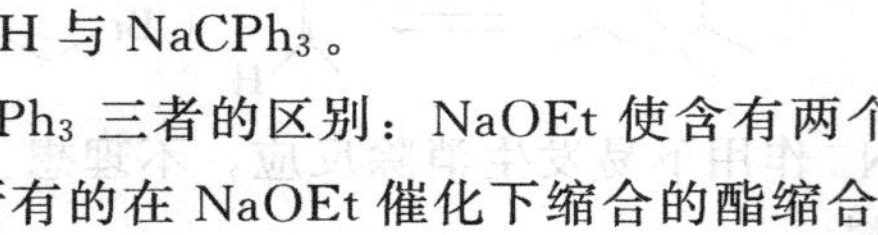

2 [异丁酸乙酯] $\xrightarrow{Ph_3CNa}$ [2,2,4-三甲基-3-氧代戊酸乙酯]

相同酯间的 Claisen 缩合反应所得的产物 β-酮酯，经水解，脱二氧化碳，可生成对称酮。这是 Claisen 酯缩合反应的一种特殊用途。

（1）合成 TM17

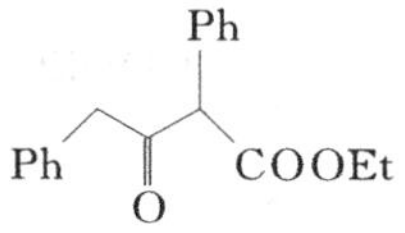

【分析】

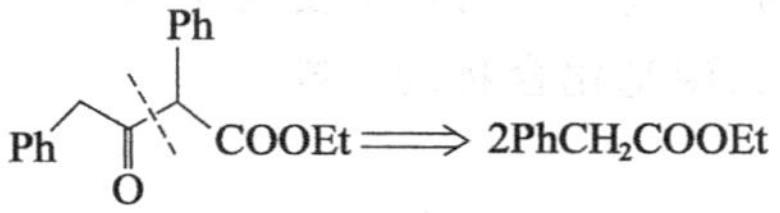

$$\Longrightarrow 2PhCH_2COOEt$$

【合成】

$$2PhCH_2COOEt \xrightarrow{EtO^-/EtOH} TM17$$

酮与不同酯之间的混合 Claisen 缩合是非常有效的合成 1,3-二酮的通法。

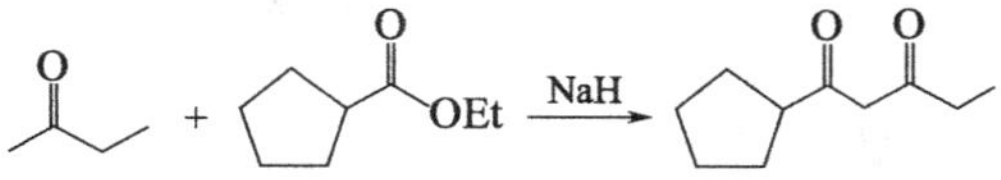

酮有两个不同位置的 α-H 可被脱掉，由于甲基氢的酸性强和空间位阻小，要比亚甲基氢易被去掉。因此，以甲基碳与酯的缩合产物为主产物。

（2）杀鼠药 TM18 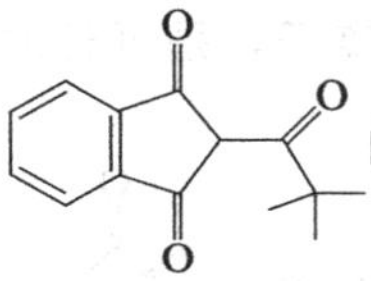 的合成

【分析】

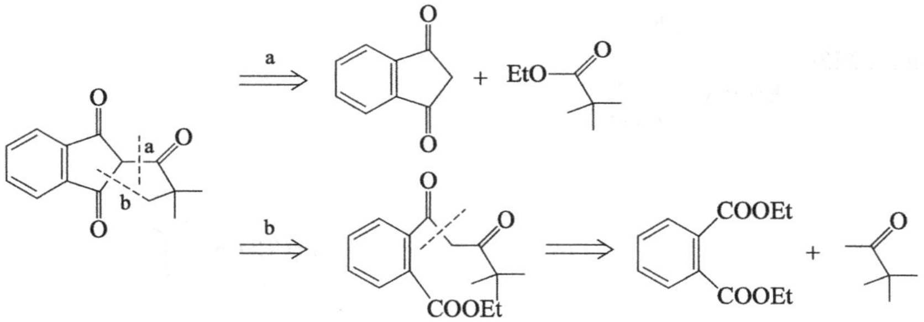

【合成】 路线 b 倒推到易得的起始原料，较路线 a 理想。

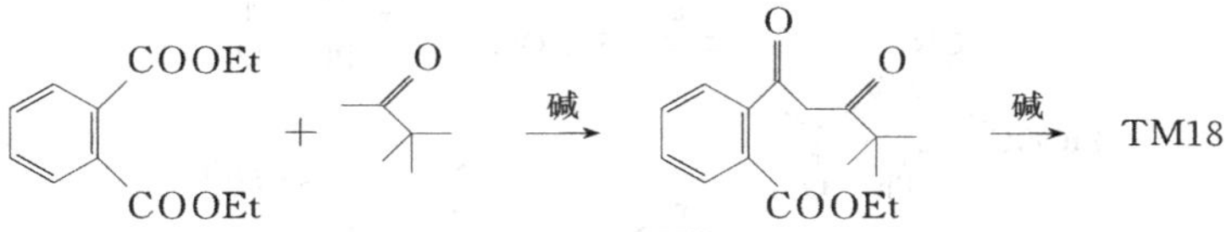

12.4.3 1,5-二羰基化合物的合成

迈克尔加成反应（Michael Addition）是合成 1,5-二羰基化合物的重要反应，通式为：

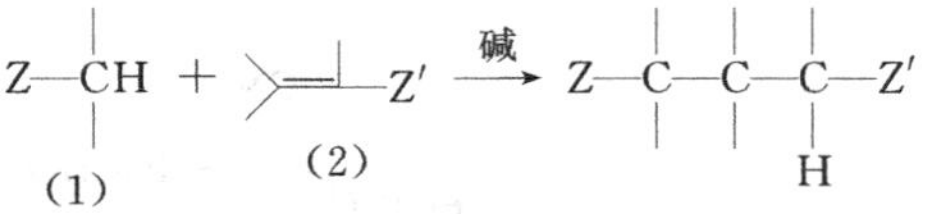

Z 或 Z′为强烈吸电子基团，(1) 为给体，(2) 为受体。例如：

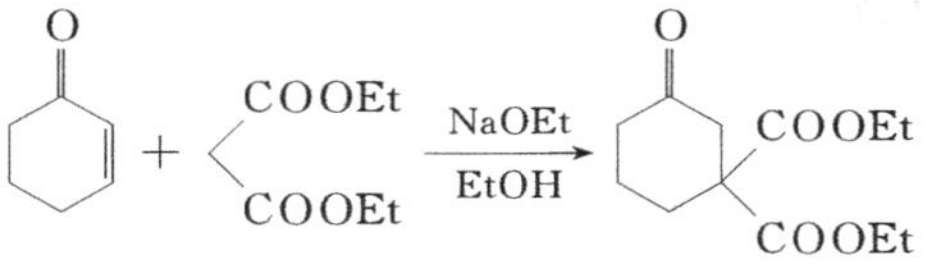

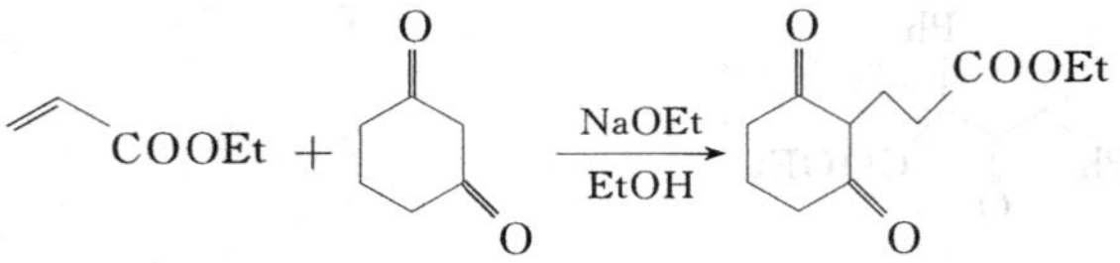

不对称酮发生 Michael 加成反应时，缩合主要发生在取代较多的 α-C 上。

利用 Michael 反应对 1,5-二羰基化合物的切断：

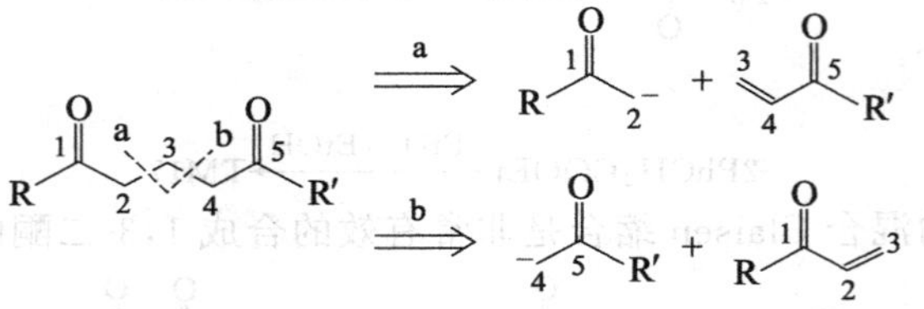

（1）合成 TM19

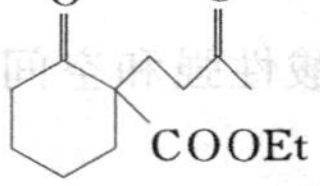

【分析】　两种切断中，只有一种能得到稳定的碳负离子，是可行的。

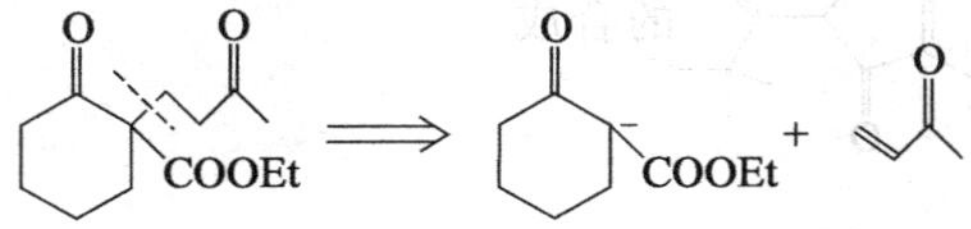

（2）合成 TM20

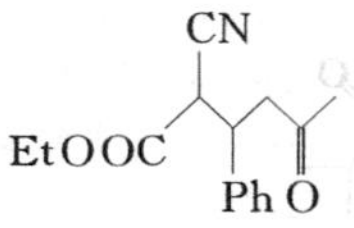

【分析】

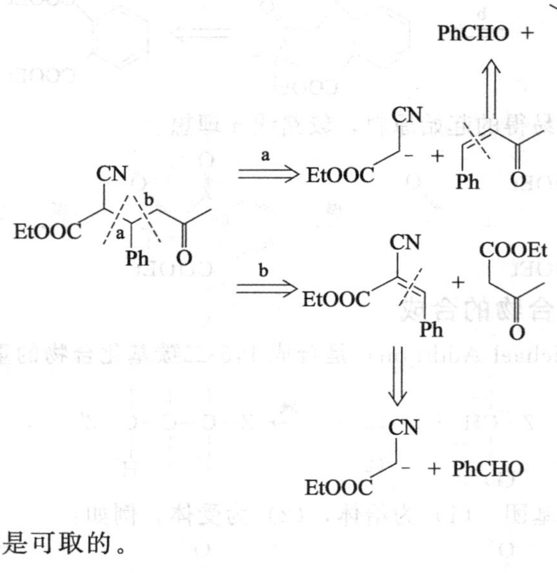

两条合成路线都是可取的。

习　题

12.1　合成化合物

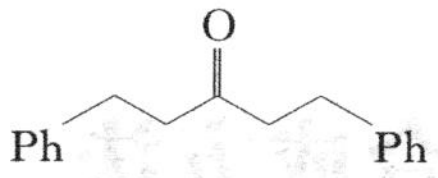

12.2　合成化合物

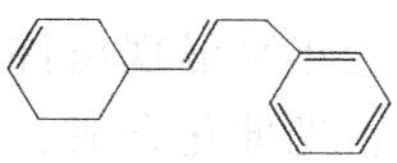

12.3　合成化合物

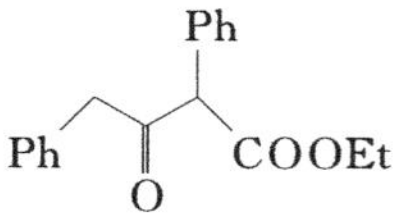

Ph

Ph　COOEt

O

12.4　合成化合物

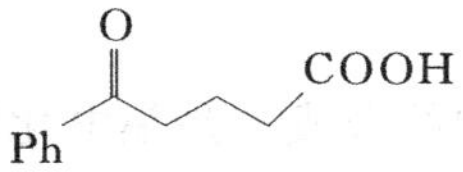

12.5　下列化合物是生物碱合成中的一个重要中间体。你如何从简单的原料来制备它？

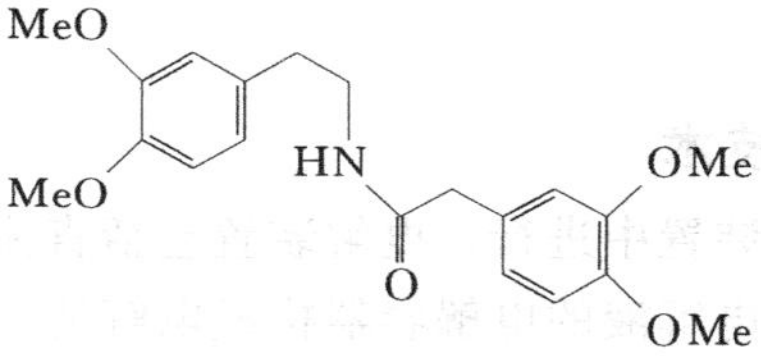

12.6　“布鲁芬（Brufen）”是一种抗风湿病化合物，如何制备它？

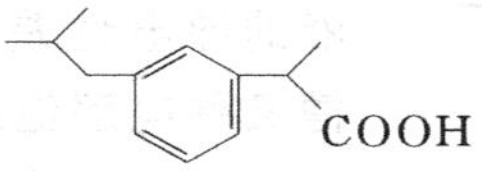

COOH

第 13 章　近代有机合成方法

随着有机合成向高效、环保、高选择性的方向发展，近年来涌现出许多新的有机合成方法，如有机电化学合成、微波辅助合成、超声波辅助合成、光催化合成、相转移催化、固相有机合成、无溶剂合成、离子液体等，与传统方法相比，这些近代有机合成方法具有许多显著的优点。

13.1　有机电化学合成

有机电化学合成是指用电化学方法进行有机化合物的合成，是集电化学、有机合成、化学工程等多个学科为一体的一门边缘学科。有机电化学合成可以在温和的条件下进行，在反应过程中用电子代替那些会造成环境污染的氧化剂和还原剂，是一种环境友好的洁净合成方法。

13.1.1　有机电化学合成技术

有机电化学合成均在电解装置中进行，电解装置包括直流电源、电极、电解容器、电压表和电流表五部分，电极和盛电解液的电解容器构成电解池，也称电解槽。

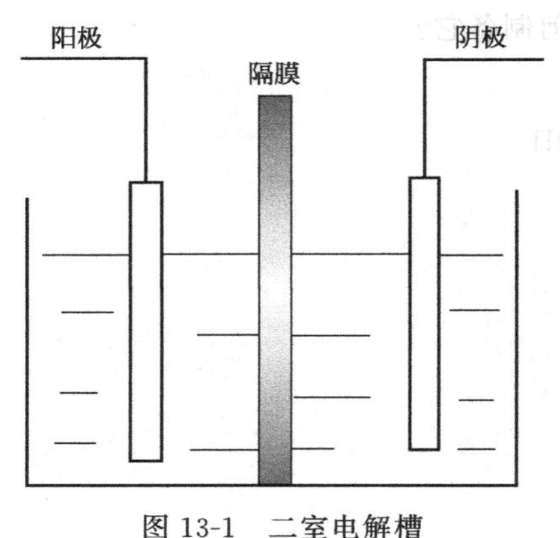

图 13-1　二室电解槽

直流电源通常用 20A/200V 的电源，若电解液的导电性差，则选用 20A/100V 的电源。电解槽又称电解池或电化学反应器，分为一室电解槽和二室电解槽两大类。若主反应的反应物和产物在电解槽内不发生反应，则用无隔膜的一室电解槽，否则须用有隔膜的二室电解槽（如图 13-1 所示）。常用的电极材料有铂、石墨、铅、铁、镍等，常用的隔膜材料有两大类：非选择性隔膜和选择性隔膜。非选择性隔膜一般为多孔性无机材料和高分子材料，如石棉、多孔陶瓷、砂芯玻璃滤板、多孔橡胶等。选择性隔膜又称离子交换膜，分为阳离子交换膜和阴离子交换膜，阳离子交换膜只允许阳离子通过，阴离子交换膜只允许阴离子通过。电解方式主要有恒电位电解和恒电流电解。恒电位电解是利用恒电位仪使工作电极电势恒定的一种电解方式，优点是产物纯度高且易分离，缺点是恒电位仪价格较高，常在实验室使用恒电位电解。恒电流电解是通过恒电流仪实现的，优点是恒电流仪价格较低，缺点是产物纯度低，分离困难，只有在目标产物的生成受电位大小的影响较小时才使用，且多在工业上使用。

电解合成的基本原理为通电前，电解质中的离子处于无秩序的运动中，通直流电后，离子做定向运动。阳离子向阴极移动，在阴极得到电子，被还原；阴离子向阳极移动，在阳极失去电子，被氧化。

13.1.2 有机电化学合成方法

近代有机电化学合成方法有间接电化学合成法、成对电化学合成法、电聚合、电化学不对称合成等。

(1) 间接电化学合成法

直接有机电化学合成是依靠反应物在电极表面直接进行电子交换来生成新物质的一种方法。但缺点主要有：①电极反应速率太慢；②有机反应物在电解液中的溶解度太小；③反应物或产物易吸附在电极表面上，形成焦油状或树脂状物质从而使电极污染，导致电化学合成的产率及电流效率较低等。

间接有机电化学合成是通过一种传递电子的媒质（易得失电子的物质）与反应物发生化学反应生成产物，发生价态变化的媒质再通过电解恢复原来的价态重新参与下一轮化学反应，如此循环便可以源源不断地得到目标产物。

例如以钼为媒质，高价的 Mo^{n+} 将反应物 A 氧化为产物 B，自身被还原为低价的 $Mo^{(n-1)+}$，$Mo^{(n-1)+}$ 通过电氧化失去电子又变成原来的高价 Mo^{n+}。具体过程表示如下：

$$A + Mo^{n+} \xrightarrow{\text{化学反应}} Mo^{(n-1)+} + B$$

（$Mo^{(n-1)+}$ 经电极反应再生为 Mo^{n+}）

电极反应

上述过程中有机反应物并不直接参加电极反应，而是媒质通过电极反应而再生，然后与反应物发生化学反应变成产物，因此这一方法称为间接有机电化学合成法。

间接电化学合成可采用两种操作方式：槽内式和槽外式。槽内式是在同一个装置中同时进行化学反应和电解反应。槽外式是将媒质先在电解槽中电解，然后转移到反应器中与反应物发生反应生成产物，反应结束后与含媒质的电解液分离，然后媒质返回到电解槽中重新电解再生。槽内式的优点是可以节省设备投资，操作简便，但使用时必须满足两个条件：①电解反应与化学反应的速率相近，温度、压力等基本条件基本相同；②反应物和产物不会污染电极表面。

在间接电化学合成中使用的媒质分为金属媒质、非金属媒质、有机物媒质、金属有机化合物媒质等，其中金属媒质最常用。使用时可只使用一种媒质，也可以混合使用两种或两种以上媒质进行间接电化学合成。

(2) 成对电化学合成法

成对电化学合成法是一种对环境几乎无污染的有机合成方法，被称为绿色工业。它能在阴、阳两极同时安排可以生成目标产物的电极反应，这种电极反应可以大大提高电流的效率（理论上可达 200%），可以节省电能、降低成本，提高了电合成设备的生产效率。成对电化学合成的两个电极反应的电解条件必需近似相同。根据实际情况可以决定是否使用隔膜。若反应过程为反应物 A 在阳极氧化为中间产物 I，I 再在阴极上还原为目标产物 B。

$$A \xrightarrow[-e^-]{\text{阳极}} I \xrightarrow[+e^-]{\text{阴极}} B$$

成对电化学合成与间接电化学合成结合起来合成间氨基苯甲酸，合成原理如下：

阳极的电解氧化：$2Cr^{3+} + 7H_2O - 6e^- \longrightarrow Cr_2O_7^{2-} + 14H^+$

间硝基苯甲酸的槽外合成：

$$\text{(间硝基甲苯, }CH_3\text{, }NO_2\text{)} + Cr_2O_7^{2-} + 8H^+ \longrightarrow \text{(间硝基苯甲酸, }COOH\text{, }NO_2\text{)} + 2Cr^{3+} + 5H_2O$$

阴极的电解还原：$Ti^{4+} + e^- \longrightarrow Ti^{3+}$

间氨基苯甲酸的槽外合成：

$$\text{间硝基苯甲酸(COOH, NO}_2\text{)} + Ti^{3+} \longrightarrow \text{间氨基苯甲酸(COOH, NH}_2\text{)} + Ti^{4+} + H_2O$$

间氨基苯甲酸的具体合成过程如图 13-2 所示。

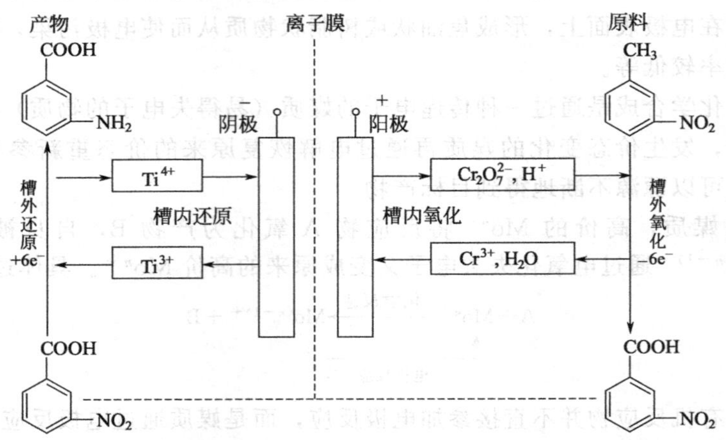

图 13-2　间接成对电化学合成间氨基苯甲酸示意图

（3）电聚合

电化学聚合简称为电聚合，是指应用电化学方法在阴极或阳极上进行聚合反应，生成高分子聚合物的过程。

电聚合反应机理包括链的引发、链的增长、链的终止三个阶段。链的引发是产生活性自由基的过程。单体 R 或引发剂 A 可以在电极上转移电子成为活性中心。

$$A + e^- \longrightarrow A^* \text{ 或 } R + e^- \longrightarrow R^*$$

链的增长是活性中心转移和聚合物链不断增长的过程，链的终止是聚合物末端的活性基团失去活性而终止聚合的过程。

不同结构和性能的功能高分子材料可通过改变电极材料、溶剂、支持电解质、pH 值、电聚合方式等获得；高聚物的聚合度和相对分子质量可通过改变电解条件来实现。

（4）电化学不对称合成

电化学不对称合成是指在手性诱导剂、物理作用（磁场、偏振光等）等诱导作用的存在下将潜手性的有机化合物通过电极反应生成有光学活性化合物的一种合成方法。手性诱导剂包括手性反应物、手性支持电解质、手性氧化还原媒质（在间接电化学合成中）、手性修饰电极等。与传统的不对称合成相比，电化学不对称合成具有反应条件温和、易于控制、手性试剂用量少、产物较纯、易于分离等优点。其缺点为产物光学纯度不高、手性电极寿命不长、重现性不佳等。电化学不对称合成方法根据手性诱导剂的不同分为下列几种类型：① 电解手性物质合成新的手性产物；②通过手性溶液合成手性物质；③通过手性电极合成手性物质；④通过磁场、偏振光等物理作用合成手性物质；⑤在酶催化下电解合成手性物质。

13.1.3　有机电化学在合成反应中的应用

（1）氧化反应

在不同的电解条件下，双键被氧化的产物不同。

$$CH_2{=}CH_2 \begin{cases} \xrightarrow{Pt,H_2SO_4} HOCH_2CH_2OH + 2e^- \\ \xrightarrow{Pt,H_2SO_4,Hg_2SO_4} CH_3CHO + 2e^- \\ \xrightarrow{C,LiAc} CH_2{=}CH{-}O{-}\overset{\overset{O}{\|}}{C}{-}CH_3 + 4e^- \\ \xrightarrow{Ag,PhCOONa} H_2C\overset{O}{\diagdown\!\diagup}CH_2 + 2e^- \end{cases}$$

芳香族化合物可以被电氧化成醌、醛、酸等。

$$C_6H_6 + 2H_2O \xrightarrow{\text{阳极}} \text{对苯醌}(O{=}C_6H_4{=}O) + 6H^+ + 6e^-$$

$$\text{对叔丁基甲苯}(CH_3) \xrightarrow{H_2O\text{-}HOAc\text{-}NaBF_4} \text{对叔丁基苯甲醛}(CHO) \xrightarrow{\text{阳极}} \text{对叔丁基苯甲酸}(COOH)$$

杂环化合物也可以发生电氧化，如糠醛可被氧化成丁二酸。

$$\text{糠醛}(CHO) \xrightarrow[PbO_2]{H_2SO_4} HOOC{-}CH{=}CH{-}COOH \xrightarrow{\text{阴极}} HOOC{-}CH_2{-}CH_2{-}COOH$$

伯醇可被氧化成醛或酸，仲醇可被氧化成酮。

$$RCH_2OH \xrightarrow{\text{阳极}} RCHO \xrightarrow{\text{阳极}} RCOOH$$

$$RR'CHOH \xrightarrow{\text{阳极}} RR'C{=}O$$

羧酸盐被电氧化脱羧生成较长碳链的烃，这就是有名的柯尔贝（Kolbe）反应，是最早实现工业化的有机电化学合成反应。

$$2RCOO^- \xrightarrow[\text{Pt 阳极}]{CH_3OH} R{-}R + 2CO_2 + 2e^-$$

(2) 还原反应

羟基可被电还原成氢，如羟甲基可被电还原成甲基。

$$C_6H_5CH_2OH \xrightarrow{\text{阴极}} C_6H_5CH_3$$

羰基能被电还原，如醛基可被还原成醇，酮羰基可被还原成亚甲基。

$$CH_3CHO \xrightarrow[\text{C 阴极}]{CF_3Br/DMF\text{-}LiClO_4} H_3C{-}\underset{OH}{\overset{H}{C}}{-}CF_3$$

$$(R{-}CO)_2NR' \xrightarrow{\text{阴极}} (R{-}CH_2)_2NR'$$

一般情况下，羧基难以被还原，但羧基容易被电还原成醛和醇。

$$C_6H_5COOH \xrightarrow[Pb\text{-阴极}]{H_2O\text{-}H_2SO_4} C_6H_5CHO + C_6H_5CH_2OH$$

（3）加成反应

电加成反应分为阳极氧化加成和阴极还原加成，阳极氧化加成是两个亲核试剂分子与双键加成的同时失去两个电子，如下式所示：

$$R^1R^2C{=}CR^3R^4 + 2Nu^- \xrightarrow{\text{阳极}} R^1R^2C(Nu){-}CR^3R^4(Nu) + 2e^-$$

阴极还原加成是两个亲电试剂分子与双键加成的同时加两个电子，如下式所示：

$$R^1R^2C{=}CR^3R^4 + 2E^+ + 2e^- \xrightarrow{\text{阴极}} R^1R^2C(E){-}CR^3R^4(E)$$

例如乙烯与氯负离子的氧化加成及 1,3-丁二烯在酸性条件下与二氧化碳的还原加成反应。

$$H_2C{=}CH_2 + 2Cl^- \xrightarrow[C\text{-阳极}]{H_2O/HCl(FeCl_3)} H_2C(Cl){-}CH_2(Cl)$$

$$CH_2{=}CH{-}CH{=}CH_2 + CO_2 + 2H^+ + 2e^- \xrightarrow{\text{阴极}} HOOC{-}CH_2{-}CH{=}CH{-}CH_2{-}COOH$$

（4）取代反应

电取代反应同样既可发生在阳极上，也可发生在阴极上。阳极取代反应是指亲核试剂对亲电基团的进攻，如下式所示：

$$R^-E + Nu^- \longrightarrow R^-Nu + E^+ + 2e^-$$

阴极取代反应是指亲电试剂对亲核基团的进攻，如下式所示：

$$R^-Nu + E^+ + 2e^- \longrightarrow R^-E + Nu^-$$

例如苯环上的电氯代。

$$C_6H_5CH_3 \xrightarrow[Pt\text{ 阳极}]{CH_3CN\text{-}LiCl\text{-}Et_4NBF_4} o\text{-}ClC_6H_4CH_3 + Cl\text{-}C_6H_4\text{-}CH_3\ (p)$$

13.2　微波辅助有机合成

自 1986 年加拿大化学家 Gedye 等发现微波辐射下的 4-氰基苯氧离子与氯苄的 S_N2 亲核取代反应可以大大提高反应速率之后，微波促进的有机合成反应引起化学界的极大兴趣。自此，在短短的十几年里，微波促进有机化学反应的研究已成为有机化学领域中的一个热点，并逐步形成了一个引人注目的全新领域——MORE 化学（microwave induced organic reaction enhancement chemistry）。特别是近年来，随着人们环保意识的增强和可持续发展战略的实施，倡导发展高效、环保、节能、高选择性、高收率的合成方法，利用微波促进有机合成反应显得具有现实意义。

微波（microwave，MW）即指波长从 0.1～100cm，频率从 300MHz～300GHz 的超高频电磁波。微波加速有机反应的原理，传统的观点认为是对极性有机物的选择性加热，是微波的致热效应。极性分子由于分子内电荷分布不平衡，在微波场中能迅速吸收电磁波的能量，通过分子偶极作用以每秒 4.9×10^9 次的超高速振动，提高了分子的平均能量，使反应温度与速度急剧提高。但其在非极性溶剂（如甲苯、正己烷、乙醚、四氯化碳等）中吸收 MW 能量后，通过分子碰撞而转移到非极性分子上，使加热速率大为降低，所以微波不能使这类反应的温度得以显著提高。实际上微波对化学反应的作用是复杂的，除了具有热效应以外，还具有因对反应分子间行为的作用而引起的所谓“非热效应”，如微波可以改变某些反应的机理，对某些反应不仅不促进，还有抑制作用。说明微波辐射能够改变反应的动力学，导致活化能发生变化。此外，微波对反应的作用程度不仅与反应类型有关，而且还与微波本身的强度、频率、调制方式（如波形、连续或脉冲）及环境条件有关。

与一般的有机反应不同，微波反应需要特定的反应技术并在微波炉中进行。与常规加热方法不同，微波辐射是表面和内部同时进行的一种加热体系，不需热传导和对流，没有温度梯度，体系受热均匀，升温迅速。与经典的有机反应相比，微波辐射可缩短反应时间，提高反应的选择性和收率，减少溶剂用量，甚至可无溶剂进行，同时还能简化后处理，减少三废，保护环境，故被称为绿色化学。微波有机合成反应技术一般分为密闭合成反应技术和常压合成反应技术等。随着对微波反应的不断深入研究，微波连续合成反应新技术逐渐形成并得到发展。目前，微波有机合成化学的研究主要集中在三个方面：第一，微波有机合成反应技术的进一步完善和新技术的建立；第二，微波在有机合成中的应用及反应规律；第三，微波化学理论的系统研究。

13.2.1 微波辐射在有机合成中的应用

（1）酯化反应

在微波辐射条件下，羧酸和醇脱水生成酯，可免去分水器来除去生成的水。1996 年，Loupy 报道了合成对苯二甲酸二正辛基酯的反应，反应 6min 完成，产率 84%。而传统的加热方法用同样的时间，产率仅为 22%。

$$\text{HOOC-}C_6H_4\text{-COOH} + n\text{-}C_8H_{17}OH \xrightarrow[\text{MW}]{K_2CO_3\text{-}NBu_4Br} n\text{-}C_8H_{17}OOC\text{-}C_6H_4\text{-}COOC_8H_{17}\text{-}n$$

微波常压条件下由 L-噻唑烷-4-甲酸和甲醇合成 L-噻唑烷-4-甲酸酯的实验结果，微波作用下，反应 10min 产率达 90%以上，比传统的加热方法快 20 倍。例如：

$$\text{(thiazolidine)}\overset{*}{C}\text{-COOH} + CH_3OH \xrightarrow[\text{MW}]{\text{HCl}} \text{(thiazolidine)}\overset{*}{C}\text{-COOCH}_3 + H_2O$$

反式丁烯二酸与甲醇的双酯化反应，微波作用下仅回流 50min，产率为 82%，若达到相近的产率，传统加热方式需 480min。

$$\text{HOOC(H)C=C(H)COOH} + CH_3OH \xrightarrow[\text{MW}]{H_2SO_4} H_3CO_2C\text{(H)C=C(H)}CO_2CH_3$$

（2）氧化和还原反应

麻黄碱（ephedrine）原从植物麻黄中提取，现已可人工合成。苯甲醛经生物转化生成

(—)-1-苯基-1-羟基丙酮，与甲胺缩合生成（R）-2-甲基亚氨基-1-苯基-1-丙醇，用硼氢化钠还原生成麻黄碱。上述合成路线利用微波技术，使缩合和还原两步反应时间分别缩短为9min 和 10min，收率分别为 55%和 64%。

$$\text{PhCHO} \xrightarrow{\text{生物转化}} \text{PhCH(OH)COCH}_3 \xrightarrow[\text{H}_3\text{CNH}_2]{\text{MW}} \text{PhCH(OH)C(=NCH}_3\text{)CH}_3 \xrightarrow[\text{MW}]{\text{NaBH}_4} \text{PhCH(OH)CH(NHCH}_3\text{)CH}_3$$

麻黄碱

用 Al_2O_3 吸附的 $NaBH_4$ 可将羰基化合物还原为醇，反应在几秒内完成。

$$\text{R}-\text{C}_6\text{H}_4-\text{CO}-\text{R}^1 \xrightarrow[\text{MW}]{\text{NaBH}_4\text{-Al}_2\text{O}_3} \text{R}-\text{C}_6\text{H}_4-\text{CH(OH)}-\text{R}^1$$

(3) 磺化反应

芳香烃的磺化反应如下：

$$\text{萘} + H_2SO_4(\text{浓}) \xrightarrow[\text{MW}]{160℃,3\text{min}} \text{2-萘磺酸(}SO_3H\text{)} + H_2O$$

$$\text{苯} + H_2SO_4\ (\text{浓}) \xrightarrow{\text{MW}} C_6H_5SO_3H + H_2O$$

(4) Diels-Alder 反应

在甲苯中，利用微波进行 C_{60} 上的 Diels-Alder 反应 20min 得到 30%的加成产物，而传统方法回流 1h 产率仅为 22%。反应式如下：

$$\text{(苯并环砜, S=O)} \longrightarrow [\text{邻亚甲基环己二烯}] \xrightarrow[\text{MW}]{C_{60}} C_{60}\text{加成产物}$$

呋喃与丁炔二酸乙酯的反应，微波辐射 10min，产率达到 66%，比传统的加热方法快 7 倍，反应式如下：

$$\text{呋喃} + \text{EtOOC}-\text{C}\equiv\text{C}-\text{COOEt} \longrightarrow \text{7-氧杂双环加成产物(COOEt, COOEt)}$$

(5) Perkin 反应

在 500W 微波辐射 4～12min 和乙酸钠的催化条件下，芳醛和乙（丙）酸酐通过缩合反应得到肉桂酸衍生物，收率为 20%～83%。反应如下：

$$R^1CHO+(R^2CH_2CO)_2O \xrightarrow{\text{MW}} R^1CH{=}CR^2COOH+R^2CH_2COOH$$

(6) 羰基缩合反应

羟醛缩合反应是醛、酮的重要反应之一，也是有机合成中增长碳链的一个重要方法。在常规条件下，芳醛和丙酮的缩合反应是在稀碱溶液中进行的，其特点是反应时间长，且产率不高，仅为 50%左右，尤其是在进行后处理时，因中和分离过程产生大量中性盐等废弃物而较难处理。近来有文献报道该反应在相转移催化剂 PEG-400 和 5%KOH 条件下进行，产率相应有所提高，但反应时间并未缩短，用适当的微波辐射功率及辐射时间，使芳醛和丙酮在碱性条件下的缩合反应快速完成，产品收率较高。反应式如下：

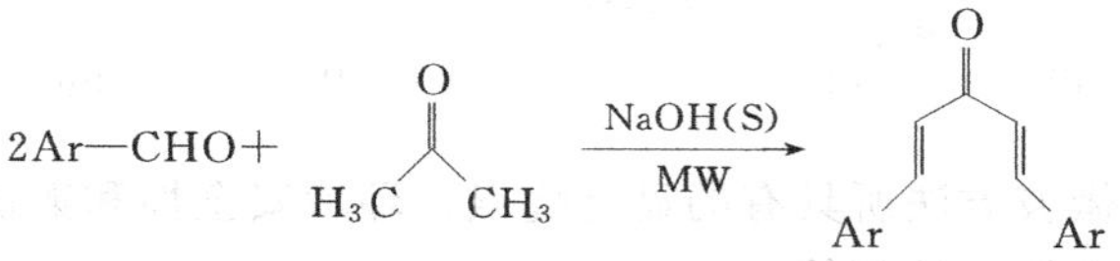

$$2Ar—CHO + H_3C-CO-CH_3 \xrightarrow[MW]{NaOH(S)} ArCH=CH-CO-CH=CHAr$$

在无溶剂微波条件下，KF-Al_2O_3 催化取代苯甲醛和丙二酸合成 3-苯基-2-丙烯酸，2～4min 产率达 88%～92%，而传统的油浴加热 300min，产率仅有 4%～25%，反应式如下：

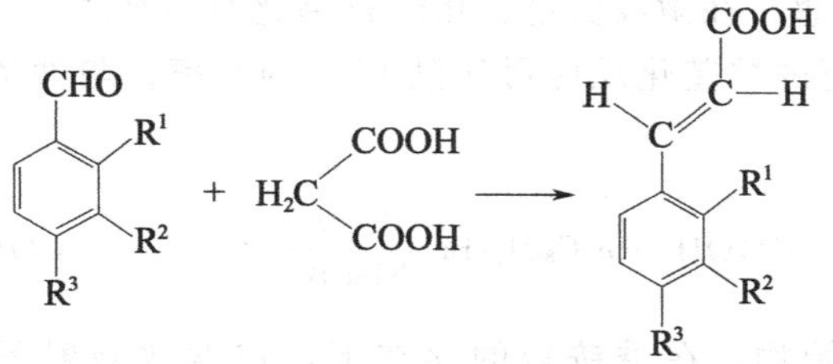

CHO、R¹、R²、R³ 取代苯甲醛 + $H_2C(COOH)_2$ ⟶ H—C=C(COOH)—H 取代苯（R¹、R²、R³）

(7) Wittig 缩合反应

稳定的膦叶立德与酮进行 Wittig 反应时，反应较难进行。Spinella 等发现微波照射可以促进这类 Wittig 反应。与传统方法相比，时间更短，产率更高，并且不需溶剂。

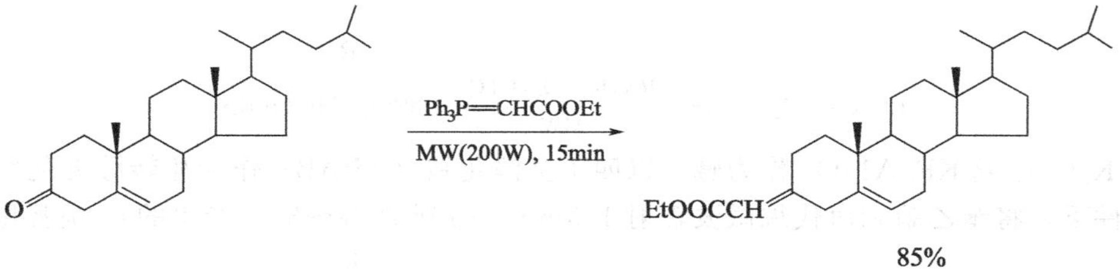

$$\xrightarrow[MW(200W),\ 15min]{Ph_3P=CHCOOEt}$$

EtOOCCH=

85%

马东来等利用微波促进 Wittig-Michael 串级反应立体专一性合成 ω-氨基-β-D-呋喃核糖酸衍生物，该反应的效率得到显著提高，反应时间由 12h 缩短为 10min，收率达到 91%，反应具有非常好的 β-立体选择性。

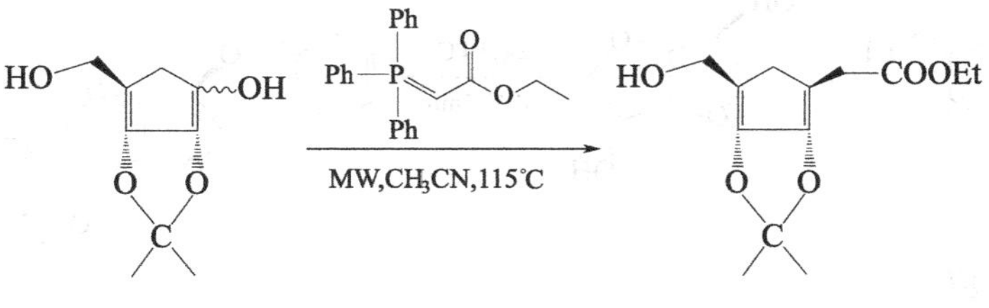

HO—…—OH $\xrightarrow[MW,CH_3CN,115℃]{Ph_3P=CHCOOEt}$ HO—…—COOEt

(8) Michael 加成反应

Michael 加成反应是一类用途很广的反应，它是形成 C—C 键的方便的方法，不仅用于增长碳链，而且在成环和增环反应中也有应用，亦可通过受体与各种胺的 Michael 加成反应提供形成 C—N 键的有效途径。

用 α,β-烯酮与硝基甲烷、丙二酸二乙酯、乙腈、乙酰丙酮在无溶剂条件下，以 Al_2O_3 作催化剂，在 15～25min 内以 90%的收率制得加成产物；而常规条件下该类反应往往需要十几个小时甚至十几天，且产率普遍低于微波加热所得产率。

Ph-CO-CH=CH-Ph + CH_3NO_2 $\xrightarrow{Al_2O_3}$ Ph-CO-CH_2-CH(Ph)-CH_2NO_2

这一类反应体现了微波方法所具有的显著优点：环境安全性和廉价试剂的使用、反应速率的提高、产率的提高及操作简便等。

(9) 相转移催化反应

以固体季铵盐作载体，由于发生离子对交换作用，形成了松散的高反应性亲脂极性离子对 $NR_4^+Nu^-$，对微波敏感。在微波促进、相转移催化剂（PTC）作用下，在 2～7min，溴代正辛烷对苯甲酸盐进行的烷基化反应可达到 95%的产率。与油浴加热产率相当，但反应时间大大缩短。

$$Z\text{-}C_6H_4\text{-}COOH + n\text{-}C_8H_{17}Br \xrightarrow[NBu_4Br]{K_2CO_3} Z\text{-}C_6H_4\text{-}COOC_8H_{17}\text{-}n$$

以醇和卤代烃为起始物，在季铵盐的存在下，在微波照射下合成脂肪族醚。在 5～10min 内反应可以完成，产率 78%～92%。

(10) 烷基化反应

α-苯磺酰基乙酸酯在微波辐射条件下，与卤代烃反应 2min 可得到 α-取代产物，产率为 80%。

$$PhSO_2CH_2COOEt \xrightarrow[MW]{RX,K_2CO_3,PTC} PhSO_2CH(R)COOEt$$

以 K_2CO_3 或 KF/Al_2O_3 作为碱，以四丁基溴化铵（TBAB）作为相转移催化剂，在无溶剂条件下，将苯乙腈和卤代烷微波辐射 1.5min，得到 79%～85%产率的 C-烷基化产物。

$$C_6H_5CH_2CN + RX \xrightarrow[MW,1.5min]{碱,TBAB} C_6H_5CH(R)CN$$

将氯代烷、醇和碱在相转移催化剂作用下，于 125℃下微波辐射加热，发生 O-烷基化反应，反应 5min 得到 98%的醚。

$PhCH_2Cl$ + 异山梨醇（OH, OH） $\xrightarrow[MW,\ 5min]{碱,PTC}$ 二苄醚产物

(11) 重排反应

Claisen 重排反应是重要的周环反应之一，微波辐射可以有效地促进这类反应的发生。例如，2-甲氧苯基烯丙基醚在 DMF 中，经微波辐射 1.5min 即可得到收率为 87%的重排产物，而在通常条件下加热（265℃）反应 45min，只生成产率为 71%的重排产物。

2-甲氧苯基烯丙基醚（OMe, O-烯丙基） $\xrightarrow{DMF,MW}$ 3-烯丙基-2-羟基苯甲醚（OMe, OH） + 4-烯丙基-2-甲氧基苯酚（OMe, OH）

片呐醇重排成片呐酮是重排反应中的经典反应，金属离子的存在可以加速片呐醇重排成片呐酮的微波反应。

$$(H_3C)_2C(OH)—C(OH)(CH_3)_2 \xrightarrow[MW,15min]{AlCl_3/蒙脱土} H_3C—CO—C(CH_3)_3 \quad 99\%$$

(12) 取代反应

对甲基苯酚与氯甲磺酸钠在微波照射下的反应，只需 40s，产率为 95%。传统的方法需要在 200～220℃下反应 4h，产率只有 77%。

$$CH_3C_6H_4OH + ClCH_2SO_3Na \xrightarrow[MW]{NaOH} CH_3C_6H_4O—CH_2SO_3Na$$

5′-D-烯丙基脱氧胸腺嘧啶苷具有抗病毒活性。以糖苷与烯丙基溴在室温搅拌反应 4.5h 发生亲核取代反应得烯丙基糖苷产物，收率 75%。而在 100W 的微波作用下，反应时间缩短至 4min，收率提高至 97%。

(反应式：胸腺嘧啶脱氧核苷 $\xrightarrow[MW]{NaH/DMF,\ CH_2=CHCH_2Br}$ 5′-O-烯丙基胸腺嘧啶脱氧核苷)

13.2.2 微波有机合成技术面临的困难与挑战

大量的工作已经证实在很多有机合成反应中，微波加热能大大加快反应速率，因而有关微波对化学反应促进作用的研究工作迅速开展，并显示出了广阔的前景。但是，当把实验室中由家用微波炉所取得的研究成果推广到化学工业中时却发现实际情况远比所预料的要复杂，主要问题如下。

① 在大功率微波作用下，化学反应系统通常产生强烈的非线性响应，这些非线性响应对于微波系统和反应体系来说常常是有害的。例如，当用微波加快橄榄油皂化反应过程时，随着反应的进行，系统的等效介电系数突然变化，导致系统对微波的吸收突然增加，往往由于温度过高而将反应物烧毁。

② 大容量的化学反应器都很难获得均匀的微波加热。反应系统的均匀加热问题直接关系到反应产物的质量和生产的效率。由于电磁场与反应系统的相互作用不同于传统加热情况，如何设计高效、对反应物加热均匀的微波化学反应器成为当今微波化学工业亟待解决的难题。

③ 在一定的条件下微波既能促进反应的进行，也能抑制反应的进行。在微波加快化学反应的过程中产生的一些“特殊效应”难以解释。这在科学界至今仍是有争议的问题。这主要是因为目前所用的微波反应器在设计上不够严谨、在制造上不够精密，从而导致许多有关微波加速机理的研究工作由于设备上的缺陷而缺乏足够的说服力。要解决这个问题，就需要有设计完善、制造精密的微波实验设备。

这些亟须解决的问题极大地限制了微波化学的进一步深入发展及其在工业上的广泛应

用。对某一具体的化学反应是否适合于用微波加热、加热效果如何，这完全取决于反应物分子与微波发生相互作用的能力。微波对反应的作用程度除了与反应类型有关外，还与微波的强度、频率、调制方式及环境条件有关。此外，重要的是由于化学反应是一个非平衡系统，旧的物质在不断消耗，新的物质在不断生成，各相界面可能发生随机变化。与此同时，系统的宏观电磁场特性也在发生变化，而且在微波辐射下，这种变化还与所用的微波紧密相关。所有这些因素都将导致反应系统对微波的非线性响应。要解决这些问题必须首先搞清楚微波同化学反应系统之间的相互作用，才能通过计算预测反应系统对微波的非线性响应过程，同时对这些相互作用过程中所产生的非线性现象和“特殊效应”做出较为合理的解释。

13.3 超声波辅助有机合成

13.3.1 超声波辐射概述

20 世纪 20 年代，美国的 Richard 和 Loomis 首先研究发现超声波可以加速化学反应，但长期以来未引起化学家们的重视。直到 80 年代中期大功率超声设备的普及和发展，超声波（US）在化学工业中的应用迅速发展，并产生了新的交叉科学——声化学。1986 年，第一次有关超声化学的国际研讨会召开，超声的应用研究引起了广泛的兴趣。此后，超声辐射在有机合成中的应用发展也非常迅速。与传统的有机合成方法相比较，超声合成方法操作简单、反应条件温和、反应时间缩短、反应产率高，甚至能引起某些在传统条件下不能进行的反应。

超声波对化学反应的促进作用不是来自于声波与反应物分子的直接相互作用，因为在液体中常用的声波波长远远大于分子尺度。超声波之所以产生化学效应，一个普遍接受的观点是空化现象，即存在于液体中的微小气泡在超声场的作用下被激活，表现为泡核的形成、振荡、生长、收缩乃至崩溃等一系列动力学过程，及其引发的物理和化学效应。气泡在几微秒之内突然崩溃，气泡破裂类似于一个小小的爆炸过程，产生极短暂的高能环境，由此产生局部的高温、高压。同时这种局部高温、高压存在的时间非常短，仅有几微秒，所以温度的变化率非常大，这就为在一般条件下难以实现或不可能实现的化学反应提供了一种非常特殊的环境。高温条件有利于反应物的裂解和自由基的形成，提高了化学反应速率。高压有利于气相中的反应。另外，当气泡破裂产生高压的同时，还伴随强烈的冲击波，其速度可以达 100m/s 的微射流，对于有固体参加的非均相体系起到了很好的冲击作用，导致分子间强烈的相互碰撞和聚集，对固体表面形态、表面组成产生极为重要的作用。因此空化作用可以看作聚集声能的一种形式，能够在微观尺度内模拟反应器内的高温高压，促进反应的进行。

13.3.2 超声波辐射在有机合成中的应用

(1) 氧化反应

当使用 $KMnO_4$ 作为有机化学反应的氧化剂时，需在有机溶剂中加入冠醚以溶解氧化剂，或者加入固体负载物如氧化铝、沸石等。而超声波辐射下使用 $KMnO_4$ 作为氧化剂将仲醇氧化成酮时，无须加入上述任何添加剂就能使反应顺利进行。如果在加入反应底物前先使用超声波对苯溶剂中的 $KMnO_4$ 进行活化，则反应时间可以进一步得到缩短。

$$\text{R-CH(OH)-CH}_3 \xrightarrow[50^\circ C,40h,89\%]{KMnO_4,C_6H_6,US} \text{R-CO-CH}_3$$

Luche 等在硝酸氧化正辛醇的反应中，发现在超声波辐射和简单搅拌条件下得到了完全不同的两个产物。在常温下搅拌正辛醇和 60％的浓硝酸 12h，最终得到了 100％的酯化反应产物。而在超声波条件下，反应混合物很快变成黄绿色，反应 20min，以 100％的产率得到其氧化产物——正辛酸。Ando 等将这样的反应称为超声波“开关”反应。

$$n\text{-}C_7H_{15}CH_2OH \xrightarrow[\text{搅拌},100\%]{60\%HNO_3,\text{r.t.}12h} n\text{-}C_7H_{15}CH_2ONO_2$$

$$n\text{-}C_7H_{15}CH_2OH \xrightarrow[US,100\%]{60\%HNO_3,\text{r.t.}20min} n\text{-}C_7H_{15}COOH$$

（2）还原反应

Han 等在超声波辐射条件下使用简单价廉的试剂 Fe/C 完成了硝基的还原反应，该法具有很好的工业价值。在超声波辐射下常温反应 1h，产率达到 85％。而在搅拌条件下反应无法进行完全，常温下搅拌过夜，产率仅为 40％，即使加热搅拌产率也只有 50％左右。

$$C_6H_5NO_2 \xrightarrow[US,\ 85\%]{Fe/C,\ NH_2NH_2,\ EtOH,\ 1h} C_6H_5NH_2$$

（3）取代反应

在超声波辐射下，芳卤和二苯基磷负离子的取代反应在液氨中能有效进行。比如，在 25℃、9atm 下，1-溴萘和二苯基磷负离子反应的产率在超声波辐射条件下是 94％，而在搅拌下仅为 10％，超声波辐射对反应的促进效果十分明显。

$$C_{10}H_7Br + PPH_2^- \xrightarrow[2.\ [O],\ 94\%]{1.\ US,\ NH_3liq,\ r.t.,\ 1h} C_{10}H_7P(O)Ph_2$$

（4）重排反应

超声波辐射对 $ZrCl_4$ 催化下的 Fries 重排反应具有明显的促进作用。跟搅拌条件下的反应相比，超声波辐射下的该反应具有较好的选择性，且反应速率快，而搅拌下需要反应几天。

$$C_6H_5OAc \xrightarrow{ZrCl_4,CH_2Cl_2,US,r.t.,12h} 2\text{-}HOC_6H_4COCH_3\ (31\%) + 4\text{-}HOC_6H_4COCH_3\ (10\%)$$

（5）水解反应

超声波辐射也能促进酯的水解反应。比如，2,4-二甲基苯甲酯在传统的加热搅拌下反应 1.5h，产率仅为 15％。而在超声波辐射下反应 1h 就达到 94％的高产率。

$$(CH_3)_2C_6H_3COOCH_3 \xrightarrow{NaOH,\ US,\ 1h,\ 94\%} (CH_3)_2C_6H_3COOH$$

同时，超声波辐射也能促进腈的水解。比如，2-萘腈在传统搅拌条件下反应 6h，产率

63%，而在超声波辐射下反应 1h 就达到 98%的高产率。

$$\text{2-萘甲腈(2-C}_{10}\text{H}_7\text{CN)} \xrightarrow{\text{NaOH, US, 1h, 98\%}} \text{2-萘甲酸(2-C}_{10}\text{H}_7\text{COOH)}$$

(6) 缩合反应

Li 等在超声波辐射下，对吡啶催化的醛与氰基乙酸酯的 Knoevenagel 缩合反应进行了研究。研究结果表明，超声波辐射能加快反应速率，提高反应产率。比如，对羟基苯甲醛在传统搅拌条件下产率为 58%，而在超声波辐射下产率达到 94%。

$$\text{RCHO} + \text{NCCH}_2\text{COOEt} \xrightarrow{\text{Py,US,94\%}} \text{RCH=C(CN)COOEt}$$

查耳酮是合成香料和药物的一种重要的中间体。研究表明，在超声波作用下，以 KF/Al_2O_3 为催化剂，可有效地促进芳香醛与苯乙酮反应合成查耳酮。一个典型的例子是：在乙醇中，KF/Al_2O_3 催化的对甲基苯甲醛和苯乙酮缩合生成查耳酮的反应，43℃时在超声辐射下反应 40min 就能获得 87%的产率；而搅拌下需反应 160min 产率，也才达到 78%。

$$\text{RCHO} + \text{PhCOCH}_3 \xrightarrow{\text{KF/Al}_2\text{O}_3\text{,EtOH,US,87\%}} \text{PhCOCH=CHR}$$

(7) Michael 加成反应

Delmas 等在氢氧化钾催化下，使用超声波辐射对查尔酮与丙二酸二乙酯的 Michael 加成反应进行了研究。研究表明，超声波能够很好地促进该反应的进行，超声波辐射短短 5min，产率达到 91%。而在搅拌下，产率仅为 31%。

$$\text{PhCOCH=CHPh} + \text{CH}_2(\text{COOEt})_2 \xrightarrow[\text{r.t.,5min,87\%}]{\text{KOH,PhCH}_3\text{,US}} \text{PhCOCH}_2\text{CH(Ph)CH(COOCH}_3)_2$$

(8) 酯化反应

在超声波辐射条件下，羧酸和醇脱水生成酯，可免去分水器来除去生成的水。姜建辉等报道了合成尼泊金甲酯的反应，反应 90min 完成，产率 90%。而传统的加热方法用同样的时间，产率仅为 28%。

$$\text{4-HOC}_6\text{H}_4\text{COOH} + \text{CH}_3\text{OH} \xrightarrow[\text{US, 90min, 90\%}]{\text{CH}_3\text{-C}_6\text{H}_4\text{-SO}_3\text{H}} \text{4-HOC}_6\text{H}_4\text{COOCH}_3$$

13.4　光催化反应

20 世纪 70 年代，日本的学者 Fujishima 和 Honda 发现采用 TiO_2 光电极和 Pt 电极组成的光电化学体系分解水为氢气和氧气。这一重要的发现为人类开发利用太阳能开辟了崭新的途径，同时也揭开了光催化发展的序幕。1977 年，Frank 等首先验证了用半导体 TiO_2 光催化降解水中的氰化物的可能性，引导大多数从事光催化的研究者将目光主要集中于降解水和空气中污染物等环境治理和改善、太阳能的转化以及界面电子转移等光电化学过程上。20 世纪 80 年代初期，以 TiO_2 表面沉积 Fe_2O_3 为光催化剂成功地催化氢气和氮气合成氨，引起了人们对光催化合成的关注。1983 年，光催化芳香卤代烃羰基化合成反应的实现，开始了光催化在有机合成中的应用研究。随后，光催化技术在有机合成方面得到了人们越来越多的关注，光催化选择性合成有机物的应用研究也得到了陆续报道。近年来，光催化有机合成发展迅速，已经逐步成为光催化领域的一个重要分支。

光催化在有机合成中已经引起了大量的关注，主要原因是它具有以下几个显著的潜能：①光催化反应具有以太阳能作为反应光源的潜能，大大减少了能量的消耗；②光催化反应在温和的条件下就可以进行，并且不需要加入危险、有害的化学物质；③激发光能量较高，可以激发分子，而且能够补偿反应中吉布斯自由能的增加量。因此，光催化可以激发常温下热力学不能自发进行的反应，在某些情况下，光催化作用甚至可以打破热力学平衡；④许多光催化剂，特别是 TiO_2 光催化剂，当贵金属负载到 TiO_2 上，在 O_2、H_2O 存在的条件下，显示了其强氧化性能，有助于有机物的合成；⑤许多光催化作用有一些普通催化反应所不具有的独特的机理，能够提供简短的反应历程，将副反应的发生减小到最低程度；⑥光催化反应能够定向地选择性合成目标产物，提高目标产物的产率；⑦有的催化剂在使用多次后，其光催化选择性合成有机物的催化活性依然很稳定。

13.4.1 光催化在有机合成中的应用

(1) 聚合反应

早在 1989 年，Becker 等发现 TiO_2 半导体光催化剂可以引发苯乙烯发生聚合作用，但溶剂对产物的结构影响比较大，反应在水溶液中生成苯乙酮，而在非水溶液中选择性生成聚苯乙烯。在锐钛矿型 TiO_2 光催化活性的基础上，Tada 等首次报道了金红石型 TiO_2 颗粒具备光催化活性，光催化 1,3,5,7-四甲基环四氧硅烷开环聚合，在催化剂表面生成双层膜结构的聚甲基氧硅烷。Sutapa 将［双(环戊二烯基)二氯化锆］固载到多相 A-TiO_2（锐钛矿）纳米颗粒上，考察光催化苯乙烯聚合的活性和选择性，同时考察了不同助催化剂，如甲基铝氧烷、三苯碳鎓四(五氟苯基)硼酸盐、*N*,*N*-二甲基胺四(五氟苯基)硼酸盐、三（五氟苯基）硼烷对产物的结构的影响。他们发现使用甲基铝氧烷的条件下得到的聚苯乙烯的产率和立体选择性是最高的。优化实验结果表明，在甲苯为溶剂、三异丁基铝清除剂条件下，催化体系对苯乙烯聚合的催化活性最好，聚苯乙烯的产率和分子量分别达到 49%和160×10^3。

(2) 芳香族化合物的羟基化

芳香族化合物的羟基化在化学工业中特别重要，尤其是苯转化为苯酚是光催化氧化芳香族化合物中最重要的反应之一。苯酚的用途很广泛，是生产酚醛树脂、杀菌剂、防腐剂以及药物的重要原料。

Choi 等用 TiO_2（P25）催化剂在 4%乙腈水溶液中光照（>300nm）催化氧化苯，通过添加多金属氧酸盐（$PW_{12}O_{40}^-$）之后，苯氧化为苯酚的选择性提高，并且苯酚的产率从 2.6%提高到 11%。Chen 等用 ZSM-5 沸石为载体合成 TiO_2/ZSM-5 催化剂，在 pH 值为 11 的空气混合水溶液中光催化选择性氧化苯，当苯的转化率为 70%时，苯酚的选择性和产率分别为 21%和 15%。苯酚选择性较高的原因是苯对·OH 自由基的亲和性较强，其次在催化剂表面苯酚对·OH 自由基的亲和力较低，阻止了苯酚的进一步氧化。ZSM-5 因其较高的比表面积和吸附性能、带电框架结构以及良好的热稳定性也会对苯酚的产率起到积极的作用。

(3) 胺类化合物的氧化反应

亚胺类化合物是合成精细化学品、医药化学品和农用化学品非常重要的中间体。有研究者利用分子氧实现了胺类化合物选择性催化氧化为亚胺类化合物，但是大部分的反应体系都是利用贵金属 Pd、Ru、Au 等催化剂。

赵进才等通过用不同类型的 TiO_2 催化剂、溶剂以及反应气体，在 300W（>420nm）氙灯下，光催化氧化苄胺 4h，得到了不同的苄胺转化率和亚胺选择性。其中，溶剂为乙腈，氧化剂为 2atmO_2，催化剂为锐钛矿型 TiO_2 时，催化氧化苄胺的活性最佳，苄胺的转化率为 76%，亚胺的选择性为 98%。但是与分子氧相比，2atmO_2 作为氧化剂，亚胺的选择性并没有明显提高，而且大气中的分子氧比较丰富，因此常用作氧化剂。随后，赵进才等将光照时间延长至 10h，在相同的条件下，催化氧化苄胺，发现苄胺的转化率提高到 91%，亚胺的选择性为 92%。赵进才等用 TiO_2（P25）作为催化剂，在 100W（>300nm）氙灯下，光催化氧化苄胺，苄胺的转化率达到 99%，亚胺的选择性为 85%，亚胺的产率达到最大。同时，赵进才等还研究了以 TiO_2 为催化剂光催化氧化其他胺类化合物及其复杂衍生物的反应，所得到的转化率以及亚胺的选择性和产率同样较高。

(4) 烯烃的环氧化

具有光学活性的环氧化物是合成许多天然产物、光学活性材料、光学活性药物等重要的有机合成中间体，已经成为当今国际化学界研究的热门课题之一。而光催化技术因具有洁净、安全、操作简单、无二次污染等优点，被广泛应用于烯烃环氧化。

Michael 等将 100mg TiO_2 粉末置于 10mL 蒸馏水中搅拌形成悬浊液，把丙烯和 O_2 分别以 1.2mL/min 和 4.8mL/min 的流速通入此悬浊液，用 500W 的 Hg 灯照射 3h 后，环氧丙烷产率只有 18.2%，此工艺最大的缺陷是丙烯在水中的溶解度低，并且催化剂难于回收，导致环氧化产率不高。负载型光催化剂的应用为光催化环氧化技术带来了新的希望。许多研究者发现，SiO_2/TiO_2 光催化剂对丙烯的环氧化有促进作用。采用不同方法制备的光催化剂会影响丙烯的环氧化产率和转化率，Yoshida 小组采用浸渍法制备的钛含量为 0.1%（摩尔分数）的 SiO_2/TiO_2 光催化剂，在丙烯为 100μmol，O_2 为 100μmol，光催化剂为 200mg 的条件下，以 200W 的氙灯作为光源辐照 2h，丙烯的转化率为 9%，环氧丙烷的选择性为 41%。而通过溶胶-凝胶法制备的钛含量为 0.34%（摩尔分数）的光催化剂，在同一条件下，丙烯的转化率与浸渍法一样，但环氧丙烷的选择性提高到 57%。

(5) 羰基化反应

羰基化反应是有机合成中最常用的方法，在工业生产中占有十分重要的位置。常规羰基化反应绝大部分要求在高温、高压下进行，需要贵金属催化剂，且有反应难于控制、副反应多等不利因素；而光催化反应通常在常温、常压下进行，较易控制，无二次污染。因此高效的光催化剂被广泛运用到羰基化合物的合成中。

酮类化合物在日常生活中的应用非常广泛，例如二苯甲酮是紫外线吸收剂、医药、香料、有机颜料、杀虫剂的中间体。目前为止，肟类再生羰基化合物的方法已经得到大量研究。然而，其中许多方法却存在一些缺点，如反应时间比较长、回流温度高、产品分离困难、产率较低等。Muthu等利用锐钛型的TiO_2、TiO_2-P25和Ag-TiO_2光催化剂对肟类化合物进行脱肟基反应生成相应的酮类，其催化效率非常高，并且减少了能量的消耗、对环境友好。由于电子和空穴与H_2O和O_2反应产生了非选择性氧化物——羟基自由基，光催化技术在水介质中是一种非选择性的过程。为此，他们采用二氯甲烷和乙腈为溶剂，锐钛矿型TiO_2为催化剂，光催化二苯甲酮肟脱肟基反应生成二苯甲酮，其产率可分别达到99.6%和94.1%。但由于二氯甲烷是一种低沸点溶剂，在室温下挥发性较高，而乙腈挥发性较低，且在可见光辐射下为惰性，活泼性较低，因此在选择性反应中通常选择乙腈作为溶剂。

13.4.2　光催化有机合成技术面临的困难与挑战

光催化选择性合成有机物技术因其独特的优点，得到了越来越多的关注，在聚合、芳香族的羟基化、胺的氧化、烯烃的环氧化以及羰基化等有机反应上被广泛应用，并取得了丰富的成果，已成为光催化领域的一个重要前沿方向。但是光催化技术仍然存在一些问题需要改进：①TiO_2等半导体催化剂的电子和空穴复合率很高，致使光催化量子效率很低；②催化剂的光谱响应范围窄，可见光虽能激发改性后的半导体，然而反应耗时长，也易发生腐蚀，且回收困难，造成流失浪费；③目前反应只能在小规模的条件下进行，而且很多反应条件对实验结果的影响尚不明确，需要对各反应条件进行尝试性地探索优化。这些不足的地方将会激发人们对其发展的关注，进一步去认识、研究催化机理，针对性地提高TiO_2等光催化剂的制备技术以及优化光催化选择性合成有机物的反应体系，进而提高其光催化的性能。光催化技术选择性合成有机产物必将成为21世纪最具潜力的、有效、绿色的手段之一。

13.5　相转移催化反应

相转移催化反应是近年来发展起来的一种有机反应新方法。相转移催化反应是指加入“相转移催化剂”（phase transfer catalysis，PTC）使处于不同相的两种反应物易于进行的一种方法。该反应广泛用于有机合成、高分子聚合、造纸、制药、制革等领域。优点是反应条件温和，操作简便，反应时间短，选择性高，副反应少，可避免使用价格昂贵的试剂和溶剂。

13.5.1　相转移催化机理

相转移催化主要用于液液体系，也可用于液固体系及液固液体系。以季铵盐四甲基溴化铵催化溴代烃与氰化钠的亲核加成反应为例，相转移催化机理如图13-3所示。此反应是只溶于水相的氰化钠与只溶于有机相的溴代烃作用，由于二者分别在不同的相中而不能互相接近，反应很难进行。加入季铵盐四甲基溴化铵相转移催化剂，由于季铵盐既溶于水又溶于有机溶剂，在水相中氰化钠与四甲基溴化铵相接触时，可以发生氰根负离子与溴负离子的交换反应，生成离子对$(CH_3)_4N^+CN^-$，这个离子对能够转移到有机相中，由于有机相的极性一般较小，氰根负离子不与有机溶剂发生溶剂化效应，成为活性很高的“裸露的负离子”，很快与溴代烃RBr发生亲核取代反应，生成目的产物RCN，同时生成季铵盐$(CH_3)_4NBr$，$(CH_3)_4NBr$再转移到水相，完成了相转移催化循环。

13.5.2　相转移催化剂

相转移催化剂是能够将一些负离子、正离子或中性分子从一相转移到另一相的催化剂。大多数相转移催化反应要求将负离子转移到有机相，常用的相转移催化剂有鎓盐、聚醚和高

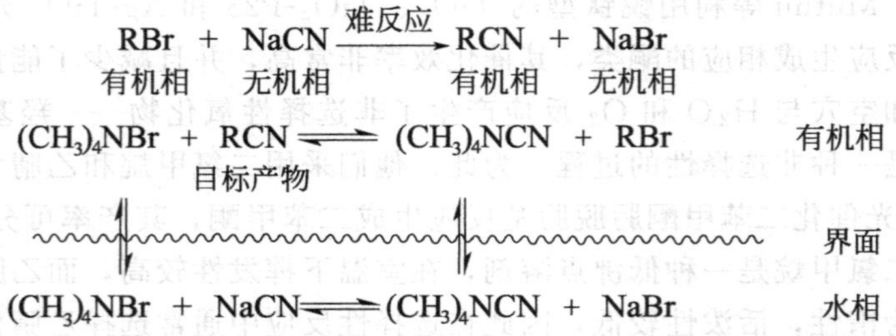

$$RBr + NaCN \xrightarrow{\text{难反应}} RCN + NaBr$$

有机相　无机相　有机相　无机相

$$(CH_3)_4NBr + RCN \rightleftharpoons (CH_3)_4NCN + RBr$$　有机相

目标产物

界面

$$(CH_3)_4NBr + NaCN \rightleftharpoons (CH_3)_4NCN + NaBr$$　水相

图 13-3　相转移催化反应机理

分子载体三大类。鎓盐包括季铵盐、季鳞盐、季钾盐、叔硫盐；聚醚类包括冠醚、穴醚和开链聚醚。

季铵盐具有价格便宜、毒性小等优点，因而得到了广泛的应用。一般情况下，为了使相转移催化剂在有机相中有一定的溶解度，季铵盐中应该含足够的碳数（一般碳数以 12～25 为宜）。同时，含有一定碳数的季铵盐溶剂化作用不明显，具有较高的催化活性。常用的季铵盐有：四甲基卤化铵[$(CH_3)_4N^+X^-$]、四乙基卤化铵[$(C_2H_5)_4N^+X^-$]、苄基三乙基氯化铵[$PhCH_2N^+(C_2H_5)_3Cl^-$]、三正辛基甲基氯化铵[$(n\text{-}C_8H_{17})_3N^+CH_3Cl^-$]、四丁基硫酸氢铵[$(C_4H_9)_4N^+HSO_4^-$]等。

季鳞盐催化剂应用比较少，原因是制备困难、价格昂贵，但它本身比较稳定，且比相似的季铵盐效果好，目前只用于实验室研究。常用的季鳞盐相转移催化剂有：四苯基溴化鳞[$(Ph)_4P^+Br^-$]、三苯基甲基溴化鳞[$(Ph)_3P^+CH_3Br^-$]、三苯基乙基溴化鳞[$(Ph)_3P^+C_2H_5Br^-$]、正十六烷三乙基溴化鳞[$(n\text{-}C_{16}H_{33})P^+(C_2H_5)_3Br^-$]等。

冠醚（又称穴醚）用于相转移催化剂开发较早，但它毒性大、价格高，应用受到限制。常用的冠醚催化剂有：15-冠-5、18-冠-6、二苯并 18-冠-6、二氮 18-冠-6 等，如图 13-4 所示。

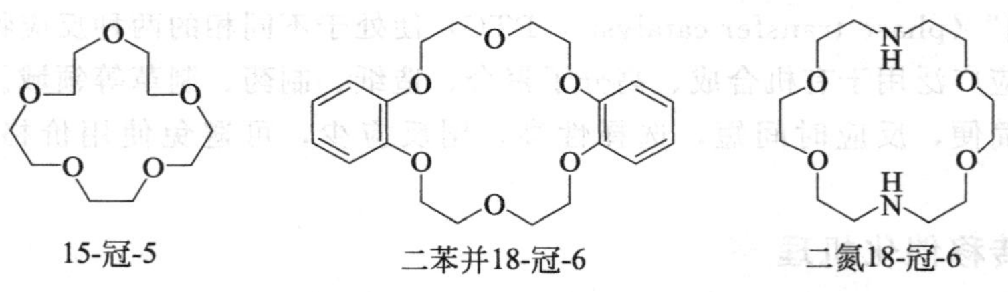

图 13-4　冠醚的结构

开链聚醚克服了冠醚的一些缺点，优点为：容易得到、无毒、蒸气压力小、价廉，在使用过程中不受孔穴大小的限制，并具有反应条件温和、操作简单及产率较高等，是理想的冠醚替代物。常用的开链聚醚有：聚乙二醇类 $HO(CH_2CH_2O)_nH$；聚氧乙烯脂肪醇类 $C_{12}H_{25}O(CH_2CH_2O)_nH$；聚氧乙烯烷基酚类 $C_8H_{17}PhO(CH_2CH_2O)_nH$。聚乙二醇 400、600、800、1000 等是最常用的开链聚醚。

为了克服均相相转移催化剂价格高、不易回收、易在产物中残留等问题，近年来发展出多种固载型催化剂。这类固载型催化剂是一种不溶性相转移催化剂（也称三相催化剂），是将均相相转移催化剂（季铵盐、季鳞盐、开链聚醚或冠醚等）通过化学键负载在无机或有机高分子载体上形成既不溶于水也不溶于有机溶剂的固载型相转移催化剂。典型的固载型相转移催化剂如图 13-5 所示。

高分子载体相转移催化剂的催化原理与均相相转移催化剂不同。以高分子负载季铵盐催

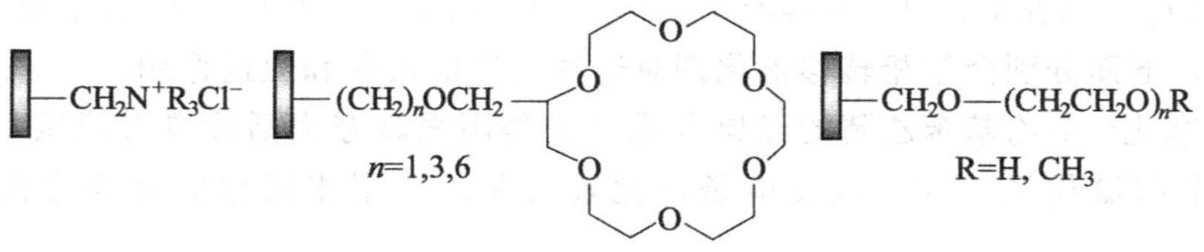

$-CH_2N^+R_3Cl^-$　　$-(CH_2)_nOCH_2-$（冠醚）　n=1,3,6　　$-CH_2O-(CH_2CH_2O)_nR$　R=H, CH_3

图 13-5　固载型相转移催化剂

化溴代烃与氰化钠的亲核加成反应为例，相转移催化机理如图 13-6 所示。

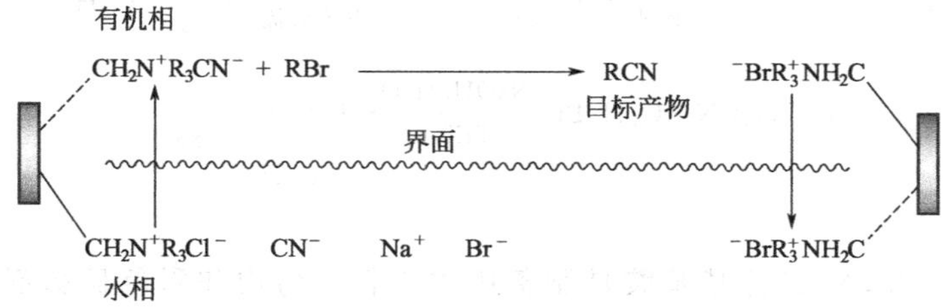

图 13-6　高分子载体相转移催化剂的催化原理

固载型催化剂的活性部位（即均相催化剂部分）既可以溶于水相，又可以溶于有机相，氰根负离子被固态催化剂的活性部位从水相转移到固载型催化剂上，进而被转移到有机相中，再与有机试剂 R—X 发生亲核取代反应，这种方法称为液-固-液三相相转移催化。这种方法操作简单，反应后催化剂可以定量回收，能耗也较低，适用于连续化生产。

13.5.3　相转移催化剂在有机合成中的应用

相转移催化剂最初用于亲核取代反应，如在反应物中引入—CN 和—F，以及二氯卡宾的生成反应等。后来迅速发展到取代、消去、氧化、还原、加成以及催化聚合等反应。

（1）卤代反应

1-溴代十二烷在有机合成领域应用很广泛，可以合成杀菌消毒药物新洁尔灭和度米芬。传统多采用浓硫酸催化法，因为正十二醇不溶于水，所以正十二醇与氢溴酸的接触率较低，反应进行较慢而且产率较低（为 89.2%）。若向反应中加入相转移催化剂十二烷基二甲基苄基氯化铵，则能加速反应并提高产率（98.8%）。

$$C_{12}H_{25}OH + HBr \xrightarrow[PTC]{H_2SO_4} \underset{98.8\%}{C_{12}H_{25}Br} + H_2O$$

（2）氧化反应

常用的氧化还原剂多为无机物，如 $KMnO_4$、$K_2Cr_2O_7$、$NaBH_4$ 等易溶于水而不易溶于有机溶剂，加入易溶于有机溶剂的反应物后形成两相体系，产率低，速率慢。加入相转移催化剂后具有反应加速、选择性增加、产品纯、产率高等优点。

$$CH_3(CH_2)_7CH{=}CH_2 \xrightarrow[R_4N^+Cl^-]{KMnO_4} \underset{100\%}{CH_3(CH_2)_7COOH}$$

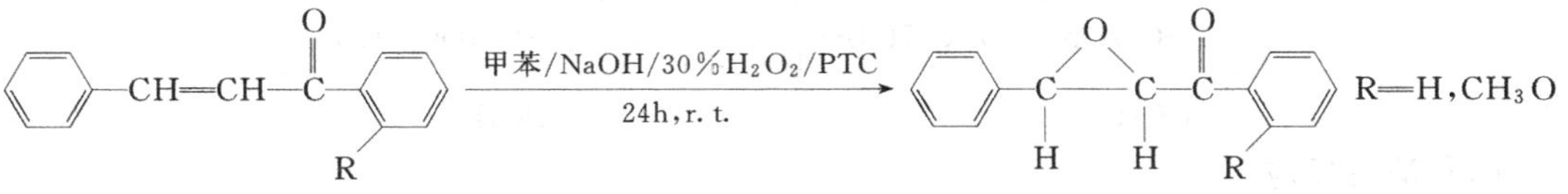

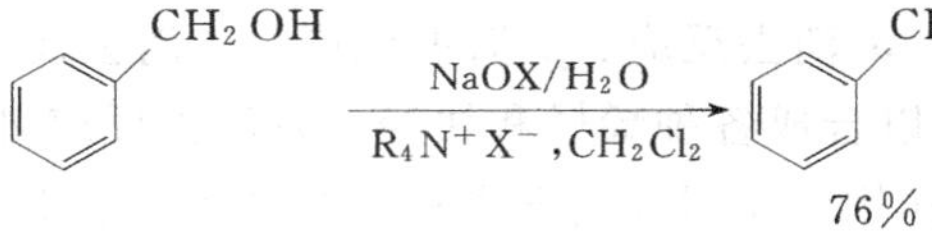

$$C_6H_5-CH{=}CH-\overset{O}{\overset{\|}{C}}-C_6H_4R \xrightarrow[24h,r.t.]{甲苯/NaOH/30\%H_2O_2/PTC} C_6H_5-\underset{H}{CH}\overset{O}{-}\underset{H}{CH}-\overset{O}{\overset{\|}{C}}-C_6H_4R \quad R{=}H,CH_3O$$

$$C_6H_5CH_2OH \xrightarrow[R_4N^+X^-,CH_2Cl_2]{NaOX/H_2O} \underset{76\%}{C_6H_5CHO}$$

（3）烃基化反应

烃基化反应是指在 C、O、N 等原子上引入烃基的反应，常称为 *C*-烃基化、*O*-烃基化、*N*-烃基化等，下面分别介绍相转移催化剂对这些反应的改善和促进作用。

① *C*-烃基化 α-乙基苯乙腈的经典合成方法是用强碱夺去活泼氢形成碳负离子，再在非质子溶剂中和氯代烃反应。该反应条件比较苛刻，采用相转移催化剂可在温和条件下实现。

$$PhCH_2CN \xrightarrow[\text{液氨}]{NaNH_2} Ph\overset{-}{C}HCN \xrightarrow[\text{甲苯回流}]{C_2H_5Br} PhCH(C_2H_5)CN$$

$$PhCH_2CN + C_2H_5Br \xrightarrow[TEBA]{NaOH/H_2O} PhCH(C_2H_5)CN \quad 88\%$$

② *N*-烃基化 *N*,*N*-二乙基苯胺是制备优秀染料、药物和彩色显影剂的重要中间体，用途广泛，传统合成方法是将定量的苯胺和氯乙烷于高温、高压下在碱性条件下进行 *N*-烃基化反应得到，收率约为 85%。使用四乙基碘化铵作相转移催化剂可在常压、稍高的温度(55℃)及碱性条件下合成，收率为 95.6%。

$$PhNH_2 + 2ClCH_2CH_3 \xrightarrow[PTC]{NaOH} PhN(C_2H_5)_2$$

③ *O*-烃基化 氧的烃基化主要产物是醚和酯。混醚的传统合成常用 Williamson 合成法，也就是使用卤代烃和醇钠或酚钠反应来合成，但在碱的作用下，仲或叔卤代烃易发生消除反应生成烯烃副产物。若使用相转移催化法，则可在温和的条件下生成，并且产率较高。

$$\text{2-萘酚(OH)} + PhCH_2Cl \xrightarrow{PEG\text{-}400} \text{2-萘基}-OCH_2Ph$$

传统的使用羧酸盐与卤代烃发生氧的烃基化生成酯的反应很难发生，因为羧酸盐在水溶液中发生很强的水合作用，无法与卤代烃接近而发生反应。若加入相转移催化剂，羧酸盐与卤代烃则很容易发生氧的烃基化反应生成酯，并且产率很高。

$$\text{Br-环戊烯-Br} + CH_3COOK \xrightarrow[42℃,\,9h]{TOMAC} H_3CCOO\text{-环戊烯-}OOCCH_3$$

(TOMAC:三辛基甲基氯化铵) 72%

该方法也适用于位阻较大的羧酸盐与卤代烃的氧的烃基化反应。

$$\text{2,6-(}OCH_3)_2C_6H_3\text{-}COONa + n\text{-}C_4H_9Br \xrightarrow[110℃,\,8h]{Bu_4N^+I^-} \text{2,6-(}OCH_3)_2C_6H_3\text{-}COOC_4H_9\text{-}n \quad 72\%$$

(4) 消去反应

消去反应常见的有两类：α-消去反应、β-消去反应。α-消去反应常可以得到卡宾（又称碳宾、碳烯），β-消去反应可以合成各种烯烃和炔烃，γ-消去反应可以合成环丙烷的衍生物。

扁桃酸具有很强的抑菌作用，也可作为某些药物的中间体。传统的合成方法是使用苯甲醛与剧毒的氰化物反应后酸解得到。使用相转移催化剂可使氯仿在 NaOH 存在下发生 α-消去反应生成二氯卡宾，二氯卡宾与苯甲醛加成，然后经重排、水解即可合成扁桃酸。

$$CHCl_3 \xrightarrow[TEBA]{NaOH} :CCl_2$$

$$C_6H_5CH{=}O \xrightarrow{:CCl_2} C_6H_5{-}\underset{\text{(环氧, C上连 Cl, Cl)}}{CH{-}O} \xrightarrow{\text{重排}} C_6H_5{-}\overset{Cl}{\overset{|}{C}}H{-}COCl \xrightarrow{OH^-} \xrightarrow{H^+} C_6H_5{-}\overset{OH}{\overset{|}{C}}H{-}COOH$$

苯乙烯是一种重要的有机合成中间体，传统的合成是使用β-溴代乙苯在 NaOH 溶液中加热 2h，发生β-消去反应，产率仅为 1%。若加入相转移催化剂四叔丁基溴化铵，加热 2h 反应即可完全，产率为 100%。

	时间	产率
$C_6H_5CH_2CH_2Br \xrightarrow{NaOH} C_6H_5CH{=}CH_2$	2h	1%
$C_6H_5CH_2CH_2Br \xrightarrow[Bu_4N^+Br^-]{NaOH} C_6H_5CH{=}CH_2$	2h	100%

13.6 其他合成方法

13.6.1 固相合成

固相合成法（solid-phase synthesis）就是将底物或催化剂通过化学键固定在固相载体上，然后与其他试剂反应，反应后通过过滤、淋洗的操作将生成物与均相试剂及副产物分离，可以重复这个操作 n 次，以合成具有多个重复单元或不同单元的复杂目标产物，最后将目标产物从载体上解脱下来。固相合成常用的载体通常是含有活性官能团氯甲基、氨基、羟基等的聚苯乙烯树脂。固相合成常采用加入过量反应试剂的方法使反应完全。固相合成最初用于多肽的合成，后来广泛应用于合成聚核苷酸、低聚糖等生物活性物质及有机小分子、杂环分子、天然产物分子等不易制备的化合物。

(1) 多肽的固相合成

传统的多肽合成产物与反应物不易分离、操作烦琐、产率较低。使用固相合成法则可以克服这些缺点。以二肽的合成为例，来说明多肽的合成方法。传统的二肽的合成方法是先将第一个氨基酸的氨基保护，再将另一个氨基酸的羧基保护，然后将这两个被保护的氨基酸脱水形成酰胺肽键，最后将氨基和羧基脱保护形成二肽。

$$H_2N{-}\overset{R}{\overset{|}{C}}HCOOH \xrightarrow{HCOOH} H\overset{O}{\overset{\|}{C}}HN{-}\overset{R}{\overset{|}{C}}HCOOH$$

$$H_2N{-}\overset{R'}{\overset{|}{C}}HCOOH \xrightarrow{CH_3OH} H_2N{-}\overset{R'}{\overset{|}{C}}HCOOCH_3$$

$$H\overset{O}{\overset{\|}{C}}HN{-}\overset{R}{\overset{|}{C}}HCOOH + H_2N{-}\overset{R'}{\overset{|}{C}}HCOOCH_3 \xrightarrow[-H_2O]{DCC} H\overset{O}{\overset{\|}{C}}HN{-}\overset{R}{\overset{|}{C}}HCONH{-}\overset{R'}{\overset{|}{C}}HCOOCH_3$$

$$H\overset{O}{\overset{\|}{C}}HN{-}\overset{R}{\overset{|}{C}}HCONH{-}\overset{R'}{\overset{|}{C}}HCOOCH_3 \xrightarrow{0.5mol/L\ HCl} H_2N{-}\overset{R}{\overset{|}{C}}HCONH{-}\overset{R'}{\overset{|}{C}}HCOOCH_3$$

$$H\overset{O}{\overset{\|}{C}}HN{-}\overset{R}{\overset{|}{C}}HCONH{-}\overset{R'}{\overset{|}{C}}HCOOCH_3 \xrightarrow{1mol/L\ NaOH} H\overset{O}{\overset{\|}{C}}HN{-}\overset{R}{\overset{|}{C}}HCONH{-}\overset{R'}{\overset{|}{C}}HCOO^-$$

（DCC：N,N'-二环己基碳二亚胺）

二肽的固相合成方法是先将第一个一端氨基被叔丁氧羰基保护的氨基酸连接到载体树脂

上，然后用酸将保护基脱去，再用三乙胺进行中和除去与氨基相连的酸，再与另一个一端氨基被叔丁氧羰基保护的氨基酸脱水形成肽键，最后在强酸三氟乙酸的作用下将二肽从树脂上解脱下来，并用碱中和氨基上的酸，得到二肽。若想得到多肽，则将第（2）步重复多次即可。

$$\text{●}-C_6H_4-CH_2Cl + HOOCCH(R)-NHBoc \xrightarrow{NaOH} \text{●}-C_6H_4-CH_2O-C(=O)-CH(R)-NHBoc \quad (1)$$

$$\xrightarrow[\text{② 三乙胺}]{\text{① HCl}} \text{●}-C_6H_4-CH_2O-C(=O)-CH(R)-NH_2 \xrightarrow[DCC]{HOOCCH(R')-NHBoc} \text{●}-C_6H_4-CH_2O-C(=O)-CH(R)-NH-C(=O)-CH(R')-NHBoc \quad (2)$$

$$\xrightarrow[\text{② 三乙胺}]{\text{① TFA/HBr}} \text{●}-C_6H_4-CH_2Br + HO-C(=O)-CH(R)-NH-C(=O)-CH(R')-NH_2 \quad (3)$$

(TFA:三氟乙酸)

（2）简单化合物的固相合成

一些溶液中不易制备的简单化合物若采用固相合成法则可得到理想的结果。11-十四烯酸乙酯是一种鳞翅目昆虫性诱剂，合成该物质的原料 11-十四炔-1-醇用普通方法难以合成，用固相法则可以合成，步骤如下：

$$\text{●}-C_6H_4-CPh_2Cl + HO(CH_2)_{10}OH \longrightarrow \text{●}-C_6H_4-CPh_2O(CH_2)_{10}OH \xrightarrow[Py]{CH_3SO_2Cl}$$

$$\text{●}-C_6H_4-CPh_2O(CH_2)_{10}OSO_2CH_3 \xrightarrow{LiC\equiv CC_2H_5} \text{●}-C_6H_4-CPh_2O(CH_2)_{10}C\equiv CC_2H_5$$

$$\xrightarrow[H_2O]{HCl} \text{●}-C_6H_4-CPh_2OH + HO(CH_2)_{10}C\equiv CC_2H_5$$

双取代的环己烯可用于制备香料或香料中间体，传统的液相合成法是使用丙烯酸酯与取代的 1,3-丁二烯进行环加成得到 3,4-双取代及 3,5-双取代两种加成产物，且 3,4-双取代为主要产物，选择性大于 80%。若使用固相合成法，则由于载体的巨大位阻，产物以 3,5-双取代为主，选择性大于 90%。

$$CH_2=CH-C(=O)OCH_3 + C_6H_5CH=CH-CH=CH_2 \xrightarrow{h\nu} \text{3,4-双取代产物 (COOMe)} + \text{3,5-双取代产物 (COOMe)}$$

主产物（3,4-双取代）

$$\text{●}-CH_2O-C(=O)CH=CH_2 + C_6H_5CH=CH-CH=CH_2 \xrightarrow[(2)Bu_4NOH,\ CH_2N_2]{(1)h\nu} \text{3,4-双取代产物 (COOMe)} + \text{3,5-双取代产物 (COOMe)}$$

主产物（3,5-双取代）

1-氨基-2,4-咪唑二酮是抗心律失常药阿齐利特、肌肉松弛剂丹曲林钠等药物的重要中间体。与传统的合成方法相比，固相合成得到的产品更纯净。在碱的作用下先合成羟基苯甲醛树脂，再与盐酸氨基脲在甲醇溶剂中回流下发生缩合反应生成苯甲醛缩氨基脲树脂，苯甲醛缩氨基脲树脂在乙醇钠的作用下与氯乙酸乙酯回流 24h 后生成苯基亚甲基氨基-2,4-二酮咪唑树脂。最后用盐酸溶液进行切割，得到 1-氨基-2,4-咪唑二酮盐酸盐。

$$\text{P-CH}_2\text{Cl} \xrightarrow[\text{NaOH, DMF, 90℃, 6h}]{\text{HO-C}_6\text{H}_4\text{-CHO}} \text{P-CH}_2\text{O-C}_6\text{H}_4\text{-CHO} \xrightarrow[\text{CH}_3\text{OH, 24h}]{\text{NH}_2\text{NHCONH}_2} \text{P-CH}_2\text{O-C}_6\text{H}_4\text{-CH=NNHCONH}_2$$

$$\xrightarrow[\text{CH}_3\text{OH, 24h}]{\text{ClCH}_2\text{COOC}_2\text{H}_5\text{, EtONa}} \text{P-CH}_2\text{O-C}_6\text{H}_4\text{-CH=N-N(imidazolidinedione)} \xrightarrow{\text{1mol/L HCl}} \text{H}_2\text{N-N(imidazolidinedione)NH·HCl}$$

13.6.2 无溶剂反应

无溶剂反应（又称干反应）是在无溶剂的条件下进行的反应，常见的有两种，一种是反应物在惰性载体的参与下进行的反应，另一种是反应物在没有惰性载体的参与下直接混合进行的反应。常用的惰性载体为三氧化二铝、硅胶、分子筛等。通常的操作方法是将全部作用物在研钵或反应瓶中混合均匀，然后加热即可，可间歇振动使反应均匀。反应后的产物可用溶剂萃取或柱层析进行分离提纯。

（1）烷基化反应

传统的丙二酸二甲酯与卤代烃的烷基化在溶液中进行，但同时生成三种产物 1、2、3，选择性较差。采用干法合成可以使选择性增加，如将强碱甲醇钠负载在三氧化二铝上，然后和丙二酸二甲酯及二溴戊烷混合加热，当甲醇钠的负载量不一样时，产物的选择性也不一样。若甲醇钠的负载量为 1mol/kg，1 为主要生成物；若甲醇钠的负载量为 1.7mol/kg，2 为主要生成物。

$$CH_2(COOMe)_2 + Br(CH_2)_5Br \xrightarrow{MeONa\text{-}Al_2O_3} \underset{1}{Br(CH_2)_5CH(COOMe)_2} + \underset{2}{C_6H_{10}(COOMe)_2} + \underset{3}{(MeO_2C)_2CH(CH_2)_5CH(COOMe)_2}$$

（2）酯化反应

N，*N*-二乙氨基乙醇己酸酯是一种高效植物生长调节剂，传统的合成方法均采用有机溶剂为带水剂，存在溶剂消耗、溶剂污染等问题。在无溶剂条件下，以固体超强酸 ZrO_2/SO_4^{2-} 为催化剂，在高于 130℃的条件下，将己酸和二乙氨基乙醇进行酯化反应，使反应产生的水直接蒸出，从而使酯化反应得以进行，该法工艺安全简单，不存在溶剂损耗及污染等问题。

$$CH_3(CH_2)_4COOH + HOCH_2CH_2N(C_2H_5)_2 \xrightarrow[-H_2O]{ZrO_2/SO_4^{2-}} CH_3(CH_2)_4COOCH_2CH_2N(C_2H_5)_2$$

固体超强酸 ZrO_2/SO_4^{2-} 的合成：称取 $ZrOCl_2 \cdot 8H_2O$ 溶解在 100g 蒸馏水中，搅拌下加入浓氨水调 pH 至 8～9；继续搅拌 30min，放置陈化 24h，过滤洗涤至无 Cl^-；沉淀物在 110℃下干燥 24h，粉碎过 100 目筛；沉淀物用 20 倍的 0.5mol/L H_2SO_4 浸泡陈化 24h，过滤洗涤，110℃干燥 24h，粉碎过 100 目筛；550℃焙烧 3h 即可。

（3）缩合反应

7-羟基-4-甲基香豆素是一种重要的医药化工中间体，常用 Pechmann 缩合反应（酚和 *β*-酮酸或酮酸酯在酸性条件下合成香豆素类化合物的反应）来合成。传统的用浓硫酸的催化缩合方法具有产物不易处理、设备腐蚀严重、环境被污染等缺点。采用无溶剂且在强酸性离子交换树脂的催化下缩合可克服上述缺点。

$$C_6H_4(OH)_2 + CH_3COCH_2COOEt \xrightarrow{\text{Amberlyst 15}} \text{HO, CH}_3\text{-coumarin}$$

氨基酸希夫碱是制备特殊生物活性物质的重要中间体，其部分化合物也可以采用干法缩合来合成，如香草醛氨基酸希夫碱的合成。

$$H_2N-\underset{R}{CH}-COOH \xrightarrow{KOH} H_2N-\underset{R}{CH}-COOK \xrightarrow[MW]{\text{HO-}(H_3CO)C_6H_3\text{-CHO}} \text{HO-}(H_3CO)C_6H_3\text{-}\overset{H}{C}=N-\underset{R}{CH}-COOK$$

Knoevenagel 反应也可以在无溶剂条件下实现。例如：

$$R^1-\overset{O}{\overset{\|}{C}}-R^2 + Y-CH_2-CN \xrightarrow[-H_2O]{AlPO_4/Al_2O_3} (R^1)(R^2)C=C(CN)(Y)$$

(4) 加成反应

许多加成反应可以使用无溶剂反应来进行合成，如 Michael 加成、羰基加成等。

$$(R^1)(R^2)CH-NO_2 + R^3-CH=\overset{R^5}{C}-\underset{O}{\underset{\|}{C}}-R^4 \xrightarrow[rt,5\sim8h]{Al_2O_3} R^1-\overset{NO_2}{\underset{R^2}{C}}-\overset{H}{\underset{R^3}{C}}-\overset{H}{\underset{R^5}{C}}-\overset{O}{\overset{\|}{C}}-R^4 \quad 52\%\sim88\%$$

$$(R^1)(R^2)CH-NO_2 + (H)(R^3)C=O \xrightarrow{Al_2O_3} R^1-\overset{NO_2}{\underset{R^2}{C}}-\overset{H}{\underset{OH}{C}}-R^3 \quad 71\%\sim86\%$$

无溶剂反应常和微波联合使用。无溶剂条件下，$Ba(OH)_2 \cdot 8H_2O$ 催化的 Canizzaro 反应，产率基本一致，但微波加热比油浴加热大大缩短了反应时间。

$$RCHO + (CH_2O)_n \xrightarrow[\text{MW 或油浴}]{Ba(OH)_2 \cdot 8H_2O} RCH_2OH + HCOOH$$

13.6.3 离子液体

离子液体是指在室温或接近室温下呈现液态的、完全由阴阳离子所组成的盐，也称室温熔融盐。1914 年，Walden 首次报道了离子液体（$EtNH_3$）NO_3（熔点 12℃）的合成，1982 年 Wilkes 用 1-甲基-3-乙基咪唑为阳离子合成出氯化 1-甲基-3-乙基咪唑，在摩尔分数为 50%的 $AlCl_3$ 存在下，其熔点达到了 8℃，其后，离子液体的应用研究得到了广泛的开展，开拓了绿色合成的新领域。与传统的有机溶剂和电解质相比，离子液体具有使用温度范围大、无蒸汽压、无可燃性、不污染环境、能溶解大部分物质、易与产物分离、能循环使用等优点。

(1) 离子液体的种类

离子液体作为离子化合物，其熔点较低的主要原因是因其结构中某些取代基的不对称性使离子不能规则地堆积成晶体。它一般由有机阳离子和无机阴离子组成，常见的阳离子有季铵盐离子、季鏻盐离子、咪唑盐离子和吡咯盐离子等，阴离子有卤素离子、四氟硼酸根离子、六氟磷酸根离子等。

(2) 离子液体的命名

离子液体的命名通常用标记法。正离子的标记：1,3-取代的咪唑阳离子标记为

$[R^1R^2im]^+$，R^1、R^2 分别为相应烷基的第一个英文字母表示，im 为咪唑英文字母的简写。如 1-乙基-3-甲基咪唑阳离子标记为 $[emim]^+$。1，2，3-取代的咪唑阳离子标记为 $[R^1R^2R^3im]^+$。取代的吡啶标记为 $[RPy]^+$，Py 为吡啶英文字母的简写。季铵盐离子的标记为 $[Nabcd]^+$，a、b、c、d 分别为相应烷基的碳原子数的多少，用阿拉伯数字由小到大表示，如二甲基乙基丁基铵标记为 $[N1124]^+$。季鏻盐离子的标记为 $[Pabcd]^+$，a、b、c、d 的表示同季铵盐。阴离子有卤素离子 X^-、四氯化铝离子 $[AlCl_4]^-$、四氟硼酸根离子 $[BF_4]^-$、六氟磷酸根离子 $[PF_6]^-$、三氟甲基磺酸离子 $[CF_3SO_3]^-$（标记为 $[OTf]^-$ 等）。离子液体的整体名称及结构如下图所示：

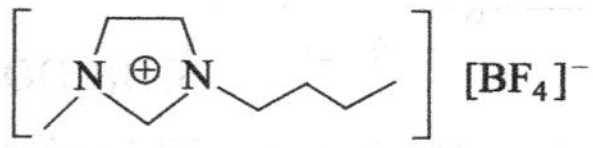

1-丁基-3-甲基咪唑四氟化硼 $[bmim]^+[BF_4]^-$

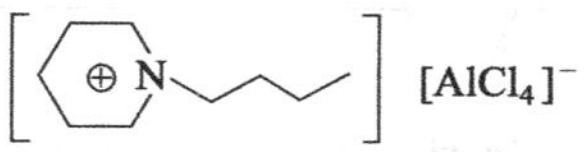

正丁基吡啶四氯化铝 $[n\text{-}bPy]^+[AlCl_4]^-$

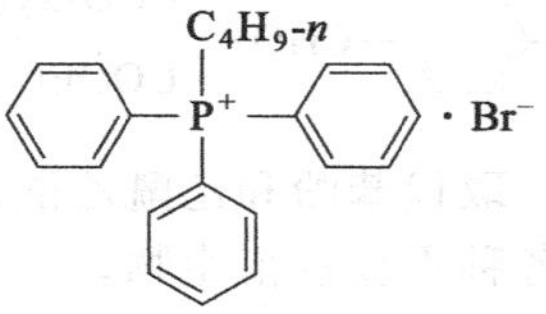

正丁基三苯基溴化鏻 $[P_{4666}]^+Br^-$

在书写离子液体的结构式时，正、负离子的正、负号可以省略，如 $[bmim]^+$ $[BF_4]^-$ 可以写成 [bmim] $[BF_4]$。

（3）离子液体的制备

离子液体的种类很多，其制备方法有一步合成法和两步合成法，大多数离子液体的合成采用两步法。如 1-甲基-3-正丁基咪唑四氟化硼的合成，首先将 1-甲基咪唑与溴代烃反应生成季铵盐，然后溴负离子被四氟化硼离子置换，即得所需要的离子液体。

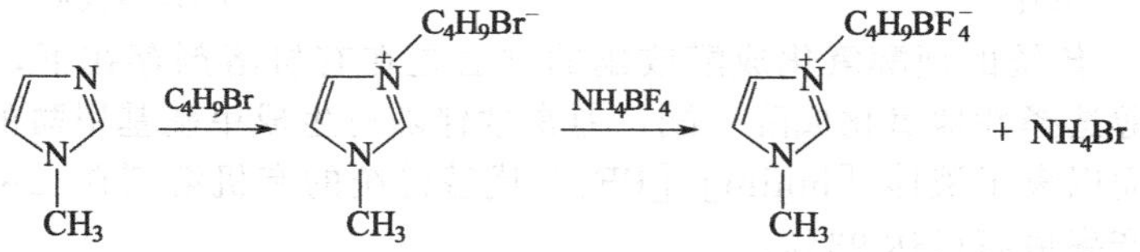

C_4H_9Br ；NH_4BF_4 ；$C_4H_9Br^-$ ；$C_4H_9BF_4^-$ ；$+ NH_4Br$

也有一些离子液体采用一步合成法，微波技术能改善这一反应的进行，如溴化乙基吡啶的合成。

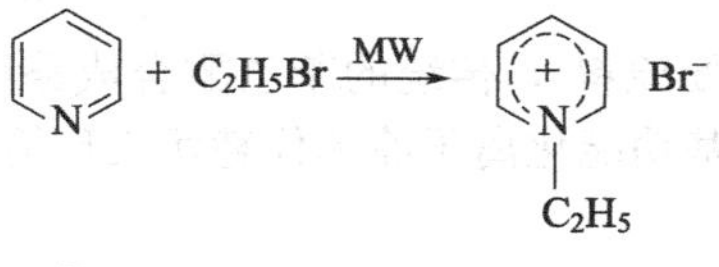

$+ C_2H_5Br \xrightarrow{MW}$ ... Br^- （C_2H_5）

（4）离子液体在有机合成中的应用

由于离子液体所具有的独特性能，目前它被广泛应用于化学研究的各个领域中。离子液体作为反应的溶剂已被应用到多种类型的反应中。

① 取代反应　芳烃用 N-溴代丁二酰亚胺（NBS）为溴化剂，在离子液体 [bbim] $[BF_4]$ 的作用下，芳烃上的 H 被取代。

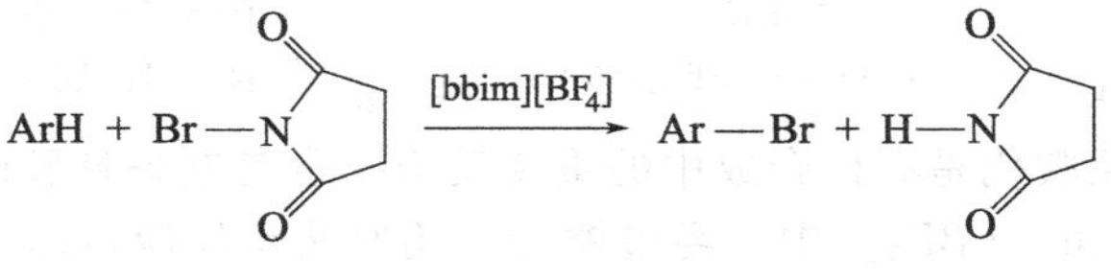

$$ArH + Br\text{—}N(NBS) \xrightarrow{[bbim][BF_4]} Ar\text{—}Br + H\text{—}N(丁二酰亚胺)$$

带有吸电子基的卤代芳烃上的卤原子也可以在离子液体 [bmim] $[BF_6]$ 中被氨基取代。

$R^1:NO_2, CN$　$R^2:NO_2, F,$　, MeC(COOEt)$_2$　X: F, Cl, Br　Y: N, O

② 缩合反应　取代苯甲醛和丙二酸二乙酯在离子液体［bmim］$Cl\text{-}AlCl_3$ 中发生 Knoevenagel 反应合成 α,β-不饱和酯，进一步与丙二酸二乙酯发生 Michael 加成反应。

取代苯酚和乙酰乙酸乙酯在离子液体［bmim］$Cl\text{-}AlCl_3$ 中发生 Pechmann 缩合反应生成各种香豆素衍生物。

$$X\text{-}C_6H_4\text{-}OH + CH_3COCH_2COOEt \xrightarrow[10\sim30min]{[bmim]Cl\text{-}AlCl_3}$$

X: OH, Me, MeO, COMe

③ 酯化反应　柠檬酸三乙酯可作为冷饮、糖果、烘烤食品中的增香剂，或化妆品中的添加剂等。柠檬酸在酸性离子液体 N-(4-磺酸基丁基) 吡啶硫酸氢盐 $[HSO_3\text{-}bPy]^+[HSO_4]^-$ 的催化下，脱水缩合即可得柠檬酸三乙酯。

$$HO\text{-}C(CH_2COOH)_2\text{-}COOH + 3C_2H_5OH \xrightleftharpoons{[HSO_3^-bPy]^+[HSO_4]^-} HO\text{-}C(CH_2COOC_2H_5)_2\text{-}COOC_2H_5 + 3H_2O$$

④ 氧化反应　传统的把醇氧化成醛或酮的方法是在有机溶剂存在下，二甲亚砜与醋酸酐相配合可以将醇选择性地氧化成醛、酮，但常常伴随有生成甲硫基甲醚的副反应，而且产率也不是很高。而以离子液体［bmim］$[PF_6]$ 代替传统的有机溶剂在二甲亚砜与醋酸酐存在下，醇氧化的产率最高可达 93%。

$$R^1CH(OH)R^2 \xrightarrow[{[bmim][PF_6]}]{n(DMSO):n(Ac_2O):n(醇)=3.5:3.5:1} R^1COR^2$$

R^1 = 烷基或芳香基
R^2 = H、烷基或芳香基

苯乙酮是合成众多药物的重要原料，传统的苯乙酮合成路线不仅污染环境，而且存在副产物多和选择性低等缺点。采用羧基功能化离子液体代替污染环境的有机溶剂可以改善上述缺点。

$$C_6H_5CH{=}CH_2 \xrightarrow{PdCl_2, TSILs, 30\%\ H_2O_2} C_6H_5COCH_3$$

TSILs：羧基咪唑功能化离子液体

⑤ 还原反应　以离子液体［bmim］Br 和水的混合物为溶剂，使用硼氢化钠为还原剂，可有效促使醛酮还原成醇。

$$R^1COR^2 \xrightarrow[H_2O:[bmim][PF_6]=5:1]{NaBH_4} R^1CH(OH)R^2$$

R^1 = 芳香基
R^2 = H、烷基或苯基

羰基化合物的还原胺化是有机合成中的重要反应，也是制备仲胺的常用方法。使用硼氢化钠在离子液体［bmim］$[BF_4]$ 中，经过缩合、还原两步反应可以实现羰基化合物的还原胺化，且离子液体可以重复使用。

$$R^1CHO + R^2NH_2 \xrightarrow[\text{[bmim][BF}_4\text{]}]{NaBH_4} R^1CH_2NHR^2$$

13.6.4 超临界有机合成

当流体的温度和压力处于其临界温度和临界压力以上时，称该流体处于超临界状态，此时的流体称为超临界流体（supercritical fluid，缩写为 SCF）。超临界流体在萃取分离方面取得了极大成功，并广泛用于化工、煤炭、冶金、食品、香料、药物、环保等许多工业领域。超临界流体作为反应介质或作为反应物参与的化学反应称为超临界化学反应。目前关于超临界有机合成的研究处于初始阶段，不过已经取得了一些很有实用价值的成果。充分显示了超临界有机合成技术的巨大潜在优势。

与传统的热化学反应相比，超临界化学反应具有许多优点：①与液相反应相比，扩散系数大，黏度小，因此可以提高受扩散速度控制的均相液相反应的反应速率；②可增大有机反应物的溶解度或有机反应物本身作为超临界流体而全部溶解，使一些多相反应变为均相反应，消除了相界面，减少了传质阻力，较大幅度地提高了反应速率；③具有较大压力，可使化学反应速率大幅度增加，并可通过改变超临界流体的压力来改变反应的选择性，使反应向着目标产物的方向进行；④可通过改变温度、压力来改变溶质的溶解度从而及时将反应产物从反应体系中除去，使反应不断正向进行；⑤可溶解吸附在催化剂上的焦油状物质，避免或减少催化剂上的积炭，延长了催化剂的使用寿命；⑥超临界流体（H_2O、CO_2 等）与传统的有机溶剂相比价廉且无污染。近年来该方法在有机合成中得到了广泛的应用。

① Fischer-Tropsch　Fischer-Tropsch 合成是用 H_2 和 CO 在固体催化剂上合成烃类混合物的反应。

$$H_2 + CO \xrightarrow[\text{正己烷 SCF}]{\text{催化剂}} C_1 \sim C_2 \text{ 烃类}$$

这是煤炭间接液化过程中的重要反应，催化剂常是一些金属物质，超临界流体为正己烷。传统的反应过程中，产物中的高分子烃类化合物会吸附在催化剂表面造成催化剂失活，采用正己烷为超临界流体可有效去除催化剂上的积炭，并且增加了产物中烯烃的比例。

② 酯化反应　以碳酸钾和碘甲烷为催化剂，在 CO_2 既是反应物又是超临界流体的条件下，由 CO_2 与甲醇经酯化反应成功合成出碳酸二甲酯（DMC）。

$$CH_3OH + CO_2 \xrightarrow{\text{碳酸钾，碘甲烷}} H_3CO{-}\overset{\overset{\displaystyle O}{\|}}{C}{-}OCH_3$$

③ Diels-Alder 反应　在超临界 CO_2 介质条件下的 Diels-Alder 反应，出现了 40℃时反应速率常数随压力增高而降低的反常现象；在 CO_2 临界点反应速率比传统液相反应（以乙腈和氯仿为溶剂）快，当升高压力使 CO_2 的密度接近传统溶剂时，反应速率比传统液相反应慢。

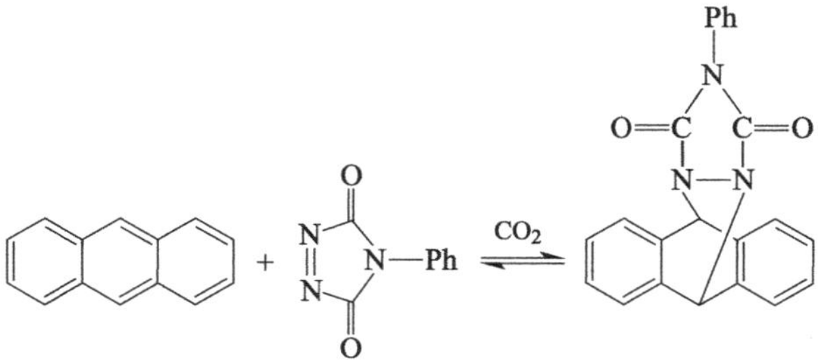

[反应式：蒽 + 4-苯基-1,2,4-三唑啉-3,5-二酮 $\xrightleftharpoons{CO_2}$ Diels-Alder 加成产物]

④ 还原反应　双键氢化还原的反应速率与氢气在反应体系中的浓度成正比，因超临界

CO_2 能与 H_2 完全互溶，大大增加了氢化反应的速率。

例如：

Ph　Ph　$\xrightarrow[CO_2, 60℃, 20MPa]{MnH(CO)_5}$　Ph　Ph（H　H）＋ Ph　Ph（H　CHO）

习　题

13.1　简述近代有机合成的方法有哪些，并分别说明与传统有机合成相比的优点。

13.2　什么是相转移催化剂？其催化原理是什么？

13.3　完成下列反应。

(1)　CHO（呋喃环，O）$\xrightarrow[阳极]{OH^-}$

(2)　—C_2H_5 $\xrightarrow[阳极]{LiCl}$

(3)　Br—C(=O)—CH_3 $\xrightarrow[MW]{NaBH_4}$

(4)　H_3C，H_3C—OH $\xrightarrow[OH^-, MW]{ClCH_2SO_3Na}$

(5)　H_3C—NH_2 $\xrightarrow[OH^-, PTC]{2ClCH_2CH_3}$

(6)　H_3C—CHO $\xrightarrow{CHCl_3, TEBA}$　　$\xrightarrow{OH^-}$

(7)　N(H)—C(=O)—C—C(=O)—OH $\xrightarrow{PPA}$

(8)　CHO，Cl　＋ H_2C(COOEt)(COOEt) $\xrightarrow{离子液体}$

缩 写 词

Ac	乙酰基
Ar	芳基
Boc	叔丁氧羰基
Bp	联苯
Bu	丁基
BY	发面酵母
Bz	联苯酰
Bzl	苄基
Cbz	苄氧羰基
con	结合
Cp	环戊二烯
C-T	电荷转移(荷移)
Cv	循环伏安法
DBN	1,5-二氮二环[4.3.0]壬-5-烯
DBU	1,8-二氮二环[5.4.0]十一碳-7-烯
DCA	9,10-二氰基蒽
DCC	二环己基碳二亚胺
DDQ	2,3-二氯-5,6-二氰基-1,4-苯醌
de	非对映体过量
DFP	二异丙基氟磷酸酯
DHP	3,4-二氢吡喃
DIBAL	氢化二(2-甲基丙基)铝
DIC	二异丙基碳二亚胺
dis	切断
dl	外消旋体
DMAP	4-二甲基氨基吡啶
DMF	*N*,*N*-二甲基甲酰胺
DMSO	二甲亚砜
DTT	二硫苏糖醇
E	*E* 型构型
EDC	1-乙基-3-(3-二甲氨基)丙基碳二亚胺
ee	对映体过量
Et	乙基
FGA	官能团增加
FGI	官能团互变
FGR	官能团除法
Fmoc	氟甲氧基羰基
HBTU	2-(1*H*-苯并三唑-1-基)-1,1,3,3-四甲基糖醛酸酯
HMPA(T)	六甲基磷酰三胺
i-	异-
Katamin AB	溴化十六烷基二羟乙基苄基铵
LDA	二异丙基氨基锂
LSV	线性扫描伏安法
Me	甲基
MW	微波
n-	正-
NBS	*N*-溴代丁二酰亚胺
NMP	*N*-甲基-2-吡咯烷酮
PEG	聚乙二醇
Ph	苯基
Phth	邻苯二甲酰基
PP	聚丙烯
PPA	多磷酸
Pr	丙基
Ps	聚苯乙烯
PTC	相转移催化(剂)
Py	吡啶
R	*R* 构型
r. t.	室温
S%	选择性%
Sia	1,2-二甲基丙基
t-	叔-
TBA	四丁基铵盐
TBAB	四丁基硫酸氢铵
Tbeoc	2,2,2-三溴乙氧羰基
Tceoc	2,2,2-三氯乙氧羰基
TEBA	三乙基丁基铵盐
TFA	三氟乙酸
Tfac	三氟乙酰基
Thp	四氢吡喃基
THF	四氢呋喃
TOMAC (Aliquat)	氯化三甲基辛基铵
Triton B	氢氧化三甲基苄基铵
Ts	对甲苯磺酰基
Z	*Z* 型构型

参 考 文 献

[1] 李有桂．有机合成化学．北京：化学工业出版社，2016.

[2] 俞马金，崔凯．精细有机合成化学与工艺学．南京：南京大学出版社，2015.

[3] 胡宏纹．有机化学．第 4 版．北京：高等教育出版社，2013.

[4] 薛永强，张蓉等．现代有机合成方法与技术．第 2 版．北京：化学工业出版社，2010.

[5] 王玉炉．有机合成化学．北京：科学出版社，2014.

[6] 吴毓林．现代有机合成化学．北京：科学出版社，2006.

[7] 蒋登高，章亚东，周彩荣．精细有机合成反应及工艺．北京：化学工业出版社，2001.

[8] 潘春跃．合成化学．北京：化学工业出版社，2008.

[9] 高桂枝，陈敏东，王正梅．有机合成化学及实验．北京：科学出版社，2014.

[10] 纪顺俊，史达清．现代有机合成新技术．北京：化学工业出版社，2014.

[11] 王全瑞，李志铭．当代有机合成方法．上海：华东理工大学出版社，2006.

[12] 郝素娥，强亮生．精细有机合成单元反应与合成设计．哈尔滨：哈尔滨工业大学出版社，2001.

[13] 唐培堃，冯亚青．精细有机合成化学与工艺学，北京：化学工业出版社，2010.

[14] 巨勇，席婵娟，赵国辉．有机合成化学与路线设计．第 2 版．北京：清华大学出版社，2007.